Gehirn-Computer-Schnittstellen-Technologien

Claude Clément

Gehirn-Computer-Schnittstellen-Technologien

Beschleunigung der Neurotechnologie zum Nutzen der Menschen

Claude Clément
Sigtuna, Sweden

Dieses Buch ist eine Übersetzung des Originals in Englisch „Brain-Computer Interface Technologies“ von Clément, Claude, publiziert durch Springer Nature Switzerland AG im Jahr 2019. Die Übersetzung erfolgte mit Hilfe von künstlicher Intelligenz (maschinelle Übersetzung). Eine anschließende Überarbeitung im Satzbetrieb erfolgte vor allem in inhaltlicher Hinsicht, so dass sich das Buch stilistisch anders lesen wird als eine herkömmliche Übersetzung. Springer Nature arbeitet kontinuierlich an der Weiterentwicklung von Werkzeugen für die Produktion von Büchern und an den damit verbundenen Technologien zur Unterstützung der Autoren.

ISBN 978-3-031-23814-7 ISBN 978-3-031-23815-4 (eBook)
https://doi.org/10.1007/978-3-031-23815-4

Die Deutsche Nationalbibliothek verzeichnet diese Publikation in der Deutschen Nationalbibliografie; detaillierte bibliografische Daten sind im Internet über http://dnb.d-nb.de abrufbar.

Planung/Lektorat: Stefanie Wolf
Springer ist ein Imprint der eingetragenen Gesellschaft Springer Nature Switzerland AG und ist ein Teil von Springer Nature.
Die Anschrift der Gesellschaft ist: Gewerbestrasse 11, 6330 Cham, Switzerland

An unsere Patienten die uns so viel Motivation zum Weitermachen geben.
An alle meine Kollegen am Wyss Center for Bio and Neuroengineering und an alle Menschen, mit denen ich in den letzten 30 Jahren auf dem Gebiet der aktiven implantierbaren Geräte zusammengearbeitet habe.
Genf, 3. Juni 2019

Vorwort

Wenn wir in der Lage wären, entlang unseres Rückenmarks zu schleichen und Nerven oder durch die Schnittstelle unserer Ohren oder Augen zu schlüpfen, würden wir in den grenzenlosen Kosmos der Milliarden von Neuronen, die in unserem Körper leben, die uns zu dem machen, was wir sind. In der Antike dachte man, dass unser Herz das Zentrum unserer Gefühle wäre. Das ist nicht wahr. Das Herz ist die Maschine, die unser Körper braucht, um das Leben zu erhalten, aber das, was den Menschen charakterisiert, persönliche Eigenschaften, Empfindungen, Emotionen und Gefühle, liegt in unserem Nervensystem, wo sich in einem majestätischen dynamischen Ballett die Verschaltungen ändern, Neuronen absterben und neu entstehen und durch ein Trauma geschädigte Bereiche Hilfe von anderen Teilen des Gehirns erhalten. Die Art und Weise, wie sich unsere Synapsen verschalten, unterliegt einer ständigen Entwicklung, und wir ignorieren die Regeln, die diese Veränderungen steuern.

Lange Zeit konnten wir nicht viel mehr tun, als dem Gehirn „zuzuhören", durch das Sammeln winziger elektrischer Signale an der Oberfläche der Kopfhaut mit den bekannten Elektroenzephalogrammen (EEG). Diese Empfänger, die durch die Haut, die Kopfhaut, den Schädel und Dura-Materie vom Gehirn ferngehalten werden, hören nur ein entferntes Gemurmel: den Chor von Milliarden Neuronen.

Seit Ende der 1980er-Jahre hat uns die Entwicklung von Technologien im Bereich der aktiven Implantate die Platzierung von Elektroden am oder im Gehirn ermöglicht. Wir können jetzt im Detail hören, was das Gehirn sagt. In unserem Drang, alles zu verstehen, haben die Neurowissenschaften zunächst versucht, die Gesamtkomplexität des Gehirns zu erfassen, es sogar zu modellieren oder zu simulieren. Heute wissen wir, dass wir das Gehirn nicht mit einem Computer vergleichen sollten. Die Verbindungen zwischen den Neuronen werden nicht durch ein binäres System gesteuert, sondern durch mehrdimensionale, nichtlineare Beziehungen chaotischer Natur. Das ist das Wunder: Aus dem Chaos entstehen motorische Aktionen, Wahrnehmungen, Emotionen, Gefühle, Erinnerungen und Ideen. Heute, und wahrscheinlich noch viele Jahre lang, sind wir nicht in der Lage, menschliche Besonderheiten wie Liebe, Anziehung zu einem anderen Individuum, Überlebensinstinkt oder Fortpflanzungspflicht zu „programmieren". Die Wissenschaft erklärt nicht, wie man sich verliebt, genial ist oder ein einzigartiges Kunstwerk erschafft.

Wir haben jedoch entdeckt, dass elektrische Signale, die an geeigneten Stellen injiziert werden, die Beziehungen zwischen dem Gehirn und seiner Umwelt hemmen, verändern oder beeinflussen können. Klinische Tests haben gezeigt, dass die Implantation von Elektroden in das Nervensystem eine Vielzahl von Zuständen behandeln kann, darunter kognitive, affektive und psychiatrischeStörungen. Sie wirft grundlegende Fragen in Bezug auf Ethik und Gesellschaft auf. Ist der „emotional verstärkte Mensch" ein tragfähiges Konzept? Wollen wir unsere Unterschiede und unsere persönlichen Eigenschaften auslöschen?

Wir wissen, dass wir niemals die Grenzen unseres Universums erreichen werden. Wir sollten auch erkennen, dass wir bei der Eroberung des Gehirns bescheiden bleiben sollten. Die Suche nach Rationalität im endlosen Tanz der Neuronen ist vielleicht eine vergebliche Herausforderung. Sollen wir die Geheimnisse, die uns einzigartig und unberechenbar machen, unangetastet lassen?

Sigtuna, Sweden Claude Clément

Inhaltsverzeichnis

Über den Autor

Claude Clément, geboren 1955, stammt aus der französischsprachigen Schweiz. Er arbeitete zunächst in der Forschung und Entwicklung in der Uhrenindustrie (Swatch Group) als Leiter der Entwicklungsgruppe für Wandler und Aktoren. Er trat in die Welt der Medizintechnik ein, indem er die Diversifizierungsaktivitäten von Swatch auf dem Gebiet der tragbaren, programmierbaren Medikamentenpumpen leitete. Danach war er 27 Jahre lang im Bereich der aktiven implantierbaren medizinischen Geräte tätig, als Direktor für Fertigungstechnik bei Intermedics (heute Boston Scientific), als Betriebsleiter der Schweizer Niederlassung von Medtronic und später als Berater für große Unternehmen, vor allem im Bereich der Herzschrittmacher, und für verschiedene hochinnovative Start-ups. Ab 1996 baute er die hochautomatisierte Fabrik von Medtronic im Genferseegebiet auf und brachte sie zum Laufen. Dieses Werk ist der weltweit größte Standort für die Montage aktiver implantierbarer medizinischer Geräte und produziert große Mengen von Herzschrittmachern, Defibrillatoren und Neurostimulatoren. Bis 2014 war er CEO von MyoPowers, einem Start-up-Unternehmen, das ein elektromechanisches Implantat zur Behandlung schwerer Inkontinenz entwickelt. Anfang 2015 wechselte er als CTO an das Wyss Center for Bio and Neuroengineering. Er ist oder war Gründer, Vorsitzender oder Vorstandsmitglied mehrerer Start-ups und kleiner Unternehmen. Er ist Vorsitzender der BioAlps Association, einem diversifizierten Life-Science-Cluster in der Westschweiz. Er hat einen Master-Abschluss in Elektrotechnik von der Eidgenössischen Technischen Hochschule (EPFL) in Lausanne und einen MBA von der HEC an der Universität Lausanne (Schweiz).

Abkürzungen und Akronyme

510k	Einreichung vor dem Inverkehrbringen bei der FDA im Wesentlichen gleichwertig mit einem legal vermarkteten Produkt
5G	Fünfte Generation der zellularen Netzwerktechnologie
AB	Fortgeschrittene Bionik
AC	Wechselstrom
AD	Alzheimer-Krankheit
ADHS	Aufmerksamkeitsdefizit-Hyperaktivitätsstörung
AI	Künstliche Intelligenz
AIMD	Aktives implantierbares medizinisches Gerät
ALD	Atomlagenabscheidung
ALS	Amyotrophe Lateralsklerose
AMF	Alfred-Mann-Stiftung
BAHA	Knochenverankertes Hörgerät
BCI	Gehirn-Computer-Schnittstelle
BD	Große Daten
BGA	Ball-Grid-Array
BMI	Gehirn-Maschine-Schnittstelle
BSc	Boston Scientific
CBP	Chronische Rückenschmerzen
CDRH	Zentrum für Geräte und Radiologische Gesundheit (FDA)
CE	Europäische Konformität
CHUV	Centre Hospitalier Universitaire Vaudois
CI	Cochlea-Implantat
CLIS	Vollständiges Locked-In-Syndrom
CMOS	Komplementäre Metall-Oxid-Halbleiter
CNS	Zentrales Nervensystem
CoC	Chip-on-Chip
CoGS	Kosten der verkauften Waren
CoNQ	Kosten der Nicht-Qualität
COTS	Bestandteil des Selbst
CRM	Herzrhythmus-Management

CSEM	Schweizerisches Zentrum für Elektronik und Mikrotechnik (Centre Suisse d'Electronique et de Microtechnique)
LIQUOR	Zerebrospinalflüssigkeit
CT	Computertomographie
DARPA	Defense Advanced Research Projects Agency
DBS	Tiefe Hirnstimulation
DC	Gleichstrom
EAP	Weg des beschleunigten Zugangs
EC	Ethikkommission
ECAPS	Evoziertes zusammengesetztes Aktionspotentialsignal
EKG	Elektrokardiogramm
EKoG	Elektrokortikales Raster
EEG	Elektroenzephalogramm
EFS	Frühe Durchführbarkeitsstudie
EMD	Elektromagnetische Störung
EMG	Elektromyogramm
EOL	Ende des Lebens
EPFL	Ecole Polytechnique Fédérale de Lausanne
EtO	Ethylenoxid
FBSS	Syndrom der gescheiterten Rückenoperationen
FCB	Flip-Chip-Bonden
FCC	Eidgenössische Kommunikationskommission
FDA	Lebensmittel- und Arzneimittelbehörde
FES	Funktionelle elektrische Stimulation
FI	Stuhlinkontinenz
FIH	Erste in Menschen
fMRI	Funktionelle Magnetresonanztomographie
FPGA	Feldprogrammierbares Gate-Array
FT	Durchleitung
FtO	Freiheit der Tätigkeit
GES	Elektrische Stimulation des Magens
GNS	Stimulation des Magennervs
HDE	Ausnahme für humanitäre Einrichtungen
HF	Hohe Frequenz
IC	Integrierte Schaltung
ICD	Implantierbarer Herz-Defibrillator
IDE	Ausnahmegenehmigung für Untersuchungsgeräte (Investigational Device Exemption)
IMMG	Intramuskuläres Myogramm
IMS	Intramuskuläre Stimulation
IoE	Internet-der-Dinge
IoMT	Internet-der-Medizinischen-Dinge
IoT	Internet der Dinge
IP	Geistiges Eigentum
IPA	Isopropylalkohol

IPG	Implantierbarer Impulsgeber
IR	Infrarot-Licht
ITU	Internationale Fernmeldeunion
LCP	Flüssigkristall-Polymer
LED	Licht emittierende Diode
LIFUS	Fokussierter Ultraschall mit niedriger Intensität
M2M	Maschine-zu-Maschine-Kommunikation
MDD	Major Depressive Störung
MDR	Verordnung über Medizinprodukte
MDT	Medtronic
MEA	Mikroelektroden-Array
MEG	Magnetoenzephalogramm
MIL-STD	Militärische Norm
MMI	Mind-Machine-Schnittstelle
MPE	Höchstzulässige Exposition
MRI	Magnetresonanz-Untersuchung
NB	Benannte Stelle
NESD	Neural Engineering Systementwurf
NI	Neuronale Schnittstelle
NIR	Nah-Infrarot-Licht
NNP	Vernetztes Neuroprothetik-System
OAB	Überaktive Blase
OCD	Zwangsneurose
OEM	Hersteller der Erstausrüstung
OR	Operationssaal
OSA	Obstruktive Schlafapnoe
PBS	Phosphatgepufferte Kochsalzlösung
PCA	Patientengesteuerte Analgesie
PCB	Gedruckte Schaltung
PD	Parkinson-Krankheit
PET	Positronen-Emissions-Tomographie
PI	Hauptuntersuchungsleiter
PM	Personalisierte Medizin/Programm-/Projektmanager
PMA	Zulassung vor der Markteinführung
PMA-S	Zusatz zur Genehmigung vor dem Inverkehrbringen
PMS	Schmerzmanagement-System/Post-Market Surveillance
PNS	Periphere Nervenstimulation
PVD	Physikalische Gasphasenabscheidung
QA	Qualitätssicherung
QMS	Qualitätsmanagement-System
RA	Regulatorische Angelegenheiten
RAA	Reaktive beschleunigte Alterung
RF	Funkfrequenz
RGA	Restgasanalyse
RI	Netzhaut-Implantat

RNS	Ansprechendes Neurostimulator-System
ROS	Reaktive Sauerstoffspezies
RR	Bewerten Ansprechbar
SAR	Spezifische Absorptionsrate
SCI	Verletzung des Rückenmarks
SCS	Stimulation des Rückenmarks
SEM	Elektronisches Rastermikroskop
SNR	Signal-Rausch-Verhältnis
SNS	Stimulation des Sakralnervs
SoC	System-on-Chip
TACS	Transdermale Wechselstromstimulation
TDCS	Transdermale Gleichstromstimulation
TENS	Transdermale elektrische Nervenstimulation
TESS	Gezielte epidurale Rückenmarkstimulation
TNS	Stimulation des Schienbeinnervs
UE	Europäische Union
UEA	Utah Elektroden-Array
UI	Harninkontinenz/Urge-Inkontinenz
US	Ultraschall
UV	Ultraviolettes Licht
V&V	Verifizierung und Validierung
VCSEL	Vertikaler oberflächenemittierender Hohlraumlaser
VNS	Stimulation des Vagusnervs
WB	Drahtbonden
WLAN	Drahtloses lokales Netzwerk
WP	Arbeitspaket
YAG	Yttrium-Aluminium-Granat

Kapitel 1
Einführung

Ziel dieses Buches ist es, einen allgemeinen Überblick über die Neurotechnologien zu geben, und zwar in einfacher, nicht wissenschaftlicher Sprache, im Kontext der translationalen Medizin, vom Konzept bis zur klinischen Anwendungen. Tiefgreifende Erklärungen zu den physiologischen und klinischen Aspekten neurologischer Störungen sind nicht das Ziel dieses Buches. Für ein besseres wissenschaftliches und medizinisches Verständnis steht eine reichhaltige Literatur zur Verfügung.

Der Untertitel des Buches lautet: *How to build the brain – Schnittstelle zwischen Gehirn und Computer der Zukunft*. Das Schlüsselwort ist „*build*", und der Schwerpunkt liegt auf der translationalen Entwicklung, vom Konzept bis zum Patienten, mit besonderem Schwerpunkt auf der praktischen Durchführung von Projekten im Bereich der aktiven implantierbaren medizinischen Geräte, die bei neurologischen Indikationen eingesetzt werden. *Bauen* bedeutet auch konkret, dass wir beabsichtigen, Geräte zu entwerfen, herzustellen und zu vermarkten, die die Lebensqualität von Patienten verbessern, die an neurologischen Störungen leiden, die auf Geburtsfehler, Unfälle, Krankheiten, Degeneration oder altersbedingten Abbau zurückzuführen sind.

1.1 Gehirn-Computer-Schnittstelle (BCI)

Es gibt verschiedene Definitionen von Gehirn-Computer-Schnittstellen, die manchmal auch andere Bezeichnungen haben, etwa Brain-Machine-Interface (BMI), Geist-Maschine-Schnittstelle (MMI) oder neuronale Schnittstelle (NI). Die allgemeinste Definition von BCI ist eine direkte Interaktion zwischen dem neuronalen System und elektronischen Systemen. Einige Autoren beschränken die Verwendung des Begriffs „BCI" auf die bidirektionale Kommunikation mit dem Gehirn. Der Begriff BCI tauchte erstmals in den 1970er-Jahren an der University of California auf.

C. Clément, *Gehirn-Computer-Schnittstellen-Technologien*,
https://doi.org/10.1007/978-3-031-23815-4_1

Andere Begriffe, wie Neuromodulation und Neuroprothetik, können sich in gewisser Weise mit der Terminologie BCI überschneiden. Da sich dieses Buch auf Technologien konzentriert, werden wir keine restriktive Definition des Begriffs „BCI" vornehmen. Wir werden die technischen Herausforderungen eines jeden Systems behandeln, das mit dem gesamten Nervensystem und den Sinnen in Kontakt treten soll (siehe Abb. 1.1a).

Wir werden in den verschiedenen Kapiteln dieses Buches sehen, dass die Verbindung mit dem Gehirn eine sehr komplexe Aufgabe ist, was vor allem an der Beschaffenheit des menschlichen Körpers liegt. Ein gründlicher, leicht zugänglicher Artikel über BCI wurde in „The Economist" [12] veröffentlicht. Er ist eine gute

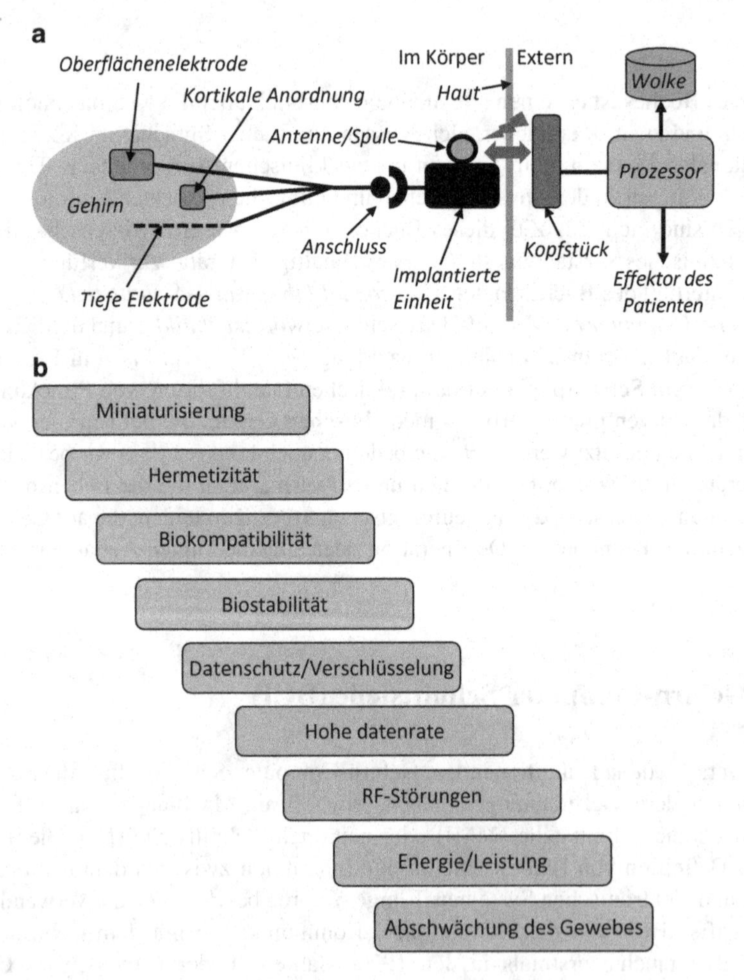

Abb. 1.1 (**a**) Globale Beschreibung eines bidirektionalen BCI. (**b**) Die wichtigsten Herausforderungen bei der Entwicklung von BCI-Systemen

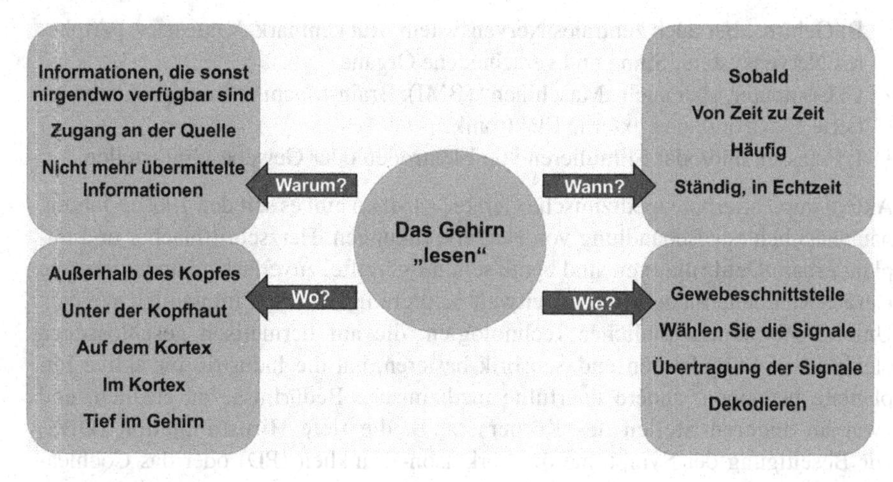

Abb. 1.2 Das Gehirn lesen

Einführung, um den globalen Kontext zu verstehen. Auf Seite 7 dieses Dokuments heißt es: *„Das Gehirn ist nicht der richtige Ort, um Technologie einzusetzen.“* Wir werden diese Aussage in diesem Buch erläutern und die wichtigsten Herausforderungen (siehe Abb. 1.1b) bei der Entwicklung von Geräten, die mit dem Gehirn und dem Nervensystem verbunden sind, behandeln.

In einer ersten Phase sind BCI-Systeme unidirektional und beschränken sich auf das „Lesen“ des Gehirns (siehe Abb. 1.2). Es gibt viele mögliche Konfigurationen von BCI, um Signale aus dem Gehirn zu sammeln.

1.2 Technologie versus Wissenschaft

Die heute zur Verfügung stehenden Technologien ermöglichen die Interaktion mit dem menschlichen Gehirn und Nervensystem. Dieses Buch befasst sich mit den bisherigen Errungenschaften, der aktuellen Arbeit und den Zukunftsperspektiven von BCI und anderen Interaktionen zwischen medizinischen Geräten und dem menschlichen Nervensystem. Das Gesundwerden und die Rehabilitation von Patienten, die unter neurologischen Beeinträchtigungen leiden, von Lähmungen bis hin zu Bewegungsstörungen und Epilepsie, werden unter pragmatischen Gesichtspunkten detailliert beschrieben. Wann immer möglich, versuchen wir, mit dem Nervensystem zu interagieren, ohne die Hautbarriere zu durchbrechen. Dennoch erfordern solche schweren Störungen oft eine invasive Lösung, die auf einem implantierten Gerät basiert. Dieses Buch erklärt das einzigartige und besondere Umfeld aktiver Implantate, die elektrisch mit dem Gehirn, dem Rückenmark, den peripheren Nerven und Organen interagieren.

BCI sollte als ein weites Konzept verstanden werden:

- B: Gehirn, aber auch zentrales Nervensystem, Rückenmark, Vagusnerv, peripheres Nervensystem, Sinne und verschiedene Organe
- C: Computer, aber auch „Maschinen" (BMI): Brain-Machine-Interface), implantierte Elektronik und externe Elektronik.
- I: Erfassen und/oder Stimulieren von Elektroden oder Gewebeschnittstellen

Aktive implantierbare medizinische Geräte (AIMDs) gibt es seit den 1960er-Jahren, hauptsächlich zur Behandlung von Herzerkrankungen. Herzschrittmacher und implantierbare Defibrillatoren sind heute sehr ausgereifte, zuverlässige und wirksame Geräte, von denen jede Minute weltweit mehrere in Patienten implantiert werden. Unter Verwendung ähnlicher Technologien, die auf hermetisch geschlossenen elektrischen Stimulatoren und Sensorik basieren, hat die Industrie für aktive Implantate begonnen, andere unerfüllte medizinische Bedürfnisse zu erfüllen, und zwar an anderen Stellen des Körpers, z. B. die tiefe Hirnstimulation (DBS) zur Beseitigung der Symptome der Parkinson-Krankheit (PD) oder das Cochlea-Implantat (CI) zur Wiederherstellung des Hörvermögens bei taub geborenen Kindern. Hunderttausende von Patienten profitieren bereits von diesen fortschrittlichen Technologien.

Neue Technologien ermöglichen es heute, effizienter mit Organen zu interagieren. Geräte mit Hunderten von sensorischen/stimulierendenElektroden, verbunden mit leistungsstarker Elektronik und drahtloserKommunikation, ermöglichen es Ingenieuren und Klinikern, neue Therapien zu erforschen und die Grenzen der Neurotechnologien zu erweitern.

Die rasanten Fortschritte der Neurotechnologien werden hauptsächlich in wissenschaftlichen Abhandlungen und Artikeln beschrieben. Diese Fachliteratur ist für das Gesundheitswesen, für die Entwickler neuer klinischer Lösungen und für die Industrie schwer zu verstehen. Das Ziel dieses Buches ist es, das Verständnis eines solch komplexen Bereichs zu vereinfachen und in einer klaren Sprache die außerordentliche Revolution darzustellen, die die Neurotechnologien zur Gesundheitsversorgung und zur Verbesserung der Lebensqualität beitragen werden.

Jeden Tag erweitern Wissenschaftler und Forscher ihr Wissen über die außergewöhnliche Komplexität unseres Nervensystems, die Hoffnungen und Erwartungen auf bessere Therapien, genauere Diagnosen und die Deckung des ungedeckten medizinischen Bedarfs.

Dieses immer bessere Verständnis der Wechselwirkungen zwischen Zellen, Neuronen, Gehirn, Schaltkreisen und Organen ebnet den Weg für neue technologische Lösungen. Das Hauptziel dieses Buches ist es, zu beschreiben, wie die erheblichen Fortschritte der Neurowissenschaften in Bezug auf Geräte, Werkzeuge, Schnittstellen, Software und andere technologische Schritte den Patienten ein besseres Leben ermöglichen.

Experten für translationale Neuromedizin müssen zweisprachig sein. Sie müssen die Sprache der Neurowissenschaftler verstehen und in der Lage sein, sie richtig in technologische Bedürfnisse, Spezifikationen, und menschliche Faktoren zu übersetzen. In der Zusammenarbeit haben Wissenschaftler und Ingenieure die Möglichkeit, die technischen Grenzen, die physikalischen Eigenschaften von Implantaten im menschlichen Körper und die realistischen Langzeitperspektiven auszuloten und zu bewerten.

Dieses Buch bietet eine bodenständige globale Analyse der Neurotechnologie zum Nutzen des Menschen, einschließlich Wissenschaft, Technologie, Regulierung, Klinik, Akzeptanz der Patienten, chirurgische Aspekte und langfristige Perspektiven. Wir werden die Entwicklung der AIMD-Industrie von kardialen zu neurologischen Anwendungen betrachten. Eine kritische Analyse der Pionieranwendungen implantierbaren Neuro-Indikationen wird auch zeigen, dass viele Menschen bereits von Neurotechnologien profitieren. Die Überprüfung des „Wer-macht-was" in diesem Bereich wird die Aussage bestätigen, dass „die nächsten Jahrzehnte das Zeitalter der Neurotechnologien sein werden".

1.3 Dies ist keine Science-Fiction

Die Neurotechnologie ist keine Science-Fiction. Seit den 1980er-Jahren haben Millionen von Menschen von Implantaten profitiert, die nicht mit Herzkrankheiten zusammenhängen. Jeden Tag begegnet man auf den Straßen oder in den öffentlichen Verkehrsmitteln der Großstädte jemandem, der ein Neurogerät implantiert ist, ohne dass man es überhaupt bemerkt. Dies ist ein Beweis dafür, dass es der Neuroindustrie bereits gelungen ist, den Menschen so weit zu helfen, dass die anderen Bypasser nichts mehr von dem Problem wissen. Lassen Sie uns kurz einige erfolgreiche Therapien und entsprechende Geräte im Zusammenhang mit dem Nervensystem erwähnen. Eine genauere Übersicht über einige von ihnen findet sich in Abschn. 3.2.

1.3.1 Cochlea-Implantate (CI)

Direkte Interaktion mit Neurorezeptoren des Innenohrs war die erste kommerzielle Errungenschaft der Neurotechnologien. CIs werden hauptsächlich Kindern implantiert, bei denen die Weiterleitung der Schallwellen vom Trommelfell zur Cochlea nicht funktioniert, was häufig auf eine Fehlbildung des Mittelohrs zurückzuführen ist. CIs werden auch bei der Behandlung von schwerer Taubheit bei Erwachsenen und älteren Menschen eingesetzt. Eine winzige Elektrode wird in die Hörschnecke eingeführt und stimuliert die natürlichen Neurorezeptoren des Innenohrs. Die Elektrode ist mit einer implantierten Elektronik in einem hermetischen Gehäuse, die Signale von einem externen Hörprozessor empfängt, verbunden, der seinerseits auf der Kopfhaut an der Rückseite des Ohrs liegt. Natürliche Geräusche werden über ein Mikrofon aufgenommen und von der externen Einheit verarbeitet. Das CI wird in Abschn. 3.3.1 ausführlicher beschrieben.

1.3.2 Tiefe Hirnstimulation (DBS)

Verfügbar sind DBS-Systeme seit Ende der 1980er-Jahre. Sie bestehen aus Elektroden, die in bestimmten Bereichen tief im Gehirn platziert werden, hauptsächlich zur Behandlung von Bewegungsstörungen wie der Parkinson'schen Krankheit, Dystonie oder essentiellem Zittern. Die Elektroden werden unter der Kopfhaut hindurch und dann entlang des Halses geführt und mit einem implantierbaren Impulsstimulator (IPG) verbunden, der sich im Brustbereich befindet. Die elektrischen Signale blockieren die für Morbus Parkinson charakteristischen Symptome, wie unkontrollierte Bewegungen und Zittern der oberen Gliedmaßen. Einzelheiten zur DBS werden in Abschn. 3.3.2 erläutert.

1.3.3 Stimulation des Rückenmarks (SCS)

SCS repräsentiert etwa 50 % des Gesamtmarktes für neurologische Implantate. Elektrische Signale werden an ausgewählte Bereiche des Rückenmarks gesendet, hauptsächlich zur Behandlung von chronischen Rückenschmerzen. Paddel-Elektroden sind mit einem IPG verbunden, der sich im Rücken befindet. Die elektrische Stimulation blockiert die Schmerzsignale an der Nervenwurzel und verhindert, dass sie das Gehirn erreichen. Technische Aspekte der SCS finden sich in Abschn. 3.3.3.

1.3.4 Sakralnervenstimulation (SNS)

Die Stimulation des Sakralnervs ermöglicht die Behandlung von leichten bis mittelschweren Formen der Harn- und Stuhlinkontinenz. Die Sakralnerven steuern die Funktionen des Beckenbereichs. Die Stimulierung dieser Nerven mit Elektroden, die in der Nähe platziert und an ein IPG angeschlossen sind, ermöglicht die Fernsteuerung der Blase und der Schließmuskeln. Weitere Einzelheiten zur Harninkontinenz in Abschn. 3.3.5.

1.3.5 Vagusnerv-Stimulation (VNS)

Der Vagusnerv ist die zweite „Kommunikations-Neurohighway", nach dem Rückenmark. Er umfasst afferente und efferente Fasern. Seine Stimulierung ermöglicht eine gewisse Kontrolle bei epilepsiebehandlungsresistenten schweren depressiven Störungen (TR-MDD) und andere Behandlungen von organbezogenen

Störungen. Die Stimulation des Vagusnervs erfolgt entweder durch Anlegen einer Manschettenelektrode um den Nerv, verbunden mit einem IPG, das angeschlossen ist, oder durch transkutane Stimulation.

1.3.6 Verschiedene Geräte

Darüber hinaus wurden mehrere Geräte zur Behandlung von Krankheiten des Nervensystems entwickelt und zugelassen. Einige Beispiele:

- Programmierbare implantierbare Medikamentenpumpen für die intrathekale Injektion (in die Zerebrospinalflüssigkeit (CSF) zur Behandlung von chronischen Schmerzen am Ende des Lebens und Zittern.
- Die Stimulation des Magennervs (GNS) zielt auf die Behandlung von Fettleibigkeit durch elektrische Stimulation des oberen Teils des Magens.
- Netzhautimplantate haben sich als effizient erwiesen, um völlig erblindeten Patienten eine gewisse visuelle Wahrnehmung zu ermöglichen (weitere Einzelheiten in Abschn. 3.3.4).
- Die Stimulation des Schienbeinnervs (TNS) hat sich als geeignet erwiesen, leichte Harninkontinenz zu behandeln, und zwar durch externe oder implantierte Stimulation.
- Die funktionelle elektrische Stimulation (FES) wird bereits von einigen Gruppen zur direkten elektrischen Stimulation auf Nerven oder Muskeln zur Wiederherstellung einfacher Bewegungen bei gelähmten Patienten eingesetzt.

1.4 Pioniere, Macher und Träumer

1.4.1 Pioniere

Wir werden später in diesem Buch sehen, dass die meisten technischen Entwicklungen im Zusammenhang mit elektrischen Interaktionen mit dem menschlichen Körper ihren Ursprung in kardialen Anwendungen haben. Es ist seit Jahrhunderten bekannt [1], dass Muskeln und Nerven auf elektrische Stimulation reagieren. Implantierbare Systeme konnten erst realisiert werden, als Transistoren, integrierte Elektronik und kleine Batterien in den späten 1950er-Jahren verfügbar wurden. Zuerst kamen die Herzschrittmacher und etwa 30 Jahre später die implantierbaren Defibrillatoren, die eine wesentlich ausgefeiltere Elektronik benötigten. In den späten 1980er-Jahren kamen dann die ersten Geräte zur Neuromodulation auf den Markt: die tiefe Hirnstimulation und Rückenmarkstimulation. Zur gleichen Zeit kamen die CIs auf den Markt. Die ersten Neurogeräte sind streng genommen keine BCI, sondern eher Stimulatoren, die mit dem Nervensystem interagieren. In diesem Sinne gehört es auch zu den Zielen dieses Buches, zu verstehen, wie sie sich entwickelt haben: wie man die BCI der Zukunft baut.

1.4.1.1 Herzschrittmacher

Frühe Herzschrittmacher [2] in den späten 1950er-Jahren waren einfache Impulsgeneratoren mit fester Impulsrate, einfacher, nicht programmierbarer Elektronik und Quecksilberbatterien, die in Epoxid- oder Silikonkautschuk eingegossen waren. Die langfristige Zuverlässigkeit war schlecht, da die Epoxidkapselung keine langfristige Hermetizität bot. Dennoch öffneten diese einfachen Geräte die Tür zu einer ganzen Industrie, indem sie Tausenden von Menschen mit schweren Herzerkrankungen akzeptable lebenserhaltende Lösungen boten.

In den 1970er-Jahren ebneten die ersten lasergeschweißten, hermetisch verschlossenen Herzschrittmacher mit Titankapsel den Weg für hochzuverlässige Implantate mit hochentwickelter, programmierbarer und integrierter Elektronik. Die hermetische Versiegelung hat zwei wichtige Schritte auf dem Gebiet der implantierbaren Geräte bewirkt:

- Schutz des Patienten im Falle des Auslaufens der Batterie
- Schutz der implantierten Elektronik vor Feuchtigkeit und Körperflüssigkeiten

Die Herzschrittmacherindustrie hat die Grundlagen für aktive Implantate geschaffen. Frühe Geräte waren nicht hermetisch gekapselt, was bedeutet, dass die elektronischen Komponenten früher oder später der Feuchtigkeit ausgesetzt werden. Zu dieser Zeit basierte die Elektronik der Implantate auf diskreten Bauteilen wie einfachen Transistoren, Widerständen und Kondensatoren, die mit einem komfortablen Abstand zueinander montiert waren. In dieser Konfiguration war die Diffusion von Feuchtigkeit durch die Kunststoffkapselung nicht kritisch. Als die Elektronik immer stärker integriert wurde, mit Tausenden von Transistoren auf integrierten Schaltkreisen (ICs) und kurzen Abständen zwischen den Komponenten, reichten einfache Epoxid- oder Silikonkapseln nicht mehr aus, um eine langfristige Zuverlässigkeit zu gewährleisten. Völlige Hermetizität war erforderlich, um zu verhindern, dass die empfindlichen elektronischen Bauteile Feuchtigkeit und Sauerstoff ausgesetzt werden. Das Lasernahtschweißen eines Titangehäuses bot die Lösung für langfristig zuverlässige Hightech-Implantate. Durchführungen sind Schlüsselkomponenten zur Herstellung hermetischer Verpackungen. Sie bestehen aus einem oder mehreren leitenden Drähten, die in einem Isolator versiegelt sind, der wiederum in das Gehäuse eingelötet ist. Diese Drahtverbindungen ermöglichen die Kommunikation zwischen der Elektronik in der Verpackung und den Gewebeschnittstellen. Diese Technologien könnten auch auf andere Indikationen angewendet werden.

Die Herzschrittmacherindustrie ist heute ein ausgereiftes technisches Gebiet mit sehr hoher Zuverlässigkeit. Jährlich werden etwa 1,5 Mio. Herzschrittmacher implantiert.

1.4.1.2 Implantierbare Herz-Defibrillatoren (ICDs)

Die ersten ICDs kamen Anfang der 1990er-Jahre auf den Markt. Im Vergleich zu Herzschrittmachern, die Niederspannungsimpulse zur Stimulation, Resynchronisation oder Unterstützung des Herzens erzeugen, sind ICDs so konzipiert, dass sie bei plötzlichem Herzstillstand, schweren Tachykardien oder Kammerflimmern Hochspannungs-Elektroschocks abgeben. ICDs enthalten fortschrittliche Elektronik und Hochspannungsschaltkreise, die hermetisch gekapselt werden müssen. Da ICDs lebenserhaltende Geräte sind, können sie nicht mit wiederaufladbaren Batterien betrieben werden, die bei Bedarf entladen werden könnten. Die Primärbatterie hat eine niedrige Spannung (3,5 V), die durch einen komplexen Spannungsvervielfacher auf etwa 700 V erhöht wird, was für die Erzeugung eines energiereichen Schocks im Bereich von bis zu 40 J erforderlich ist. Wenn also die Elektroden ein Flimmern oder einen Herzstillstand feststellen, beginnt der Vervielfacher, einen Kondensator mit der entsprechenden Energie für den Schock zu laden. Es dauert 1020 Sekunden, bis der ICD feuerbereit ist.

Moderne ICDs wurden miniaturisiert und werden heute bei einer Vielzahl von kardialen Indikationen eingesetzt, wobei sie regelmäßige Stimulation und Defibrillation kombinieren. Jedes Jahr werden hunderttausende ICDs implantiert.

1.4.1.3 Cochlea-Implantate

Wie bereits erwähnt, haben die CI einen wichtigen Beitrag zur Entwicklung aktiver Implantate geleistet. Sie sind die ersten neurologisch aktiven implantierten Geräte, die eine große Bevölkerungsgruppe erreicht haben. Im Gegensatz zu Herzschrittmachern und ICDs sind CIs batterielose Geräte. Die implantierte Elektronik erhält ihre Energie durch transdermale induktive magnetische Kopplung zwischen einer implantierten Spule und einer externen Spule. Das akustische Signal wird über die gleiche induktive Kopplung übertragen.

In den letzten 30 Jahren wurden etwa 700.000–800.000 CIs bei Kindern mit angeborener Taubheit oder bei älteren Patienten mit schweren Hörstörungen implantiert.

1.4.1.4 Tiefe Hirnstimulation

In den späten 1980er-Jahren war die DBS die erste Therapie, die direkt auf das Gehirn einwirkt. Der Nutzen für die Patienten war erstaunlich, auch wenn das Verständnis der Auswirkungen der elektrischen Stimulation auf den Thalamus damals noch nicht vollständig verstanden waren. Heute sind mehr als 200.000 Patienten gut behandelt und haben keine sichtbaren Parkinsonsymptome mehr. Im Vergleich zu drastischeren Eingriffen wie der Gewebeentfernung hat die DBS den Vorteil, dass sie kontrollierbar und reversibel ist.

1.4.1.5 Stimulation des Rückenmarks

Ein paar Jahre nachDBS wurde verstanden, dass Stimulationselektroden auf dem Rückenmark platziert werden können, wo der afferente Nerv in das Rückenmark einmündet. Die Anwendung von Schwachstrom an dieser Stelle ermöglicht eine erhebliche Verringerung der Schmerzwahrnehmung, beispielsweise bei chronischen Rückenschmerzen (CBP) oder Schmerzen der unteren Gliedmaßen. Im Vergleich zu anderen Methoden der Schmerzbehandlung, wie z. B. Medikamenten, hat die SCS den Vorteil, keine Nebenwirkungen zu haben und reversibel zu sein.

1.4.2 Macher

Die Pionier-Indikationen wachsen weiter und bedienen immer mehr Patienten. In jüngster Zeit haben mehrere Produkte ihren Weg auf den Markt gefunden, um die Bedürfnisse anderer Patienten zu behandeln. Gegenwärtig gibt es eine gewaltige Energie, die sich auf die Anwendung von Technologien zur Behandlung neurologischer Störungen konzentriert. Einige Projekte nutzen die Technologien der Pioniere, um neue Indikationen zu behandeln. Andere Gruppen treiben die früheren Technologien mit dem Ziel voran, medizinische Bedürfnisse zu befriedigen, die bisher unerreichbar waren. Nachfolgend finden Sie eine kurze Beschreibung der jüngsten (in den letzten zwei Jahrzehnten) und der laufenden Initiativen mit vielversprechenden Resultaten.

1.4.2.1 Stimulation des Rückenmarks

SCS wurde als eine Pionier-Technologie bezeichnet, aber aufgrund ihres Erfolgs gehört sie auch in dieses Kapitel. SCS ist die größte Indikation auf dem Gebiet der Neurotechnologien. Ihre Auswirkungen auf die Lebensqualität und den gesellschaftlichen Nutzen sind eindeutig. Es wird erwartet, dass sich die Therapie verbessert. Neue Projekte, die Hochfrequenzstimulation nutzen, zeigen vielversprechende Ergebnisse, auch wenn die wissenschaftlichen Grundlagen noch nicht vollständig geklärt sind. Die Schmerzbekämpfung durch elektrische Stimulation ist ein Ziel mit hohem Potenzial. In diesem Bereich sind große Fortschritte zu erwarten.

1.4.2.2 Stimulation des Sakralnervs

Wie SCS ist die SNS eine Therapie, die in der Bevölkerung weitgehend unbekannt ist, aber Hunderttausende von Patienten haben bereits von SNS profitiert, um eine bessere Kontrolle der Harninkontinenz zu erreichen. Ursprünglich war die Indikation auf leichte Formen der Dranginkontinenz (UI) und der überaktiven Blase (OAB) beschränkt. Medtronic war ein Pionier in dieser Indikation [3]. Heute gibt es neue Unternehmen wie Axonics [4] und Nuvectra [5], die in diesen Bereich einsteigen, und eine Erweiterung der Indikationen in Richtung Stuhlinkontinenz. Bisher ist SNS nicht in der Lage, schwere Formen der Inkontinenz zu behandeln, wie z. B. die Inkontinenz nach Prostatektomie und die schwere Inkontinenz älterer Frauen, die einen echten ungedeckten medizinischen Bedarf darstellt.

1.4.2.3 Stimulation des Vagusnervs

Cyberonics (jetzt LivaNova) [6] hat als erstes Unternehmen versucht, denVagusnerv zu stimulieren, um Epilepsie zu kontrollieren. Es hat gezeigt, dass durch die Interaktion mit dem Vagusnerv viel erreicht werden kann. Die VNS ist nach wie vor eine der wenigen Therapien, die für die Behandlung einiger Epilepsieformen zur Verfügung stehen. Es gibt mehrere andere Initiativen, die darauf abzielen, den Vagusnerv für andere Indikationen zu stimulieren. In der Neurologie hat sich gezeigt, dass die VNS bei der Behandlung von Depressionen, z. B. bei schweren depressiven Störungen, wirksam sein könnte, ohne dass alle mit diesen Ergebnissen verbundenen Gehirnmechanismen bekannt sind.

Andere, nicht rein neurologische Anwendungen der VNS wurden entwickelt, zum Beispiel für die Behandlung von krankhafter Fettleibigkeit durch elektrische Stimulation des Magens (GES). Die ursprüngliche Arbeit in dieser Richtung wurde von EnteroMedics [7] geleistet, das inzwischen mit ReShape Lifesciences [8] fusioniert ist und ein Magenband für den gleichen Zweck anbietet. Die von EnteroMedics vorgeschlagene VNS hat sich gegenüber anderen Lösungen nicht als überlegen erwiesen.

1.4.2.4 Netzhaut-Implantate

Drei bis vier Unternehmen erzielen enorme Erfolge in ihrem Bemühen, blinden Menschen ein gewisses Maß an Sehkraft zu verleihen. Netzhaut-Implantate sind immer noch auf Hunderte von Pixeln beschränkt. Das ist wenig im Vergleich zu der Leistung einer gesunden Netzhaut. Aber eine grundlegende visuelle Wahrnehmung zu erhalten ist eine enorme Verbesserung für blinde Menschen. Von den laufenden Arbeiten können wir erhebliche Erfolge erwarten. Mehrere Teams arbeiten derzeit mit Hochdruck an anderen Neuroschnittstellen zur Wiederherstellung des Sehvermögens, bei denen die Elektroden nicht in den Augen, sondern am Sehnerv oder auf dem visuellen Kortex.

1.4.2.5 Periphere Nervenstimulation (PNS)

Die Stimulation von Nerven außerhalb des Gehirns und Rückenmark hat ein großes Potenzial gezeigt. Mehrere Unternehmen arbeiten auf dem Gebiet der PNS mit großem Erfolg. Unter ihnen kann SNS als PNS betrachtet werden. Andere Therapien, wie die Stimulation des Magennervs (GNS) zur Bekämpfung von Fettleibigkeit, gehören ebenfalls zur Gruppe der PNS. FES und TNS, die bereits oben beschrieben wurden, sind mit mehreren zugelassenen Geräten auf spezifische medizinische Bedürfnisse ausgerichtet.

1.4.2.6 Intelligente Prothese für Amputierte

Verschiedene laufende Projekte zielen darauf ab, intelligente Prothesen mit den verbleibenden Nerven an der Wurzel der verlorenen Gliedmaßen zu verbinden. Die Prothese soll entweder direkt von den Nerven des Patienten aus aktiviert werden können oder eine sensorische (haptische) Rückmeldung über Sensoren geben, die in der Prothese angebracht und mit den Nerven verbunden sind. Die Zahl der Patienten, die von diesen Geräten profitieren, ist noch begrenzt, aber es werden bald große Fortschritte erzielt werden, insbesondere wenn Amputierte der unteren Gliedmaßen dafür in Frage kommen.

1.4.2.7 Diagnostik und Überwachung von Epilepsiepatienten

Der übliche Ansatz zur Beurteilung von Auftreten, Intensität, Häufigkeit und Lokalisation epileptischer Anfälle ist die Elektroenzephalographie (EEG). Leider können EEG-Kappen nicht über längere Zeiträume getragen werden. Eine genaue Langzeitüberwachung zu Hause ist noch nicht verfügbar, mit Ausnahme des NeuroPace RNS-Systems (siehe Abschn. 3.4.7). Es besteht aus einem implantierbaren Rekorder, der durch eine Kraniotomie eingesetzt wird und an 816 Elektroden angeschlossen ist (kortikale Paddle-Elektroden oder Durchdringungselektroden). Mehrere Gruppen entwickeln derzeit weniger invasive implantierbare Systeme für die mittel- bis langfristige Diagnose und Überwachung von Epilepsiepatienten, mit dem Ziel, Anfälle vorhersagen oder Ereignisse voraussagen zu können. Ein Beispiel ist UNEEG [9], ein dänisches Unternehmen, das zur Widex-Gruppe [10], einem Anbieter von Hörgeräten, gehört.

1.4.2.8 BCI zur Erkennung motorischer Bereiche des Kortex

Seit mehr als einem Jahrzehnt vereint die BrainGate Initiative [11] fünf US-Institutionen in einem Konsortium, das in der Forschung und Entwicklung auf dem Gebiet des Lesens von Bewegungsabsichten gelähmter Patienten führend ist. Das Erfassen der kortikalen Aktivität erfolgt hauptsächlich durch das sogenannte BlackrockArray oder Utah-Array (siehe Abb. 1.3), ein Mikroelektroden-Array (MAE) [12]. Diese winzige Gewebeschnittstelle aus bis zu 100 feinen Elektroden dringt etwa 1,5 mm tief in den motorischen Kortex ein.

Bislang sind die Elektroden mit einem Bündel dünner Golddrähte und einem transdermalen Anschluss, dem sogenannten Sockel, verbunden (siehe Abb. 1.4). Der Sockel wird am Schädel befestigt.

Bislang wurden etwa 1520 gelähmten Patienten ein oder zwei Utah-Arrays in ihren motorischen Kortex eingesetzt. Die größte Herausforderung besteht in der Echtzeit-Dekodierung der Bewegungsabsichten. Frühe Arbeiten ermöglichten es einem gelähmten Patienten, allein durch seine Gedanken einen Cursor (2D) auf einem Bildschirm zu bewegen, auf Symbole zu klicken, ein Buchstabiergerät zu be-

Abb. 1.3 Utah oder BlackrockArray. (*Mit freundlicher Genehmigung: Blackrock Microsystems LLC*)

Abb. 1.4 Utah-Array verbunden mit einem transdermalen Sockel. (*Mit freundlicher Genehmigung von Blackrock Microsystems LLC)*

nutzen und andere Aufgaben auszuführen, die der Aktivierung einer Computermaus ähneln. Später wurde es möglich, Informationen zu entschlüsseln und zu extrahieren, die komplexeren Bewegungen mit bis zu einem Dutzend Freiheitsgraden entsprechen. Die Bewegungsabsichten „Bewegen, Greifen und Ergreifen" des Arms wurden erfolgreich entschlüsselt und ermöglichten die Aktivierung eines Roboterarms für einfache Aufgaben wie das Trinken aus einer Flasche oder das Aufnehmen von Essen in einer Schüssel mit einer Gabel. Kürzlich wurde der Roboterarm durch direkte FES-Stimulation des Arms des gelähmten Patienten ersetzt.

In aktuellen Arbeiten (siehe Abschn. 7.3.6) wird die gleiche Art von BCI zur Wiederherstellung des Kontakts mit Menschen mit vollständig eingeschlossenem Patientensyndrom (CLIS).

1.4.2.9 Andere

Mehrere Entwicklungen im Zusammenhang mit innovativen Geräten für die Verbindung mit dem Nervensystem sind auf der ganzen Welt im Gange. Um nur einige zu nennen:

- Simulation des Rückenmarks zur Reaktivierung des Gehens bei gelähmten Patienten oder zur Rehabilitation nach Schlaganfall
- Stent-ähnliche Elektroden im Gehirn platzierenBlutgefäße zum Erfassen von Gehirnsignalen
- Stimulation des Innenohrs zur Behebung von Gleichgewichtsstörungen
- Stimulation des Sehnervs oder des visuellen Kortex zur Behandlung von Blindheit
- Steuerbare DBS für eine präzisere Behandlung von Parkinson
- DBS verwenden bei anderen Syndromen wie Zwangsstörungen (OCD), chronischen Depressionen, Migräne, Tourette-Syndrom, Fettleibigkeit, Süchten, Epilepsie usw.
- PNS zur Behandlung von Phantomschmerzen bei Amputierten
- Spiegelbildliche Wiederherstellung einer einseitigen Gesichtslähmung
- Neurofeedback bei Tinnitus
- Stimulation des Hypoglossusnervs zur Behandlung der Schlafapnoe
- Stimulation des Magennervs bei Gastroparese, Übelkeit und Erbrechen
- Re-Synchronisation des Gehirns bei Legasthenie oder bestimmte Sprachstörungen
- Drahtgebundene und drahtlose Netzwerke von Implantaten für FES
- ...

Die laufenden Entwicklungsbemühungen im Bereich der Neurotechnologien werden erhebliche Auswirkungen auf Gesundheit und Lebensqualität haben. Einige Verbesserungen werden schrittweise vorgenommen. Einige werden bahnbrechend und revolutionär sein. Von der Arbeit der Pioniere zu lernen ist wichtig, um heute gute Forschung und Entwicklung zu betreiben. Die Vorwegnahme von Trends und Veränderungen in unserem Umfeld veranlasst uns, auch auf die „Träumer" zu hören.

1.4.3 Träumer

Pioniere und „Macher" der Neurotechnologien waren oder sind vor allem Ärzte, Gesundheitsspezialisten, Chirurgen, Ingenieure, Regulierungsbehörden, Wissenschaftler und Forscher. Ihr Schwerpunkt liegt auf der Verbesserung von Therapien und Diagnostik, wobei die Patienten im Mittelpunkt.

Seit kurzem gibt es eine neue Kategorie von Spielern: die Träumer. Ihre Ziele sind die Nutzung von BCI für nichtmedizinische Anwendungen. Sie haben in der

Regel kein umfassendes Verständnis für die Besonderheiten des menschlichen Körpers. Sie unterschätzen auch die technischen Herausforderungen im Zusammenhang mit der Schnittstelle zum Gehirn.

Sie sind erfolgreiche, wohlhabende und junge Unternehmer, die riesige Unternehmen gegründet und aufgebaut haben, vor allem in den Bereichen Kommunikation, Internet, Software, Online-Handel oder Elektroautos. Ihre Fähigkeit, ganze Branchen neu zu erfinden, ist erstaunlich. Deshalb sollten Macher auf Träumer hören und Chancen ergreifen, wann immer es möglich ist.

Die Träumer wollen das BCI über das derzeitige Stadium hinaus weiterentwickeln, um Menschen mit neurologischen Störungen zu helfen. Sie wollen BCI über das gesamte Volumen des Gehirns verbreiten, mit tausenden von winzigen elektronischen „Körnchen", die über ein drahtloses Netzwerk kommunizieren. Neben anderen Träumen möchten sie den Einsatz von BCI auf die Erweiterung der der natürlichen Fähigkeiten unseres Gehirns erweitern. Nichtmedizinische Anwendungen, wie eine neue Art von B2B (in diesem Fall die Kommunikation von Gehirn zu Gehirn), die Verbindung des Telefons mit dem Gehirn oder das Autofahren direkt vom Gehirn aus, sind für die meisten von uns Utopie, nicht aber für die Träumer.

Am Ende dieses Buches werden wir auf die gesellschaftlichen, wirtschaftlichen und ethischen Aspekte der nichtmedizinischen BCI zurückkommen.

1.5 Das Zeitalter der Neurotechnologien

Wie bereits beschrieben, sind im Bereich der aktiven implantierbaren Geräte das Ende des 20. Jahrhunderts das Zeitalter des Herzrhythmusmanagements (CRM). Der Beginn des 21. Jahrhunderts ist definitiv das Zeitalter der Neurotechnologien.

1.5.1 Konvergenz der Technologien

Wir werden später sehen, dass die Verbindung mit dem Gehirn technisch schwierig ist, was die Materialien, die Energie, die Handhabung winziger Signale, die Verkapselung und Miniaturisierung sowie die Kommunikation betrifft. CRM-Geräte haben weniger Kanäle, sind hauptsächlich stimulierend und nicht sensorisch, sie haben eine weniger ausgefeilte Elektronik und befinden sich an Körperstellen, wo die Größe nicht so entscheidend ist wie im Kopf. In diesem weniger anspruchsvollen Umfeld konnten Herzgeräte mit einfachen Technologien effiziente Therapien anbieten, die in den 1960er-Jahren eingeführt wurden und in den 1970er- bis 1980er-Jahren erheblich zunahmen.

Die Fortschritte in der integrierten Mikroelektronik, die ständige Verringerung des Stromverbrauchs und die Erfolge bei der Miniaturisierung eröffnen nun den Weg zu mehrkanaligen, breitbandigen BCI in Echtzeit. Andere technische Hindernisse behindern den Fortschritt der implantierten Elektronik: Energie, mehrfache hermetische Durchführungen und implantierbare Stecker. Innovative Unternehmen schlagen Alternativen vor, um die Leistungen dieser strategischen Bausteine zu verbessern. In Kap. 4 werden wir sehen, worin die durch den Körper selbst verursachten Einschränkungen bestehen. Weitere Einzelheiten zu den technischen Hindernissen sind in Abschn. 7.2 zu finden.

1.5.2 Beschränkungen der Pharma- und Bio-Industrie

Was die Behandlung neurologischer Krankheiten oder Störungen betrifft, wurden in den letzten Jahrzehnten nur sehr wenige wirksame neue Medikamente entwickelt. Viele Pharmakonzerne und Biotech-Unternehmen setzen erhebliche Mittel für die Suche nach Lösungen für neurodegenerative Krankheiten, wie die Alzheimer-Krankheit und die Demenz, oder einige psychiatrische Störungen ein. Nach mehreren Jahrzehnten erheblicher Anstrengungen sind die Ergebnisse enttäuschend. Es könnte an der Zeit sein, nach Lösungen außerhalb des traditionellen pharmazeutischen Ansatzes zu suchen, zum Beispiel unter den Konzepten der Neurotechnologie.

Bei anderen Indikationen, wie Epilepsie, spricht ein großer Prozentsatz der Patienten nicht auf die verfügbaren Medikamente an. Die Wahrscheinlichkeit, bessere Medikamente zu finden, ist begrenzt. Auch hier könnten die Neurotechnologien eine gewisse Hoffnung geben, insbesondere für Patienten, die nicht auf Medikamente ansprechen. Wir glauben auch, dass neue Neurogeräte eine große Hilfe sein könnten, um eine bessere Diagnostik und Nachsorge für Epilepsiepatienten, die auf Medikamente ansprechen, zu ermöglichen, sodass sie ihr Medikament besser dosieren können, die Behandlung effizienter wird und weniger Nebenwirkungen auftreten.

Einige dieser Einschränkungen bei der Entwicklung neuer oder besserer Medikamente könnten durch technologische Mittel wie elektrische Stimulation, Closed-Loop-Therapien, lokalisierte, programmierbare Medikamentenverabreichung oder Kombinationen dieser Mittel. In naher Zukunft werden Pharmaunternehmen und technologische Innovatoren bei der Suche nach Lösungen für unerfüllte neurologische Bedürfnisse Hand in Hand arbeiten – eine vielversprechende Win-Win-Situation. Pharmazeutische Unternehmen verstehen die Bedürfnisse der Patienten, die medizinischen und klinischen Aspekte. Technologieunternehmen werden neue Instrumente zur Bewältigung der Krankheit bereitstellen.

1.5.3 Unerfüllter medizinischer Bedarf

Wie bereits erwähnt, gibt es für mehrere neurologische Störungen oder Krankheiten keine oder nur unzureichende Behandlungsmöglichkeiten. Mit der Alterung der Bevölkerung wird die Belastung unserer Gesellschaft durch neurologische Defizite unerträglich.

In der jüngsten Vergangenheit hat sich gezeigt, dass Technologien die Lebensqualität vieler Patienten zum Teil erheblich verbessern können. Das Beispiel junger Kinder, die mit Hilfe eines Cochlea-Implantats ihr Gehör wiedererlangen, zeigt uns, dass Lösungen gefunden werden können. Vor 30 Jahren hätten nur wenige Menschen gedacht, dass DBS das Leben von Parkinson-Patienten so stark verbessern könnte. Vielleicht können in einer absehbaren Zukunft Epilepsieanfälle durch ein BCI-System vorhergesagt oder sogar behandelt werden. Heute erfahren Schlaganfallopfer durch lange Rehabilitationsprogramme nur eine begrenzte Verbesserung. Vielleicht wird BCI in naher Zukunft eine schnellere und wesentlichere Genesung ermöglichen. Die Fortschritte in der Technologie werden mit Sicherheit die Zahl der unerfüllten medizinischen Bedürfnisse verringern und die Ergebnisse der schlecht erfüllten medizinischen Bedürfnisse drastisch verbessern.

Literatur

1. https://en.wikipedia.org/wiki/Electrical_muscle_stimulation
2. Jeffrey K (2001) Machines in our hearts. The Johns Hopkins University Press, Baltimore/London. ISBN 0-8018-6579-4
3. https://en.wikipedia.org/wiki/Sacral_nerve_stimulation
4. http://www.axonicsmodulation.com/product/
5. https://nuvectramedical.com/corporate/about-us/
6. https://en.wikipedia.org/wiki/LivaNova
7. https://www.prnewswire.com/news-releases/enteromedics-announces-affordable-vbloc-therapy-program-for-weight-loss-patients-300480925.html
8. https://www.reshapelifesciences.com/
9. https://www.uneeg.com/
10. https://www.widex.com/
11. https://www.braingate.org/
12. Technology quarterly, brain-computer interfaces. The Economist, 6 Jan 2018

Kapitel 2
Vom Konzept zum Patienten

2.1 Translationale Medizin

Es gibt mehrere Definitionen der translationalen Medizin. Die Beschreibung, die am besten zum Zweck dieses Buches passt, ist eine Methodik, die sicherstellt, dass Forschungsergebnisse, Innovationen, Ideen und Konzepte zur Verbesserung der menschlichen Gesundheit die Patienten erreichen, die bessere Therapien benötigen. Translationale Medizin ist ein globaler Prozess der Umwandlung von Ideen in medizinische Produkte, Diagnoseinstrumente und eine bessere Gesundheitsversorgung.

2.1.1 Von der Idee zum Produkt

Die Produktentwicklung ist hauptsächlich ein sequenzieller Prozess mit verschiedenen Phasen, die ordnungsgemäß abgeschlossen werden müssen, bevor die nächste Phase beginnt. In einigen Fällen kann eine parallele Entwicklung durchgeführt werden, um den Prozess zu beschleunigen, aber dies birgt zusätzliche Risiken.

Eine strenge und strukturierte Entwicklungsmethodik ist der beste Weg, um das Endziel eines Translationsprozesses erfolgreich zu erreichen: ein gutes Produkt, das vielen Patienten zu einem besseren Leben verhilft. Alle Medizinprodukte, die heute auf dem Markt sind, haben einen strengen Entwicklungsprozess durchlaufen, der keinen Raum für Zweifel und Ungewissheiten lässt.

Der Schlüssel zu einer effizienten Entwicklung liegt darin, das Projekt auf einer soliden Grundlage zu beginnen (siehe Abb. 2.1): Verständnis für die Bedürfnisse der Patienten und Gesundheitsdienstleistern, klare Spezifikationen, eine gründliche Risikoanalyse, die Beachtung der körperlichen Grenzen des menschlichen Körpers und gute Beherrschung der Technologien.

C. Clément, *Gehirn-Computer-Schnittstellen-Technologien*,
https://doi.org/10.1007/978-3-031-23815-4_2

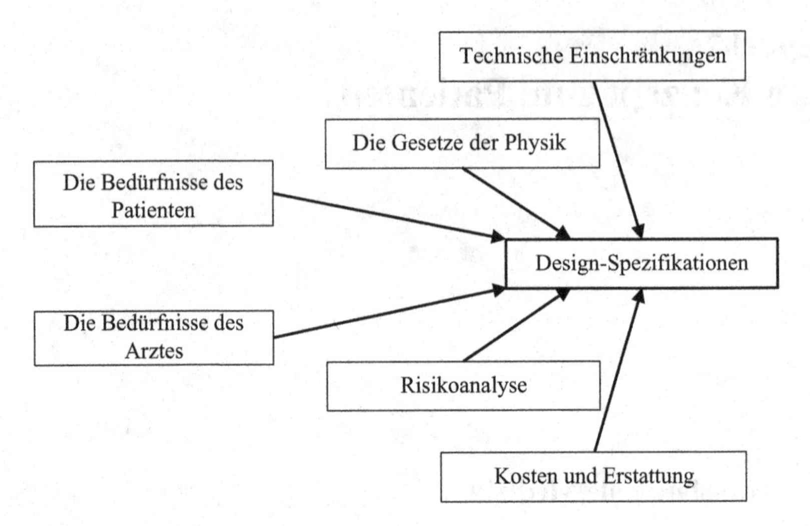

Abb. 2.1 Das Projekt auf solider Grundlage beginnen

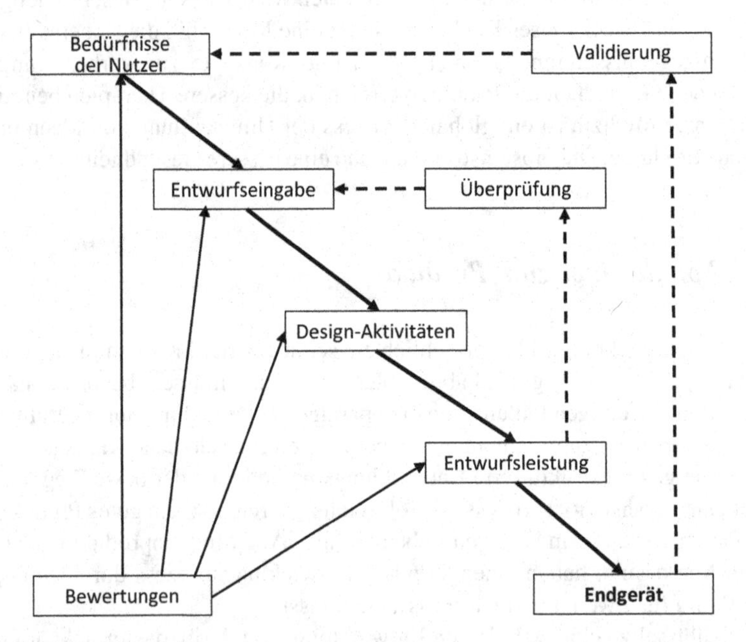

Abb. 2.2 Wasserfallmodell

Zur Strukturierung eines Projekts werden verschiedene Methoden verwendet. Am weitesten verbreitet sind das sequenzielle „Wasserfallmodell" (siehe Abb. 2.2) und das „V-Modell" (siehe Abb. 2.3).

Entwicklungsmodelle sind weder gut noch schlecht. Die Hauptsache ist, dass man sich an eine strenge Methodik hält und sicherstellt, dass alles von Beginn des Projekts an klar dokumentiert wird. Selbst die ersten Schritte, wie Brainstorming,

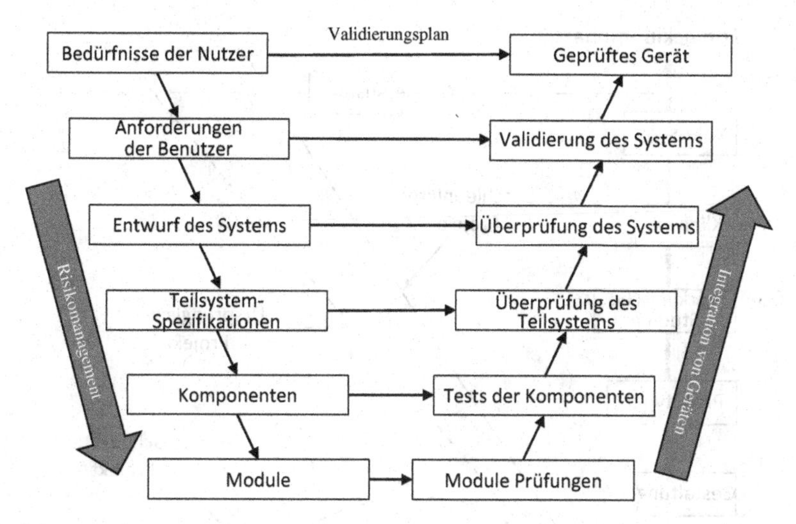

Abb. 2.3 V-Modell

Konzeptstudien, Literaturrecherche, Patentrecherche und Wettbewerbsanalyse, sollten in schriftlichen Berichten nachvollziehbar, datiert, unterzeichnet und ordnungsgemäß archiviert sein. Das Versäumnis, jeden Entwicklungsschritt ordnungsgemäß zu dokumentieren, ist eine der Hauptursachen dafür, dass Projekte im Tal des Todes versinken.

Entwickler und Hersteller aktiver medizinischer Geräte verfügen über einen großen Erfahrungsschatz, wie ein Projekt von der Idee bis zum Produkt (siehe Abb. 2.4 und 2.5) in einer Weise durchgeführt werden kann, die die Erfolgschancen optimiert. Ein sorgfältiges schrittweises Vorgehen, bei dem ein Problem nach dem anderen gelöst wird, dauert zwar länger, erhöht aber die Chancen, das Projekt ohne größere Umgestaltung abzuschließen. Investoren und andere Beteiligte beklagen sich häufig über die langen Entwicklungszyklen aktiver medizinischer Geräte. Bei komplexen Projekten dauert es in der Regel mehr als zehn Jahre und kostet mehr als 100 Mio. $ vom ursprünglichen Konzept bis zum kommerziellen Produkt. Entwicklungsteams, die versuchen, Abkürzungen zu nehmen, z. B. indem sie versuchen, mehrere Probleme parallel zu lösen, oder indem sie angemessene Bewertungen und Tests auslassen oder zu viele Innovationen auf einmal einbeziehen, sind nicht in der Lage, ihr Projekt bis zum Ende zu führen.

Häufig wird angenommen, dass die langen Entwicklungszyklen von AMIDs durch umfangreiche Vorschriften und Bürokratie bedingt sind. Dies ist zweifellos richtig. Der Grund ist in den Endzielen der Übergangsmedizin zu suchen: sichere und zuverlässige Geräte für Tausende von Patienten bereitzustellen. Die Entwicklung von Geräten, die für den Menschen geeignet sind, lässt keinen Raum für Risikobereitschaft, Näherungswerte und Teiltests. Wenn wir uns an Menschen wenden, muss das allererste Implantat sicher sein. Dies gilt insbesondere für AMIDs, die eine Schnittstelle zum Gehirn bilden. Leistung und Wirksamkeit können in späteren Phasen verbessert werden, aber die Sicherheit ist nicht verhandelbar.

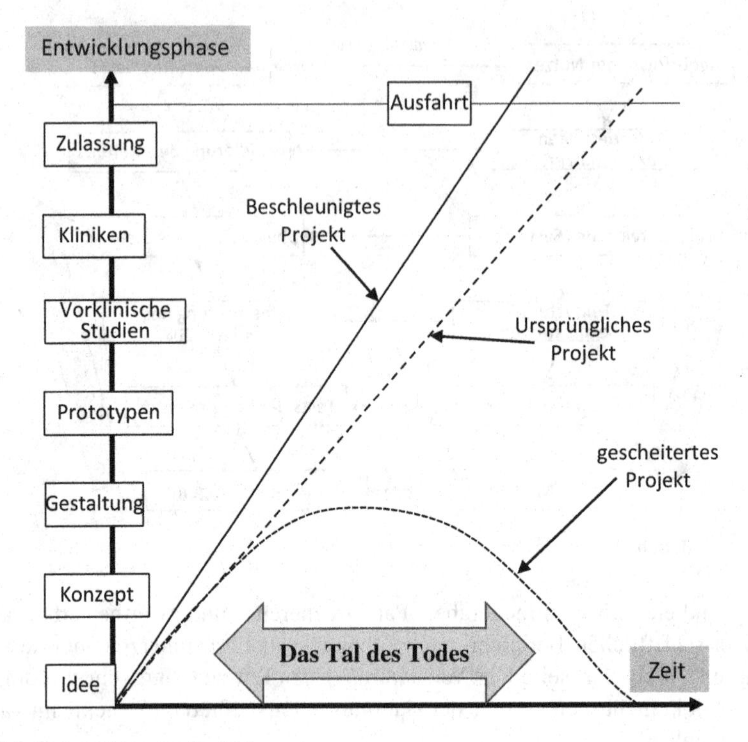

Abb. 2.4 Entwicklung des Projekts

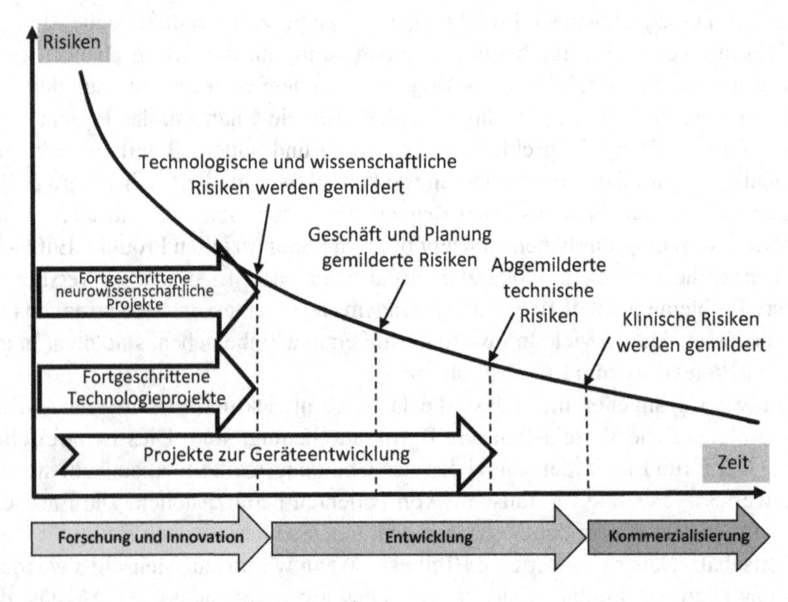

Abb. 2.5 Risikominderung und Lebenszyklus

Zu Beginn eines komplexen Projekts, unter dem Druck von Investoren, Management und anderen Interessengruppen, ist der Plan fast immer, die Genehmigung in weniger als fünf Jahren zu erreichen. In der Regel dauert es aber mehr als doppelt so lange. Ich habe viele Teams mit hohen Ambitionen erlebt, die das Gegenteil beweisen und die Zulassung schnell erreichen wollten. Um dies zu erreichen, nahmen sie alle Abkürzungen und unüberlegte Risiken in Kauf und landeten tief im Tal des Todes. Auf dem Grund des Tals des Todes finden wir die Kadaver sehr schöner Ideen, die von gierigen und unerfahrenen Unternehmern bis an ihre Grenzen getrieben wurden.

Die Suche nach AIMD-Projekten, die in den letzten zwei Jahrzehnten den vollständigen Weg der Zulassung vor dem Inverkehrbringen (PMA) durchlaufen haben, dauerte bei keinem von ihnen vom Konzept bis zur Zulassung weniger als zehn Jahre, und keines lag unter 100 Mio. $. Viele Unternehmen haben versucht, die Zulassung früher und mit geringeren Investitionen zu erhalten, aber keines von ihnen war erfolgreich. Und warum? Ich wollte sagen: „*Das weiß niemand*", aber in Wirklichkeit sind sie genau deshalb gescheitert, weil sie schnell und billig sein wollten. Die wichtigsten globalen Gründe für das Scheitern, weil man schnell und billig sein will, sind in Abb. 2.6 beschrieben.

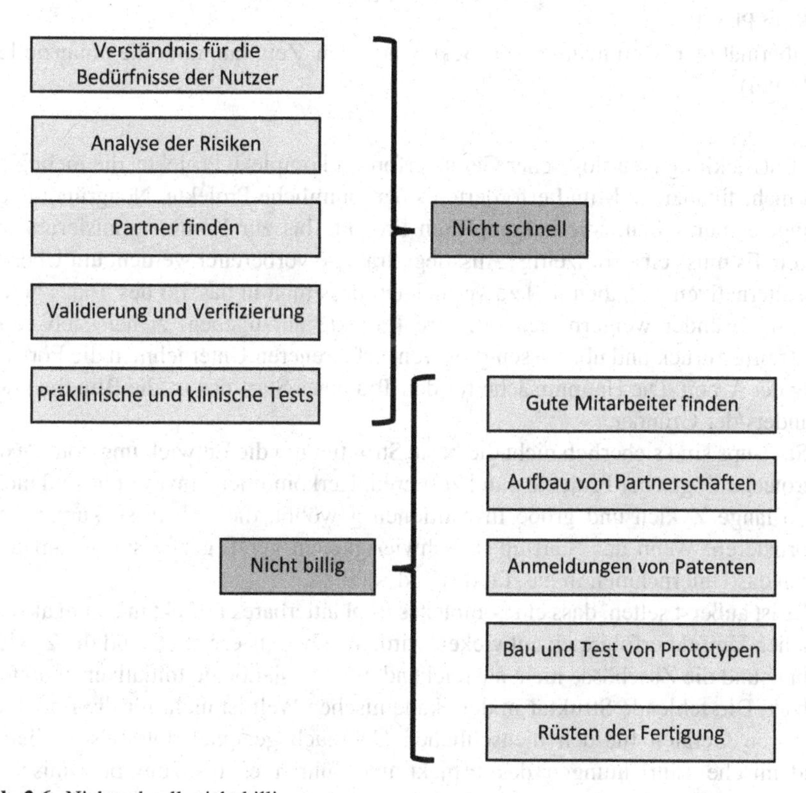

Abb. 2.6 Nicht schnell, nicht billig

2.1.2 *Tal des Todes*

Sehr oft fallen innovative Projekte, selbst wenn sie vielversprechend sind, in das sogenannte „Tal des Todes“. Es handelt sich um den Abschnitt des Entwicklungslebenszyklus zwischen der Mitte oder dem Ende der Entwurfsphase und dem First-In-Human (FIH). Diese Projekte sterben *„an der Tür der Klinik“*.

Warum ist das der Fall? Hier sind einige der Gründe, die einzeln oder in Kombination dazu führen können, dass Projekte im Tal des Todes gefangen sind:

- Start-up zu früh gegründet.
- Nicht genügend Ressourcen (finanziell und personell), um die De-Risking-Phase abzuschließen.
- Mangelnde sorgfältige Planung des Entwicklungsprozesses.
- Keine Durchsetzung von Fristen.
- Überschreitungen und Abweichungen vom ursprünglichen Haushaltsplan.
- Konzeptions- und Durchführbarkeitsphase nicht gründlich durchgeführt.
- Zu viele technologische Risiken werden gleichzeitig eingegangen.
- Tiefgreifende Umgestaltung spät im Entwicklungsprozess.
- Unzureichendes Verständnis für die Zwänge der AIMD-Industrie.
- Kein Plan B.
- Übermäßiger Optimismus (in Bezug auf den Zeitplan und die finanziellen Mittel).
- …

Die Entwicklung neurologischer Geräte erfordert komplexe Projekte, die mehr Zeit und mehr finanzielle Mittel erfordern als herkömmliche Projekte. Neugründungen gelingt es nur selten, solche komplexen Projekte bis zur Kommerzialisierung zu führen. Es muss eine frühzeitige Ausstiegsstrategie vorbereitet werden, um Überlebensalternativen zu haben und zu vermeiden, dass man in das Tal des Todes gerät. Start-up-Gründer weigern sich oft, ihre Projekte aufzugeben, ziehen sich nicht rechtzeitig zurück und überlassen größeren, erfahreneren Unternehmen die Fortsetzung der Arbeit. Die Hauptursache für den Tod eines Start-ups ist die Blindheit des Gründers/der Gründer.

Start-ups sind sicherlich nicht die beste Struktur, um die Entwicklung komplexer neurotechnologischer Projekte durchzuführen. Herkömmliche Investoren sind nicht an so lange Zyklen und große Investitionen gewöhnt, die sich in so kurzer Zeit amortisieren. Wenn das Start-up in Schwierigkeiten gerät, geben sie oft auf und lassen das Unternehmen in das Tal des Todes fallen.

Es ist äußerst selten, dass ein komplexes implantierbares Projekt in einem akademischen Umfeld erfolgreich entwickelt wird. Wie bereits erwähnt, sind die Zyklen zu lang und die Zuschüsse nicht ausreichend, um translationale Initiativen zu unterstützen. Die fehlende Struktur in der akademischen Welt ist nicht für die Entwicklung von Geräten für den menschlichen Gebrauch geeignet. Oftmals initiieren akademische Einrichtungen das Projekt und führen es bis zum präklinischen Stadium. Leider wird diese frühe Arbeit in den meisten Fällen ohne Rückverfolgbarkeit und mit unzureichender Dokumentation durchgeführt und erweist sich schließlich als wertlos für die Umsetzung in Produkte für den Menschen. Mangels praktischer Erfahrung machen Akademiker, die versuchen, ein Gerät zu entwickeln, all die Fehler, die schon viele Menschen zuvor gemacht haben. Ein guter Weg, diese Fallstricke zu vermeiden, besteht darin, wertvolle Zeit mit der Suche nach dem *„Was-wäre-wenn-und-warum" zu* verbringen. „Um ein kompetenter Entwickler von aktiven medizinischen Geräten zu sein, bedarf es jahrzehntelanger harter Arbeit, des Lernens aus Fehlern, des Austauschs mit Kollegen und des ständigen Lernens." Ein junger Postdoc wird wahrscheinlich nicht sofort ein guter Entwickler sein.

Als Alternative zu Start-ups und der akademischen Welt sind philanthropische und gemeinnützige Stiftungen gut geeignet, um die Umsetzung von neurotechnologischen Projekten zu unterstützen. Solche Organisationen verfügen über beträchtliche finanzielle Mittel und haben Zugang zu großen Finanz-, Geschäfts- und Partnerschaftsnetzwerken. Ein Beispiel ist das Wyss Center for Bio and Neuroengineering in Genf, Schweiz [1]. Durch die Einstellung einer einzigartigen Kombination aus Wissenschaftlern und Ingenieuren, erfahrenen Programmmanagern und jungen innovativen Talenten ist das Wyss Center gut positioniert, um Projekte davor zu bewahren, in das Tal des Todes zu stürzen. Darüber hinaus bieten die Erfahrung und die Bandbreite einer solchen Stiftung unvergleichliche Möglichkeiten, die Entwicklung komplexer Neuro-Projekte zu beschleunigen.

2.1.3 *Multikultureller Ansatz*

Ich sage immer, dass man für eine gute translationale Medizin *zweisprachig* sein muss, also sowohl die Sprache der Wissenschaft als auch die der Technologie sprechen sollte. Es geht sogar noch weiter: Man muss beide Kulturen verstehen.

Um in der Lage zu sein, anspruchsvolle Projekte zu leiten, wie BCI zur Bewegungswiederherstellung von gelähmten Patienten zu leiten, muss das Entwicklungsteam über ein sehr breites Spektrum an Kompetenzen verfügen. Diese unterschiedlichen Talente, Fähigkeiten und Kenntnisse müssen sich in einem synergetischen multikulturellen Ansatz gegenseitig befruchten können. Jede der in Abb. 2.7 beschriebenen Gruppen ist für den Erfolg notwendig, aber nur die Kombination von ihnen ist ausreichend.

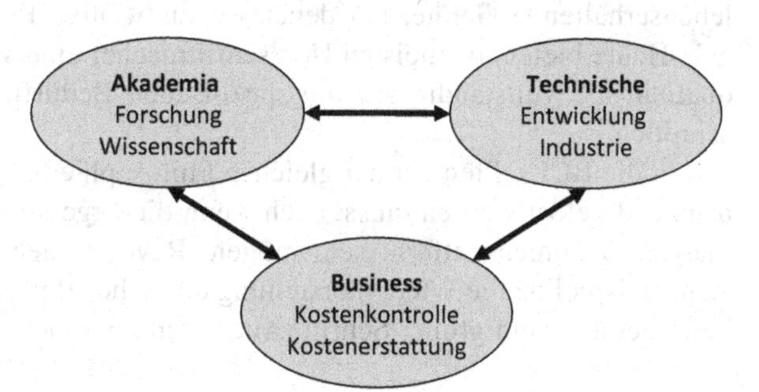

Abb. 2.7 Kombination von Fähigkeiten

Neugründungen haben nicht den Luxus, kompetente Vertreter jeder dieser Gruppen einzustellen. Rein akademischen Organisationen fehlt es an technischen und regulatorischen Fähigkeiten. Große multinationale Medizintechnikunternehmen investieren nicht in Projekte in der Frühphase und ziehen es vor, dass die Arbeit zur Risikominderung von jemand anderem erledigt wird. Aus diesen Gründen glauben wir, dass sich das in diesem Buch beschriebene Entwicklungsmodell besonders gut für BCI und andere komplexe Neuro-Schnittstellen.

Multikulturalität beschränkt sich nicht auf die Zusammenführung vieler unterschiedlicher Berufe. Es handelt sich auch um eine Mischung aus Nationalitäten, kulturellen Hintergründen, Alter, Geschlecht und Erfahrung. Ein effizientes Entwicklungsteam sollte in der Lage sein, auf den Unterschieden aufzubauen, und ist kritischer gegenüber schlechten Gewohnheiten und vorgefassten Meinungen als andere. Bei der Erforschung disruptiver Lösungen im Bereich der Technologie müssen die Dinge anders angegangen werden. Neurotechnologien tauchen jetzt wie aus dem Nichts auf. Dies ist eine Gelegenheit, bahnbrechende Ideen zu entwickeln.

2.1.4 Prioritäten setzen

Bei der Entwicklung von Neurogeräten für die Anwendung am Menschen muss das Endziel im Auge behalten werden: die sichere und effiziente *Behandlung von Patienten*. Dies bedeutet, dass das Projekt auf vernünftigen Spezifikationen beruhen muss, die mit den verfügbaren Ressourcen, Fähigkeiten und Erfahrungen innerhalb eines vorhersehbaren Zeitrahmens erreichbar sind.

Translationsprojekte scheitern in der Regel, wenn die Fristen immer weiter hinausgeschoben werden. Es ist besser, sich bescheidene Ziele zu setzen, als bis zum Äußersten zu gehen. Wenn unerwartete Schwierigkeiten auftreten, ist es akzeptabel, einige Vorgaben zu reduzieren, um eine Frist einzuhalten. Vernünftige Ziele führen zum Erfolg, wenn auch nicht zur Revolution. Eine schrittweise Entwicklungsstrategie fördert eine Abfolge von Erfolgen, die langfristig zu einer Revolution werden. Einfache Herzschrittmacher brauchten mehrere Jahrzehnte, um sich zu flexiblen, programmierbaren und intelligenten Instrumenten für das Herzrhythmusmanagement zu entwickeln. Die ersten Schritte dienten der Befriedigung der dringendsten, aber lösbaren Bedürfnisse. Damals handelte es sich um lebenserhaltende Geräte, bei denen es nur wenige Programmiermöglichkeiten gab. Heute bieten die meisten Herzschrittmacher eine Verbesserung der Lebensqualität, die vollständig auf die spezifischen Bedürfnisse des Patienten zugeschnitten ist.

Für die BCI sollten wir der gleichen Philosophie folgen: zuerst das lösen, was dringend gelöst werden muss, auch wenn die Ergebnisse weit von unseren ultimativen Träumen entfernt sein mögen. Revolutionen werden warten müssen. Zum Beispiel ist die Wiederherstellung einfacher Bewegungen eines Arms eines Tetraplegikers ein großer Schritt. Auch wenn der Gewinn an Mobilität und Unabhängigkeit sehr bescheiden ist, so ist das Ergebnis doch ein großer Gewinn an Selbstwertgefühl und Würde. Selbst wenn die Fähigkeit, sich von Zeit zu Zeit selbst zu ernähren oder die Zähne zu putzen, nicht dauerhaft zur Verfügung steht, ist sie ein guter Ausgleich für die Demütigung, ständig auf Hilfe angewiesen zu sein.

Auf der gleichen Wellenlänge kommen gelähmte Menschen recht gut mit ihren Rollstühlen zurecht. Architektonische Barrieren werden abgebaut, und Rollstühle haben den Zugang zu fast allen Orten erleichtert. Oft sind Tetraplegiker nicht nur bewegungsunfähig, sondern leiden auch unter anderen Störungen wie Harninkontinenz. Viele von ihnen wünschen sich zunächst ein Gerät, mit dem sie ihre Blase kontrollieren können. Das Wiedererlangen der Gehfähigkeit kann eine zweite Priorität sein. Ich hörte Tetraplegiker-Patienten sagen: *„Lasst mir meinen Rollstuhl, aber tut etwas gegen meine Inkontinenz.“*

Ingenieure und Wissenschaftler hören nicht immer auf die Patienten und Ärzte. Gute translationale Medizin ist erreicht, wenn die wichtigsten Prioritäten der Patienten endlich erfüllt werden. Einigen wenigen Menschen heute mit einfachen Lösungen zu helfen ist besser als unerreichbare Ziele zu haben.

2.1.5 Einen Plan vorbereiten

Der Schlüssel zum Erfolg eines Translationsprojekts ist die Planung (siehe Abb. 2.8). Damit ein Plan im Rahmen des zugewiesenen Budgets realisierbar ist, müssen mehrere Bedingungen erfüllt sein:

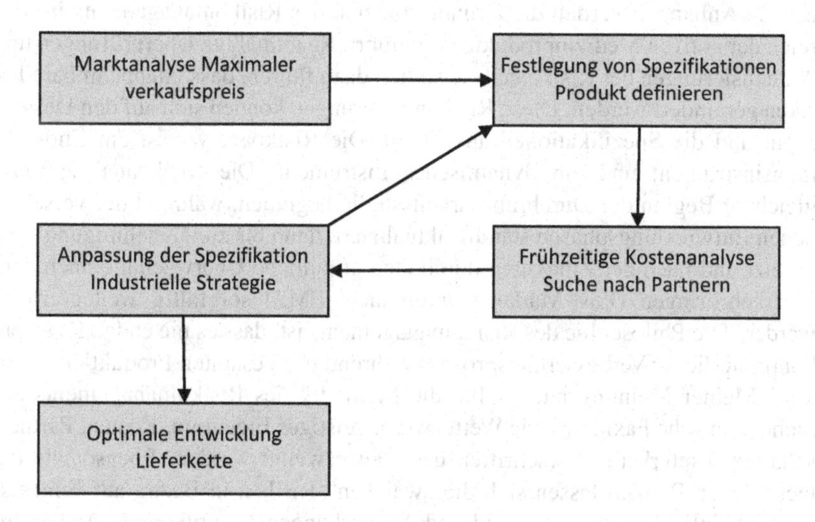

Abb. 2.8 Entwicklungsplan

- Bevor man in die Entwurfsphase eintritt, müssen die Konzeptions- und Durchführbarkeitsphase sorgfältig und ohne Zugeständnisse durchgeführt werden. Es ist wichtig, für diese Vorphase genügend Zeit einzuplanen. Es ist keine verlorene Zeit. Es ist keine Ausgabe, sondern eine Investition. Wer jetzt die richtigen Entscheidungen trifft, spart später viel Zeit. Viele Projekte scheitern, weil die Durchführbarkeit nicht nachgewiesen wurde. Wenn man in die Entwurfsphase eintritt, ohne sicher zu sein, dass es einen Entwurf geben wird, geht man ein großes Risiko ein.
- In einem ersten Schritt sollte eine grobe Beschreibung des Konzepts, z. B. in Form einiger Varianten von 3D-gedruckten Modellen, eine frühzeitige Diskussion mit Patienten und ihren Ärzten ermöglichen. Dieses erste Feedback der Endnutzer ist ein Schlüssel zum Erfolg.
- Eine Marktanalyse muss vor Beginn der Entwurfsphase durchgeführt werden. Sie dient der Quantifizierung der Marktgröße, der potenziellen Marktdurchdringung des künftigen Produkts, der Ermittlung aktueller und künftiger Wettbewerber und ermöglicht eine Marktsegmentierung in Bezug auf den möglichen Verkaufspreis. Ein grobes Verständnis der Kostenerstattung ist wichtig.
- In dieser frühen Phase muss der Projektleiter in der Lage sein zu beurteilen, ob die geschätzten Kosten ab Werk mit dem vom Markt tolerierten Verkaufspreis übereinstimmen (wie in der Marktanalyse-Phase bewertet), mit einer ausreichenden Bruttomarge. Ein Projekt mit einer vorhersehbar geringen Marge zu beginnen ist eine der Hauptursachen für einen Misserfolg. Vergessen Sie nie, dass „der Markt immer Recht hat“. Wenn also der angestrebte Verkaufspreis nicht genügend Spielraum für eine sichere Gewinnspanne lässt, dann müssen die allgemeinen Spezifikationen des Produkts herabgestuft werden.
- Zu Beginn des Projekts muss eine gründliche Risikoanalyse durchgeführt werden. In Anhang 1 werden die Grundprinzipien des Risikomanagements im Bereich der aktiven Medizinprodukte aufgeführt. Regelmäßige Überprüfungen und Aktualisierungen der Risikoanalyse sollten dazu führen, dass unannehmbare Risiken gemindert werden. Diese Risikominderungen können sich auf den Design-Input und die Spezifikationen auswirken. Die Risikoanalyse ist ein Entwicklungsinstrument und ein dynamisches Instrument. Die Risikoanalyse muss gleich zu Beginn der Durchführbarkeitsstudie beginnen, während der verschiedenen Entwicklungsphasen ständig aktualisiert, dann bis zur Genehmigung fortgesetzt und nach der Zulassung durch eine gründliche Überwachung nach dem Inverkehrbringen (Post-Market Surveillance, PMS) sorgfältig weiterverfolgt werden. Die Philosophie des Risikomanagements ist, dass es nie endet. Es ist ein kontinuierlicher Verbesserungsprozess während des gesamten Produktlebenszyklus. Meiner Meinung nach sollte die Methodik des Risikomanagements auf nichttechnische Faktoren, wie Wettbewerb, geistiges Eigentum, Kosten, Partnerschaften, Lieferkette, Vorschriften usw., ausgeweitet werden. Ebenso wie die technischen Risiken lassen sich die „weichen“ Risiken in Bezug auf Eintrittswahrscheinlichkeit, Schweregrad und Auswirkungen quantifizieren. Auch weiche Risiken können durch intelligente Maßnahmen gemildert werden, wodurch sich die Erfolgschancen erhöhen.

- Wann immer Spezifikationen geändert werden, z. B. um Fristen einzuhalten oder Probleme zu beheben, sollte eine systematische Analyse der Auswirkungen der Änderungen vorgenommen werden. Es ist üblich, dass die „Behebung eines Problems" viele neue Probleme nach sich zieht usw.
- Von Projektbeginn an müssen detaillierte Meilensteine mit angemessenen Fristen festgelegt werden. Für den Fall, dass ein Termin nicht eingehalten werden kann, sollte ein Notfallplan erstellt werden. Fristen sollten erst dann verschoben werden, wenn alle anderen Alternativen zur rechtzeitigen Erreichung des Meilensteins ausprobiert worden sind.
- Das Projekt sollte in Arbeitspakete (WPs) aufgeteilt werden, die jeweils Ziele, eine Frist, zugewiesene Ressourcen und ein Budget haben. Einige WPs können sich überschneiden oder parallel laufen.
- Die Arbeitsgruppen sollten in Unterteams aufgeteilt werden, wobei ein Arbeitsgruppenleiter für die Berichterstattung und die Ergebnisse verantwortlich ist.
- Der Programm-Manager (PM) leitet das Projekt, koordiniert die Aktivitäten, synchronisiert die Arbeitsgruppen, setzt die Fristen durch und überwacht das Budget, führt aber keine Entwicklungs- oder Konstruktionsarbeiten durch.
- Der Plan sollte Eventualitäten und alternative Routen für kritische Güter enthalten.
- Eine visuelle Darstellung (z. B. ein Gantt-Diagramm) der Gesamtplanung sollte beibehalten werden und dem Projektteam und dem Management zur Verfügung stehen.

Die Entwicklung von Geräten durchläuft mehrere aufeinander folgende Phasen mit Überprüfungen und engen Schleifen zur Änderung, Korrektur und Verbesserung von Spezifikationen. Der Weg von der Idee bis zur klinischen Anwendung ist lang und verschlungen (siehe Abb. 2.9):

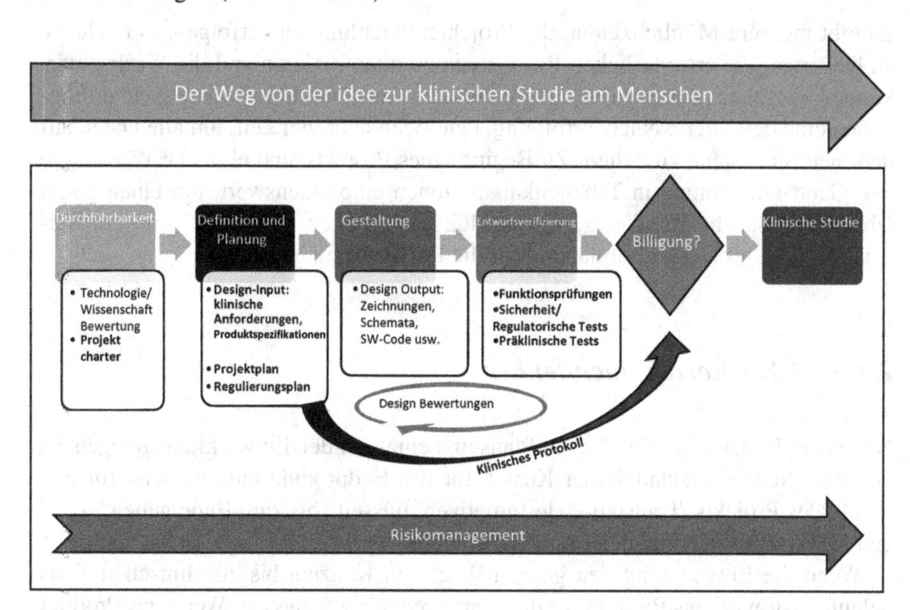

Abb. 2.9 Von der Idee zur klinischen Studie

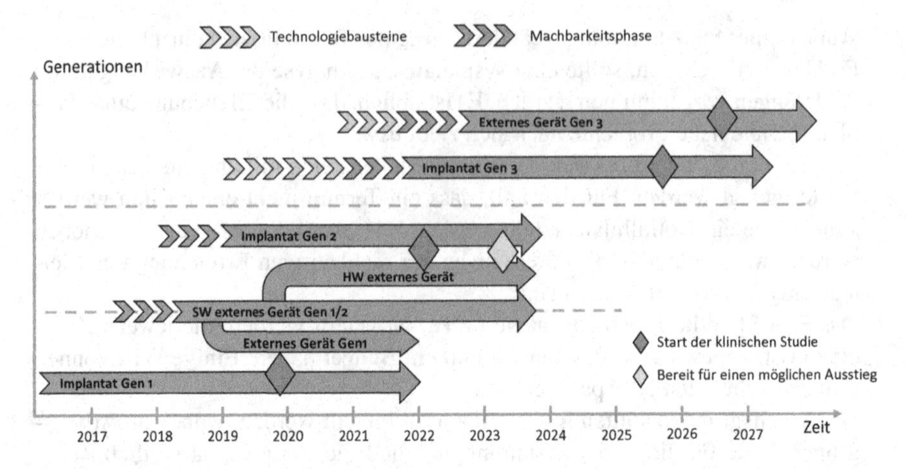

Abb. 2.10 Gesamtentwicklungsplan für eine Produktfamilie, Abfolge von drei Produktgenerationen mit einigen parallel durchgeführten Schritten

Zu einem guten Plan gehören auch Prioritäten. Nehmen wir als Metapher an, dass das Projekt darin besteht, einen Schnellzug durch die Alpen zu führen. Die Priorität liegt auf dem Bau von Brücken und Tunneln, der Minimierung von Kurven und der Sicherstellung einer soliden und zuverlässigen Strecke. Die Wahl des Lokomotivtyps kann später getroffen werden. Wenn man einen Tunnel gräbt und das Budget auf halbem Wege zur Neige geht, hat man nur zwei Möglichkeiten:

- Sie beschaffen zusätzliches Geld und stellen den Tunnel fertig.
- Du bekommst kein Geld, und du hast eine Höhle statt eines Tunnels.

Es gibt mehrere Möglichkeiten, die Projektentwicklung zu verfolgen, Fortschritte zu bewerten, die erforderlichen Ressourcen zu quantifizieren und die Wechselwirkungen zwischen Arbeitspaketen zu verfolgen. Ausgefeilte Softwarepakete ermöglichen eine detaillierte Nachverfolgung, benötigen aber viel Zeit, um alle Daten auf dem neuesten Stand zu halten. Zu Beginn eines Projekts sind einfache Werkzeuge wie Gantt-Diagramme in Tabellenkalkulationen empfehlenswert, um einen guten Überblick über die langfristige Entwicklung zu erhalten. Abb. 2.10 zeigt ein Beispiel für eine grobe Gesamtplanung für die Entwicklung einer BCI:

2.1.6 Über Kosten nachdenken

Neben der Bedeutung eines klaren Plans und eines soliden Entwicklungsbudgets ist ein gründliches Verständnis der Kosten für das Endprodukt entscheidend für den Erfolg des Projekts. Translationale Initiativen müssen „bis zum Ende gehen", d. h. den Markt erreichen und den Patienten dienen.

Wenn die Entwicklung den ganzen Weg vom Konzept bis zu klinischen Tests gelaufen ist, wird das Produkt für die Marktfreigabe zugelassen. Wenn das Produkt richtig spezifiziert wurde, sollte es den Bedürfnissen der Nutzer (Patienten und das Gesundheitssystem) erfüllen. Aber ist das neue Produkt, die neue Therapie, auch bezahlbar? Wer bezahlt das Produkt? Deckt der Verkaufspreis die Herstellungs-, Schulungs-, Dokumentations- und Vertriebskosten, wobei dem Unternehmen eine angemessene Gewinnspanne verbleibt? Wird die Therapie erstattet werden?

Diese Kosten, die Preisgestaltung und die Erstattung werden in der Anfangsphase eines Projekts oft vernachlässigt. Die grobe Unterschätzung des endgültigen Marktpreises ist ein häufiger Fehler und eine häufige Ursache für Misserfolge. Großartige neue Produkte konnten sich auf dem Markt nicht durchsetzen, weil der Preis zu hoch war oder weil die Therapie nicht erstattet wurde. Für das Unternehmen, das das Produkt entwickelt hat, ist dies eine Katastrophe, da enorme Investitionen getätigt wurden, um das Produkt zuzulassen. Daher ist es von größter Wichtigkeit, von Beginn des Projekts an eine realistische Einschätzung der Produktionskosten, des angestrebten Verkaufspreises und der Erstattungserwartungen vorzunehmen.

Aufgrund mangelnder Erfahrung unterschätzen Projektinitiatoren häufig die Kosten ab Werk (Selbstkosten) und die Bruttomarge (Verkaufspreis abzüglich Selbstkosten), die erforderlich sind, um zunächst die Investoren für ihren riskanten Anfangsbeitrag zu entschädigen und später rentabel zu sein.

Bei der Kalkulation von CoGS werden oft viele Faktoren vergessen, die weit über die Kosten für Teile und Arbeit hinausgehen. Prozesse, Reinraum-Montage, technische Unterstützung, Qualitätskontrollen, Ausschuss, Nacharbeiten, Tests, Sterilisation, Fabrikkosten und Energie sind in der Regel pro produzierter Einheit teurer als Teile und direkte Arbeitskräfte. In den ersten Jahren der Produktion können die Kosten der Nichtqualität (CoNQ) extrem hoch sein. Als CoNQ bezeichne ich alle Kosten, die durch Fehler oder Abweichungen im Produktionszyklus entstehen: bei der Eingangskontrolle zurückgewiesene Teile, Ausschuss bei der Montage und bei Tests, Nacharbeiten, Feldaktionen, zurückgesandte Produkte, Rückrufe und alle damit verbundenen Arbeitskosten. In der Anfangsphase des Produktanlaufs gibt es mehr Leute, die Probleme beheben, als Leute, die Geräte zusammenbauen. Im Laufe der Zeit sinkt die CoNQ pro produzierter Einheit nicht nur aufgrund der üblichen „Lernkurve", sondern auch, weil die Prozesse verbessert und bessere Maschinen eingeführt werden und die Automatisierung stattfindet.

In der AIMD-Industrie ist die Qualität ein Schlüsselfaktor für den Erfolg. Eine niedrige CoNQ könnte ein wichtiger Wettbewerbsvorteil sein. Wie in Abb. 2.11 dargestellt, nimmt die CoNQ pro Einheit mit steigendem Produktionsvolumen ab. Eine angemessene Analyse der CoNQ muss auch das Auftreten eines Ereignisses berücksichtigen, das zu CoNQ führt. Probleme, die frühzeitig erkannt werden (z. B. ein Bauteil, das bei der Eingangskontrolle als außerhalb der Spezifikation liegend gemessen wird), haben wesentlich geringere Kosten als Probleme, die erst spät im Produktionszyklus auftreten (z. B. ein Fehler, der bei einem fertigen sterilisierten Produkt festgestellt wird). Da die Kosten (pro Fall) für späte Ausfälle exponentiell ansteigen (siehe Abb. 2.12), sollte der gesamte Herstellungsprozess so gestaltet werden, dass dramatische Ausfälle wie Feldaktionen, Rückrufe oder Explantationen vermieden werden.

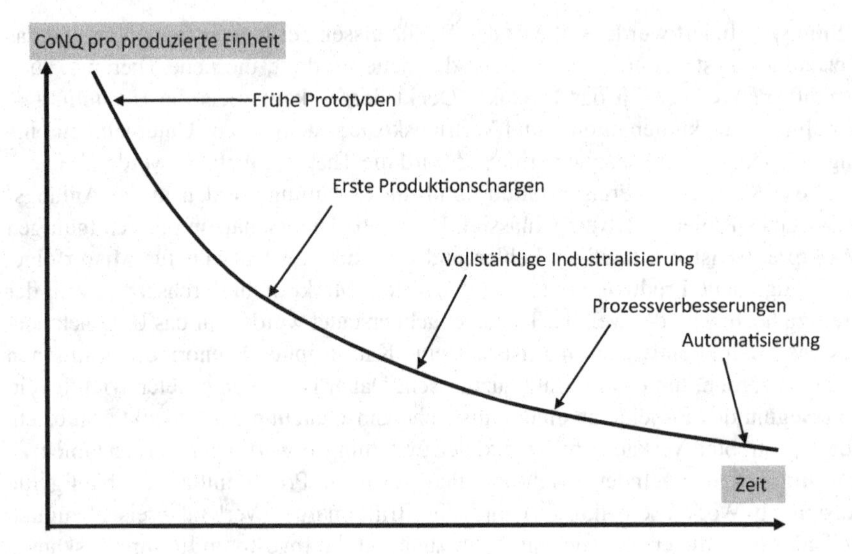

Abb. 2.11 Entwicklung der Kosten für Nicht-Qualität

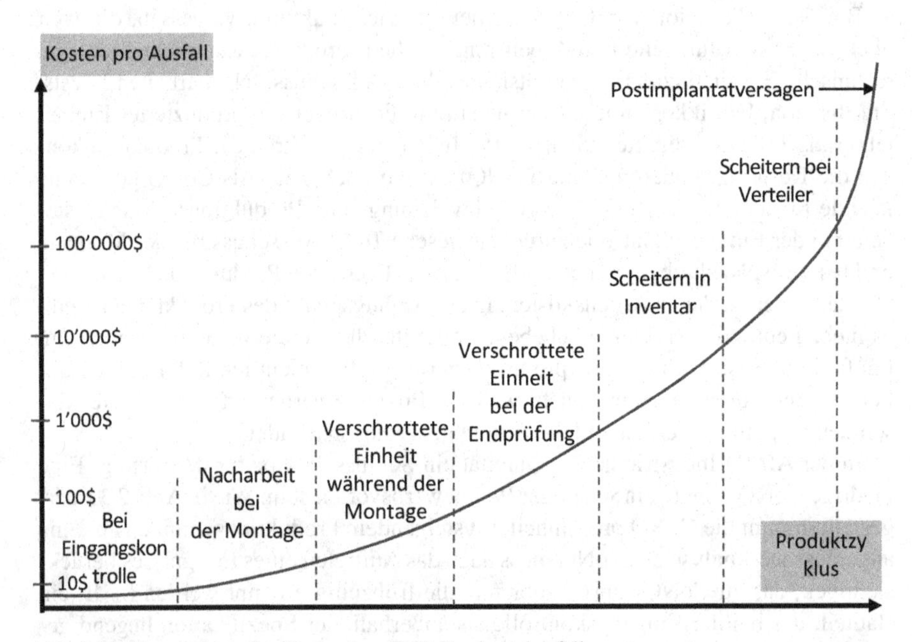

Abb. 2.12 Entwicklung der Kosten (pro Fall) für einen Ausfall

Im Gegensatz zu anderen Branchen besteht der Hauptbeitrag der Prozessautomatisierung bei der Montage und Prüfung von AIMDs vor allem in einer Verringerung der CoNQ. Wenn ein vollautomatisches Endprüfungssystem den Versand potenziell schlechter Einheiten verhindert, sind die Einsparungen bei den Feldaktionen beträchtlich. Vor zwei Jahrzehnten wurden die Ausschussraten in manuellen

Montageplänen in Prozent gemessen. Heute erreichen automatisierte Montagewerke Ausschussquoten im Promillebereich oder sogar noch besser.

Die Produktionsphilosophie von AIMDs sieht vor, dass alle Einheiten während des Produktionszyklus mehrfach getestet werden. Ein solch gründliches Screening verursacht zwar hohe Produktionskosten, verringert aber die Wahrscheinlichkeit eines Ausfalls im Feld radikal. Mehr Tests in der Produktion sind eine Investition in die Zukunft.

Große Medizintechnikunternehmen mit großen Produktionsmengen rechnen in der Regel mit Bruttomargen von mehr als 80 % (z. B. CoGS = 20 und Verkaufspreis > 100). Das scheint übertrieben, aber eine solch fette Marge ist notwendig, um F&E-Investitionen, regulatorische Kosten, Kosten für geistiges Eigentum, Schulungen, Lagerbestände, hohe Gewinnspannen der Vertriebshändler und Risikobereitschaft zu absorbieren. Die Herstellung und der Verkauf von AIMDs ist ein riskantes Geschäft. Investoren und Stakeholder schützen ihre Interessen, indem sie auf die Verkaufspreise eine Risikoprämie aufschlagen. Neugründungen und kleinere Unternehmen können in den ersten Jahren mit geringeren Gewinnspannen überleben, aber je geringer die Gewinnspanne ist, desto länger dauert es, bis sich die Anfangsinvestition amortisiert hat.

In der Medizinprodukteindustrie wird aufgrund der langen Entwicklungszyklen, der hohen regulatorischen und klinischen Kosten jedes Jahr viel Geld verschlungen, bis das Produkt zugelassen wird. Aber die Zulassung ist nicht das Ende des Abenteuers! Die Zulassung ist lediglich die Erlaubnis, ein Produkt auf den Markt zu bringen. Sie sichert weder die Kostenerstattung noch den kommerziellen Erfolg. Es wird einige weitere Jahre dauern, bis die Rentabilität erreicht ist. Je nachdem, wie rentabel das Geschäft ist, werden wiederum einige Jahre benötigt, um die Investoren zu entschädigen, die Kosten für Forschung und Entwicklung sowie für geistiges Eigentum zu amortisieren und die Vertriebskanäle zu entwickeln. Ein Projekt ist noch nicht erfolgreich, wenn das Produkt zum Verkauf zugelassen ist, im Gegenteil. Wenn das Unternehmen rentabel wird, sind die Investoren immer noch besorgt über ihre Investition. Wenn das Unternehmen einige Jahre lang Dividenden ausschüttet oder den Unternehmenswert erheblich steigert, ist die Geschichte ein Erfolg.

Diese sehr langfristigen Perspektiven müssen allen (nicht nur den Investoren, sondern auch den Entwicklern des Produkts) vom ersten Tag an klar sein. BCI-Projekte sind komplex und schwierig. Ein negativer Cashflow über einen langen Zeitraum hinweg führt zu einem hohen Risiko und einer späten Amortisation.

Einige BCI-Initiativen werden als unabhängiges Unternehmen niemals rentabel sein. Solche Projekte haben immer noch einen großen Forschungsanteil, sind auf die Weiterentwicklung von Neurotechnologien ausgerichtet, haben humanitäre Ziele oder ähnliche ideelle Ziele. In diesen Fällen wird der Fokus auf die Kosten durch edlere Anreize verdrängt. Unterstützt werden solche Initiativen durch Philanthropie, Stiftungen oder Zuschüsse. Doch selbst wenn die Rentabilität nicht der Hauptgrund ist, können hohe Endproduktkosten den Erfolg einer Therapie ernsthaft einschränken.

2.2 Unser Umfeld verstehen

2.2.1 Geregeltes Umfeld

Die Entwicklung, die Herstellung und das Inverkehrbringen von AIMDs werden durch nationale Vorschriften und internationale Normen geregelt. Unternehmen, die in diesem Bereich tätig sind, müssen eine Reihe von Regeln einhalten, Leitlinien befolgen, sich zertifizieren lassen, die Einhaltung der Vorschriften prüfen lassen, die Produktsicherheit und die klinische Relevanz nachweisen sowie eine Genehmigung für das Inverkehrbringen von Produkten erhalten.

Viele Entwickler von AIMDs haben ein unzureichendes Verständnis für die durch Vorschriften und Normen bedingten Beschränkungen. Die meisten akademischen Gruppen, die mit der Entwicklung von AIMDs beginnen, unterschätzen die Bedeutung der frühzeitigen Festlegung eines geeigneten „regulatorischen Pfads". Selbst Start-up-Unternehmen stellen keine angemessenen Ressourcen für Regulierungsfragen bereit.

Vorschriften und geltende Normen sind „Gesetze", die von den zuständigen Behörden, den benannten Stellen in Europa und Bundesbehörden oder Verwaltungen wie der Food and Drug Administration (FDA) in den USA durchgesetzt werden. Diese Behörden haben von ihren jeweiligen Regierungen den Auftrag erhalten, die Bevölkerung vor unzulänglichen Produkten zu schützen, die Sicherheit der Patienten zu gewährleisten, die Einfuhr nicht konformer Produkte zu verhindern und für die Überwachung nach dem Inverkehrbringen zu sorgen. Wie jedes Gesetz werden auch die medizinischen Vorschriften oft als restriktiv empfunden. Doch wie in anderen Tätigkeitsbereichen bieten Gesetze den grundlegenden Schutz für ein ordnungsgemäßes Geschäftsgebaren. Manchmal mögen wir Gesetze nicht, aber sie sind nun einmal Gesetze.

Medizinprodukte werden durch ein komplexes System geregelt, das von Land zu Land erhebliche Unterschiede aufweist. Von Beginn eines Projekts an müssen wir uns darüber im Klaren sein, wo das Produkt zuerst auf den Markt kommt und wo es später erweitert wird. So gibt es beispielsweise leichte Unterschiede zwischen den in Europa und in den USA geltenden Vorschriften. Auch die Klassifizierung kann auf den beiden Kontinenten unterschiedlich sein. In unserer Welt der Globalisierung wird es auch wichtig, die Analyse der Rechtsvorschriften auf andere Teile der Welt wie Asien, Australien, Kanada und Südamerika auszudehnen. Bis vor kurzem war es für AIMDs in der Regel schneller, die CE-Kennzeichnung in Europa zu erhalten als eine vollständige PMA-Zulassung in den USA. Heute kehrt sich die Situation tendenziell um, da die FDA neue, beschleunigte und erleichterte Wege für spezielle Projekte eingeführt hat. Diese neuen Instrumente gelten häufig für BCI-Indikationen. Ausnahmeregelungen wie die Humanitarian Device Exemption (HDE), die auf 4000 Patienten pro Jahr beschränkt ist, eignen sich gut für komplexe Neuro-Projekte. Im Gegensatz dazu führt die Europäische Union (EU) derzeit eine neue Medizinprodukteverordnung (MDR) [2] mit zusätzlichen Einschränkungen ein. In naher Zukunft ist sogar damit zu rechnen, dass europäische Unternehmen die Zulassung zunächst in den USA und später in Europa beantragen werden.

Der Bereich der implantierten BCI ist einer der schwierigsten, was die Einhaltung von Vorschriften betrifft. Auch wenn BCI-Systeme selten lebenserhaltend sind, interagieren sie mit dem Gehirnu, unserem wertvollsten Organ. Implantierte BCI sind Geräte der Klasse III, der am stärksten regulierten Kategorie. Auch dieser Bereich ist relativ neu und es fehlen daher einige grundlegende Standards, Normen und Leitlinien. Aus historischen Gründen beziehen sich die meisten Normen für Geräte der Klasse III auf kardiologische Anwendungen. Die Besonderheiten des Nervensystems und die Art und Weise, wie wir mit ihm interagieren, führen zu einem neuen Bedarf an Normen und Entwicklungsregeln. So sind beispielsweise Implantate, die am oder teilweise im Schädel eingesetzt werden, einem stärkeren Aufprall ausgesetzt als Implantate im Bauch oder in der Brust. Für die ersten Geräte oberhalb des Halses, es waren Cochlea-Implantate, wurde von der Industrie ein spezieller Aufpraliteststandard festgelegt. Bislang wurde diese Norm jedoch noch nicht für andere Schädelimplantate angepasst. Daher befinden sich BCIs häufig in einem regulatorischen „Niemandsland". Glücklicherweise hat die FDA vor kurzem die Initiative ergriffen, um einige Leitlinien im Bereich der BCIs zu erstellen. Der FDA-Kommissar hat eine Erklärung [3] abgegeben, in der er auf die Notwendigkeit klarer Vorschriften in diesem Bereich hinweist. Anfang 2019 wurde ein unverbindlicher Leitlinienentwurf [4] veröffentlicht, der den Eckpfeiler eines künftigen Rahmens für die Branche der neurologischen AIMDs bildet. Dieser Leitfaden wird derzeit von Experten auf diesem Gebiet geprüft. Eine Zusammenfassung des Entwurfs ist in Anhang 3 zu finden.

Ein weiterer unterregulierter Bereich ist die drahtloseKommunikation mit Implantaten. Im Vergleich zu kardiologischen Geräten tauschen neurotechnologische Anwendungen riesige Mengen an Informationen aus, die eine sehr große Bandbreite und hohe Frequenzen beanspruchen. Schon lange vor dem Aufkommen der drahtlosen BCI wurden Funkfrequenzbänder für medizinische Anwendungen zugewiesen. Heute sieht es so aus, als müssten weitere Frequenzbänder zugewiesen werden, um den Bedarf an BCI angemessen zu decken. Ein Problem ergibt sich aus der Tatsache, dass medizinische Geräte und HF-Bänder von zwei verschiedenen Behörden geregelt werden. Die Funkkommunikation wird weltweit von der Internationalen Fernmeldeunion (ITU) [5] geregelt, aber die Durchsetzung unterliegt nationalen Vorschriften, wie in den USA der Federal Communications Commission (FCC) [6]. Strukturell gibt es einige Unstimmigkeiten zwischen den Nationen. Wenn beispielsweise in Europa ein Produkt das CE-Zeichen erhält, kann es in allen Ländern vermarktet werden, die das CE-Zeichensystem anerkennen (EU-Länder und einige andere [7]). Aber was passiert, wenn das von dem Gerät verwendete Frequenzband in dem einen oder anderen Mitgliedsland nicht zugelassen ist? Das CE-Kennzeichnungssystem basiert auf harmonisierten Normen, mit einer Ausnahme: den Frequenzbändern. BCI-Entwickler müssen sich darüber im Klaren sein, dass das regulatorische Umfeld für Neuroanwendungen noch nicht vollständig geklärt ist.

Die optimale Regulierungsstrategie ist ein entscheidender Faktor für den Erfolg. Anders ausgedrückt: Eine schlechte Beherrschung der rechtlichen Fragen ist eine Ursache für den Misserfolg. Die frühzeitige Einholung von Stellungnahmen und Beratung durch Regulierungsexperten ist eine Investition, keine Ausgabe.

2.2.2 *Bedürfnisse der Nutzer*

Lebensqualität und Verbesserung der Gesundheit von Patienten sind die Hauptziele der translationalen Projekte. Der Hauptnutzer ist der Patient. Sekundärnutzer sind Ärzte, Krankenschwestern und -pfleger, andere Fachkräfte des Gesundheitswesens sowie die Familien und Freunde der Patienten. Alle diese Nutzer haben spezifische Bedürfnisse, die manchmal miteinander in Konflikt stehen, sich aber oft auch ergänzen. Die Bedürfnisse der Nutzer zu verstehen und sie in klare Spezifikationen zu übersetzen ist ein grundlegender Schritt in der Projektentwicklung. Wie viele Produkte wurden vollständig entwickelt, genehmigt und hergestellt, um am Ende eines teuren Prozesses festzustellen, dass sie die Erwartungen der Nutzer nicht erfüllen? Wie viele großartige Produkte waren verzweifelt auf der Suche nach einem Markt?

Die Bedürfnisse der Nutzer zu übersehen ist ein häufiger Fehler der Designer von Medizinprodukten. Ingenieure neigen dazu zu denken, dass ihre brillanten Ideen den Träumen der Benutzer entsprechen. Technische Merkmale und Funktionen sollten die Antwort auf die von den Benutzern geäußerten spezifischen Bedürfnisse sein. Sie sollten jedoch niemals in ein Produkt aufgenommen werden, nur weil sie für die Ingenieure technisch attraktiv oder der Konkurrenz überlegen sind oder gut aussehen. Merkmale und Funktionen, die von den Nutzern nicht benötigt werden, verursachen unnötige Kosten und Risiken für das Projekt.

Es gibt mehrere Möglichkeiten, die Bedürfnisse der Nutzer zu identifizieren und zu priorisieren:

- Erhebungen und Befragungen von Patienten, einschließlich der Familienangehörigen
- Interviews mit Neurologen, Neurochirurgen, Anästhesisten und Krankenschwestern
- Analyse der Zufriedenheit von Patienten, bei denen Produkte von Wettbewerbern implantiert wurden

Wie in Abschn. 2.1.4 beschrieben, haben Ingenieure oft eine vorgefasste Meinung darüber, was ihrer Meinung nach Patienten brauchen. Sie können von technischen Merkmalen angezogen werden, die nicht den Präferenzen und Prioritäten der Patienten entsprechen. Aus diesem Grund müssen die Bedürfnisse der Patienten eindeutig ermittelt werden, bevor Spezifikationen erstellt werden.

Es ist zu beachten, dass sich die Bedürfnisse der Nutzer zusammensetzen aus Bedürfnissen vieler Patienten und Ärzten. Die Prioritäten können von einem Patienten zu einem anderen differieren. Ein gut spezifiziertes Produkt wird sich nicht nur um die Mehrheit oder den Median der Patienten kümmern, sondern es sollte auch Flexibilität bieten (z. B. durch Programmierbarkeit), um auch die Bedürfnisse von Minderheiten oder atypischen Patienten zu erfüllen.

In bestimmten Fällen können bestimmte Gruppen von Patienten von der Verwendung eines Produkts und einer bestimmten Therapie ausgeschlossen sein. So kann das Gerät oder die Therapie beispielsweise nicht für Kinder, Schwangere, Patienten mit Herzkrankheiten usw. geeignet sein. Der Ausschluss zu vieler Gruppen oder großer Gruppen von Patienten ist ein Nachteil für die Akzeptanz des künftigen Geräts.

Der Ausschluss von Patientenkategorien ist oft mit technischen Hindernissen verbunden. Zum Beispiel kann ein BCI-Implantat, das über einen optischen Kanal kommuniziert, je nach Hauttyp unterschiedlich funktionieren. Oder es lässt nur eine kurze Kommunikationsdistanz zu, was dicke Patienten ausschließt. Der Ausschluss von Patienten aufgrund unzureichender Leistungen der Technologie ist ethisch nicht vertretbar. Die Abdeckung eines breiten Patientenspektrums gehört auch zu den Bedürfnissen der Nutzer.

Ein weiteres Beispiel für die enge Beziehung zwischen den Bedürfnissen der Nutzer und Technologie ist die Kompatibilität des Geräts mit der Magnetresonanztomographie (MRT). Bei Patienten, die an neurologischen Erkrankungen leiden, ist die Wahrscheinlichkeit hoch, dass sie häufig mit einem MRT-Gerät diagnostiziert werden. Es kann ein entscheidendes Instrument zur Überprüfung der Entwicklung ihrer Krankheit sein. Folglich kann die Kompatibilität mit der MRT für einige Patientenkategorien als ein Bedürfnis des Benutzers angesehen werden. Wenn dies der Fall ist, müssen sich die Entwickler bemühen, das Gerät MRT-kompatibel zu machen (siehe Abschn. 4.11.3 für weitere Einzelheiten zur MRT).

Die elektromagnetische Verträglichkeit zwischen mehreren aktiven Geräten, die demselben Patienten implantiert werden, kann in bestimmten Fällen zu den Bedürfnissen der Nutzer gehören. Die Koexistenz kann für bestimmte Patienten ein Muss sein. Ist es vertretbar, einen gelähmten Patienten von den Vorteilen eines BCI auszuschließen, wenn er/sie bereits einen implantierten Defibrillator hat? Die Antwort lautet eindeutig *Nein*. Daher könnten die Bedürfnisse der Nutzer auch Anforderungen an die Koexistenz beinhalten (siehe Abschn. 4.11.4 für weitere Einzelheiten zur Koexistenz).

2.2.3 Menschliche Faktoren

Jahrzehntelang wurde die Entwicklung vor allem von technischen Besonderheiten und medizinischen Überlegungen bestimmt. Heute wird viel Wert auf weiche Kriterien gelegt, die sogenannte „Ergonomie", „menschliche Faktoren" oder „Usability Engineering". Diese Begriffe beschreiben die Interaktionen zwischen Menschen und medizinischen Geräten, die aus drei Hauptakteuren bestehen:

- Benutzer: Patienten, Ärzte, Krankenschwestern und Angehörige
- Schnittstelle oder Benutzeroberfläche (siehe Abb. 2.13): Hardware und Software, die die Interaktion erleichtern
- Produkte: medizinische Systeme, die eine Therapie oder eine Diagnose ermöglichen

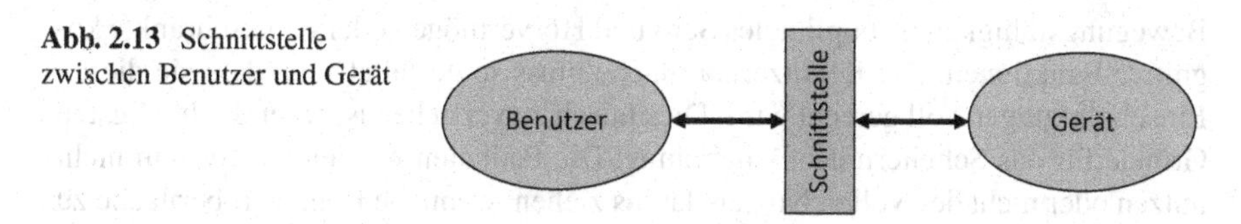

Abb. 2.13 Schnittstelle zwischen Benutzer und Gerät

Die Entwicklung einer optimalen Schnittstelle ist einer der wichtigsten Wege zum Erfolg bei der Entwicklung eines Medizinprodukts:

- Für die Nutzer:
  - Erleichtert den täglichen Gebrauch.
  - Liefert kontinuierlich Informationen über den Betrieb des Geräts.
  - Verbessert die Akzeptanz der Therapie.
  - Beschleunigt die Ausbildung.
  - Verbessert die Einhaltung der Vorschriften.
  - Ermächtigt die Patienten.
  - Minimiert Fehler und Missverständnisse.
  - Kommuniziert effizient Alarme und Fehler.
  - Reduziert den Bedarf an Benutzerhandbüchern.
- Zur Unterstützung:
  - Schnelle und eindeutige Diagnose von Gerätefehlfunktionen.
  - Zeigt den Status des Geräts an (Akkuladung, Verbindungen usw.).
  - Erleichtert Reparaturen und Wartung.
  - Reduziert die Interventionen des Pflegepersonals.
  - Beschleunigen Sie die Programmierung und Anpassung.
- Für Hersteller:
  - Erhöht die Zuverlässigkeit.
  - Beschleunigt die Maßnahmen vor Ort im Falle einer Störung.
  - Verringert das Auftreten und den Schweregrad von unerwünschten Ereignissen.
  - Sammelt langfristige Aufzeichnungen über Leistung und Zuverlässigkeit.
  - Liefert Statistiken über Betrieb und Nutzung.

Bei der Entwicklung eines medizinischen Systems steht die Benutzeroberfläche im Mittelpunkt des Konzepts. Die Designer müssen die nichttechnischen Aspekte verstehen, die später in Spezifikationen umgesetzt werden:

- Bedürfnisse, Gefühle und Wahrnehmung des Patienten in Bezug auf die Therapie.
- Die Ärzte müssen wissen, wie das System zu installieren und einzurichten ist.
- Erwartungen des Pflegepersonals und der Familie an die Unterstützung des Patienten.
- Interaktionen des Patienten mit der Benutzeroberfläche (Anzeige, Eingabetasten, Sprache, akustische Rückmeldung, Alarme, Sprache usw.).
- Zugang zu Hilfe und Unterstützung.

Im Bereich der neurologischen Erkrankungen haben die Patienten eingeschränkte Bewegungsfähigkeit, suboptimales Seh- und Hörvermögen oder eingeschränkte kognitive Funktionen. Die Benutzeroberfläche muss so gestaltet sein, dass sie diesen Einschränkungen voll gerecht wird. Dies falsch zu verstehen ist einer der häufigsten Gründe für das Scheitern der Behandlung. Die Patienten werden das System nicht nutzen oder nicht den vollen Nutzen daraus ziehen, wenn die Benutzeroberfläche zu schwierig zu bedienen ist.

Komplexe Systeme (programmierbar, implantierbar, ferngesteuert usw.) erfordern oft zwei Benutzerschnittstellen:

- Schnittstelle zum Patienten (siehe Abb. 2.14):
  - Gibt dem Patienten eine Rückmeldung über die Behandlung.
  - Zeigt den Status des Geräts an (Batterie, Funktion usw.).
  - Läutet Alarme und Warnsignale.
  - Ermöglicht einfache Patientenkontrollen (Start-Stopp, +/–, usw.).
- Schnittstelle zum Arzt (siehe Abb. 2.15):
  - Ermöglicht das Herunterladen von Gerätespeicher.
  - Ermöglicht die Einstellung der Parameter und die Neuprogrammierung.
  - Ermöglicht den Zugang zu tiefgreifender Gerätediagnose und -wartung.

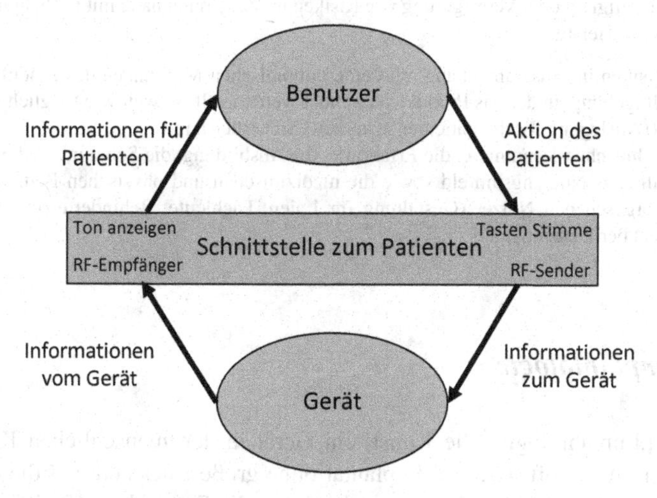

Abb. 2.14 Patientenschnittstelle

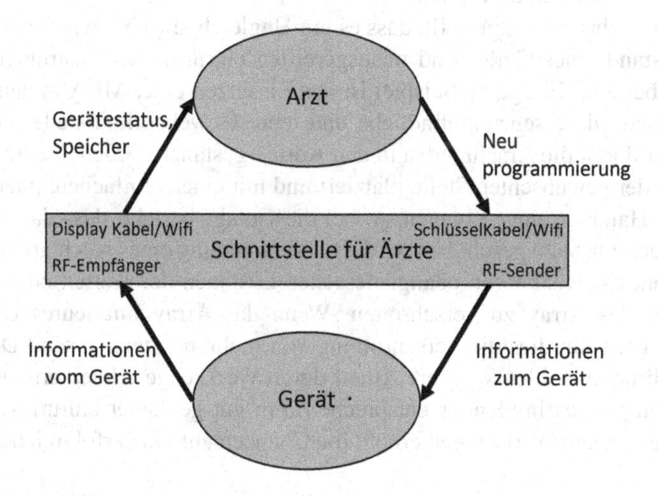

Abb. 2.15 Schnittstelle zum Arzt

In der Regel wird die Patienten-Schnittstelle klein, leicht, batteriebetrieben und schön gestaltet. Die Arzt-Schnittstelle ist komplexer und ähnelt manchmal einem Laptop. Sie können, müssen aber nicht dasselbe Kommunikationsmedium mit dem Gerät teilen.

Im Beispiel eines implantierten Geräts mit bidirektionaler drahtloserFunkkommunikation sind die Konfigurationen der Benutzerschnittstellen von Patienten zu Ärzten.

Die wichtigste Norm für die Benutzerfreundlichkeit ist die IEC 62366 (internationale Norm), die EN 62366 in ihrem europäischen Format.

In Europa verlangt die neue Medizinprodukteverordnung (MDR/2017/745) die Anwendung von Human Factors und Usability-Engineering, wie in Anhang 1 des Dokuments, *Allgemeine Anforderungen an die Sicherheit und Leistungsanforderungen*, Abschn. 5, angegeben:

> Bei der Beseitigung oder Verringerung von Risiken im Zusammenhang mit Bedienungsfehlern muss der Hersteller
>
> (a) die Risiken im Zusammenhang mit den ergonomischen Merkmalen des Produkts und der Umgebung, in der das Produkt verwendet werden soll, so weit wie möglich verringern ((Auslegung für die Patientensicherheit) Sicherheit) und
> (b) die technischen Kenntnisse, die Erfahrung, die Ausbildung, die Schulung und gegebenenfalls das Nutzungsumfeld sowie die medizinischen und physischen Bedingungen der vorgesehenen Nutzer (Gestaltung für Laien, Fachleute, Behinderte oder andere Nutzer) berücksichtigen.

2.2.4 Implantologie

Ich nenne „Implantologie" die Kunst, ein Gerät in den menschlichen Körper zu implantieren. Allzu oft wird das Implantat ohne große Rücksicht auf die chirurgische Technik, den Bedarf an Spezialwerkzeugen, die Dauer des Eingriffs oder den Komfort der Chirurgen entwickelt.

Ich habe mehrfach festgestellt, dass es ein Ungleichgewicht zwischen dem Entwicklungsstand eines Geräts und unausgereiften chirurgischen Instrumenten und Verfahren bestand. Ein gutes Beispiel ist das Einsetzen einer MEA in den motorischen Kortex. Diese sehr empfindliche und teure Gewebeschnittstelle muss etwa 1,5 mm tief durch die Arachnoidea in den Kortex gestanzt werden. Heute wird die MEA über der gewünschten Stelle platziert und mit einem einfachen, pneumatisch aktivierten Hammer eingeschlagen, wobei die Gefahr besteht, dass das Array beschädigt oder zur Seite geschoben wird. Die Verwendung eines solch groben Werkzeugs erhöht das Risiko von unangemessenen Läsionen des Kortex oder die Notwendigkeit, das Array zu verschrotten. Wenn das Array mit teurer Elektronik verbunden ist, kann dies die Verschrottung von mehreren zehntausend Dollar bedeuten. Chirurgen sollten sich ihre Arbeit durch Werkzeuge erleichtern lassen, die der Technologie des Implantats entsprechen. Ein gut geplanter chirurgischer Eingriff mit geeigneten Werkzeugen erhöht die Chancen auf eine erfolgreiche Implantation. Dies ist besonders wichtig, wenn der Schädel geöffnet werden muss, um zum Beispiel Elektroden im oder am Gehirn. Die Verfahren sollten die Wahrscheinlichkeit optimieren, dass *es „beim ersten Versuch klappt*". Das Hirngewebe ist so empfindlich, dass mehrere Einführungsversuche letztlich zu irreversiblen Schäden führen.

Kommen wir noch einmal auf den Fall zurück, dass eine MEA in den motorischen Kortex eingesetzt wird. Die Oberfläche des Gehirns bewegt sich leicht aufgrund von Puls und der Atmung. Diese Bewegungen mit etwa 1 Hz und 0,1 Hz haben eine Amplitude, die auf einige Zehntelmillimeter begrenzt ist, aber in der Größenordnung der winzigen Spitzen der MEA ist es, als würde man auf ein bewegliches Ziel schießen. Meiner Meinung nach werden die Bestückungswerkzeuge der Zukunft über Bewegungssensoren verfügen, die diese kleinen Verschiebungen automatisch ausgleichen.

Andere Gewebeschnittstellen werden in den Körper eingeführt durch Tunnelung zwischen den Gewebeschichten des Körpers. Platzierung von DBS-Elektroden im Gehirn und die Verlegung des Verlängerungskabels unter der Kopfhaut und entlang des Halses ist eine gut etablierte Methode. DBS-Elektroden sind steif und recht robust. SCS-Elektroden sind weniger steif und haben die Form eines flachen Paddels. Sie können beschädigt werden, wenn sie nicht sorgfältig eingeführt werden. Häufig wird der Tunnel zunächst mit geeigneten Werkzeugen geöffnet, und dann werden die Elektroden in den Tunnel gezogen oder geschoben.

Neuere Entwicklungen haben zu dünnen, zerbrechlichen und manchmal flexiblen oder sogar dehnbaren Elektroden geführt, die speziell angepasste Werkzeuge erfordern. Die Verwendung herkömmlicher Einführungswerkzeuge kann die Körperoberfläche, dieSchnittstelle oder das Kabel beschädigen. Für das Einführen empfindlicher Elektroden sollten Tunnelwerkzeuge mit Kraftrückkopplung entwickelt werden.

Bei der Anpassung der chirurgischen Ausrüstung für die optimale Platzierung neurologischer Geräte eröffnet sich ein weites Feld von Möglichkeiten. Die Entwickler dieser neuen Instrumente sollten aus der Sicht der Chirurgen auf Ergonomie, menschliche Faktoren und Benutzerfreundlichkeit achten. Die Konstrukteure großartiger Implantate vergessen oft die Chirurgen. Patienten, Neurologen, Krankenschwestern und Chirurgen sind die Nutzer des Geräts. Ihre Bedürfnisse müssen richtig eingeschätzt und erfüllt werden. Unsachgemäß eingesetzte implantierbare Geräte können später zu unerwünschten Ereignissen führen. Oft werden Schäden während der Operation verursacht, aber nicht erkannt.

Designer sollten nicht vergessen, dass Neurochirurgen in der Regel konservativ in ihrer Arbeitsweise sind. Sie bevorzugen etablierte Verfahren und ausgereifte Technologien. Die derzeitige Explosion neuer Technologien wie winzige fragile intrakortikale Arrays, intrafaskuläre Elektroden, die in winzige Nerven eingeführt werden, oder der Zugang zu Sinnesorganen verändert das chirurgische Umfeld rapide. Neue Fähigkeiten sind gefragt. Chirurgen müssen zuhören, geschult und entsprechend ausgerüstet werden. Das beste Implantat wird scheitern, wenn es nicht richtig implantiert werden kann.

In naher Zukunft werden neurologische Eingriffe so komplex werden, dass ein großer Bedarf an chirurgischen Simulationsplattformen besteht, auf denen Chirurgen ein virtuelles Training absolvieren können, bevor sie am Menschen operieren. Chirurgische Roboter können auch dazu beitragen, schwierige Elektroden einzuführen.

Die Zeit, die in einem Operationssaal (OP) verbracht wird, ist sehr teuer und liegt zwischen 50 und 100 $ pro Minute. Die Verbesserung der chirurgischen Verfahren und die Erleichterung des Einsetzens können einen erheblichen Einfluss auf die Gesamtkosten der Therapie haben.

2.2.5 Denken Sie an Patienten und Akteure im Gesundheitswesen

Wir haben gesehen, wie wichtig es ist, die Bedürfnisse der Nutzer gut zu verstehen und die menschlichen Faktoren zu berücksichtigen. Außerdem sollten die Ingenieure versuchen, Therapien und Geräte mit den Augen der Patienten zu sehen. Je nach Krankheit oder Behinderung des Patienten kann dieser unerwartete Anforderungen oder Wünsche haben. Nehmen wir als Beispiel einen gelähmten Patienten, dessen Kopf der einzige Teil des Körpers ist, den er noch kontrollieren kann. Er ist oft sehr besorgt, wenn Neurologen und Chirurgen invasive und und riskante Eingriffe an seinem Kopf vorschlagen. Ich höre oft Patienten sagen: „Lasst die Finger von meinem Kopf, das ist das Einzige, was ich noch unter Kontrolle habe." Ästhetische Kriterien können für diese Patienten ebenfalls von großer Bedeutung sein.

Ein weiteres Beispiel ist die DBS für Patienten, die an der Parkinson'schen Krankheit leiden. Die ersten Generationen von IPGs hatten nichtwiederaufladbare Primärbatterien. Der recht hohe Energieverbrauch machte es erforderlich, etwa alle zwei Jahre ein neues IPG mit frischen Batterien zu installieren. Mit dem hehren Ziel, die Zeitspanne zwischen zwei chirurgischen Eingriffen zu verlängern, entwickelten die Ingenieure neue IPG-Typen für DBS mit wiederaufladbaren Batterien. Ziel war es, die Lebensdauer des IPGs zu verlängern, sodass eine Ersatzoperation erst nach 8–10 Jahren erforderlich ist. Der Nachteil ist, dass die Batterie häufig aufgeladen werden muss (z. B. alle 12 Wochen). Aber die Ingenieure haben vergessen, an die Patienten zu denken. Was die Ingenieure als Verbesserung ansahen, war für die Patienten ein Problem: Jedesmal, wenn der Patient das Gerät auflädt, wird er daran erinnert, dass er Parkinsoniker ist! In vielen Fällen ziehen es die Patienten vor, sich alle zwei Jahre einem chirurgischen Eingriff zu unterziehen und versuchen, ihre Krankheit in der Zwischenzeit zu vergessen.

Bei der Entwicklung von AIMDs werden oft auch die Pflegekräfte und die Familie vergessen. Dies ist von großer Bedeutung für die Funktionalitäten und Merkmale der externen Einheiten, z. B. Kopfhörer, Hinter-dem-Hörer-Schnittstelle, Fernbedienung, Patienteneinheit, Ladegerät oder Displays. All diese Benutzer-Schnittstellen

(Benutzer sind nicht nur Patienten selbst, sondern auch alle, die sich im Krankenhaus oder zu Hause um den Patienten kümmern) müssen auch von technisch nicht versierten Personen leicht zu bedienen sein. Viel zu oft haben diese externen Geräte komplexe Menüs mit hermetischer Sprache auf schlecht lesbaren Bildschirmen. Professionelle Pflegekräfte sind mit Patienten-Schnittstellen vertraut und erhalten in der Regel eine angemessene, auf das Gerät ausgerichtete Schulung. Laien wie Familienmitglieder, die eine Schlüsselrolle für das Wohlergehen ihrer Angehörigen spielen, verlieren sich jedoch oft in der Komplexität der Bedienung dieser Schnittstellen. Dies birgt das Risiko von Fehlern oder einer suboptimalen Leistung der Schnittstelle.

Für eine optimale Nutzung des Implantats müssen die externen Schnittstellen gut an die Benutzer angepasst sein. Nicht an den Durchschnittsnutzer, sondern an die schwierigsten Kategorien von Patienten und Familienmitgliedern im hohen Alter, mit schlechten Augen, mit eingeschränkten kognitiven Fähigkeiten und begrenztem Verständnis für elektronische Geräte. Nicht jeder hat ein Smartphone und ist in der Lage, durch komplexe Menüs zu scrollen. Die Benutzeroberflächen müssen für ältere Menschen zugänglich sein. Einfache und verständliche Icons und Grafiken, klare Alarmsignale, große Drucktasten und Meldungen in der Sprache des Nutzers sind wichtig für die Akzeptanz.

BCI-Benutzer haben schwere Störungen. Sie leiden nicht nur unter den Folgen ihrer Krankheit, sondern auch darunter, wie sie von anderen Menschen wahrgenommen werden. Ein Parkinson-Patient erzählte mir, dass die Leute laut und langsam mit ihm sprechen, als ob er Schwierigkeiten hätte, sie zu verstehen oder geistig zurückgeblieben wäre! Bewegungsstörungen haben nichts mit kognitiven Funktionen zu tun, aber manche Leute verstehen das nicht. Das Gerät, das wir dem Patienten zur Verfügung stellen, soll ihm helfen, eine bessere Lebensqualität zu erhalten, aber auch, besser wahrgenommen zu werden. Den Patienten ein gewisses Maß an Kontrolle zu geben ist ein wichtiger Faktor der Befähigung. Fernbedienungen und andere externe Geräte sollten vom Patienten als Hilfsmittel, als Verbesserung oder sogar als Chance gesehen werden. Sie sollten auf keinen Fall ein Hindernis, eine Einschränkung oder eine Belastung darstellen. Wie oft haben wir schon erlebt, dass Patienten Angst haben, ihr Kontrollgerät zu benutzen? Wie viele haben kein Vertrauen in das Gerät? Wie viele hassen es?

Die Form und das Aussehen der Fernbedienung sollten ebenfalls an die Art der Erkrankung angepasst werden. Eine Person, die an Harninkontinenz leidet und von SNS profitiert, möchte eine kleine und unauffällige Fernbedienung haben. Er/sie möchte nicht, dass das Gerät sichtbar ist und den Träger als inkontinent kennzeichnet. Aber die Fernbedienung sollte immer zur Hand sein. Eine Fernbedienung in einer Armbanduhr oder an einer Halskette wird viel besser akzeptiert als eine sperrige Box. Das Wichtigste für einen Parkinson-Patienten, der eine DBS hat, ist, dass er/sie nicht mehr wie ein Parkinson-Kranker aussieht. Folglich sollte die Fernbedienung genauso transparent sein wie die Symptome. Fernbedienungen sind die einzige greifbare Verbindung zu einem unsichtbaren, unzugänglichen Implantat.

2.2.6 *Hören Sie nicht auf Ingenieure*

Ich wage es, Ingenieuren gegenüber kritisch zu sein: Ich bin einer von ihnen. Ingenieure neigen dazu, sich von neuen Technologien um der Technologien willen angezogen zu fühlen. Dabei vergessen sie oft, das große Ganze zu sehen. Ist diese attraktive Funktion wirklich notwendig? Oder ist sie nur etwas, das mir (als Ingenieur) gefällt?

Overengineering ist ein klassischer Fehler bei der Entwicklung von Medizinprodukten. Leistungen, die über die Spezifikationen hinausgehen, haben keinen Wert, sondern verursachen hohe Kosten. Außerdem führen sie zu unnötigen Risiken. Zahlreiche Optionen, Sensoren, die nur selten verwendet werden, Funktionen mit zweifelhaftem Nutzen überfrachten das Projekt. Die Entwickler sollten jedes Merkmal häufig neu bewerten und sich die grundlegende Frage stellen: „Ist es ein **Muss** oder nur ein **Nice-to-have**?"

Die Ingenieure unterschätzen die Auswirkungen der Kosten. Selbst in den Industrieländern werden wir mehr und mehr durch die Kosten der Gesundheitsversorgung eingeschränkt. Die Befriedigung ungedeckter medizinischer Bedürfnisse ist ein großes Ziel, aber ist unsere Gesellschaft in der Lage und bereit, dafür zu zahlen?

In der Regel beginnen Ingenieure mit dem Entwurf, bevor sie ein Gesamtbild haben oder die Spezifikationen festgelegt sind. Das ist gut für die Kreativität, aber wenn es nicht kontrolliert wird, führt es ins Chaos. Der Programmmanager muss die Ingenieure zwingen, erst zu denken und dann zu entwerfen. Bevor sie in die Entwurfsphase eintreten, sollten sie sich mit nichttechnischen Aspekten befassen, z. B. mit dem Feld, den Bedürfnissen der Benutzer, dem Umfeld, der Konkurrenz und den Vorschriften.

Ingenieure haben unzureichende Kenntnisse der menschlichen Anatomie, der Psychologie der Patienten, der regulatorischen und rechtlichen Angelegenheiten, der Kostenkontrolle und des Designs für die Herstellbarkeit. Bei komplexen Therapien, z. B. BCI, sind diese Faktoren viel wichtiger als technische Fähigkeiten. Ein guter Konstrukteur von Medizinprodukten ist eine Person mit einem breiten Spektrum an Wissen. Gute Teamarbeit kann die mangelnde Breite einzelner Spezialisten ausgleichen.

Entwicklungsteams bestehen aus mehreren Ingenieuren. Jeder von ihnen möchte seine eigene Innovation in das Projekt einbringen, etwas, das ein Vermächtnis, sein „Baby" hinterlassen wird. Dadurch entsteht ein ungesunder Wettbewerb. Ein gutes Projekt hat nur eine Hauptinnovation. Die anderen Funktionen dienen der Unterstützung der großen Innovation. Programmmanager sollten dies im Hinterkopf behalten. Die Integration mehrerer Hauptinnovationen in ein einziges Projekt ist ein sicherer Weg ins Scheitern. Mindestens eines der innovativen Merkmale wird sich verspäten oder sich als nicht realisierbar erweisen. Dies wird das gesamte Projekt zum Scheitern bringen.

2.2.7 *Prüfen, was andere tun*

Bevor man sich in ein Projekt stürzt, in der Überzeugung, dass die erste Idee die bestmögliche ist, ist es besser, einen Schritt zurückzutreten und tief durchzuatmen. Die erste Idee ist selten die beste. Sich Zeit zu nehmen, um sich umzuschauen, ist oft ein guter Weg, um später Zeit zu sparen. Sich umzusehen, aufmerksam zuzuhören und zu versuchen, die Gründe zu verstehen, warum andere auf unerwartete Weise debattieren oder sogar argumentieren, muss als Investition betrachtet werden. Viele andere Organisationen entwickeln ähnliche Geräte wie Ihre. Manche beschäftigen sich mit ganz anderen Themen, aber Aspekte ihrer Projekte könnten uns inspirieren. Unterschätzen Sie niemals die Konkurrenz. Respektieren Sie stattdessen den Wettbewerb. Häufig ist die Konkurrenz Ihnen voraus, arbeitet vielleicht an einem Gerät, das nicht so gut ist wie Ihres, aber sie hat bereits aus Fehlern gelernt, die Sie selbst noch nicht gemacht haben.

Ein gutes Verständnis der Frage „Wer tut was warum wie?" ist von größter Bedeutung. Ich füge in der Regel noch „wie, wo, warum und wann" hinzu, um ein Gesamtbild der Umgebung zu erhalten. Die Chancen, eine Schlacht zu gewinnen, sind gering, wenn man nicht weiß, wer der Feind ist, wo er sich aufhält und welche Waffen er besitzt. Das sieht trivial aus, aber wie viele Unternehmen sind gescheitert, weil sie diese Grundregeln nicht beachtet haben?

Wenn Sie wissen, „wer was macht", wissen Sie auch, „wer einige Elemente meines Projekts bereits durchgeführt hat". Das Rad neu zu erfinden ist für kleine Projektteams unerreichbar. Es kostet mehr Zeit, ist teurer und birgt mehr Risiken als der Versuch, ein bereits vorhandenes Element, eine Unterbaugruppe, eine Funktion, eine Software oder ein Design zu übernehmen. Intelligente Entwicklungsteams suchen nicht sofort nach Lösungen (siehe Abb. 2.16). Zunächst suchen sie nach Lösungen und finden Wege, um an diese heranzukommen. Wenn in der Umgebung keine Lösung für eine gegebene Herausforderung gefunden werden kann, dann suchen Sie nach einer eigenen Lösung.

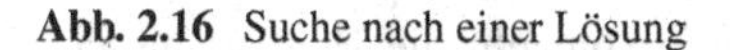
Abb. 2.16 Suche nach einer Lösung

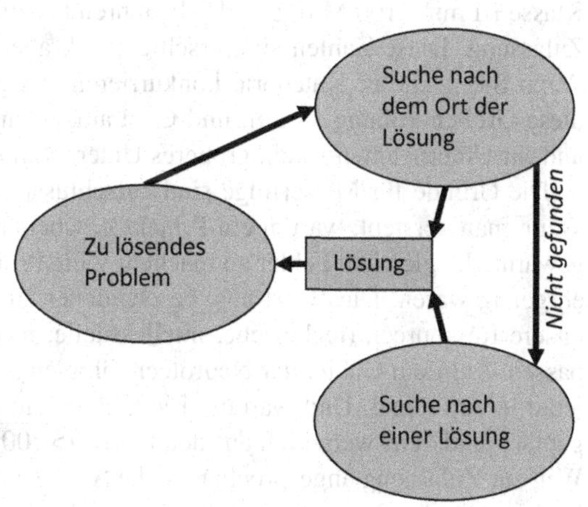

Manchmal lohnt es sich sogar, mehrere Jahrzehnte in die Vergangenheit zurückzublicken. Unternehmen hatten vielleicht schon vor langer Zeit gute Ideen, konnten sie aber nicht verwirklichen, weil die Technologien damals noch nicht ausgereift waren. Alte Patente sind eine großartige Inspirationsquelle. Oft waren einige Offenbarungen höchst innovativ, konnten aber aus verschiedenen Gründen nicht umgesetzt werden. Die Entdeckung dieser Juwelen könnte Ihnen einen Wettbewerbsvorteil verschaffen. Natürlich sind diese alten Ideen nicht mehr patentierbar, da sie bereits offenbart wurden. Aber wenn das Patent bereits in den öffentlichen Bereich gefallen ist, ist Ihre Betriebsfreiheit (FtO) gesichert. Die Anpassung alter Konzepte an neuere Technologien ist auch ein Weg, um unbefriedigte Bedürfnisse endlich zu erfüllen.

2.2.8 Suche nach Gründen für Erfolge und Misserfolge

Die Gründe für den Erfolg konkurrierender oder ähnlicher Produkte zu analysieren ist eine grundlegende Aufgabe, die Sie vor Beginn Ihres eigenen Projekts durchführen sollten. Zusätzlich zu den technischen, konstruktiven, fertigungstechnischen und geistigen Eigentumsmerkmalen sollten wir auch die Strategien und Taktiken verstehen, die die Wettbewerber gewählt haben, um ihre Produkte auf den Markt zu bringen. Verstehen ihres regulatorischen Weg, den klinischen Ansatz, Kostenerstattung, Erstattungsstrategie, Marketingsegmentierung und Preisgestaltung sind ebenso wichtig wie die technischen Merkmale. Wer waren die Entwicklungspartner meiner Konkurrenten? Warum haben sie diese Lieferanten ausgewählt? Warum haben sie Distributoren eingesetzt und nicht ihr eigenes Verkaufspersonal? Warum haben sie ihr Produkt zuerst in Land X auf den Markt gebracht?

Auch die Finanzierungs- und Finanzstruktur eines erfolgreichen Wettbewerbers ist eine wertvolle Informationsquelle. Es kann auch ein „Augenöffner" sein. Finden Sie heraus, wie viel Geld und wie lange es gedauert hat, bis ihr Produkt zugelassen wurde. Aus meiner Erfahrung weiß ich, dass man für ein komplexes AIMD der Klasse III mit > 100 Mio. $ und > 10 Jahren bis zur FDA-Zulassung rechnen sollte. Zulassung. Diese Zahlen sind erschreckend, aber sie spiegeln die Realität wider. Wenn Sie in dieser Kategorie konkurrieren wollen, sollten Sie in der Lage sein, diese Größenordnung an Zeit und Geld aufzubringen, oder bereit sein, Ihre Ideen und Ihr Unternehmen an ein größeres Unternehmen zu verkaufen.

Die Gründe für Misserfolge sind aufschlussreicher als die Gründe für Erfolge. Wenn man versteht, warum ein Projekt gescheitert ist, wird man zumindest davor gewarnt, die gleichen Fehler zu machen. Viele Projekte sind gescheitert, weil sie zu ehrgeizig waren. Dies lehrt uns, bescheidener zu sein oder unsere Ambitionen an unsere Ressourcen (technische, intellektuelle, menschliche und finanzielle) anzupassen. Auf dem Gebiet der Neurotechnologien scheitern billige und schnelle Projekte in der Regel. Und warum? Liegt es daran, dass sie als „billig und schnell" geplant sind? Oft werde ich auf den teuren (> 100 Mio. $) und langen (> 10 Jahre) Weg zur Zulassung angesprochen (siehe Abb. 2.17). Genau das ist die Realität derjenigen, die die Zulassung erhalten haben. Diejenigen, die keine Zulassung erhalten, tauchen in unserer Statistik nicht auf.

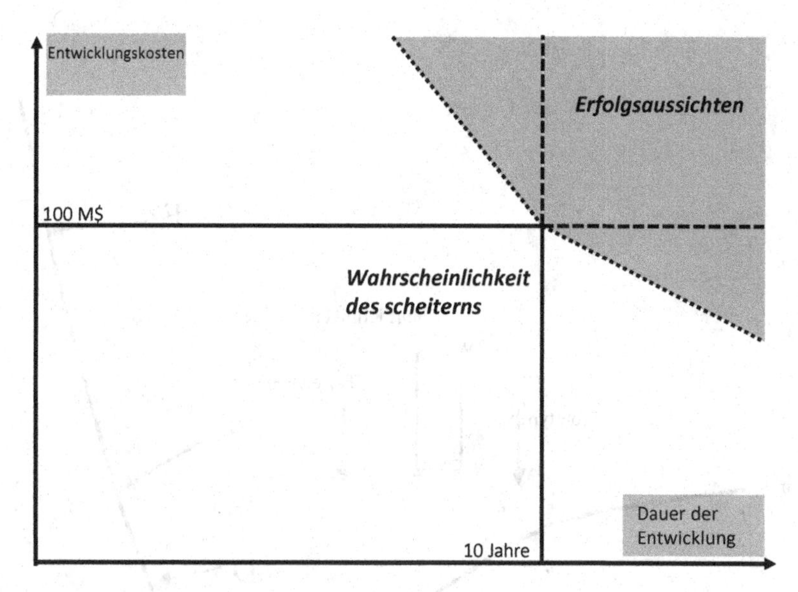

Abb. 2.17 Der lange und teure Weg zum Erfolg

Große Unternehmen mit viel Finanzkraft können parallele Entwicklungsschritte durchführen, um den Prozess zu beschleunigen. Dies kann zu einer Beschleunigung führen, erhöht aber auch die Gesamtentwicklungskosten. Das Gegenteil ist nicht immer der Fall: Wenn man sich mehr Zeit für die Entwicklung nimmt, sinken die Kosten nicht automatisch, es sei denn, die zusätzliche Zeit wird eingesetzt, um zu gewährleisten, dass *„die Dinge beim ersten Mal richtig gemacht werden"* und um die Entwicklungsrisiken zu minimieren.

In Abschn. 3.2 werden verschiedene Neuro-Geräte beschrieben, die den Markt erreicht haben. Für jedes von ihnen werden wir die Gründe für ihren Erfolg untersuchen und die daraus gezogenen Lehren festhalten.

2.2.9 Kumulierter Cashflow

Zur Veranschaulichung habe ich einen Mini-Geschäftsplan für ein virtuelles Unternehmen (NeuroVirtual) erstellt, das in Anhang 2 ausführlicher beschrieben wird. Es handelt sich nicht um ein reales Unternehmen, aber es sieht aus wie mehrere Unternehmen, mit denen ich in meinem Berufsleben zu tun hatte. Die beste synthetische Beschreibung einer Start-up-Situation ist der kumulierte Cashflow über die Jahre. Vereinfacht gesagt, ist der jährliche Cashflow die Differenz zwischen dem Geld, das in das Unternehmen fließt (Einnahmen aus Verkäufen, Lizenzen usw.), und den Ausgaben (Gehälter, Steuern, Patentgebühren, Dienstleistungen, Produktionskapazitäten, Lieferanten usw.). In den ersten Jahren, während der Entwicklung, Validierung und der klinischen Prüfung, gibt es keine Einnahmen, sodass der Cashflow negativ ist. Startkapital, Zuschüsse und mehrere Finanzierungsrunden sind erforder-

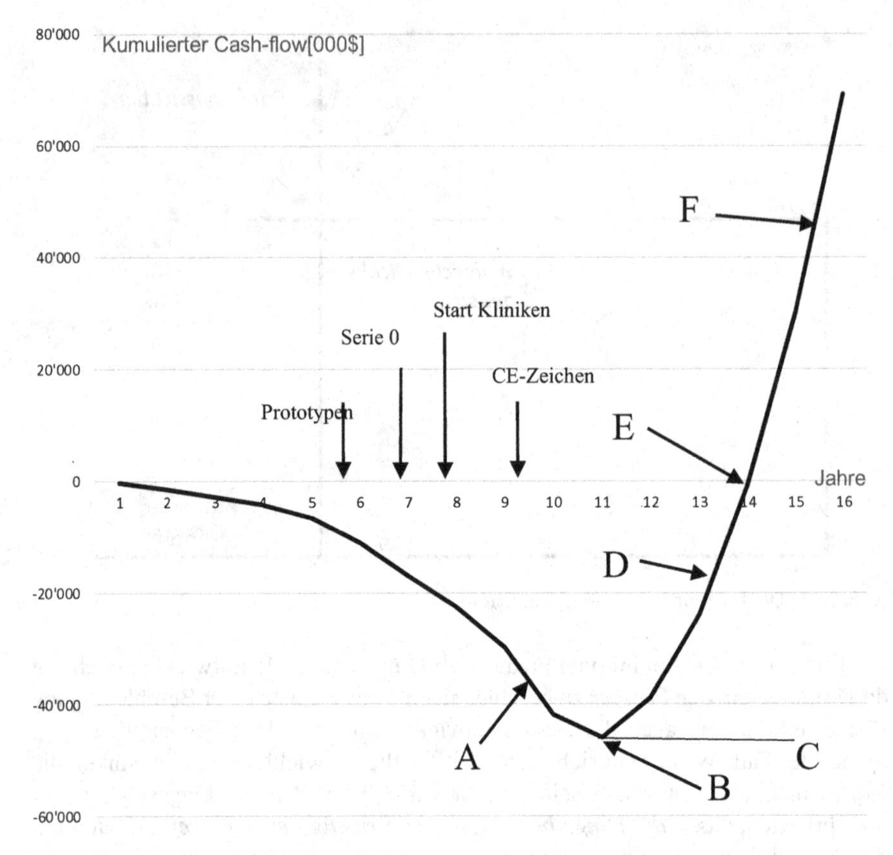

Abb. 2.18 NeuroVirtual, kumulierte Cashflows

lich, um alle Kosten zu decken. Der kumulierte Cashflow ist die jährliche Addition des jährlichen Cashflows. Es gibt mehrere Punkte auf der kumulierten Cashflow-Kurve (siehe Abb. 2.18), die diskussionswürdig sind:

A. *Erste Verkäufe:* Sie erfolgen am Ende der Entwicklung, Validierung, klinischen Studien und des Zulassungszeitraums. In dieser Phase sind die Einnahmen gering; die Ausgaben steigen stärker als die Einnahmen, weil das Unternehmen die Produktion hochfahren, Lagerbestände aufbauen und Vertriebskanäle einrichten muss. Die ersten Verkäufe bedeuten nicht, dass die Investoren eine Rendite erhalten. Oft müssen sie sogar noch mehr Geld in die Hand nehmen, um die Produktion hochzufahren.
B. *Erste Gewinne:* Zum ersten Mal ist der Cashflow positiv. Dies ist der Wendepunkt der kumulierten Cashflow-Kurve. Ab diesem Zeitpunkt werden von den Investoren keine zusätzlichen Mittel mehr angefordert. Die ersten Gewinne können sich verzögern, wenn das Unternehmen beschließt, weitere Investitionen in den Anlaufprozess zu tätigen, z. B. durch den Erwerb weiterer Produktionskapazitäten oder den Ausbau des Außendienstes.

C. *Risiko:* Es handelt sich um das gesamte Geld, das das Unternehmen bis zum ersten Gewinn absorbiert. Die Summe aller Investitionen, vom Startkapital bis zur letzten Finanzierungsrunde, deckt diese Akkumulation des negativen Cashflows ab. Je tiefer die Kurve verläuft und je länger es bis zum ersten Gewinn dauert, desto größer sind die Risiken (für die Investoren). Ein Geschäftsplan (BP), der ein hohes Risiko und eine lange Kapitalrendite ausweist, wird wahrscheinlich keine Investoren anziehen.
D. *Wachstum der Einnahmen:* Die Steigung der Erholung nach Punkt C hängt von den Verkaufsmengen und Margen ab. Wenn die Erstattung schnell nach der Produktzulassung eintritt, kann der Umsatz erheblich steigen. Im Fall einer späten Entscheidung über die Erstattung oder wenn die Verkäufe auf einige wenige Länder beschränkt bleiben, könnte das Wachstum jedoch bescheiden ausfallen.
E. *Rentabilität der Investition:* Die kumulierten Gewinne haben die Investoren für ihre verschiedenen Finanzierungsbemühungen entschädigt.
F. *Profitables Geschäft:* Ab diesem Punkt zeigt die Steigung des kumulierten Cashflows den tatsächlichen Erfolg des Unternehmens an.

In diesem realistischen Beispiel sehen wir, dass viele Jahre nötig sind, um den ersten Umsatz zu erzielen und – noch deutlicher – das Projekt in ein wirklich rentables Unternehmen umzuwandeln. Die Unternehmer müssen sich dessen voll bewusst sein, bevor sie ihr Projekt in Angriff nehmen. Die Genehmigung ist noch lange nicht das Ende!

Oft muss der ursprüngliche Geschäftsplan aufgrund unerwarteter Verzögerungen überarbeitet werden. Unter Verwendung desselben virtuellen Unternehmensmodells wie oben habe ich zwei Jahre Verzögerungen während der Entwicklungsphase hinzugefügt, z. B. aufgrund eines neuen Designs oder aufgrund von Änderungen, die nach einem fehlgeschlagenen Test erforderlich waren. Dadurch verschieben sich alle kritischen Punkte der kumulierten Cashflow-Kurve um zwei Jahre, aber es erhöht sich auch das Risiko, was bedeutet, dass die Investoren zusätzliche Mittel zur Deckung der Verzögerungen bereitstellen müssen.

Einige Unternehmen kommen auch während der klinischen Prüfungen, Studien oder bei der Zulassung in Verzug. Es ist nicht selten, dass benannte Stellen zusätzliche Tests oder klinische Nachweise verlangen. Die BS neigen auch dazu, überlastet zu sein, und können die Zulassung nicht rechtzeitig erteilen. Dies gilt insbesondere in Europa seit der Einführung der neuen Medizinprodukteverordnung (MDR) und der Reduzierung der Anzahl der BS im Jahr 2017.

Wir haben auch die Situation simuliert, dass das virtuelle Unternehmen Neuro-Virtual zweimal in seinen Plänen aufgehalten wird, einmal um zwei Jahre in der Entwicklung und ein zweites Mal um zwei Jahre in der klinischenZulassungsphase (siehe Abb. 2.19). Einzelheiten finden Sie in Anhang 2. Solche Verzögerungen haben einen dramatischen Einfluss auf die kumulative Cashflow-Kurve.

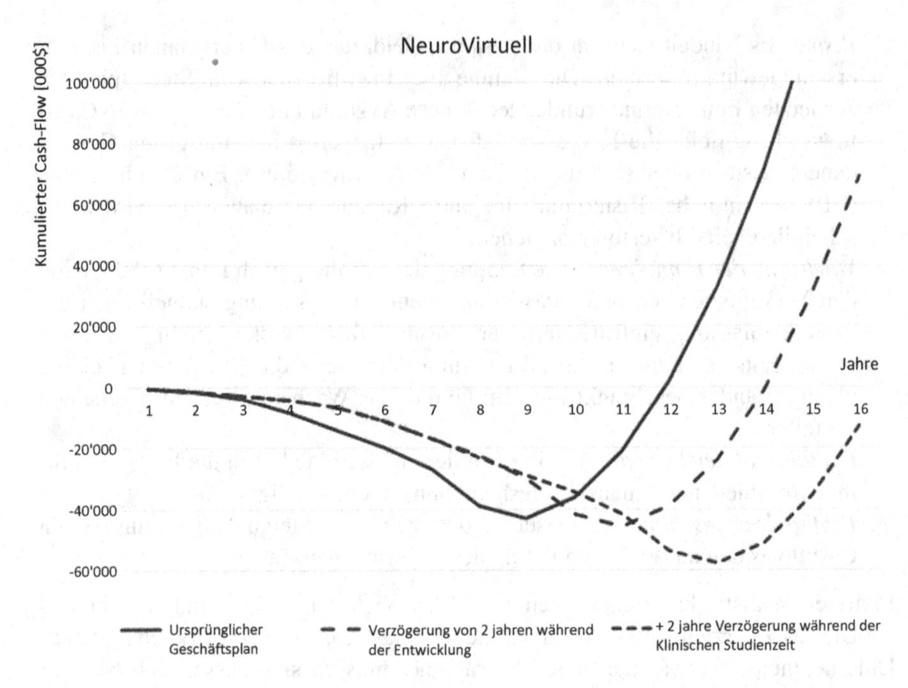

Abb. 2.19 Auswirkungen von Verzögerungen auf die kumulierten Cashflows

2.2.10 Rückerstattung

Irgendjemand muss die Kosten für Therapien und Diagnosen aus der Hochtechnologie begleichen. Die Rechnung kann von Versicherungen, Sozialversicherungen, Krankenhäusern, Verbänden, Stiftungen, Philanthropen oder vom Patienten selbst übernommen werden. Wer auch immer zahlt, der Preis ist ein wichtiger Faktor für den Erfolg eines Produkts.

Wenn eine Therapie erstattet wird, kann sie schnell eine große Akzeptanz und ein schnelles Wachstum erfahren. Die Erstattung ist gewissermaßen eine Anerkennung der Wirksamkeit der Therapie. Die Kriterien für die Erstattung sind komplex und von Land zu Land sehr unterschiedlich. In diesem Buch wollen wir den Lesern keine Lektion darüber erteilen, wie man die Kostenerstattung für Neuro-Geräte erhält, aber wir wollen darauf hinweisen, dass dies ein wichtiger Parameter in unserem Umfeld ist. Die Erstattungsstrategie, die Erwartungen und die Wahrscheinlichkeit, dass das neue Produkt erstattet wird, sollten Teil der frühen Diskussionen beim Projektstart sein.

„Me-too"-Produkte werden eher erstattet als sehr innovative Produkte in spezifischen therapeutischen Nischen. Neurodevices und BCIs decken Indikationen an der Grenze der Medizin ab, in denen nur wenige Produkte eine Erstattung erhalten haben. Es gibt nicht viele Prädikatsprodukte, auf die man eine solide Erstattungs- und Preisstrategie aufbauen könnte.

Oft wird die Erstattung erst dann gewährt, wenn das Produkt seine Wirksamkeit, Überlegenheit und globalen wirtschaftlichen/gesellschaftlichen Vorteile bewiesen hat. Dies kann erst nach einer mehrjährigen Nachbeobachtungsphase nach der Markteinführung der Fall sein. Eine verspätete Erstattung hat Auswirkungen auf den Erfolg eines Produkts und den Wert des Unternehmens. Diese Aspekte müssen gut verstanden und in den Geschäftsplan aufgenommen werden. Selbst bei Projekten, bei denen die finanzielle Rentabilität nicht der Hauptfaktor ist, ist die Kostenerstattung ein entscheidender Erfolgsfaktor.

2.2.11 Globale soziale Kosten

Neurotechnologien und BCI-Projekte sind komplexe Unternehmungen mit anspruchsvollen technischen Zielen, die mit langen und teuren Entwicklungszeiten verbunden sind. Der endgültige Verkaufspreis für diese Therapien und Diagnostika ist daher hoch. Darüber hinaus zielen die meisten dieser Initiativen darauf ab, ungedeckte medizinische Bedürfnisse zu behandeln. Das bedeutet, dass die Kosten für diese neuen Behandlungen nicht in den laufenden Gesundheitsausgaben enthalten sind. Es besteht ein Konflikt zwischen der Nachfrage nach besseren Behandlungen, höherer Lebensqualität, Lösungen für ungedeckte Bedürfnisse und dem hohen Druck auf die Gesundheitskosten. In einigen Ländern ist die finanzielle Belastung des Gesundheitswesens für die Volkswirtschaft untragbar geworden. Die Komplexität der in diesem Buch behandelten Therapien kann dazu führen, dass sie nur in einigen wenigen Ländern oder für einige wenige privilegierte Patienten verfügbar sind.

Auch die Kostenübernahme ist ein schwer zu fassendes Thema. Die Kostenträger für eine neue Behandlung sind möglicherweise nicht die gleichen wie die Kostenträger für die alte Lösung. Nehmen wir das Beispiel der Harninkontinenz, ein echter ungedeckter medizinischer Bedarf. Menschen, die an Inkontinenz leiden, zahlen aus eigener Tasche für saugfähige Einlagen und Windeln. Wenn sie einen Sakralnervenstimulator bekommen, werden die Kosten wahrscheinlich von den Krankenkassen oder der Sozialversicherung übernommen. Diese Kostenübernahme kann als eine Erhöhung der Gesundheitskosten empfunden werden. Tatsächlich bewirkt die Stimulation des Sakralnervs auf lange Sicht weniger Kosten als die wiederkehrenden Kosten für die Pads. Global gesehen spart das Implantat also Geld. Aus Sicht der nationalen Gesundheitsökonomie ist das Implantat eine zusätzliche Ausgabe.

Die Belastung durch fortschrittliche Gesundheitstechnologien auf die globalen sozialen Kosten sollte in der Definitionsphase eines neuen Projekts ernst genommen werden. Um erfolgreich zu sein, muss ein solches Projekt eine Lösung bieten, die hinsichtlich der globalen Kosten für die Gesellschaft sinnvoll ist. Dazu gehört eine Analyse des Verhältnisses zwischen den zusätzlichen Kosten der neuen Therapie und den damit verbundenen globalen Einsparungen. Die Einsparungen können ein breites Spektrum von Ausgaben umfassen, von der Verringerung der persönlichen Hilfe, der häuslichen Pflege anstelle von Krankenhausaufenthalten, der Reduzierung von Medikamenten bis hin zur Erleichterung der Diagnose. Viel schwieriger ist es, die Kosten oder Einsparungen im Zusammenhang mit der Verbesserung der Lebensqualität, der Verlängerung des Lebens, der erhöhten Mobilität oder der sozialen Interaktion zu definieren. Dies sind nicht quantifizierbare Dinge, die aber mit Sicherheit einen Wert haben, der die Kosten aufwiegt.

2.2.12 Geistiges Eigentum (IP)

Die Missachtung oder Unterschätzung des geistigen Eigentums anderer ist ebenfalls eine klassische Ursache für das Scheitern von Projekten und einen Mangel an globaler Vision für die Umwelt. Jedes innovative Projekt birgt das Risiko, dass jemand die gleiche oder eine ähnliche Idee schon vorher hatte. In diesem Fall ist das geistige Eigentum im Besitz eines anderen und stellt entweder einen Stand der Technik dar, der die Möglichkeit einer Patentanmeldung einschränkt, oder es ist ein Hindernis für FtO. Im letzteren Fall kann der Inhaber eines früheren Patents Lizenzgebühren verlangen. Wenn sich nach mehreren Jahren teurer Entwicklung herausstellt, dass Ihr Projekt die Schutzrechte eines anderen Unternehmens verletzt, ist Ihre Verhandlungsposition schwach. Handelt es sich bei diesem anderen Unternehmen um einen großen Konkurrenten, besteht die einzige Möglichkeit zur Einigung möglicherweise darin, Ihre Unabhängigkeit aufzugeben und das Projekt von diesem Konkurrenten übernehmen zu lassen. Solche Fälle waren in den letzten Jahrzehnten keine Seltenheit. In den frühen Entwicklungsphasen Ihres Projekts werden Ihnen große Unternehmen nichts von einer möglichen Rechtsverletzung erzählen. Sie lassen Sie die Entwicklung fortsetzen und tragen alle Risiken, und sie melden sich zu einem späteren Zeitpunkt, wenn das Projekt ausgereift und risikolos ist. Sie haben dann keine Möglichkeit, Ihr Projekt gegen eine Übernahme zu verteidigen.

Ich habe häufig erlebt, dass Start-up-Unternehmen oder akademische Labors behaupteten, ihre IP-Situation sei gut, weil sie ein Patent angemeldet hätten. Dies ist eine naive Behauptung. Ein anhängiges Patent bedeutet nicht, dass alle grundlegenden Ansprüche erteilt werden. Manchmal tauchen bei der Prüfung des Patents nicht alle Ansprüche aus dem Stand der Technik auf. Regelmäßig werden Patente in gutem Glauben erteilt, halten aber vor Gericht nicht stand, weil die älteren Rechte des Gegners nicht beachtet wurden. Die Erteilung von Patenten für gute Ideen wird großgeschrieben, doch bieten diese Patente nicht immer den erwarteten Schutz. Die Einschätzung des tatsächlichen Schutzpotenzials eines Patents und damit seines Wertes ist eine Kunst, die von Start-ups oder akademischen Labors nur selten beherrscht wird.

Literatur

1. https://www.wysscenter.ch/
2. https://ec.europa.eu/growth/sectors/medical-devices/regulatory-framework_en
3. https://www.fda.gov/NewsEvents/Newsroom/PressAnnouncements/ucm631844.htm
4. https://www.fda.gov/ucm/groups/fdagov-public/@fdagov-meddev-gen/documents/document/ucm631786.pdf
5. https://en.wikipedia.org/wiki/International_Telecommunication_Union
6. https://en.wikipedia.org/wiki/Federal_Communications_Commission
7. https://2016.export.gov/cemark/eg_main_017269.asp

Kapitel 3
Ziele der Neurotechnologien

3.1 Schnittstelle zum Nervensystem

Die enormeKomplexität des Gehirns ist von zahlreichen Wissenschaftlern beschrieben worden. Ich werde nicht auf die astronomischen Zahlen zur Quantifizierung des menschlichen Gehirns zurückkommen. Ich werde nur einige Fakten festhalten:

- Neuronen funktionieren nicht wie ein elektronisches Bauteil.
- Neuronen sind mit Tausenden von Nachbarn vernetzt.
- Komplexe elektrochemische Reaktionen laufen in diesem unglaublichen Netz ab.
- Das Gehirn kann nicht mit einem digitalen Computer verglichen werden:
  - Das Informationsquantum ist nicht definiert.
  - Es handelt sich nicht um eine binäre Darstellung.
  - Kein lineares Verhalten.
  - Keine Uhr.
  - Kein zentraler Prozessor.
  - Keine feste Architektur.
- Viele miteinander verbundene, mehr oder weniger abhängige Teilsysteme ohne Hierarchie konkurrieren und ergänzen sich gegenseitig.
- Wissenschaftler haben Bereiche des Kortex und Volumina des subkortikalen Raums identifiziert, die mit den motorischen Funktionen, den Vitalfunktionen, den Emotionen, Instinkten, Reflexen, dem Gedächtnis, Lernen, Denken, der Sprache, den Sinnen usw. korrespondieren.
- Plastizität, d. h. die einzigartige Fähigkeit des Gehirns, sich selbst neu zu erfinden, bedeutet, dass die Struktur und die Vernetzungen in ständiger dynamischer Entwicklung sind.

Jeden Tag machen die Wissenschaftler Fortschritte bei der Entdeckung und dem Verständnis unseres Nervensystems. Fortschrittliche Bildgebungssysteme mit un-

C. Clément, *Gehirn-Computer-Schnittstellen-Technologien*,
https://doi.org/10.1007/978-3-031-23815-4_3

terschiedlichen zeitlichen und räumlichen Auflösungen ermöglichen es uns, in einige der Geheimnisse des Gehirns einzudringen. Beträchtliche Anstrengungen konzentrieren sich auf die Identifizierung der Kommunikationsmechanismen zwischen Neuronen, Gehirnteilsystemen und Nerven. Diese wissenschaftlichen Errungenschaften ebnen den Weg für die Entwicklung von Therapien, um neurologische Störungen zu heilen oder zu lindern, und zur besseren Diagnose von Krankheiten. Ohne diese Grundlagenforschungsprogramme wäre der Fortschritt der Neurotechnologien nicht möglich. Die Entwickler von BCI müssen die inneren Mechanismen des Gehirns verstehen, bevor sie in den Entwicklungsprozess einsteigen.

Wir stehen erst ganz am Anfang der langen Reise zur Entdeckung des Gehirns. Vieles ist noch unbekannt, manchmal sogar geheimnisvoll. Man kann es mit der Entdeckung des Kosmos vergleichen. Wissenschaftlern ist es mit Hilfe von Ingenieuren gelungen, einen Menschen und verschiedene Maschinen zur Erkundung unseres Sonnensystems auf den Mond zu schicken, und die Voyager hat unser Sonnensystem verlassen. Die Grenzen des Gehirns sind ebenso wie die des Kosmos noch sehr weit entfernt.

Bei unseren ehrgeizigen Zielen zur Interaktion mit unserem Nervensystem sollten wir der gleichen Philosophie folgen, die wir uns für die Eroberung des Kosmos zu eigen gemacht haben: kleine Schritte tun, die uns bereits zu großen Erfolgen führen werden.

Angesichts der unbegrenzten Komplexität des Gehirns sollten wir bescheiden bleiben. Alle Details zu verstehen ist unerreichbar. Auch das Verstehen der Globalität ist Utopie. Wir müssen *unser Gehirn benutzen, um das Gehirn auszutricksen*! Wenn wir ein gewisses Verständnis für winzige Bereiche dieses riesigen Feldes haben, sollten wir uns auf Entdeckungsreise begeben, so wie wir einem Fluss im Dschungel folgen. Wir werden nur ein begrenztes Wissen darüber erlangen, was entlang des Flusses geschieht, noch weniger über die globale Dynamik des Dschungels, aber vielleicht finden wir einige Schätze.

Hier kann die Kombination von Spitzenwissenschaften und fortgeschrittenen Technologien zu medizinischen Fortschritten und Lösungen führen. Schon vor einigen Jahrzehnten haben Wissenschaftler erkannt, dass die Anwendung elektrischer Signale tief im Gehirn oder an den Wurzeln der peripheren Nerven am Rückenmark die Symptome der Parkinson'schen Krankheit bzw. chronische Rückenschmerzen blockieren kann. Technologien aus der Herzschrittmacherindustrie machten diese ersten Neuromodulationstherapien für eine breite Bevölkerung zugänglich. Dies war der Ausgangspunkt für die DBS und SCS, zwei Pionieransätze für die Kopplung mit dem Gehirn, das Äquivalent zum Gang auf den Mond in unserer Weltraumanalogie. Die Verbindung von Wissenschaften und Technologien hat dies möglich gemacht, auch wenn die grundlegenden Mechanismen wissenschaftlich noch nicht vollständig verstanden wurden und die Technologie noch nicht vollständig an die Schnittstelle mit diesen nicht gut verstandenen Themen angepasst war.

Ich werde eine andere Analogie verwenden, um zu erklären, wie wir das Gehirn „austricksen" sollten: ein Fußballstadion. Wenn Sie sich außerhalb des Stadions befinden, hören Sie die Menge schreien, weil ein Tor erzielt wurde. Das ist bereits eine wertvolle Information: Es ist etwas passiert, und Sie haben es bemerkt. Sie werden in der Lage sein, mehrere Ereignisse, vielleicht unterschiedlicher Art, zu registrieren. Aber Sie werden nicht in der Lage sein, die Details zu kennen. War es Ihre Lieblingsmannschaft? War es Ihr Lieblingsspieler? War es ein schönes Tor?

Die Verwendung einer EEG-Kappe (siehe Abb. 3.1a) zur Erfassung von Gehirnsignalen ist in etwa so, als befände man sich außerhalb eines Fußballstadions: Man erhält wertvolle Informationen, aber es fehlen einem die Details. Manchmal reichen

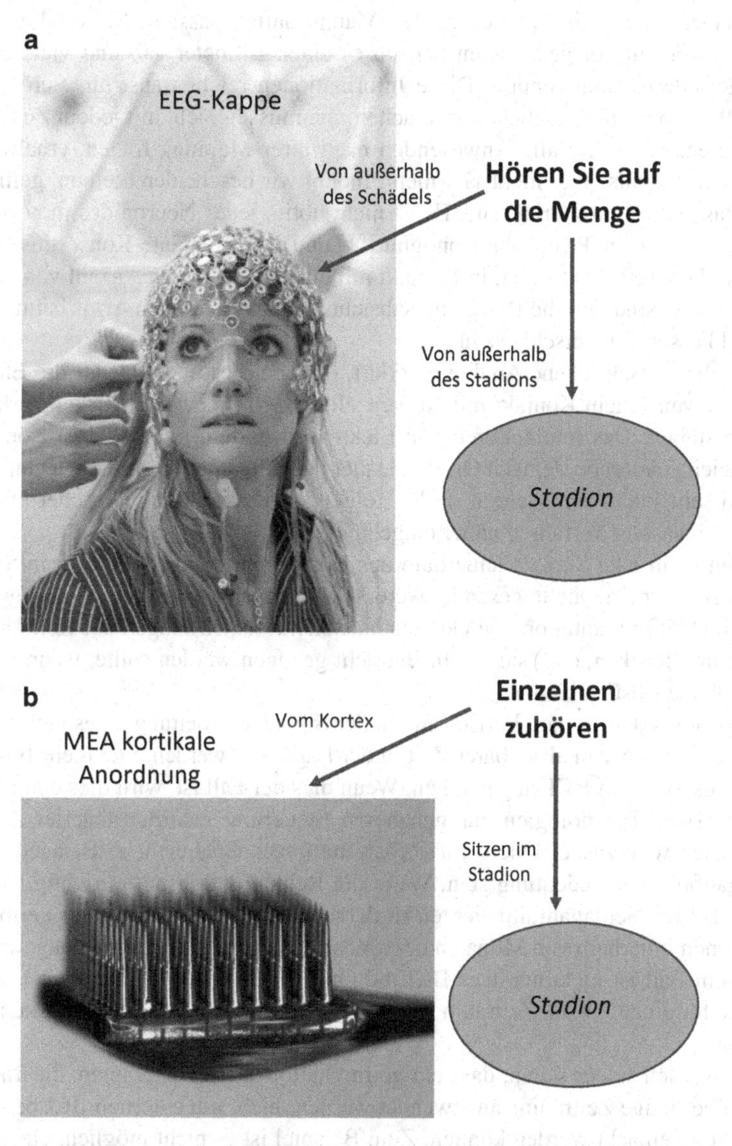

Abb. 3.1 (**a**) Analogie zu einem Stadion: Hören Sie auf die Menge. (*Bildnachweis: Wyss Center for Bio and Neuroengineering*). (**b**) Analogie zu einem Stadion: auf einzelne Personen hören. (*Kredit, Bild: Blackrock Microsystems LLC*)

die globalen Informationen aus, und mit Hilfe fortschrittlicher Signalverarbeitung sind die EEG-Signale ausreichend, um beispielsweise einen Rollstuhl zu steuern. In anderen Fällen, wie bei der Entwicklung eines BCI, das ein Dutzend Freiheitsgrade dekodieren kann, braucht man die Details: Man muss ins Stadion gehen.

Das Einsetzen eines multiplen Elektrodenarrays (MEA) in den motorischen Kortex ist vergleichbar mit der Situation, dass Sie im Fußballstadion sitzen (siehe Abb. 3.1b) und mit Ihren beiden Nachbarn sprechen. Sie werden Ihnen in Echtzeit beschreiben, was zwischen den beiden Mannschaften passiert. Sie erfahren alles darüber, wer ein Tor geschossen hat, ob es einen Elfmeter gab und viele andere unaufgeforderte Kommentare. Diese Informationen reichen aus, um sich ein genaues Bild vom Spielgeschehen zu machen. Sie müssen nicht mit jedem Zuschauer diskutieren. Wenn Sie alle Anwesenden nach ihrer Meinung fragen, erhalten Sie zwar mehr Details, aber nicht viel mehr. Indem wir bescheiden bleiben, gelingt es uns, „das Gehirn auszutricksen". Es ist nicht nötig, jedes Neuron des motorischen Kortex zu befragen. Prof. John Donoghue [1] und das BrainGate-Konsortium haben gezeigt, dass 100 Elektroden, in Kontakt mit etwa der gleichen Anzahl von Neuronen, geeignet sind, um die Bewegungsabsichten eines gelähmten Arms beim „Greifen und Fassen" zu entschlüsseln.

Die oben beschriebene Analogie erklärt, dass bei bestimmten BCI die Elektroden in galvanischem Kontakt mit Nervenzellen, Gehirngewebe, Rückenmark oder Nerven stehen. Das Implantieren von Elektroden in den menschlichen Körper ist keine leichte Aufgabe. Je nach Ort und Dauer der Implantation sind die technischen Hürden sehr hoch. Wir werden in den folgenden Kapiteln ausführlicher über die Grenzen invasiver Verfahren näher eingehen.

Wenn neuronale Signale außerhalb des Körpers empfangen oder wenn Stimuli von einer externen Quelle gesendet werden können, sollte dies die bevorzugte Option sein. Die Implantation von Geräten hat solche Auswirkungen auf Komplexität, Kosten und Risiken, dass sie nur in Betracht gezogen werden sollte, wenn externe Geräte keine Lösung bieten.

Angesichts der raschen Fortschritte in der Signalverarbeitung ist es nicht ausgeschlossen, dass wir in absehbarer Zeit in der Lage sein werden, viel mehr Informationen aus externen BCI zu gewinnen. Wenn dies der Fall ist, wird dies den Einsatz nichtinvasiver Technologien zur genaueren Steuerung gehirngesteuerter Anwendung. Dies wird insbesondere für Rehabilitationsmaßnahmen, z. B. nach einem Schlaganfall, von Bedeutung sein. Wenn die Rehabilitationsmittel richtig funktionieren, sollten Schlaganfallpatienten in der Lage sein, einen Teil ihrer verlorenen Funktionen innerhalb von Monaten oder maximal ein paar Jahren zurückgewinnen. In diesem Fall ist nichtinvasives BCI die Option der Wahl. Die Implantation von Geräten für einen kurzen Zeitraum ist im Hinblick auf die Risiken und Kosten nicht sinnvoll.

Wir werden später sehen, dass einige Indikationen oder Therapien, die Tag und Nacht über lange Zeiträume angewendet werden, nicht mit externen BCI benutzerfreundlich gemacht werden können. Zum Beispiel ist es nicht möglich, eine EEG-Kappe 24/7 ein Leben lang zu tragen. Ebenso kann eine Therapie, die den ständigen oder häufigen Einsatz schwerer Geräte wie Magnetresonanztomographie (MRT) oder Magnetoenzephalographie (MEG) erfordert, nicht zu Hause durchgeführt werden. In solchen Fällen können tragbare oder implantierbare Alternativen entwickelt werden (sofern machbar).

Um mit bestimmten Nervengeweben in Kontakt treten zu können, haben wir die Notwendigkeit gesehen, Elektroden zu implantieren. Für einen begrenzten Zeitraum (bis zu einigen Monaten) kann es akzeptabel sein, ein transdermales Kabel zu haben, das die Elektroden mit der externen Elektronik verbindet – mit dem Risiko von Infektionen und Nekrosen um die Hautöffnung herum. Für langfristige (mehrere Jahre) oder lebenslange Anwendungen sind transdermale Durchgänge nicht akzeptabel, da das gesamte Gerät (Körper-Schnittstelle, Kabel, Elektronik) implantiert werden muss. Die Beschreibung, wie man vollständig implantierbare Langzeit-BCIs baut, ist das Hauptziel dieses Buches (Abb. 3.2).

Die Entscheidung für ein vollständig implantierbares Verfahren ist attraktiv im Hinblick auf Autonomie, Ästhetik und Leistung, aber es ist auch der schwierigste und am stärksten regulierte Bereich der Humanmedizin. Bevor man sich in diese Kategorie begibt, muss man sich vergewissern, dass man über genügend Ressourcen, Zeit und Kompetenzen verfügt. Der Bereich der langfristig implantierbaren BCI ist soliden Organisationen vorbehalten.

Mit anderen Worten: Seien Sie vernünftig und zielen Sie bezüglich des Nervensystems auf Wege, die für Ihr Team machbar sind. Wenn Sie keine bezahlbare Lösung finden: Suchen Sie Allianzen und Partnerschaften.

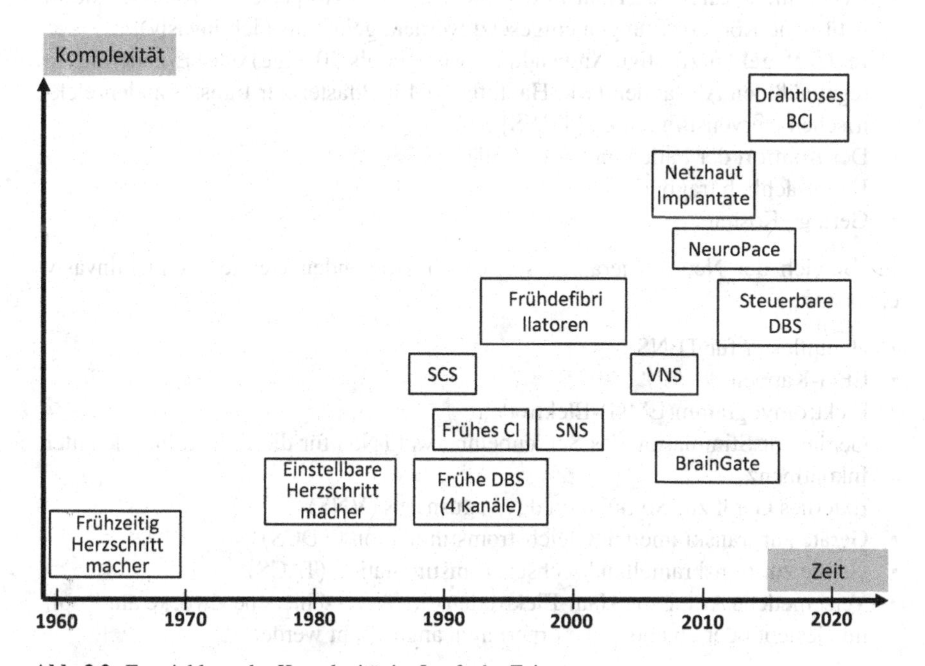

Abb. 3.2 Entwicklung der Komplexität im Laufe der Zeit

3.2 Invasivität

Invasivität ist ein unscharfer Begriff. Die meisten Menschen betrachten Implantate als invasiv und externe Therapien als nichtinvasiv. Dieser Schwarz-Weiß-Ansatz lässt die Ergonomie, den Komfort und die Lebensqualität der Patienten unberücksichtigt. Es gibt eine Grauskala zwischen diesen beiden Extremen. Einige externe Geräte oder Maßnahmen von außen können von den Patienten als invasiver empfunden werden als ihre Implantate. So ist beispielsweise die Einführung in einen Tunnel für die MRT für manche Patienten eine traumatische Erfahrung, die sicherlich „invasiver" ist als die Einführung von Elektroden in ihren Körper. Die Invasivität muss auch nach dem Schweregrad eingestuft werden. Ein subkutanes, winziges Gerät, das unter die Haut in einem ambulanten Verfahren unter lokaler Anästhesie platziert wird, ist weniger invasiv als das Tragen einer EEG-Kappe mehrere Stunden am Tag über lange Zeiträume hinweg.

3.2.1 Nichtinvasiv

Nach herkömmlicher Auffassung hat ein nichtinvasives Gerät die folgenden Eigenschaften:

- Dringt nicht durch die Haut in den menschlichen Körper ein (Produkte, die in natürliche Körperöffnungen eingesetzt werden, gelten als nichtinvasiv).
- In der Regel kurzfristige Anwendung (weniger als 30 Tage) oder Erneuerung in regelmäßigen Abständen (wie Hautpflaster für Pflaster zur transdermalen elektrischen Nervenstimulation [TENS]).
- Der Komfort der Patienten hat Priorität.
- Hauptsächlich tragbar.
- Geringe Kosten.

Im Bereich der Neuro-Therapien werden die folgenden Geräte als nichtinvasiv eingestuft:

- Hautpflaster für TENS
- EEG-Kappen
- Elektromyogramm(EMG)-Elektroden
- Geräte zur Stimulation des Schienbeinnervs (TNS) für die Behandlung leichter Inkontinenz
- Externes Gerät zur Stimulation des Vagusnervs (VNS)
- Geräte zur transkraniellen Gleichstromstimulation (TDCS)
- Geräte zur transkraniellen Wechselstromstimulation (TACS)
- Verschiedene Arten von Haut-Elektroden die für verschiedene Zwecke am Kopf, im Gesicht oder an anderen Körperteilen angebracht werden

Diagnostische und bildgebende Systeme [2] wie die Magnetresonanztomographie (MRT), die Computertomographie (CT), die Positronenemissionstomographie (PET) oder die Magnetoenzephalographie (MEG) gelten ebenfalls als nichtinvasiv, da keine physische Hardware in den Körper eingeführt wird. Dennoch können diese Verfahren von den Patienten als recht invasiv empfunden werden.

3.2.2 *Nicht so invasiv*

Drei Kategorien von Geräten, die durch die Haut eindringen, sind weder nichtinvasiv noch invasiv, da ihre Auswirkungen auf den Körper minimal ist:

- Transdermale Elektroden für die intramuskuläre Stimulation (IMS) oder das intramuskuläre Myogramm (IMMG). Diese Drahtelektroden werden ohne größeren chirurgischen Eingriff in die Muskeln eingeführt und verbleiben dort für kürzere Zeit. Ein Beispiel ist die FES des Arms eines gelähmten Patienten, aktiviert von einem BCI auf den motorischen Kortex. Mehrere transdermale Elektroden werden in die Muskeln entlang des Arms, von der Schulter bis zur Hand, eingeführt und ermöglichen das „Bewegen und Greifen". In einigen Fällen blieben diese transdermalen Elektroden monatelang und sogar einige Jahre lang ohne Infektion an Ort und Stelle. Ein erfolgreiches Beispiel für eine solche Arbeit ist die des Teams, das von Prof. Robert Kirsch vom Cleveland FES Center [3] und Prof. Hunter Peckham von der Case Western Reserve University in Cleveland [4] im Rahmen der BrainGate Initiative [5] geleitet wurde.
- Kleinere subkutane Implantate, unter die Haut gesetzt durch einen kleinen Einschnitt unter örtlicher Betäubung. Auf dem Gebiet der Herzüberwachung werden Produkte wie Reveal und Linq von Medtronic [6] seit etwa zwei Jahrzehnten in großem Umfang vermarktet.
- Einige andere Geräte können in die Kategorie „nicht so invasiv" eingeordnet werden; in dem Sinne, dass sie keine Öffnung des Schädels erfordern, um das Gehirn zu erreichen. In gewissem Sinne ist die VNS „nicht so invasiv", da der chirurgische Eingriff für den Zugang zum Vagusnerv geringfügig ist und meist unter örtlicher Betäubung durchgeführt wird. Andere Initiativen, wie die Stentrode von Synchron Inc. [7], zielen darauf ab, das Gehirn über stentähnliche Elektroden abzulesen oder sogar zu stimulieren; dabei werden die Elektroden in die Jugularvene eingeführt, die bis in Bereiche proximal des motorischen Kortex eindringen. Ziel ist es, kortikale Signale, die im motorischen Kortex von der Stentrode erzeugt werden, zu sammeln und an ein subklavikuläres Implantat zur weiteren Telemetrieübertragung weiterzuleiten, das mit Aktoren (2D-Bildschirm, Roboterarm oder FES) verlinkten externen Decodern verbunden ist, um gelähmten Menschen zu helfen, einige Bewe-

gungsfähigkeiten wiederzuerlangen. Synchron wird auch an der Verwendung solcher Elektroden gearbeitet, die in die Blutkanäle eingeführt werden, um stimulierende Funktionen und Closed-Loop-Systeme zur Behandlung von Epilepsie anzubringen. Sie erkennen den Beginn eines Anfalls und stimulieren die Stentrode, um den Anfall zu beenden. Es muss noch viel Grundlagenarbeit geleistet werden, um dieses System für die Anwendung beim Menschen zu entwickeln, aber das Konzept ist interessant. Die Risiken von Läsionen oder Blutgerinnseln, die durch das Vorhandensein von Stent-ähnlichen Vorrichtungen in den Hirnvenen verursacht werden, sind jedoch ernst, und die langfristige Durchführbarkeit beim Menschen muss erst noch nachgewiesen werden.

3.2.3 *Invasiv*

Invasiv ist ein Begriff, der angebracht ist, wenn ein Gerät tiefer in den Körper eingeführt wird und dort für längere Zeit verbleibt. Er impliziert einen größeren chirurgischen Eingriff unter Vollnarkose.

Tiefere Gewebeschnittstellen sind von unterschiedlicher Beschaffenheit, Größe, Kontaktimpedanz, Steifigkeit und Materialien. Einige sind für die Erkennung, einige für die Stimulation. Die nicht isolierte Oberfläche der Schnittstelle wird als Elektrode oder Kontakt bezeichnet. Die Elektroden sind mit isolierten Drähten verbunden. Diese Drähte werden in einem Bündel zusammengefasst oder zu einem Kabel gewickelt oder geflochten. Eine Alternative zu Kabeln sind flache Bänder. Das andere Ende der Drähte ist entweder direkt mit dem IPG oder mit einem Stecker verbunden.

- Schnittstellen zum Gehirn
  - Epidural (EKoG oder Paddle) (Abb. 3.3)
  - Subdural (EKoG oder Paddle) (Abb. 3.3)
  - Intrakortikal (MEA) (Abb. 3.4)
  - Durchdringend (Draht oder multipolar in-line) (Abb. 3.5)
  - Tief (multipolare DBS) (Abb. 3.6)
- Schnittstellen zum Rückenmark
  - Epidural (Paddle oder multipolar in-line) (Abb. 3.7)
  - Subdural (Paddle oder multipolar in-line) (Abb. 3.7)
- Nervenschnittstellen
  - Manschettenelektroden (Abb. 3.8)
  - Faszikuläre Elektroden (Abb. 3.9)

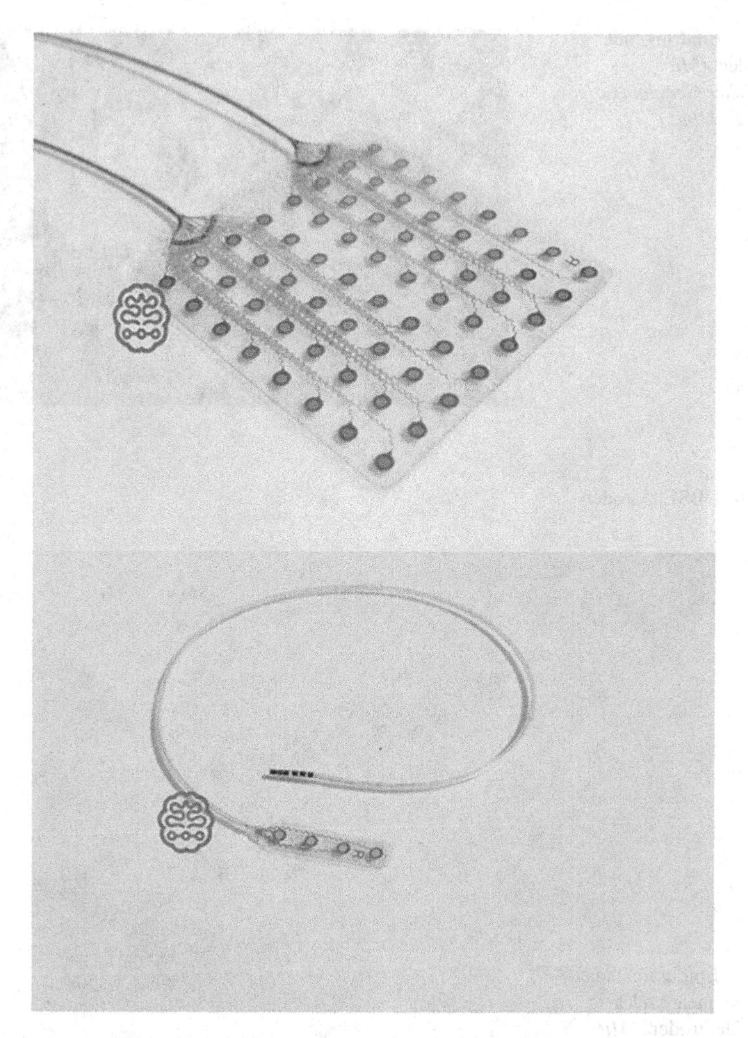

Abb. 3.3 Epidural-EKoG-Gitter und Streifenelektrode. (*Mit freundlicher Genehmigung der Cortec GmbH*)

Abb. 3.4 Intrakortikale Mikroelektrodenanordnung (Utah-Anordnung). (*Mit freundlicher Genehmigung von Blackrock Microsystems LLC*)

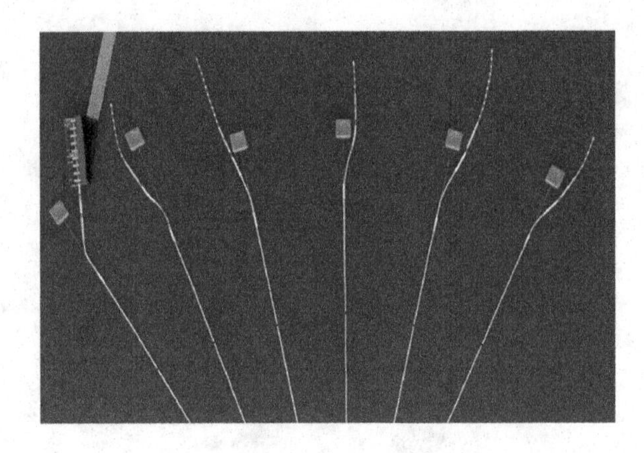

Abb. 3.5 Eindringende Elektroden. (*Mit freundlicher Genehmigung von Ad-Tech Inc.*)

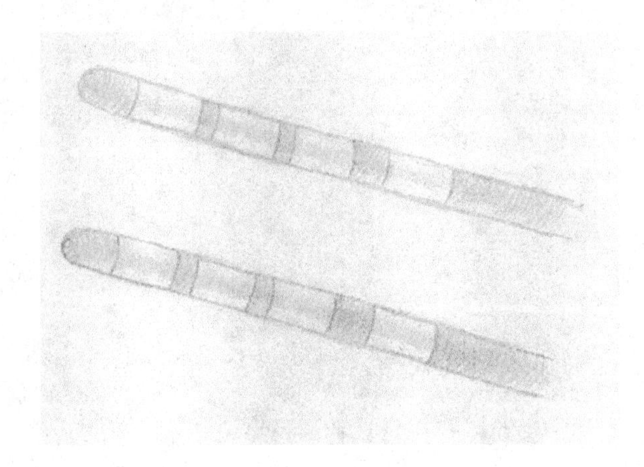

Abb. 3.6 DBSElektroden

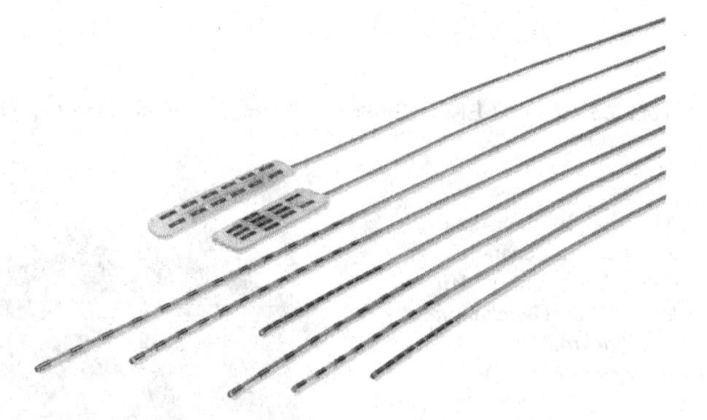

Abb. 3.7 Epidurale und subdurale lineare oder Paddle-Elektroden. (*Mit freundlicher Genehmigung von Nuvectra Inc.*)

Abb. 3.8 Spiralförmige Manschettenelektrode. (*Mit freundlicher Genehmigung der Cortec GmbH*)

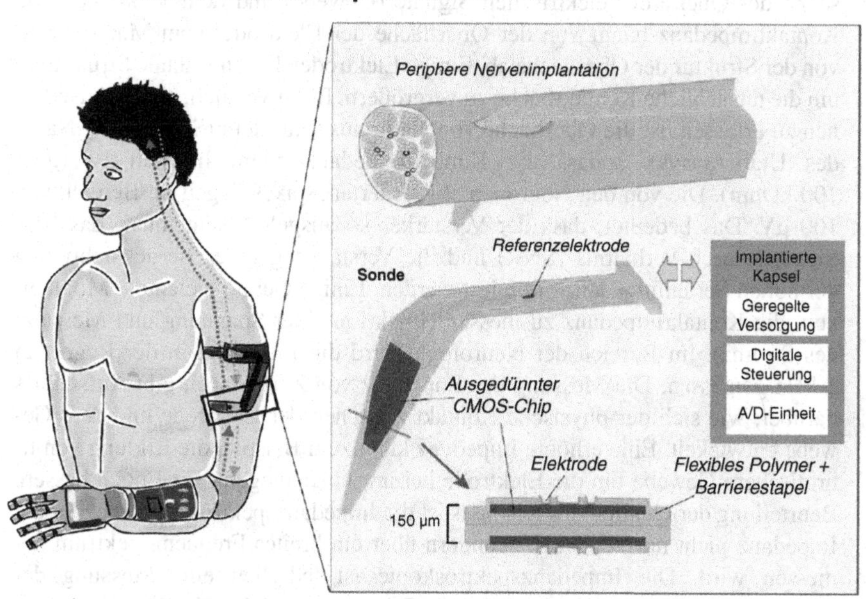

Abb. 3.9 Faszikuläre Elektroden. (*Mit freundlicher Genehmigung von IMEC*)

3.3 Invasive Schnittstellen

Die Schnittstelle zum Körpergewebe ist eine der Herausforderungen bei aktiven Langzeitimplantaten. Die wichtigsten Parameter für ein geeignetes Design sind:

- Weichheit/Starrheit: Wenn eine starre Elektrode in Kontakt mit weichem Gewebe kommt oder in dieses eingeführt wird, erhöht sich das Risiko, dass Narbengewebe oder fibrotische Verkapselungen um das, was der Körper als Eindringling wahrnimmt, entstehen. Die Wissenschaft über das Gewebewachstum auf Implantaten ist nicht vollständig geklärt. Wir wissen, dass es von der Art des Materials, der Qualität der Oberfläche, dem Vorhandensein von Restverunreinigungen und der Blutzirkulation abhängt. Eine Ursache für die Gewebereizung liegt in der relativen Bewegung des Implantats im umgebenden Gewebe. Harte Implantate sind anfälliger für Bewegungen als weiche Implantate, die der Verschiebung des Gewebes „folgen". Die Ursache für die Bewegungen des Gewebes hängt von der Lokalisation ab. Im Gehirn gibt es natürliche Bewegungen aufgrund des Blutpulses und der Atmung. Außerdem gibt es relative Bewegungen, die durch die Bewegung des Kopfes verursacht werden. Größere Verschiebungen können durch Erschütterungen oder traumatische Stöße hervorgerufen werden.
- Kontaktimpedanz: ein wichtiger Parameter, insbesondere für das Erfassen kleiner elektrischer Potenziale. Die Kontaktimpedanz ist eine serielle Impedanz zwischen der Quelle der elektrischen Signale (Gewebe) und dem Verstärker. Die Kontaktimpedanz hängt von der Oberfläche der Elektrode, vom Material und von der Struktur der Oberfläche ab. Einige Elektroden haben fraktale Strukturen, um die tatsächliche Kontaktfläche zu vergrößern. Beim Versuch, einzelne Neuronen zu erfassen, ist die Oberfläche von Natur aus sehr klein (Spitze einer Nadel des Utah-Arrays), sodass die Kontaktimpedanz ziemlich hoch ist (über 100 kOhm). Die von den Neuronen abgefeuerten Spikes liegen im Bereich von 100 µV. Das bedeutet, dass der Verstärker so ausgelegt sein muss, dass das Signal-Rausch-Verhältnis (SNR) und die Verstärkung unter Berücksichtigung der hohen Serienimpedanz optimiert werden. Einige Geräte bieten die Möglichkeit, die Kontaktimpedanz zu messen (Injektion einer Spannung und Messung des Stroms). Im Bereich der Neurologie wird die Impedanz in der Regel bei 1 kHz gemessen. Die Messung der Impedanz von Zeit zu Zeit gibt Aufschluss darüber, wie sich der physische Kontakt zwischen der Elektrode und dem Gewebe entwickelt. Eine erhöhte Impedanz kann zum Beispiel die Bildung von fibrotischem Gewebe um die Elektrode herum widerspiegeln. Eine noch bessere Beurteilung der Qualität des Kontakts ist die Impedanzspektroskopie, bei der die Impedanz nicht nur bei 1 kHz, sondern über ein breites Frequenzspektrum gemessen wird. Die Impedanzspektroskopie ist lediglich eine Messung der Fähigkeit elektrischer Signale, durch die Schnittstelle Elektrode-Gewebe zu senden. Sie liefert keine genaue Bewertung der Fähigkeit dieser Signale, die elektrosensiblen Nervenzellen zu erreichen.
- Biostabilität: Die Materialien, aus denen die Elektroden bestehen, müssen über lange Zeiträume hinweg stabil sein. Sie sollten sich in der rauen Umgebung des menschlichen Gewebes nicht auflösen.

- Übersprechen: Der Abstand zwischen den Elektroden bestimmt die kapazitive Kopplung zwischen den Kanälen. Als Faustregel gilt, dass der Abstand zwischen den Elektroden gleich oder größer sein sollte als der Durchmesser des Kontakts.

3.3.1 Die Schnittstelle zum Gehirn

Wir haben oben gesehen, dass im Gehirn Signale auf verschiedene Weise an verschiedenen Orten gesammelt werden können. Ebenso kann die Stimulation an verschiedenen Stellen erfolgen. Ein weiterer Schlüsselfaktor ist die „Tiefe" der Schnittstelle. Ein Kopfhaut-EEG erfasst globale Signale, ein Aggregat aus der Signatur von Millionen von Neuronen, verformt und gestreut durch den Liquor, den Schädel und die Haut.

Globale Gehirnwellen werden nach ihren Frequenzen kategorisiert:

- Deltawellen: 04 Hz. Deltawellen werden mit Entspannung und erholsamem Schlaf in Verbindung gebracht. Deltawellen scheinen mit unbewussten Körperfunktionen wie Herz-Kreislauf-System und Verdauungssystem verbunden zu sein. Schlaf kann mit Deltawellen verbunden sein.
- Thetawellen: 48 Hz. Thetawellen werden als suggestive Wellen definiert, die mit hypnotischen Zuständen, Tagträumen, Emotionen, Angstzuständen und Schlaf einhergehen.
- Alphawellen: 812 Hz. Alphawellen werden als Frequenzbrücken zwischen unbewussten Wellen (Theta) und bewusstem Denken (Beta) beschrieben. Sie werden mit Zwangsstörungen (OCD), Angst und Stress in Verbindung gebracht.
- Betawellen: 140 Hz. Betawellen treten bei wachen Menschen auf und stehen in Zusammenhang mit kognitiven Berechnungen, Sprechen, Lesen und Denken. Höhere Werte sind ein Zeichen für Angst und Stress. Niedrigere Werte deuten auf Depressionen und mangelnde Aufmerksamkeit hin.
- Gammawellen: 40100 Hz. Gammawellen deuten bei hohen Werten auf Stress und Angst und bei niedrigeren Werten auf eine Aufmerksamkeitsdefizit-Hyperaktivitätsstörung (ADHS) oder Depression hin.

Subkutan, unterhalb der Kopfhaut, verbessert sich die Qualität der Messungen ein wenig. Die subkutane Platzierung eliminiert teilweise Artefakte, die durch Muskeln verursacht werden, z. B. durch Bewegungen im Zusammenhang mit dem Kauen oder Sprechen. Die Platzierung der subkutanen Elektroden ist einfach, durch einen kleinen Einschnitt und unter Verwendung von Einführungswerkzeugen, mit denen die Elektroden an ihren Platz gedrückt oder gezogen werden. In den meisten Fällen müssen die subkutanen Kopfhautelektroden nicht fixiert werden.

Ein weiterer Schritt tiefer in Richtung des Gehirns ist das Eindringen in den Schädel und das Anbringen eines EKG-Gitters über die Hirnoberfläche. Die Platzierung eines EKG-Gitters erfordert eine große Kraniotomie. Heute wird das EKG hauptsächlich bei der Beurteilung von Epilepsiepatienten eingesetzt, mit dem Ziel, den Teil des Gehirns zu entfernen, der die Hauptquelle der Anfälle darstellt. Diese Untersuchung wird über einen Zeitraum von mehreren Wochen im Krankenhaus durchgeführt. Das für den Zugang zum Gehirn entnommene Knochenstück wird nach dem Einsetzen des Gitters wieder eingesetzt und die Kabel werden durch eine transdermale Passage herausgeführt. Ein externer Rekorder zeichnet die vom EKG aufgezeichneten Signale Tag und Nacht über einen Zeitraum von bis zu zwei Wochen auf. Die Anfälle während dieses Zeitraums werden genau gemessen. Die Sammlung dieser großen Datenmenge ermöglicht eine genaue Lokalisierung des Herdes und bereitet eine optimale anschließende Resektionsoperation vor. Die EKG-Kontakte sind mit einigen Millimetern Durchmesser noch recht groß, sodass sie globale Signale einer großen Population von Neuronen erfassen.

Die einzige Möglichkeit, mit einigen wenigen Neuronen oder einem einzigen Neuron in Kontakt zu treten, besteht darin, winzige Elektroden in den Kortex einzuführen. Die Notwendigkeit, Spikes zu messen, wurde bereits weiter oben in diesem Buch erörtert. Zukünftige BCIs mit hoher räumlicher und zeitlicher Auflösung werden winzige eindringende Elektroden in direktem Kontakt mit den Neuronen benötigen. Folglich ist die MEA die Schnittstelle der Wahl für fortgeschrittene BCIs. Die einzige für den Menschen geeignete MEA ist derzeit das Utah-Array, geliefert von Blackrock Microsystems LLC [8] (siehe Abb. 3.10).

Ein standardmäßiges rundes Loch (das gleiche wie bei der Einführung von DBS-Elektroden) wird in den Schädel gebohrt. Die MEA wird durch dieses Loch eingeführt und an der Spitze des motorischen Kortex lokalisiert, z. B. für den rechten Arm. Mit Hilfe eines pneumatischen Einführgeräts werden die 100 Stifte der MEA etwa 1,5 mm tief durch die Arachnoidea gestanzt. In der derzeitigen Konfiguration ist die MEA mit einem transdermalen Anschluss, dem sogenannten Sockel, mit einem Bündel dünner Golddrähte verbunden, die an jedem Ende mit einem Draht verbunden sind. Die Gesamtlänge des Bündels beträgt 13 cm. Der Sockel wird auf den Schädel geschraubt. Auch wenn das Bündel aus dünnen Drähten besteht, hat es eine gewisse Steifigkeit. Der Chirurg muss das Bündel sorgfältig so formen, dass das Kabel keinen Druck auf die MEA ausübt.

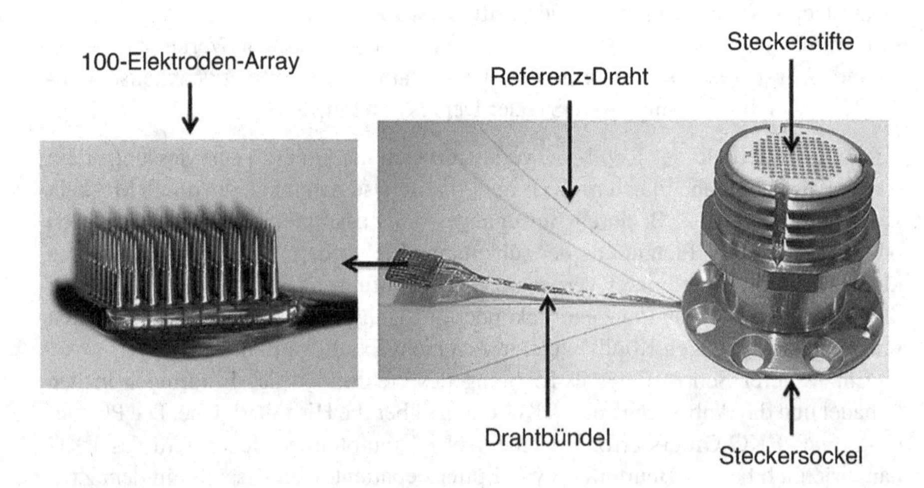

Abb. 3.10 Utah-Array verbunden mit einem Sockel. (*Mit freundlicher Genehmigung von Blackrock Microsystems LLC*)

In naher Zukunft wird der Sockel durch ein vollständig implantiertes drahtloses-Kommunikationsgerät ersetzt, das aber immer noch mit dem Utah-Array verbunden ist. Dies wird in Abschn. 7.3 näher erläutert.

Das Utah-Array (siehe Abb. 3.10) nutzt auf intelligente Weise die mechanische Leistungsfähigkeit von Silizium und gleichzeitig die halbleitenden Eigenschaften dieses Materials, um eine doppelte Diodenisolierung zwischen den Kanälen zu erreichen. Seine Herstellung basiert auf langjähriger Erfahrung und geheimem Know-how. Das Array aus Utah, das hauptsächlich für präklinische Forschungsprojekte verwendet wird, hat seinen Weg in etwa zwei Dutzend Menschen gefunden. Es wurden große Unterschiede in Bezug auf die Kontaktimpedanz, die Entwicklung der Impedanz im Laufe der Zeit und die Isolierung zwischen den Kanälen festgestellt. Einige Utah-Arrays funktionieren auch noch nach Jahren der Implantation. Andere sind schon nach wenigen Monaten nicht mehr funktionsfähig. Wir haben keine solide Erklärung dafür.

Nur die Spitze der Stifte ist dem Gewebe ausgesetzt. Die Wurzel des Stifts ist mit Parylene [9] isoliert, einem Material, das seit Jahrzehnten als stabil und zuverlässig in anderen Teilen des Körpers bekannt ist. In der Parylene-Isolierung des Utah-Arrays wurden einige rätselhafte Fehlfunktionen festgestellt, wenn sie in menschlichen Gehirnen platziert wurde. Eine Erklärung dafür könnte das unerwartet hohe Niveau von H_2O_2 in der Umgebung des Arrays sein, das ein starker Zerstörer aller Kunststoffmaterialien ist, auch von Parylene. Die Wechselwirkungen zwischen den Materialien des Arrays, den Biofilmen auf der Oberfläche, der sich mit der Zeit entwickelnden dickeren Fibroseschicht und der exotischen Chemie in dieser Kapsel müssen noch erforscht werden. Parylene hat sich bei kardialen Anwendungen als sehr stabil erwiesen. Überraschenderweise ist dieses Material möglicherweise nicht so gut für die Verwendung im Gehirn geeignet. Diese offensichtlichen und noch nicht bestätigten Schwächen müssen jedoch weiter untersucht werden, bevor Schlussfolgerungen gezogen werden können.

Wir entdecken, dass das Gehirn eine ganz besondere Umgebung ist. Technologien, die sich in anderen Teilen des Körpers als stabil erwiesen haben, scheinen sich im Gehirn anders zu verhalten. Es müssen nun Anstrengungen unternommen werden, um zuverlässige Schnittstellen zu Hirngeweben zu entwickeln, die jahrzehntelang ohne Leistungseinbußen funktionieren. Derzeit werden Testverfahren für die künstliche Alterung entwickelt und bewertet, die an die Besonderheiten des Gehirngewebes angepasst sind (siehe Abschn. 4.7).

3.3.2 Schnittstelle mit dem Rückenmark

Das Rückenmark ist die Nervenautobahn, die Informationen zwischen dem Gehirn und den peripheren Nerven hin- und herleitet. Als Verlängerung oder Fortsetzung des Gehirns besteht der Kern des Rückenmarks aus einem Bündel neuronaler Verbindungen, die von einer schützenden Hülle, der Dura, umgeben sind. Das Rückenmark ist durch die Wirbelkörper gut geschützt. An jedem Zwischenwirbelraum treten Nerven aus dem Rückenmark aus und verzweigen sich an verschiedenen Stellen des Körpers.

Schädigungen des Rückenmarks, z. B. durch Unfälle, haben je nach Lage der Läsion unterschiedliche Auswirkungen. Je höher die Läsion, desto mehr Probleme haben wir, da alle nachgeschalteten Nerven betroffen sind. Eine Stimulation auf der Ebene der Läsion kann die Genesung verbessern und sogar die Wiederherstellung synaptischer Verbindungen fördern, wie Prof. Grégoire Courtine von der EPFL in der Schweiz gezeigt hat [10].

Wir glauben auch, dass es in naher Zukunft möglich sein wird, das Rückenmark auf der entsprechenden Ebene zu stimulieren, um Gliedmaßenbewegungen bei gelähmten Menschen zu steuern, hoffentlich in direkter Interaktion mit einer BCI-Dekodierung von Bewegungsabsichten im motorischen Kortex.

Eine weitere Interaktion mit dem Rückenmark ist SCS, die bereits in diesem Buch beschrieben wurde. Dabei werden die Schmerzsignale an der Nervenwurzel „eingefroren" und daran gehindert, über das Rückenmark zum Gehirn weitergeleitet zu werden.

In jeder der oben genannten Situationen müssen die Elektroden an der richtigen Stelle der Wirbelsäule platziert werden, um eine Stimulation zu ermöglichen. Die Einführung der flexiblen Paddle-Elektroden erfolgt durch den Zwischenraum zwischen zwei Wirbeln und wird nach oben geschoben.

Flexibilität der Elektroden ist erforderlich, da Körperbewegungen zu einer Beugung des Rückenmarks führen. Darüber hinaus wäre die Dehnbarkeit der Elektrode eine große Verbesserung, um eine Verschiebung der Kontakte nach einer Biegung des Rückenmarks zu vermeiden. Prof. Stéphanie Lacour, EPFL in der Schweiz [11], ist führend in der Entwicklung flexibler und dehnbarer Elektroden für spinale Schnittstellen.

3.3.3 Schnittstelle mit dem Vagusnerv

Nach dem Rückenmark ist der Vagusnerv die zweite neurologische Kommunikationsautobahn im Körper. Er ist der zehnte Hirnnerv und besteht aus afferenten und efferenten Fasern. Die afferenten Fasern verbinden sich mit dem zentralen Nervensystem (ZNS) in komplexen Verbindungen über den Kern der Solitärbahn. Kurz gesagt: Afferente Fasern transportieren Informationen von der Peripherie zum ZNS.

Efferente Fasern leiten Informationen aus dem ZNS in die Peripherie. Bei der Behandlung von Epilepsie sind die afferenten Fasern beteiligt. Die genauen Mechanismen der Auswirkungen der Stimulation des Vagusnervs auf das Gehirn sind noch nicht bekannt.

Bezüglich der Schnittstelle ist die Vagusnerv-Stimulation einfach. Die Manschettenelektrode hat nur zwei Kontakte. Sie macht auch den Anschluss an das IPG einfach und kostengünstig. Die Manschettenelektrode wird durch einen kleinen Einschnitt eingeführt. Die Manschette wird um den linken Vagusnerv an der Basis des Halses gewickelt. In gewisser Weise ist der Vagusnerv ein einfacher indirekter Zugang zum Gehirn.

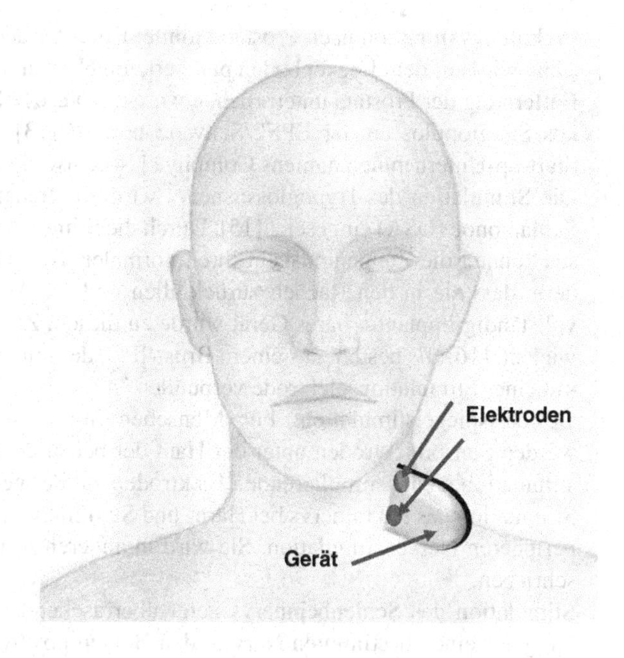

Abb. 3.11 Externe Stimulation des Vagusnervs

Es ist auch möglich, den Vagusnerv über ein externes Gerät zu stimulieren (siehe Abb. 3.11). ElectroCore [12] erhielt die Zulassung für ein handgehaltenes Gerät mit zwei Elektroden, die am Hals entlang des Vagusnervs angebracht werden. Das elektrische Feld zwischen den externen Haut-Elektroden stimuliert den Nerv. Das Gerät ist für die Kontrolle von Migräne und Clusterkopfschmerzen geeignet.

3.3.4 Schnittstelle mit peripheren Nerven

Es gibt eine Vielzahl von Anwendungen, bei denen eine Schnittstelle mit Nerven notwendig ist. Hier sind einige Beispiele:

- Amputierte:
  - Steuerung einer Handprothese direkt über die Nerven des Arms mit intrafaskulären Elektroden oder Manschettenelektroden
  - Haptisches Feedback, das die von den Sensoren an der Spitze der Prothesenfinger gesammelten Berührungsinformationen an die Nerven mit intrafaskulären Elektroden weiterleitet
- FES: Die intramuskuläre Stimulation erfordert einen hohen Energieaufwand. Die Stimulierung über die Nerven bietet die gleichen Bewegungsmöglichkeiten, aber mit viel weniger Strom. Die Schnittstelle sind vorzugsweise Manschettenelektroden.

- Erektile Dysfunktion nach Prostatektomie: Ein Interface, das wie ein EKG aussieht, wird auf dem Beckenboden platziert, um Nerven zu stimulieren, die bei der Entfernung der Prostata unterbrochen wurden. Diese Arbeit wurde von Prof. Nikos Stergiopulos an der EPFL/Schweiz initiiert [13] und wird nun in einem Start-up-Unternehmen namens Comphya [14] entwickelt.
- Die Stimulation des Hypoglossusnervs wird zur Behandlung der obstruktiven Schlafapnoe (OSA) eingesetzt [15]. Durch die Stimulation des Nervus hypoglossus können die Zungenmuskeln ihren normalen Tonus beibehalten und verhindern, dass sie in den Rachen zurückfallen und die Atemwege blockieren. Ein vollständig implantierbares Gerät wurde zu diesem Zweck von Inspire Inc. entwickelt. [16]. Es besteht aus einem Brust-IPG, der mit einer drucksensitiven und mit einer Stimulationselektrode verbunden ist.
- Gesichtsspiegelstimulation: Für Menschen mit einseitiger Gesichtslähmung werden Sensorelektroden unter der Haut der betroffenen Seite und die Spiegelstimulation an die stimulierenden Elektroden auf der gelähmten Seite platziert.
- Stimulation des Sakralnervs bei Harn- und Stuhlinkontinenz gehört ebenfalls zur peripheren Nervenstimulation. Sie wird in anderen Kapiteln dieses Buches beschrieben.
- Stimulation des Schienbeinnervs zeigt überraschenderweise, dass die Einwirkung auf einen bestimmten Nerv in den Beinen positive Auswirkungen auf die Blasenkontrolle hat.

Hypoglossal-, Sakral- und Tibialnerv-Stimulationen haben bereits eine erfolgreiche kommerzielle Einführung und Zulassung gefunden. Einige andere vielversprechende PNS-Therapien befinden sich noch in der Entwicklung, aber wir werden in Zukunft ein schnelles Wachstum erleben. Jede Anwendung erfordert angepasste Nervenschnittstellen, in der Nähe des Nervs, um ihn herum oder in ihm. Die Elektroden können in Bezug auf Form, Anzahl der Kontakte, Material und Flexibilität sehr unterschiedlich sein. Alternativ können periphere Nerven auch durch ein externes Gerät in Kontakt mit der Haut stimuliert werden.

3.3.5 Schnittstellen mit Organen

Wir haben bereits einige Anwendungen erörtert, bei denen es sich nicht direkt um BCI handelt, die aber eine natürliche technologische Verwandtschaft zu den Merkmalen der Schnittstellen des Gehirns und Rückenmarks haben. Diese Entwicklungen sind sehr lehrreich in Bezug auf die Art und Weise, wie die Schnittstellen mit Organen funktionieren. Lassen Sie uns einen kurzen Überblick über diese spezifischen Gewebeschnittstellen geben.

- **Netzhaut:** Die Elektroden, die die Schnittstelle zur Netzhaut bilden, haben viele Gemeinsamkeiten mit der Schnittstelle zum Kortex. Um eine ausreichende Auflösung zu erreichen, werden viele Kanäle benötigt. Eine weitere Gemeinsamkeit

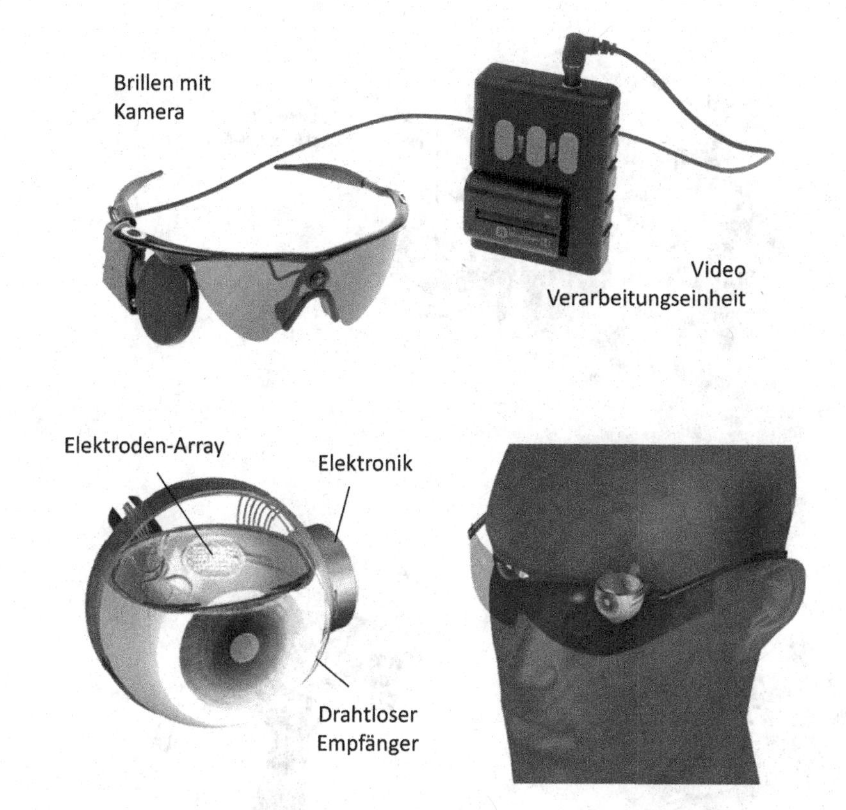

Abb. 3.12 Netzhaut-Implantat. (*Mit freundlicher Genehmigung von Second Sight Inc.*)

ist die langfristige Biostabilität, da es sehr schwierig sein wird, die Elektroden zu ersetzen, wenn sie ineffizient werden. Netzhautelektroden müssen so dünn sein, dass sie auf der Netzhaut (epi-retinal) oder unter der Netzhaut (subretinal) angebracht werden können. Außerdem müssen sie so flexibel sein, dass sie sich der Krümmung des Augenbodens anpassen. Die meisten der derzeitigen Netzhaut-Implantate haben Dünnfilmelektroden auf der Basis von Polyimid-Substraten. Da Polyimid langfristig Feuchtigkeit absorbiert, muss besonders darauf geachtet werden, dass es nicht zu einer Delamination der Kontakte und der Leiterbahnen kommt (siehe Abb. 3.12).

- **Cochlea:** ist ein sehr kleines und zerbrechliches Organ. Das Einführen von Elektroden in diesen spiralförmigen Kanal ist eine Herausforderung. Die Gesamtlänge der Cochlea-Spiralen beträgt etwa 2,5 Windungen. Aktuelle Elektroden können normalerweise nicht mehr als 1,5 Windungen abdecken. Die dünne Elektrode ist in Form einer Spirale vorgeformt, um die Einführung zu erleichtern. Der Körper der Elektrode besteht aus weichem Silikonkautschuk mit bis zu 22 Platinkontakten, die an winzigen Platindrähten (mit einem Durchmesser von etwa 10 µm) befestigt und mit Parylene isoliert sind. Der Zusammenbau einer solchen Miniaturelektrode ist eine Herausforderung (siehe Abb. 3.13).

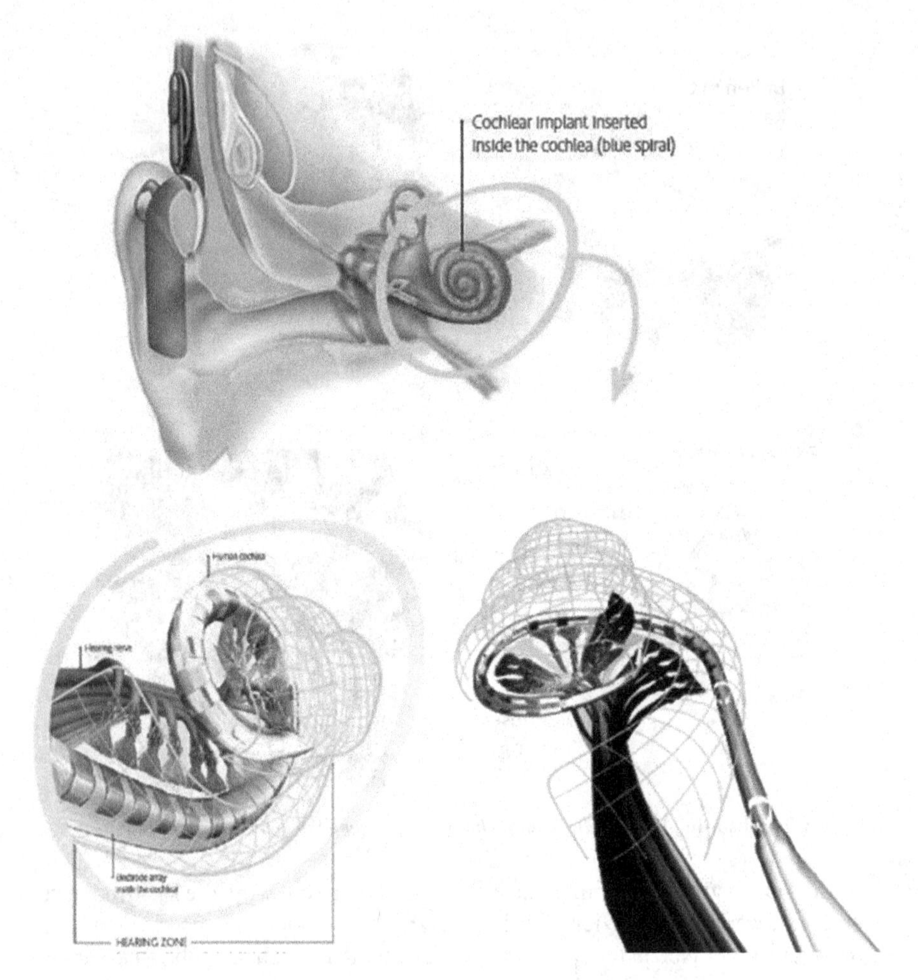

Abb. 3.13 Cochlea-Implantat. (*Mit freundlicher Genehmigung von Cochlear Inc.*)

- **Vestibularorgane:** Zusammen mit der Cochlea regeln zwei weitere Elemente die vestibuläre Funktion. Die Bogengänge zeigen die Rotation an, und die Otolithen erkennen die lineare Beschleunigung. Die auf dem Gebiet der Cochlea-Implantate tätigen Unternehmen nutzen ähnliche Technologien, um auf diese Organe zuzugreifen, um Störungen des Gleichgewichts zu behandeln. In diesem Bereich ist noch kein Produkt zugelassen. Wie die Cochlea sind auch die Vestibularorgane in der Nähe des Innenohrs extrem klein, sodass die Einführung von Elektroden sehr schwierig ist.
- **Verdauungssystem:** Elektroden werden in die Muskelwände des Magens eingesetzt, um Erbrechen und Übelkeit bei Gastroparese zu verringern. Dasselbe Gerät zur Stimulation des Magennervs (GNS) wird derzeit für die Behandlung von Fettleibigkeit untersucht. Das Enterra (Medtronic) [17] (siehe Abb. 3.14a) ist ein Gerät, das eine humanitäre Ausnahmegenehmigung (Humanitarian Device Exemption, HDE) erhalten hat. Die Schnittstellen zur Magenwand bestehen aus zwei bipolaren Drahtleitungen.

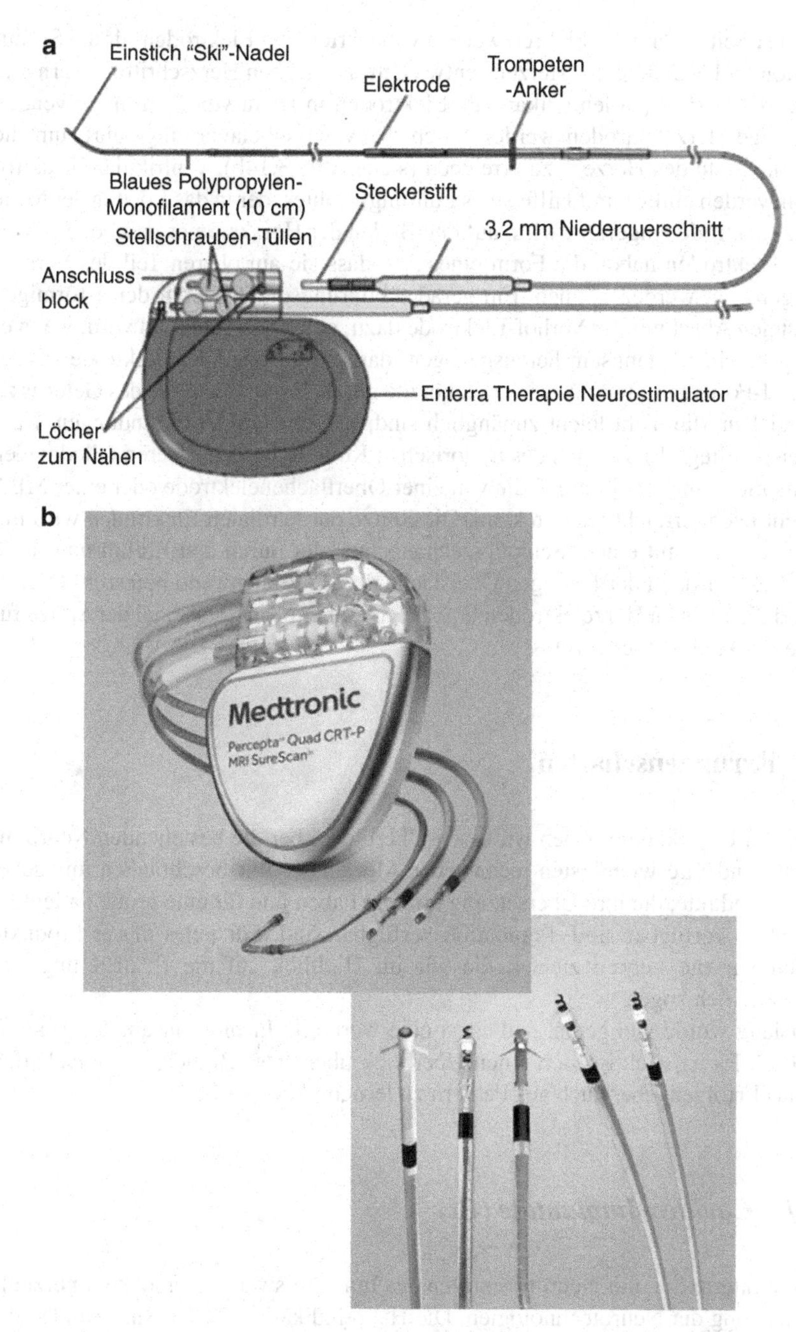

Abb. 3.14 (**a**) Stimulation des Magennervs. (*Mit freundlicher Genehmigung von Medtronic plc*) (**b**) Schrittmacher und Schrittmacherkabel. (*Mit freundlicher Genehmigung von Medtronic plc*)

- **Herz:** Seit mehr als 60 Jahren werden viele Arten von Elektroden für die Stimulation und Messung des Herzens entwickelt. Bei frühen Herzschrittmachern und Defibrillatoren wurden epikardiale Elektroden in Form von Netzen verwendet. Heutige Herzelektroden werden durch die Vena subclavia eingeführt, um die rechte Seite des Herzens zu erreichen (siehe Abb. 3.14b). Ventrikuläre Elektroden werden einfach mit Hilfe eines Führungsdrahtes, der in das Loch in der Mitte der Elektrode eingeführt wird, auf den Boden der Herzkammer geschoben. Atriale Elektroden haben die Form eines J, sodass sie am oberen Teil des Vorhofs angebracht werden können. Ein gerader Führungsdraht zwingt den J-förmigen distalen Abschnitt der Vorhof-Elektrode dazu, gerade zu sein, und wird, wenn er angebracht ist, langsam herausgezogen, damit die Spitze der Elektrode wieder ihre J-Form annimmt. Dieser Trick könnte nützlich sein, um Teile des Gehirns zu erreichen, die nicht leicht zugänglich sind, wie etwa die Hirnwindungen. Zum Beispiel liegt der Bereich des motorischen Kortex, der den unteren Gliedmaßen entspricht, in einer Faltung, die von einer Oberflächenelektrode oder einer MEA nicht leicht erreicht werden kann. Die Spitze der kardialen Elektroden wird mit Zinken oder mit einem Schraubmechanismus, der durch den Einführungsdraht gedreht wird, an der faserigen Oberfläche der Herzinnenwand befestigt. Derzeit sind die meisten Herzelektroden bipolar, mit einem Ring proximal der Spitze für die Rückleitung des Stroms.

3.4 Errungenschaften

In diesem Unterkapitel geben wir einen Überblick über die bestehenden Neuroimplantate und ihre wichtigsten technischen Merkmale. Wir beschränken uns dabei auf die Produkte, die ihre Übersetzung erreicht haben und für eine große Patientenpopulation verfügbar sind. Population verfügbar sind. Für jedes dieser Produkte werden wir die Lehren ziehen, die wir im Hinblick auf die Realisierung von BCI-Systemen zogen.

Bislang wurde viel getan, und es ist eine wertvolle Inspirationsquelle für künftige BCI. Es ist wichtig, sich einen Überblick über diese Branche zu verschaffen und aus Erfolgen, aber auch aus Fehlern zu lernen (Abb. 3.15).

3.4.1 Cochlea-Implantate (CI)

Direkte Interaktion mit Neurorezeptoren des Innenohrs war die erste kommerzielle Großleistung der Neurotechnologien. Die Hauptindikation für CIs sind Kinder, die mit einer nicht funktionierenden Weiterleitung der Schallwellen vom Trommelfell zur Cochlea geboren werden. Diese Kinder haben eine voll funktionsfähige Cochlea, aber keine Schallwellen aktivieren die Flüssigkeit der Cochlea. Die Störung selbst (Nichtleitung) ist nicht neurologisch, wohl aber die Lösung. Eine winzige

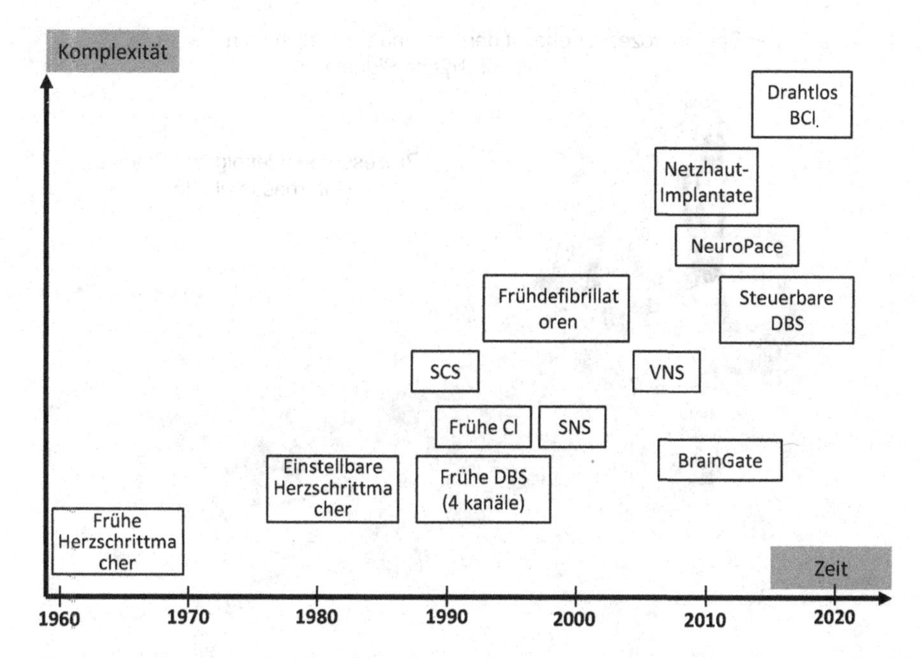

Abb. 3.15 Entwicklung der Komplexität von aktiven Implantaten

Elektrode (1222 Kanäle) wird in die Cochlea eingeführt und stimuliert die natürlichen Neurorezeptoren des Innenohrs. Die Elektrode ist mit einer implantierten Elektronik in einem hermetischen Gehäuse verbunden (siehe Abb. 3.16, 3.17 und 3.18), die unter der Haut hinter dem Ohr, manchmal auch in einer in den Knochen gefrästen Vertiefung. Das Einführen der Elektrode in die Cochlea ist eine schwierige Aufgabe. Die Cochlea ist ein kleiner spiralförmiger Kanal. Die Neurorezeptoren sind empfindliche dünne Haarzellen, die beim Einführen der Elektrode leicht beschädigt werden können. Es ist selten, dass eine Elektrode entfernt und durch eine neue ersetzt werden kann, da sie zu viel Schaden anrichten würde. Deshalb wurde das gesamte System für ein einmaliges Einsetzen konzipiert. Für ein kleines Kind bedeutet dies, dass die gleichen Elektroden für mehrere Jahrzehnte, vielleicht für sein ganzes Leben, in der Cochlea verbleiben, wenn in Zukunft keine bessere Technologie entdeckt wird.

Gehörlos geborene Kinder, die für ein Cochlea-Implantat in Frage kommen, müssen so bald wie möglich implantiert werden, da das fehlende Gehör sonst zu schweren Sprachstörungen aufgrund der fehlenden akustischen Rückkopplung führen kann. Einige von ihnen erhalten ihr Cochlea-Implantat vor ihrem ersten Lebensjahr und werden es wahrscheinlich bis zu ihrem Tod behalten. Bei einer Lebenserwartung von 100 Jahren ergeben sich daraus außergewöhnliche Anforderungen an die Zuverlässigkeit, die Biostabilität und Robustheit des Implantats. Die Entwickler von CIs haben diese hohen Anforderungen in das Gesamtkonzept einbezogen: Die implantierte Elektronik ist so einfach wie möglich, ein einfacher Sender, der die vom externen Gerät empfangenen Signale an die Elektroden weiterleitet. Da das

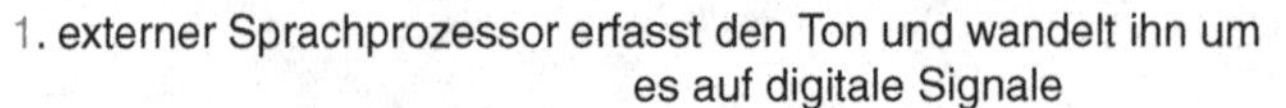

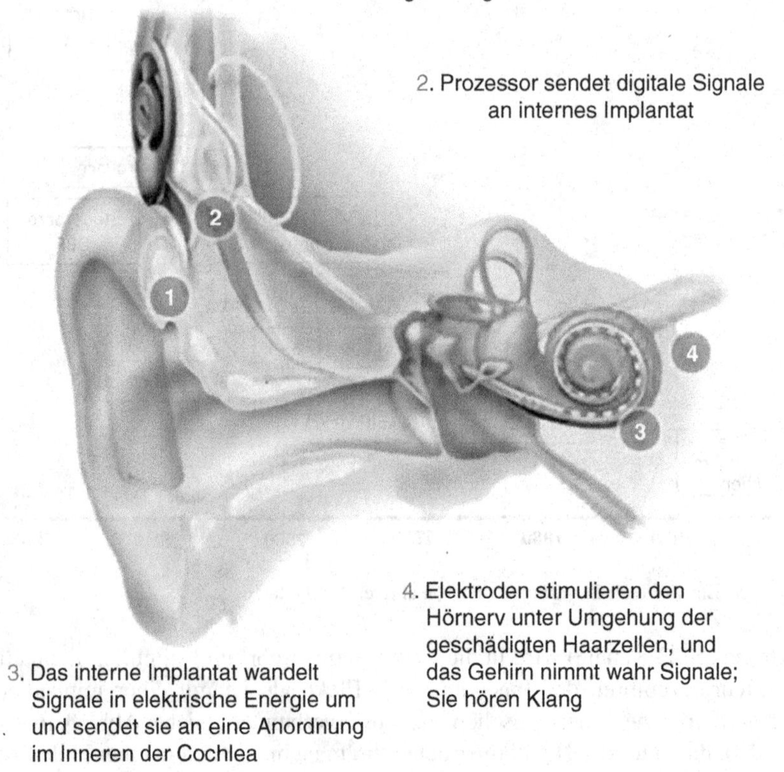

Abb. 3.16 Cochlea-Implantat. (*Mit freundlicher Genehmigung von Cochlear Inc.*)

Abb. 3.17 Cochlea-Implantat-System, N7 und Kanso Portfolio. (*Mit freundlicher Genehmigung von Cochlear Inc.*)

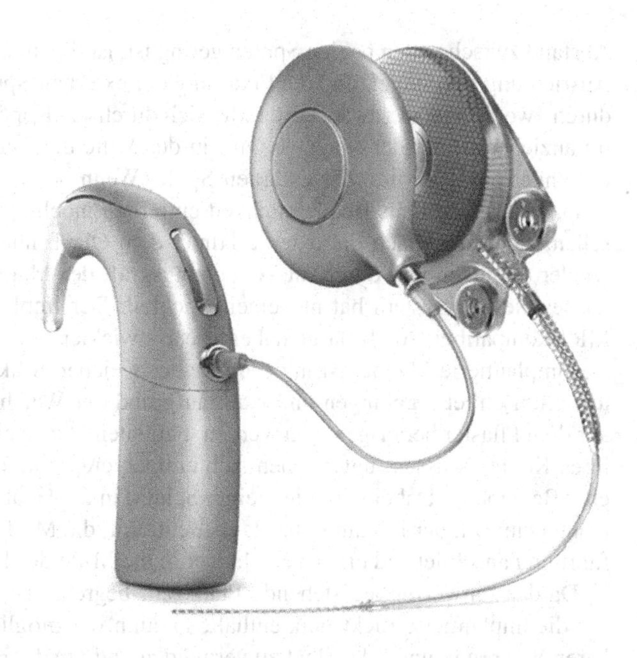

Abb. 3.18 Innovatives Cochlea-Implantat im Keramikgehäuse. (*Mit freundlicher Genehmigung von Oticon Medical*)

Implantat jahrzehntelang nicht aufgerüstet werden kann, findet die komplexe Signalverarbeitung im externen Sprachprozessor statt, der leicht verändert werden kann. Die Designstrategie bestand daher darin, den implantierten Teil einfach und zuverlässig zu halten, während der externe Teil aufrüstbar und flexibel ist.

Eine weitere Schwierigkeit ergibt sich aus der Anordnung der Knochen um die Cochlea. Der Eingang der Cochlea, das runde Fenster, kann nicht senkrecht durch den Gehörgang erreicht werden. Folglich muss ein Loch von der Rückseite des Ohrs, wo sich das Titangehäuse bis zum runden Fenster befindet, gebohrt werden. Dies ist ein sehr heikler chirurgischer Eingriff, insbesondere bei Kindern. Eine zusätzliche Schwierigkeit ergibt sich aus der Nähe des Gesichtsnervs. Es muss sehr sorgfältig darauf geachtet werden, dass der Gesichtsnerv beim Bohren nicht verletzt wird. Eine Berührung des Gesichtsnervs kann zu einer dauerhaften Lähmung des Gesichts führen. Da Kinder das Implantat sehr lange tragen werden, lohnt es sich, eine Aussparung in den Schädelknochen zu fräsen, um eine bessere Aufnahme der Titandose und eine geringere ästhetische Beeinträchtigung zu erreichen.

Cochlea-Implantate sind auch für ältere Patienten geeignet, die an altersbedingtem Hörverlust leiden. Alternativen sind externe Hinter-dem-Ohr- oder Im-Kanal-Hörgeräte, die schon seit langem verfügbar sind.

Die implantierte Elektronik empfängt Signale von einem externen Hörprozessor, der hinter dem Ohr angebracht ist. Natürliche Geräusche werden über ein Mikrofon aufgenommen und von der externen Einheit verarbeitet. Die externe Einheit enthält eine Energiequelle, eine kleine Batterie, die häufig (je nach Modell etwa jeden Tag) gewechselt werden muss. Ein Teil dieser Energie wird über eine induktive Kopplung an das Implantat weitergeleitet, bestehend aus einer externen Spule, die auf eine implantierte Spule ausgerichtet ist, die nur durch die Haut getrennt ist. Da der

Abstand zwischen den beiden Spulen gering ist, ist die induktive Kopplung gut. Die Ausrichtung der Spulen und die Fixierung der externen Spule auf der Haut werden durch zwei Magnete gewährleistet, die sich durch die Kopfhaut hindurch gegenseitig anziehen. Einer der Magnete wird in der Mitte der internen Spule implantiert, der andere in der Mitte der externen Spule. Wenn der Patient schlafen geht oder wenn er das Gerät aus Bequemlichkeit entfernen möchte, zum Beispiel um zu duschen, zieht er einfach die externe Hinter-dem-Ohr-Einheit ab. Später kann er es wieder einsetzen und durch die Anziehungskraft der Magneten richtig ausrichten. Dieses clevere System hat nur einen Nachteil: Der implantierte Magnet ist nicht MRT-kompatibel. Auch dafür haben die Entwickler eine gute Lösung gefunden. Der implantierte Magnet ist in der Mitte des weichen Silikonpflasters, das die Antenne umschließt, gefangen und kann aufgrund der Weichheit des Silikongummis aus dem Pflaster herausgezogen werden. Patienten, die zu einer MRT-Untersuchung ihres Kopfes müssen, unterziehen sich einfach einem kleinen Eingriff unter örtlicher Betäubung. Dabei wird ein kleiner Schnitt in die Haut oberhalb der Pflasterantenne gemacht, der implantierte Magnet entfernt, die MRT-Untersuchung durchgeführt und anschließend ein neuer Magnet in die Mitte des Pflasters eingesetzt.

Da der zur Verfügung stehende Platz sehr begrenzt ist, wird das Titangehäuse, das die implantierte Elektronik enthält, so dünn wie möglich sein, um einen sichtbaren Vorsprung unter der Haut zu vermeiden und um die Hauterosion zu minimieren. Moderne Cochlea-Implantat-Gehäuse sind etwa 4 mm dick. Bei Kindern fräsen die meisten Chirurgen eine 2 mm tiefe Vertiefung in den Knochen, um die Protrusion zu minimieren und eine gute Fixierung zu gewährleisten. Bei Erwachsenen verzichten die Chirurgen in manchen Fällen auf das Ausfräsen und setzen das Implantat einfach oberhalb des Schädels ein. Der begrenzte Platz verhindert auch die Verwendung eines abnehmbaren Steckers zwischen dem Gehäuse und den Elektroden. Nach dem heutigen Stand der Technik stehen Miniaturstecker mit 22 Kanälen für die Langzeitimplantation nicht zur Verfügung. Unternehmen wie Bal Seal Engineering Inc. arbeiten derzeit intensiv an der Entwicklung von Miniaturkonnektoren [18], die für Cochlea-Implantate geeignet sind. Bis heute ist das Zuleitungskabel nicht vom Gehäuse abnehmbar. Das bedeutet, dass die Drähte dauerhaft direkt mit dem Gehäuse verbunden sind, ohne die Möglichkeit, das Gehäuse von den Leitungen zu trennen. Da das Implantat über mehrere Jahrzehnte hinweg an Ort und Stelle bleiben muss, bedeutet dies, dass die implantierte Elektronik sehr zuverlässig sein muss. Aus diesem Grund ist die interne Elektronik so einfach wie möglich gehalten. Sie enthält nur die Schaltkreise zur Umwandlung der durch Induktion übertragenen Energie und 22 Stimulationskanäle, die durch extern vorverarbeitete Signale gespeist werden. Die gesamte Komplexität befindet sich in der externen Einheit, die ausgetauscht oder aufgerüstet werden kann.

Der Markt wird beherrscht von Cochlear Inc. (~55 %) [19], gefolgt von Advanced Bionics (AB), der Sonova-Gruppe [20], MED-EL [21] (jeweils ~20 %) und zwei kleineren Firmen. Seit etwa 30 Jahren wurden insgesamt 700.000 bis 800.000 Cochlea-Geräte erfolgreich implantiert.

Historisch gesehen wurde die Pionierarbeit in Australien von Cochlear geleistet, gefolgt von der Alfred Mann Foundation (AMF) [22], aus der später Advanced Bionics hervorging. AB wurde dann von Boston Scientific (BSc) [23] übernommen und landete schließlich bei der Sonova-Gruppe, dem Weltmarktführer für externe Hörgeräte, bekannt unter dem Markennamen Phonak. Die Technologie der Cochlea-Implantate hat sich im Laufe der Jahre weiterentwickelt, insbesondere auf der Ebene der Sprachprozessoren und der Patientensteuerung.

Einer der Schwachpunkte von CIs ist das Vorhandensein eines implantierten Spulenpflasters, das an der Seite des Titangehäuses angebracht ist. Winzige Verschiebungen um das Implantat herum werden durch die Bewegungen des Kiefers hervorgerufen, was zu einem potenziellen Ermüdungsbruch an der Verbindung zwischen dem starren Gehäuse und dem weichen Patch führen kann. Da Titan eine Abschirmung für die elektromagnetische Energieübertragung und für die vom externen Gerät gesendeten Signale darstellt, muss die Spule außerhalb des hermetischen Gehäuses verlegt werden. Einige Hersteller haben versucht, Titan durch ein Keramikgehäuse zu ersetzen, das aufgrund seiner elektromagnetischen Transparenz ermöglicht, die Induktionsspule im Inneren des Implantats unterzubringen. Leider ist Keramik zerbrechlich und brüchig, insbesondere wenn es dünn ist. Einige dieser Keramikkapseln sind zerbrochen, wenn sie von außen durch die Haut gestoßen wurden. Dies hat zu einer neuen Norm geführt, dem sogenannten „Aufpralltest", der eine wesentliche Einschränkung für die Verwendung von Keramikgehäusen auf dem Schädel darstellt. Heute besteht die große Mehrheit der CIs immer noch aus Titan mit einer deportierten Patch-Antenne.

Ein interessanter Fall ist das französische Unternehmen Neurelec [24]. Frankreich ist seit jeher ein Pionier auf dem Gebiet der CIs. Im Jahr 2013 fusionierte Neurelec mit Oticon Medical [25], einem dänischen Großunternehmen für knochenverankerte und externe Hörgeräte. Oticon Medical ist Teil der William Demant Group [26]. Kürzlich erfand Neurelec (Oticon Medical) die Keramikverkapselung neu und brachte ein hochgradig miniaturisiertes CI auf den Markt, das ein donutförmiges Zirkoniumgehäuse mit einem Magneten in der Mitte und der Spule im Inneren aufweist. Dieses Design kombiniert elektromagnetische Transparenz und Stoßfestigkeit.

Dieses Gerät (siehe Abb. 3.19) ist ein gutes Beispiel für ein dünnes, robustes, kompaktes Implantat für die Anwendung oberhalb des Halses. Es könnte die Designer des BCI in der Zukunft inspirieren.

Welche Lehren haben wir von der KI-Industrie im Hinblick auf BCI-Geräte?

- Langzeit-Implantate können nicht haben:
  - Primärbatterien, wenn die Elektroden nicht abgeklemmt werden können
  - Wiederaufladbare Batterien, da die Anzahl der Aufladezyklen begrenzt ist
- Die induktive Kopplung für die Energieübertragung zum Implantat ist
  - die einzige Möglichkeit, Langzeitimplantate mit Energie zu versorgen (vielleicht wird es in Zukunft Alternativen wie Energy Harvesting geben),
  - nur wirksam, wenn der Abstand zwischen den beiden Spulen höchstens einige Millimeter beträgt,
  - empfindlich gegenüber der Ausrichtung zwischen den Spulen, die bei CI durch die Hinzufügung von zwei Magneten elegant gelöst wurde.

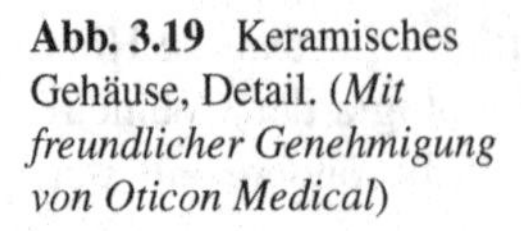

Abb. 3.19 Keramisches Gehäuse, Detail. (*Mit freundlicher Genehmigung von Oticon Medical*)

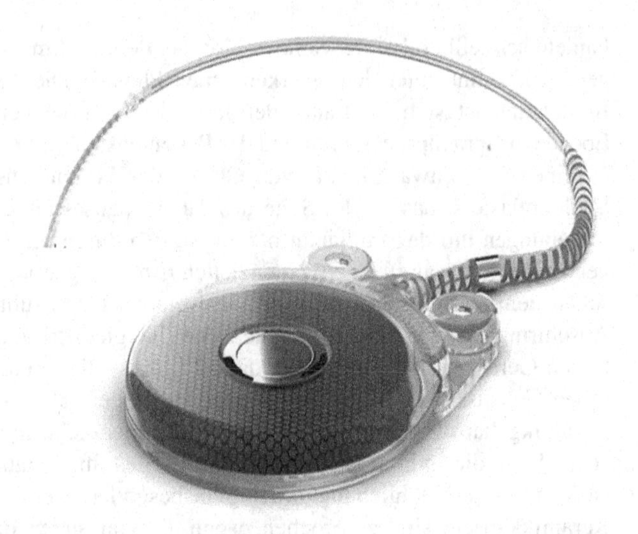

- Batterielose Implantate benötigen ständig ein externes Gegenstück oder Kopfstück.
- Wenn das Implantat so dünn gemacht werden kann, dass es fast unsichtbar ist, kann die Kopfbedeckung ein ästhetisches Problem darstellen, es sei denn, sie wird sorgfältig durch Haare verdeckt.
- Die Verwendung der gleichen Induktionsspulen für beide Datenübertragungen schränkt die Kommunikationsbandbreite ein.
- Wenn die Elektronik in Titan gekapselt ist, muss die Induktionsspule außerhalb des Gehäuses untergebracht werden.
- Elektronik, die in elektromagnetisch transparenten Materialien wie Keramik, Glas oder Saphir eingekapselt ist, hat ihre Grenzen:
  - Geringe Widerstandsfähigkeit gegen Stöße
  - Größere Gesamtdicke im Vergleich zu Titan
- Das Neurelec-Gerät hat den Vorteil, dass die Spule im Gehäuse untergebracht ist, was die langfristige Zuverlässigkeit erhöht.
- Da keine Miniaturstecker für Langzeitimplantate verfügbar sind, müssen die Elektroden am Gehäuse vormontiert werden. Die Folgen sind:
  - Schwierige Operation, da das Gehäuse das Einführen der Elektrode erschweren kann.
  - Im Falle eines Problems mit der Elektronik ist es nicht möglich, diese auszutauschen, ohne auch die Elektroden zu explantieren.
  - Die Zuverlässigkeit der Elektronik muss über Jahrzehnte gewährleistet sein.
- Implantate oberhalb des Halses müssen schlank sein und dürfen nicht mehr als 24 mm herausragen. Dickere Implantate müssen ganz oder teilweise in in den Schädel gefrästen Hohlräumen versenkt werden.

Derzeit wird daran gearbeitet, Cochlea-Implantate mit wiederaufladbaren Batterien zu bestücken, mit dem Ziel, das Kopfstück abzuschaffen. Der Komfort des Patienten wird erheblich verbessert, sodass er duschen und schwimmen kann. Das gesamte System wird unsichtbar. Es basiert auf dem Konzept eines Mittelohraktuators, der das ovale Fenster der Cochlea mechanisch in Schwingungen versetzt. Daher gibt es keine durchdringende Elektrode in der Cochlea. Dieses Gerät ist also kein neurologisches Implantat, aber es bleibt eine große Inspirationsquelle. Das Gerät trägt den Namen Carina® [27] und wurde von Cochlear Inc. entwickelt (siehe Abb. 3.20). Es gibt zwei große Herausforderungen:

- Aufgrund der begrenzten Anzahl von Aufladungen der Batterie muss das Titangehäuse im Gegensatz zu herkömmlichen CI-Gehäusen austauschbar sein, wenn die Batterie ihr Lebensende erreicht (EOL). Da der mechanische Wandler nicht leicht zu entfernen ist, haben die Konstrukteure eine lösbare Verbindung zwischen dem Titangehäuse und dem Antrieb vorgesehen. Dies war möglich, weil es nur zwei Drähte gibt, im Gegensatz zu der großen Anzahl von Kanälen eines CIs. Die Lektion, die man von Carina® lernen kann, ist, dass Kabel mit wenigen Kanälen abnehmbar gemacht werden können. Diese Bemerkung gilt auch für einfache Neurostimulatoren wie VNS oder SNS.
- Das System muss um ein implantierbares Mikrofon ergänzt werden. Die dünne Membran, die für Geräusche empfindlich ist, muss in der Lage sein, Wellen abzulenken und gleichzeitig langfristig hermetisch zu bleiben. Die Wahrung der Hermetizität ist ein immer wiederkehrendes Hindernis bei der Implantation von Sensoren. In dieser Ausführungsform wurde dies durch Laserschweißen einer sehr dünnen Titanfolie auf das Mikrofongehäuse erreicht.

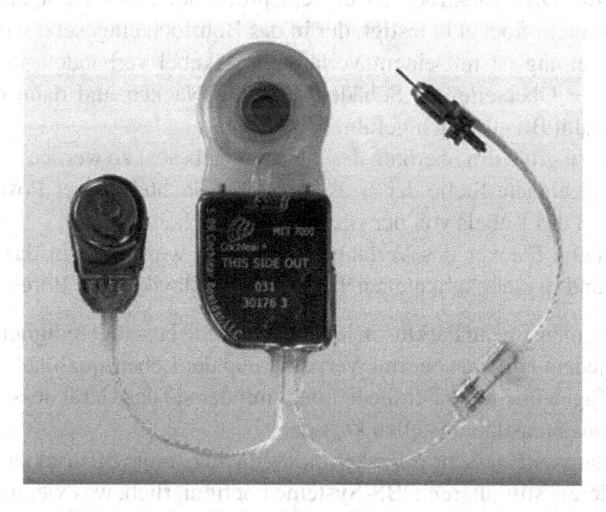

Abb. 3.20 Wiederaufladbares Mittelohr-Implantat. (*Mit freundlicher Genehmigung von Cochlear Inc.*)

Der größte Schwachpunkt von CI ist das Fehlen von langfristig implantierbaren Konnektoren. Bis heute ist es nicht möglich, nur das Titangehäuse zu explantieren, da es fest mit der Elektrode verbunden ist. Es ist nicht möglich, nur das elektronische Implantat auszutauschen; die Elektrode muss ebenfalls aus der Cochlea entfernt werden, was ein riskanter Eingriff ist. Einige Chirurgen können die ursprüngliche Cochlea-Elektrode entfernen und eine neue einsetzen, aber das bleibt die Ausnahme.

3.4.2 Tiefe Hirnstimulation (DBS), Parkinson-Krankheit (PD)

Ende der 1980er-Jahre stellte Prof. Alim Louis Benabid [28] als Erster fest, dass die Stimulation mit einer bestimmten Frequenz des Nucleus subthalamicus die unkontrollierten Schüttelbewegungen von Patienten, die an Parkinson leiden, blockiert. Über ein Loch auf der Schädeldecke führte er lange Elektroden tief in das Gehirn, um ein Gebiet von der Größe einer Erbse zu erreichen. Diese frühe Arbeit wurde durch die Verwendung eines modifizierten Herzschrittmachers (von Medtronic) als Quelle für die Stimulation.

Anschließend entwickelte Medtronic das System zu dem weiter, was heute weltweit kommerziell erhältlich ist:

- DBS-Elektrode mit vier Ringen, von denen jeder für das bestmögliche Stimulationsmuster unabhängig schaltbar ist.
- Zwei Elektroden werden für die bilaterale PD benötigt.
- Das Einführen der DBS-Elektrode, die Stunden dauern kann, wird durch die Verwendung eines stereotaktischen Rahmens erleichtert.
- Nachdem die DBS-Elektrode an der entsprechenden Stelle eingeführt wurde, wird sie in ihrem Sockel befestigt, der in das Bohrloch eingesetzt wird.
- Die DBS-Leitung ist mit einem Verlängerungskabel verbunden, das unter der Haut von der Oberseite des Schädels bis zum Nacken und dann entlang des Halses bis zum Brustbereich geführt.
- Das IPG ist zu groß, um oberhalb des Halses angebracht zu werden. Daher ist die am besten geeignete Stelle der Brustkorb. Der Nachteil dieser Position ist der lange Tunnel des Kabels von der Brust bis zum Scheitel.
- Der männliche Stecker des Verlängerungskabels wird dann in das IPG angeschlossen und in einer subkutanen Tasche im subklavikulären Bereich platziert.

DBS heilt Patienten, die an Parkinson leiden, nicht. Sie beseitigt lediglich die Symptome, was in jedem Fall eine enorme Verbesserung der Lebensqualität bedeutet. Die Patienten verfügen über eine Fernbedienung, mit der sie das Gerät ausschalten oder die Stimulationsintensität einstellen können.

Im Gegensatz zu Herzschrittmachern, die nur für einige Millisekunden pro Sekunde stimulieren, stimulieren DBS-Systeme kontinuierlich, was viel mehr Energie verbraucht und eine große Batterie erforderlich macht. Infolgedessen ist das DBS IPG zwei- bis viermal so groß wie Herzschrittmacher und kann nicht unter der Kopfhaut am Schädel angebracht werden. Dies erklärt, warum sich der IPG im Brustbereich befindet.

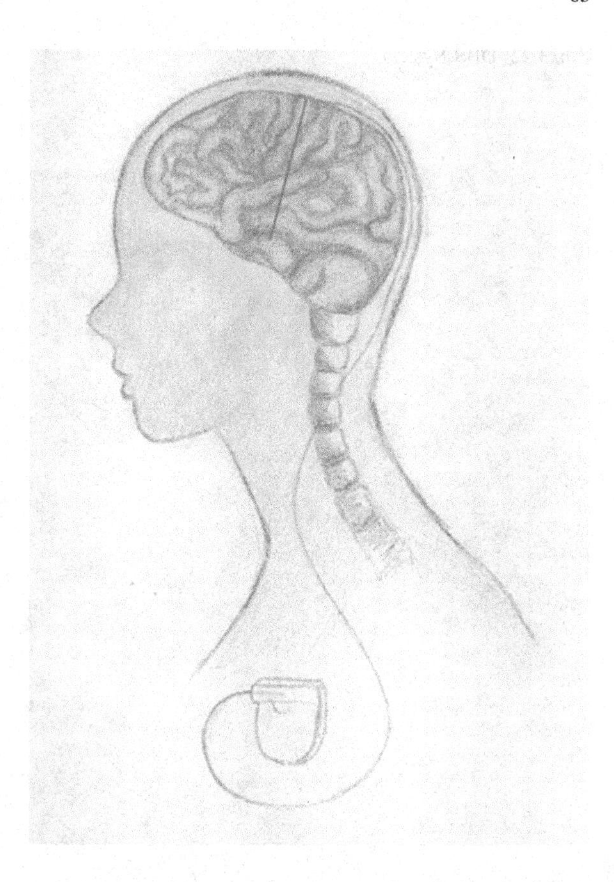

Abb. 3.21 Implantation eines DBS-Systems

Da das System (siehe Abb. 3.21 und 3.22) nur vier Kanäle pro Seite hat, war es möglich, vier Kanalverbinder zu entwerfen. Klein genug, um unter der Kopfhaut platziert zu werden. In der Tat gibt es zwei Anschlüsse: den ersten in der Kopfzeile des IPG, den zweiten zum Anschluss der Verlängerung an das DBS-anregenden Leitung. Auch wenn der Hals ein sehr beweglicher Teil des Körpers ist, sind die gewickelten Vierkanalleitungen flexibel genug, um einer Ermüdung standzuhalten.

In einigen Fällen werden zwei Leitungen, eine für jede Seite, an ein einziges achtkanaliges IPG angeschlossen.

Anfangs hatte der DBS IPGs Primärbatterien, die ein paar Jahre halten. Am Ende der Lebensdauer der Batterie wird ein kleiner Schnitt gemacht, das IPG herausgezogen, die Elektroden werden entfernt und in ein neues IPG eingesteckt, wie es bei Herzschrittmachern regelmäßig geschieht. Um nicht jedes zweite Jahr einen kleinen chirurgischen Eingriff vornehmen zu müssen, haben die Hersteller wiederaufladbare Systeme entwickelt, die bis zu 10 Jahre halten können. Das Wiederaufladen erfolgt durch Induktion und dauert 23 h. Die Zeit zwischen zwei Aufladungen beträgt 1 bis 2 Wochen. Einige Patienten mögen wiederaufladbare DBS-Systeme nicht, da sie jedes Mal, wenn sie das Gerät aufladen, an ihren Zustand erinnert werden. Bei Systemen mit Primärbatterie-DBS-Systemen vergessen sie irgendwie, dass sie an Parkinson erkrankt sind, zumindest bis zur nächsten Operation.

Abb. 3.22 DBS-System

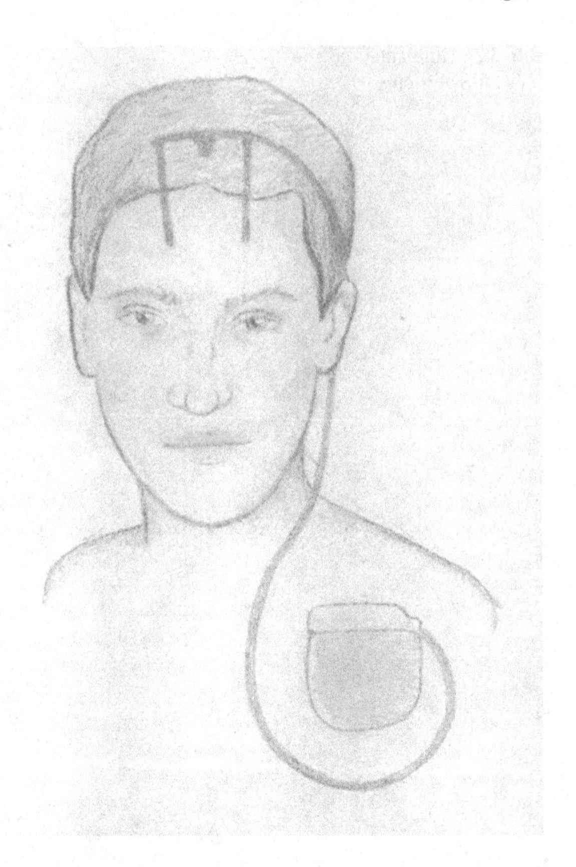

Medtronic ist führend auf dem Gebiet der DBS seit der FDA-Zulassung von Activa im Jahr 2002. Jetzt gewinnen Abbott und Boston Scientific Marktanteile auf Kosten von Medtronic. Schätzungen zufolge wird Medtronic im Jahr 2020 einen Anteil von 51 % am DBS-Markt haben, Abbott 22 % und BSc 20 % [29].

In den letzten Jahren sind mehrere Unternehmen [30, 31] von den ursprünglichen vier Ringelektroden, entwickelt von Medtronic, zu komplexeren DBS-Elektroden übergegangen, mit dem Ziel, die stimulierte Zone elektronisch zu „steuern" (siehe Abb. 3.23). Diese lenkbaren oder gerichteten Elektroden ermöglichen es den Ärzten, die Energieabgabe in einem bestimmten Bereich um die Elektrode herum fein abzustimmen. Eine richtig ausgerichtete Abgabe erhöht die Wirksamkeit der Therapie und verringert gleichzeitig die Nebenwirkungen. Boston Scientific und Abbott [32] (ehemals St. Jude) haben beide DBS-Systeme mit sechs bzw. acht Kontakten pro Elektrode auf den Markt gebracht, wodurch Medtronic einem harten Wettbewerb ausgesetzt ist.

In Europa haben zwei Unternehmen Leitungen mit einer großen Anzahl von Kontakten für eine bessere und genauere Lenkbarkeit entwickelt:

- Sapiens Steering Brain Stimulation in den Niederlanden hat die Anzahl der Kontakte pro Leitung auf 40 erhöht. Da es nicht möglich ist, ein 40-adriges flexibles Kabel entlang des Halses zu verlegen, beschloss Sapiens, einen Demultiplexer

Konventionelle DBS-Elektroden

Model	Span
BSC 2201	15.5 mm
MDT 3389	7.5 mm
MDT 3387	10.5 mm
STJ 6146-6149	9.0 mm
STJ 6142-6145	12.0 mm

Gerichtetes (steuerbares) DBS-Kabel

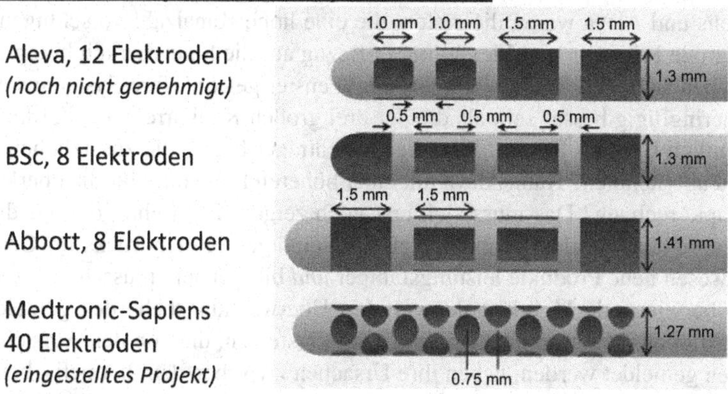

Abb. 3.23 Vergleich verschiedener DBS-Elektroden

an der Wurzel der DBS-Leitung, oben am Schädel, hinzuzufügen. Ein flexibles Kabel mit nur wenigen Drähten verbindet das IPG mit dem kleinen, titangekapselten Demultiplexer-Hub. Dieser Hub ist ein Wunderwerk der Integration und Miniaturisierung. Leider sind die Kosten für ein solches System wahrscheinlich dreimal so hoch wie für ein herkömmliches DBS, und das bei einer marginalen Überlegenheit. Sapiens wurde von Medtronic im Jahr 2014 übernommen. Medtronic hat das Konzept ein paar Jahre später aufgegeben.

- Aleva Neurotherapeutics [33] in der Schweiz entschied sich für 12 Kontakte pro Leitung. Aleva entwickelte nur die DBS-Ableitungen und war daher gezwungen, einen Partner für ein IPG mit 24 Kanälen zu finden. Zunächst war Medtronic der Partner der Wahl, aber das Geschäft wurde abgebrochen, als Medtronic Sapiens übernahm. Jetzt arbeitet Aleva mit Nuvectra [34, 35] zusammen und verwendet deren Algovita® IPG, das bereits für SCS zugelassen ist. Wie bei Sapiens wird das Hauptproblem für Aleva in den Kosten für das Gerät liegen. Ihre Elektroden sind in der Herstellung teurer als die herkömmlichen DBS-Elektroden von Medtronic. Selbst die sechs- oder achtkanaligen Elektroden von Abbott und BSc sind billiger als die firmeneigene Leitungstechnologie von Aleva. Darüber hinaus sind 24-Kanal-IPGs aufgrund der Anzahl der Kanäle sehr teuer. Ich schätze die Herstellungs- und Montagekosten für einen hermetischen Kanal (FT und Stecker) auf etwa 100 $ pro Kanal. Daher belaufen sich die Kosten für 24 Kanäle auf mehr als 2000 $ allein für die Anschlüsse, zusätzlich zu allen anderen Kosten, die zum CoGS beitragen. Im hart umkämpften Bereich des DBS können hohe Herstellungskosten den Wettbewerbsvorteil zunichte machen, den eine bessere Steuerbarkeit bietet.

Welche Lehren können wir aus der DBS im Zusammenhang mit zukünftigen BCI-Systemen ziehen?

- Medtronic war Pionier auf diesem Gebiet, hat aber die Entwicklung in Richtung lenkbarer Elektroden nicht vorausgesehen. Die Lektion, die man sich merken sollte, ist, Technologien immer wieder neu zu bewerten und zu verbessern, bevor man von innovativen Wettbewerbern überflutet wird.
- Sapiens und Aleva waren die ersten, die eine hohe Kanalzahl vorschlugen und eine große Präzision und Flexibilität in Bezug auf die Steuerbarkeit boten. Aber sie haben sich vielleicht zu weit aus dem Fenster gelehnt. Ihre Systeme werden nur geringfügig besser sein als die der drei großen Konkurrenten, allerdings zu wesentlich höheren Kosten. Sind die Kostenträger bereit, die zusätzlichen Kosten zu übernehmen? Kann Aleva mit einer höheren Erstattung für die überlegene Therapie rechnen? Das muss sich erst noch zeigen. Die Lehre, die wir daraus ziehen sollten, ist, dass in einer Welt des ständigen Kostendrucks im Gesundheitswesen neue Produkte leistungsfähiger *und* billiger sein müssen.
- Die überwiegende Mehrheit der von den Überwachungsbehörden gemeldeten Feldaktionen im Zusammenhang mit DBS-Systemen, die von den Aufsichtsbehörden gemeldet werden, haben ihre Ursachen zwischen dem hermetischen Gehäuse und der Spitze der Elektroden. Durch das IPG selbst verursachte Probleme sind im Vergleich zu Fehlern bei den Anschlüssen und Kabeln selten. Dies ist eine wichtige Erkenntnis: Mechanische Probleme sind häufiger als elektronisch bedingte Probleme.
- Der Energieverbrauch des DBS-Systems ist immer noch zu hoch und erfordert große Batterien und folglich große IPGs, die nicht oberhalb des Halses angebracht werden können. Die Implantation in der Brustgegend erfordert lange Kabel, Verlängerungen, Stecker und schwierige Tunneleingriffe. Die Lektion, die wir uns merken sollten, ist, dass die Priorität darin besteht, Stimulationstechniken zu entwickeln, die weniger energiehungrig sind. Mit anderen Worten, wir sollten auf der Ebene der Körperschnittstellen arbeiten, um die gleiche Wirkung mit weniger Strom zu erzielen.

3.4.3 Rückenmarkstimulation (SCS) bei chronischen Rückenschmerzen (CBP)

Die Kosten, die der Gesellschaft durch chronische Schmerzen entstehen, sind enorm und belaufen sich allein in den USA auf rund 100 Mrd. $ pro Jahr. Ungefähr ein Viertel dieser Belastung ist auf CBP zurückzuführen. Chronische Schmerzen werden in der Regel mit schmerzlindernden Medikamenten, insbesondere Opioiden, behandelt. Da die Zahl der Überdosierungen ständig steigt, schränken die Behörden die Verwendung von Opioiden zur Schmerzlinderung stark ein. SCS ist eine Alternative zu Medikamenten und hat den Vorteil, dass sie keine Nebenwirkungen hat. Die Verwendung von SCS beim Syndrom der gescheiterten Rückenoperationen (FBSS) wurde von der FDA im Jahr 2014 genehmigt.

SCS ist der größte Markt für Neurotechnologien und einer der am weitesten entwickelten. Die ersten klinischen Studien wurden in den späten 1960er-Jahren durchgeführt. Die ersten kommerziellen Schritte wurden in den frühen 1980er-Jahren von Cordis (jetzt Johnson and Johnson [36]) und von Medtronic mit einem Produkt namens Itrel® und Advanced Neuromodulation Systems (heute Abbott). Wie bei der DBS dominierte Medtronic zwei Jahrzehnte lang diesen Bereich. Heute gewinnen die anderen großen Firmen Marktanteile, und neue Unternehmen treten mit innovativen Produkten auf den Markt. Für das Jahr 2020 werden folgende Marktanteile prognostiziert: Abbott 24 %, BSc 23 %, Medtronic 21 %, Nevro 20 % und Nuvectra 4 % [29]. Das Auftauchen neuer Marktteilnehmer, wie Nevro [37] mit Hochfrequenzstimulation, Saluda [38] mit einem Close-Loop und Nuvectra (siehe Abb. 3.24b), stellt die Positionen der großen drei ernsthaft in Frage.

Epidurale Pflasterelektroden mit 416 Kanälen werden entlang des Rückenmarks eingeführt (siehe Abb. 3.24a). Ein flexibles Spiralkabel mit einem In-Line-Stecker führt zu einem IPG, der im Rücken implantiert ist. Wie bei Herzschrittmachern und DBS-Stimulatoren sind SCS IPGs hermetisch in einem Titangehäuse verkapselt. Das Einsetzen der Elektroden und der Anschluss an den IPG sind im Vergleich zu DBS einfacher und erfordern eine kürzere OP-Zeit. Es gibt eine bidirektionale Niederfrequenz-HF-Kommunikation zwischen dem Implantat und externen Geräten (Fernsteuerung für den Patienten, Programmiergerät für den Arzt). Da es sich um eine kontinuierliche Stimulation handelt, ist auch der Energiebedarf ein großes Problem. Die meisten Hersteller bieten Versionen mit Primär- oder wiederaufladbaren Sekundärbatterien an. Letztere werden von den Patienten besser angenommen als wiederaufladbare DBS-Systeme.

Das größte technische Hindernis ist die Bewegung der Wirbelsäule, die die Paddelelektrode verschieben kann. Die Paddelelektrode muss so flexibel sein, dass sie die Beugung des Rückens mitmacht. Idealerweise sollten die Elektroden auch dehnbar sein, um relativen Längsbewegungen folgen zu können. Keine handelsüblichen Elektroden sind vollständig anpassungsfähig, flexibel und dehnbar. Es werden derzeit mehrere Entwicklungen durchgeführt, um die Anpassung der Elektroden an die Körperbewegungen zu verbessern.

Die Stimulierung mit Hochfrequenz (HF) (im Bereich von 10 kHz) ist ein interessanter neuer Trend. Die Wirksamkeit ist erwiesen, auch wenn die Wissenschaft die Wirkung nicht erklären kann. Nevro ist ein schnell wachsendes Unternehmen, das Hochfrequenz-SCS Geräte verkauft. Nevro hat den traditionellen SCS-Herstellern bereits 20 % der Marktanteile abgenommen.

Saluda schlägt ein weiteres innovatives Konzept mit einem geschlossenen Kreislauf-System vor, bei dem elektrische Signale von den Nerven, die als evozierte zusammengesetzte Aktionspotentiale (ECAPS) bezeichnet werden, gemessen und

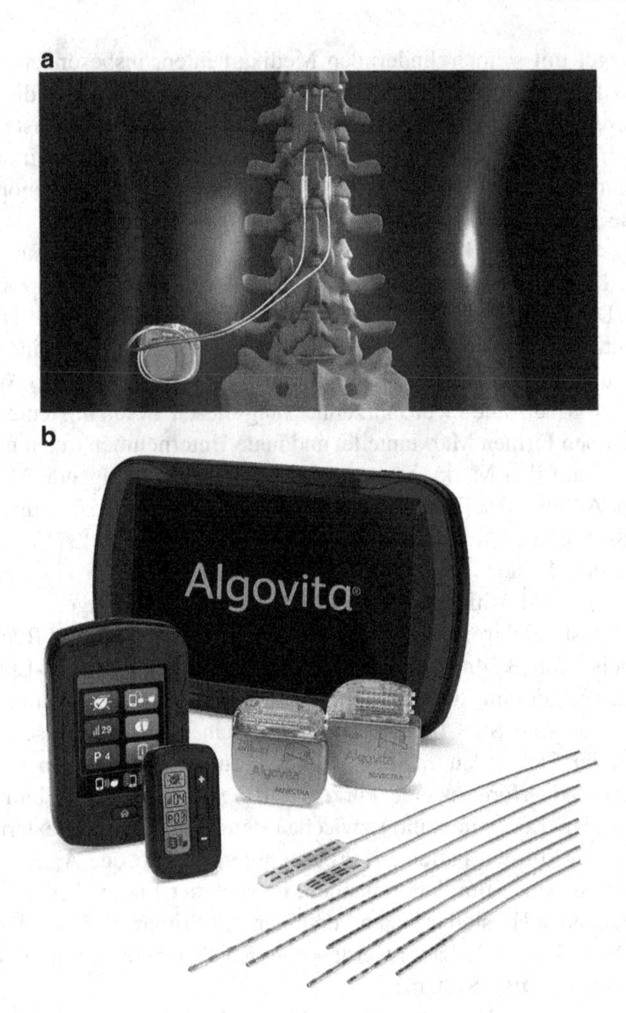

Abb. 3.24 (**a**) Rückenmarkstimulation. (*Mit freundlicher Genehmigung von Medtronic plc*). (**b**) Rückenmarkstimulationssystem Algovita. (Mit *freundlicher Genehmigung von Nuvectra Inc.*)

zur Echtzeitanpassung der Stimulationsimpulse verwendet werden. Dieses Closed-Loop-System soll eine bessere Behandlung von chronischen Schmerzen ermöglichen. Das Gerät von Saluda ist noch nicht zugelassen.

Lehren aus SCS:

- Eine bessere Anpassung der Körper-Schnittstelle (Paddelelektrode) an die Bewegung der Wirbelsäule ist wichtig. Diese Bemerkung gilt auch für andere Körperteile, wie den peripheren Nerv, den Vagusnerv und das Gehirn selbst.
- Die Hochfrequenzstimulation hat ihre Wirksamkeit bewiesen, ohne dass wir ihre Funktionsweise vollständig verstanden haben. Dies erinnert uns daran, dass wir noch weit davon entfernt sind, die Komplexität des Nervensystems vollständig zu verstehen. Theoretische Modelle von heute können sich in Zukunft als falsch erweisen.

3.4.4 *Vagusnerv-Stimulation (VNS)*

Die Stimulation des linken Vagusnervs beeinflusst nachweislich die von epileptischen Anfällen betroffenen Bereiche auf beiden Seiten des Gehirns. Eine zweite Indikation ist die behandlungsresistente Depression. Cyberonics war ein Pionier in der Entwicklung von VNS und ist heute weltweit führend auf diesem Gebiet. Seit seiner ersten Vermarktung in den USA im Jahr 1997 wurde das Cyberonics-System fast 100.000-mal bei Epilepsie und 25.000-mal bei Depressionen implantiert.

Im Jahr 2015 fusionierte Cyberonics mit Sorin Medical zu LivaNova [39]. Einige andere Unternehmen sind auf dem Gebiet der VNS für andere Indikationen tätig. EnteroMedics erhielt die Zulassung 2015 für ein Gerät zur Behandlung von Adipositas, das auf der Blockade des Vagusnervs basiert. Niederenergetische Hochfrequenzsignale, die an den Vagusnerv angelegt werden, wirken sich auf verschiedene Stoffwechselfunktionen aus und führen zu Gewichtsverlust und besserem Blutzuckermanagement. EnteroMedics änderte seinen Namen in ReShape Lifesciences Inc. [40].

Das System der ersten Generation von Cyberonics enthielt einen Patienten-Magneten zur Aktivierung einer vorprogrammierten Impulsfolge. Die kürzlich zugelassene zweite Generation, AspireSR, ist ein automatischer Closed-Loop-Stimulator, der auf der Erkennung der Herzfrequenz als Indikator für einen bevorstehenden Anfall basiert. Die Stimulation des Vagusnervs erfolgt mit einer bipolaren Helix-Manschettenelektrode, die um den Nerv gewickelt wird (siehe Abb. 3.25). Die Platzierung der Elektrode ist einfach im Vergleich zu DBS oder SCS. Das IPG hat nur zwei Kanäle und ist daher nicht komplexer als ein Herzschrittmacher. Die Einfachheit ist das Hauptmerkmal der VNS. Auch wenn die Wirksamkeit im Vergleich zu komplizierteren Geräten möglicherweise begrenzt ist, kann das Kosten-Nutzen-Verhältnis der VNS attraktiv sein.

Abb. 3.25 Vagusnerv-Stimulationsableitungen

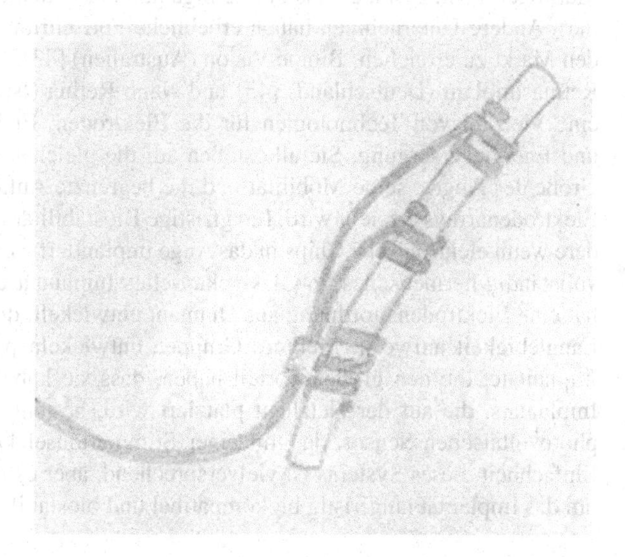

Neben den zugelassenen Indikationen (Epilepsie und Depression) werden mehrere klinische Forschungen mit dem Ziel durchgeführt, andere Erkrankungen durch Stimulierung des Vagusnervs zu behandeln. Unter anderem werden klinische Arbeiten zu chronischer Herzinsuffizienz, Herzrhythmusstörungen, chronischen Schmerzen, Alkoholabhängigkeit, Angstzuständen und Autoimmunerkrankungen durchgeführt [41].

Gibt es Lehren, die aus der VNS in Bezug auf das BCI gezogen werden können?

- Es gibt Wege, wie der Vagusnerv, die einen einfachen Zugang zum Gehirn ermöglichen, wie es von Cyberonics für die Behandlung von Epilepsie demonstriert worden ist. Ein direkter Zugang zum Gehirn erfordert entweder eine Öffnung des Schädels oder die Verwendung unhandlicher externer Elektroden. Die Verwendung des alternativen Weges über den Vagusnerv ist verlockend.
- Eine geringe Anzahl von Kanälen hält die Kosten für das Implantat niedrig.
- Manschettenelektroden sind leicht herzustellen und einfach zu implantieren.

3.4.5 Netzhaut-Implantate (RI)

Wir verzichten auf eine detaillierte Beschreibung von Netzhaut-Implantaten, da diese Indikation sehr spezifisch ist. Dennoch können einige technische Aspekte im Hinblick auf BCI von Interesse sein.

Seit drei Jahrzehnten arbeiten viele Forschungsinstitute daran, völlig blinden Menschen ein gewisses Sehvermögen zurückzugeben. Es wurden verschiedene Ansätze in epi- und subretinalen Konfigurationen erforscht. Second Sight [42] war das erste Unternehmen, das eine Zulassung (2011 CE-Kennzeichnung, 2013 FDA) für ein Netzhaut-Implantat erhielt. Eine zweite Generation wurde ebenfalls auf den Markt gebracht. Bislang haben nur einige hundert Patienten von dem System profitiert. Andere Unternehmen haben erhebliche Fortschritte gemacht und sind dabei, den Markt zu erreichen: Bionic Vision (Australien) [43], Pixium (Frankreich) [44], Retina Implant (Deutschland) [45] und Nano Retina (Israel) [46]. Sie verwenden eine Vielzahl von Technologien für die Elektroden, Elektronik, Bildübertragung und Energieversorgung. Sie alle stoßen auf die gleichen Hindernisse: die geringe Größe des Auges, seine Mobilität und die begrenzte Auflösung, die durch retinale Elektrodenarrays erreicht wird. Langfristige Biostabilität ist ein Problem, insbesondere wenn elektronische Chips in das Auge implantiert werden. Nano Retina hat ein vollständig hermetisches, in Glas gekapseltes Implantat entwickelt. Bionic Vision hat eine Elektrodenanordnung aus Diamant entwickelt, die eine außergewöhnliche Langlebigkeit aufweist. Mehrere Gruppen entwickeln photovoltaische Netzhaut-Implantate, die den großen Vorteil haben, dass sie kabellos sind. Jede Zelle des Implantats, die auf der Netzhaut platziert wird, besteht aus einem unabhängigen photovoltaischen Sensor, der mit einer Stimulationselektrode verbunden ist. Die Einfachheit dieses Systems ist vielversprechend, aber es ist noch viel Arbeit nötig, um das Implantat langfristig biokompatibel und biostabil zu machen.

Was können wir aus all diesen Arbeiten im Hinblick auf die Entwicklung von BCI lernen?

- Frühe Netzhaut-Implantate sind auf 64, 128 oder 256 Pixel beschränkt. Das bedeutet eine sehr begrenzte Auflösung im Vergleich zum natürlichen Sehen. Für blinde Menschen ist diese grobe Sicht eine fabelhafte Veränderung. Den Rahmen einer Tür, ein entgegenkommendes Auto beim Überqueren der Straße oder ein unscharfes Bild eines Verwandten sehen zu können ist ein großer Erfolg. Diese Situation ist vergleichbar mit der Wiederherstellung der Bewegung der oberen Gliedmaßen von gelähmten Patienten mit kortikalem BCI. Diese Patienten können zwar nur begrenzte Bewegungen wie Greifen und Bewegen ausführen, aber für sie ist das ein großer Fortschritt.
- Die geringe Größe des Auges stellt eine ernsthafte Einschränkung für das Implantatdesign dar. Der Grad der Miniaturisierung, der bei Netzhaut-Implantaten erreicht wurde, ist eine gute Inspirationsquelle für BCI-Implantate, die über dem Nacken angebracht werden.
- Hochgradig biostabile Elektroden, z. B. aus Diamant, könnten ebenfalls eine nachhaltige Orientierung für BCI sein.
- Hermetische Verkapselung in Glas, wie sie von Nano Retina erprobt wird, könnte ebenfalls ein vielversprechender Weg für BCI sein.
- Kabellose Photovoltaikzellen haben das Potenzial, komplexere Geräte zu ersetzen.

3.4.6 Harninkontinenz (UI)

Medtronic war ein Pionier bei der Anwendung von Schrittmachertechnologien zur Stimulation des Sakralnervs zur Behandlung leichter bis mittelschwerer Formen der Harninkontinenz (siehe Abb. 3.26 und 3.27). Bereits im Jahr 1997 erhielt Medtronic die FDA-Zulassung für InterStim® [47], das in Europa bereits 1994 zugelassen

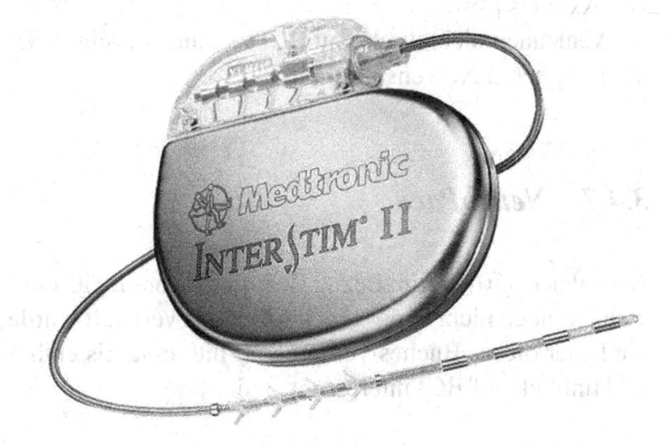

Abb. 3.26 Stimulation des Sakralnervsystems. (*Mit freundlicher Genehmigung von Medtronic plc*)

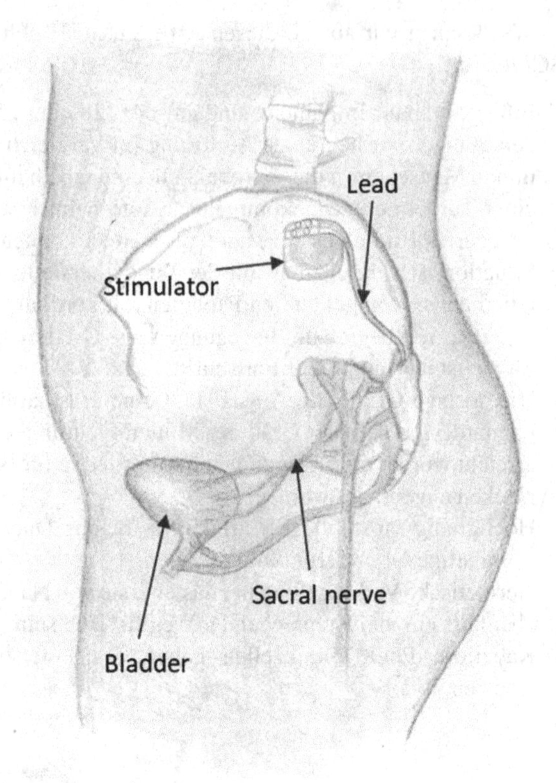

Abb. 3.27 Implantation eines SNS-Systems

wurde. Im Jahr 2011 wurde das Gerät auch für Stuhlinkontinenz zugelassen. Bislang haben etwa 200.000 Patienten von der InterStim-Therapie profitiert.

Der IPG sieht aus wie ein Herzschrittmacher mit vier Inline-Anschlüssen. Das Gerät hat eine Primärbatterie mit einer Lebenserwartung von mehr als 5 Jahren. Die Elektrode mit vier Kontakten wird an der Wurzel des Sakralnervs angebracht.

Andere Unternehmen befassen sich mit dem SNS-Markt, wie das Virtis®-Gerät von Nuvectra, dessen Zulassung noch aussteht [48], und das miniaturisierte Gerät von Axonics [49].

Wenn auch nicht direkt mit BCI verbunden, zeigt SNS einen langfristigen Erfolg der peripheren Nervenstimulation.

3.4.7 NeuroPace

NeuroPace [50] ist in Bezug auf die Technologie ein einzigartiges Gerät. Auch wenn es noch nicht in großen Stückzahlen verkauft wurde, ist diese Entwicklung für die Leser dieses Buches von großem Interesse. Es enthält mehrere Funktionen, die im Hinblick auf BCI interessant sind.

Das Gerät (siehe Abb. 3.28a–d) mit der Bezeichnung Responsive Neurostimulator System® (RNS) soll den Beginn eines epileptischen Anfalls erkennen und das Gehirn so stimulieren, dass die Intensität des Anfalls verringert und anschließend die Wirkung bewertet wird. Acht Kanäle können unabhängig voneinander als

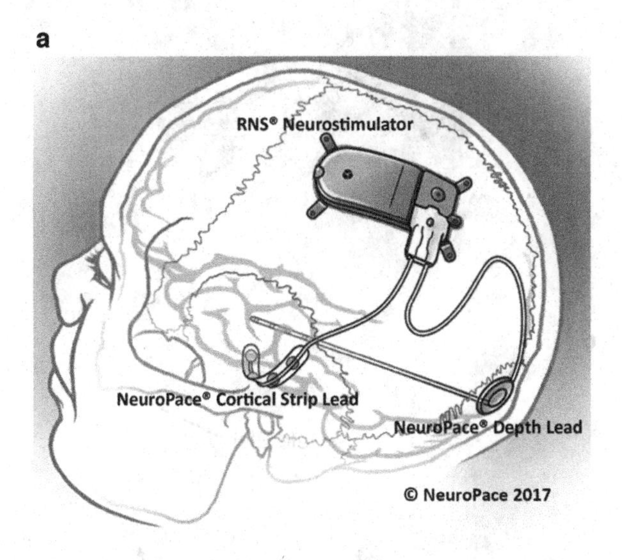

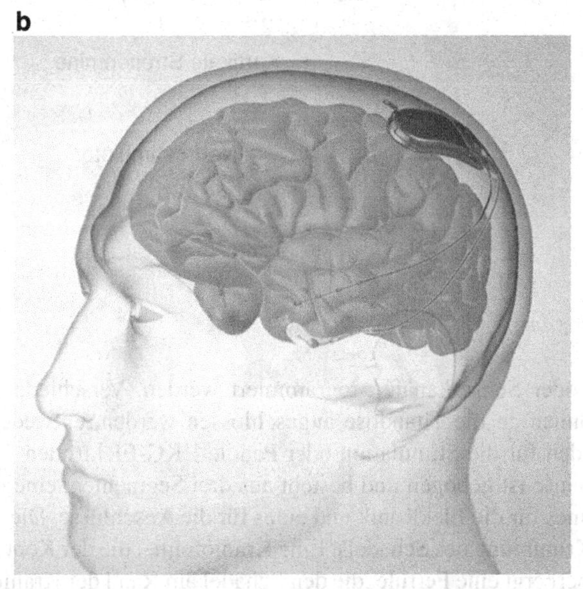

Abb. 3.28 (**a**) Implantation des RNS®-Systems. (*Bild mit freundlicher Genehmigung von NeuroPace, Inc.*). (**b**) NeuroPace RNS® System. (*© 2017 NeuroPace, Bild mit freundlicher Genehmigung von NeuroPace, Inc.*). (**c**) NeuroPace RNS® Neurostimulator. (*Bild mit freundlicher Genehmigung von NeuroPace, Inc.*). (**d**) NeuroPace RNS® System. (*Bild mit freundlicher Genehmigung von NeuroPace, Inc.*)

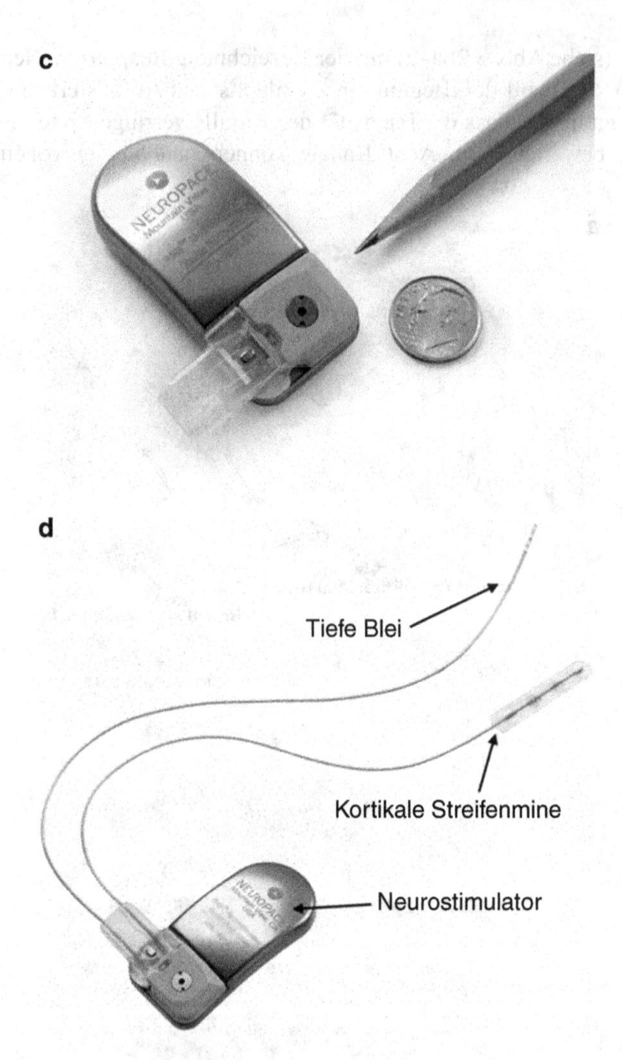

Abb. 3.28 (Fortsetzung)

Stimulations- oder Sensorkanäle programmiert werden. Verschiedene Arten von Elektroden können an die Titandose angeschlossen werden, entweder durchdringende Elektroden für die Stimulation oder Paddle-EKG-Elektroden für die Abtastung. Das Gehäuse ist gebogen und besteht aus drei Segmenten, einem für die Primärbatterie, eines für die Elektronik und eines für die Anschlüsse. Diese Form folgt ungefähr der Krümmung des Schädels. Eine Kraniotomie, die der Kontur des Geräts entspricht, beherbergt eine Ferrule, die den Schädel am Rand der Kraniotomie überlappt. Dann wird das Titangehäuse in die Ferrule eingesetzt und verriegelt. Diese Einstellung führt zu einem minimalen Überstand über die Schädeloberfläche, wodurch die ästhetische Beeinträchtigung und das Risiko einer Erosion der Kopfhaut minimiert werden.

RNS ist ein echter reaktionsfähiger Closed-Loop-Stimulator. Durch drahtlose Telemetrie kann die aufgezeichnete Gehirnaktivität heruntergeladen werden. Dies bietet eine einzigartige Möglichkeit zur Aufzeichnung der Hirnaktivität von Epilepsiepatienten über lange Zeiträume hinweg. Dies ist ein bahnbrechendes Merkmal für ein besseres Verständnis der Epilepsie. Wann immer eine abnorme kortikale Aktivität festgestellt wird, werden automatisch kleine Ströme an die Stimulationsleitungen gesendet. Es findet keine kontinuierliche Stimulation statt.

RNS wurde von der FDA 2013 zugelassen und wird inzwischen bei etwa 1600 Patienten implantiert. Experten streiten sich über die Wirksamkeit der RNS. Verschiedene Studien berichten von einer Verringerung der Anzahl und Intensität der Anfälle um etwa 50 %. Auch wenn die Stimulation nicht zu einer drastischen Verringerung der Symptome führt, ist der Zugriff auf die elektrokortikale Aktivität in Echtzeit ist eine großartige Quelle grundlegender Daten.

Aus NeuroPace RNS sollten viele Lehren gezogen werden:

- Es ist das erste zugelassene Gerät mit einer im Kopf befindlichen Batterie.
- Neben Cochlea- und Retina-Implantaten ist RNS das erste zugelassene aktive Implantat oberhalb des Halses.
- RNS verfügt über einen einzigartigen Side-by-Side-Aufbau (drei Segmente: Batterie, Elektronik, Anschlüsse), die sich besser für die kraniale Implantation eignet als herkömmliche Stack-up-Konzepte.
- Innovatives System zum Einsetzen und Halten der Vorrichtung bei einer Kraniotomie.
- Proprietärer Anschlussblock mit acht Anschlüssen auf kleinem Raum.
- Gebogene, dem Schädel angepasste Form.

3.4.8 Verschiedene

Andere zugelassene Geräte sind eine Inspiration für Designer zukünftiger BCI. Im Folgenden werden einige Beispiele genannt:

Programmierbare implantierbare Pumpen, wie SynchroMed-II von Medtronic, werden derzeit zur Behandlung neurologischer Erkrankungen eingesetzt, und zwar durch direkte Injektion von Medikamenten in den Intrathekalraum: Baclofen bei essenziellem Zittern und Spastizität [51] und Morphin bei unerträglichen Schmerzen [52]. Eine weitere Anwendung von programmierbaren implantierbaren Pumpen ist die patientengesteuerte Anästhesie (PCA), bei welcher der Patient über eine Fernbedienung die Verabreichung von Medikamenten aktivieren und steuern kann. Für künftige BCI-Systeme können wir uns Systeme mit geschlossenem Regelkreis vorstellen, bei denen die Pumpe automatisch durch im Gehirn gesammelte Signale aktiviert wird. So könnte z. B. eine Frühwarnung vor einem bevorstehenden epileptischen Anfall die lokale Verabreichung eines geeigneten Medikaments in einen bestimmten Bereich des Gehirns oder in die Zerebrospinalflüssigkeit (CSF) bewirken.

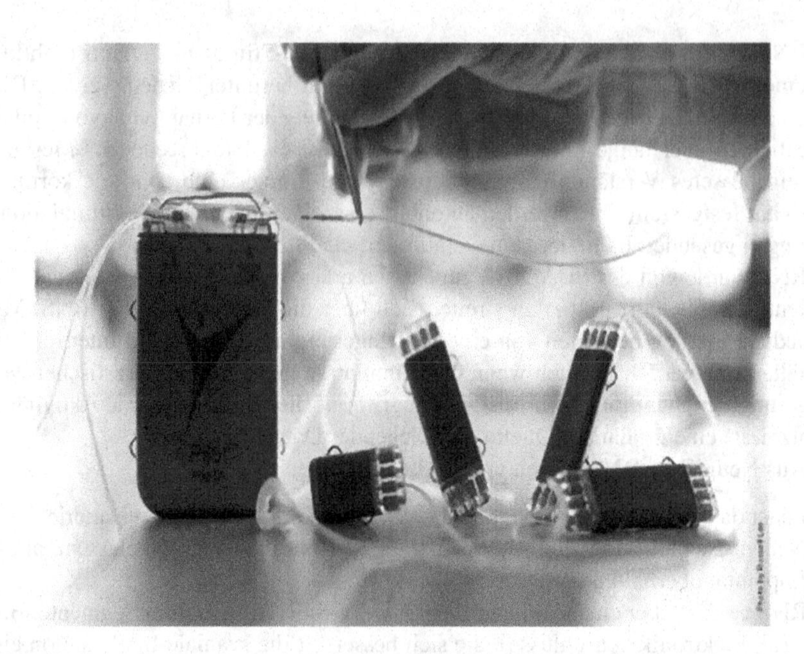

Abb. 3.29 Vernetztes neuroprothetisches System (NNP) für FES. (*Mit freundlicher Genehmigung des FES-Zentrums*)

Das vernetzte neuroprothetische System (NNP) [53] (siehe Abb. 3.29) wurde von Synapse Biomedical [54] hergestellt und von der Case Western Reserve University, Institute for Functional Restoration, alle in Cleveland, unter der Leitung von Prof. Hunter Peckham und Prof. Robert Kirsch entwickelt. Das FES Center [55] in Cleveland ist ebenfalls an dieser Initiative beteiligt. Die Indikationen sind Bewegungswiederherstellung von gelähmten Patienten oder Bewegungsunterstützung für ALS-Patienten.

Das modulare System besteht aus einem Master-Implantat, das mit einer erweiterbaren Kette von Slave-Einheiten verbunden ist, die ebenfalls in hermetischen Titangehäusen untergebracht sind. Jede Einheit ist mit der nächsten über einen vieradrigen adressierbaren Bus verbunden. Die Satelliten haben verschiedene Funktionen, wie EMG-Stimulation, Nervenstimulation mit Manschettenelektrode, EMG-Abtastung, Bewegungssensor, Beschleunigungsmesser, Temperatursensor usw. Der Bus, die Stecker und Kabel sind firmeneigene Konzepte.

Das NNP-System war eines der ersten Geräte, das von der FDA über den Expedited Access Pathway (EAP) die Zulassung erhielt – ein 2015 eingeführtes beschleunigtes Verfahren [56].

Es gibt viele interessante Punkte, die aus dem NNP im Rahmen der BCI übernommen werden können:

- Das Master-Satellitenkonzept ist ein Vorläufer von Implantaten mit verteilter Intelligenz. Klugerweise bleibt das Team in einer verkabelten Konfiguration. Das macht die Operation recht komplex, aber das System funktioniert. Dieser konventionelle Ansatz hat zu einer soliden Validierung des modularen Konzepts geführt. Eine drahtloseKommunikation zwischen den Modulen wird später folgen (siehe Abschn. 7.4.3). Beim derzeitigen Stand der drahtlosen Technologien sind wir noch nicht in der Lage, eine gesicherte HF-Kommunikation zwischen vielen Modulen im menschlichen Körper zu gewährleisten.

- Der Master enthält wiederaufladbare Batterien und eine Induktionsspule im Inneren der Titandose. Die Erwärmung des Implantats durch Wirbelströme, die während des Aufladens durch das Magnetfeld erzeugt werden, wurde so gesteuert, dass die Temperatur an der Oberfläche des Implantats um nicht mehr als 2 °C ansteigt. Bei der derzeitigen Konstruktion des NNP wird die externe Spule jedoch zu heiß und muss durch Wasserzirkulation gekühlt werden. Wir werden später, in Abschn. 4.11, sehen, dass die Bereitstellung von Energie für den Betrieb der implantierten Elektronik ein großes Hindernis für die weitere Integration von BCI-Systemen ist.
- Nur der Master verfügt über eine Batterie; die Satelliten sind batterielos. Es muss also Strom vom Master an die in den Modulen eingebettete Elektronik übertragen werden. Es ist bekannt, dass man die Übertragung von Gleichstrom über ein Kabel zwischen zwei Implantaten vermeiden sollte, da die Gleichspannung die Zirkulation von Ionen in den umgebenden Körperflüssigkeiten induziert und Kontakte und Stecker korrodieren lässt. Um dies zu vermeiden, beinhaltet das NNP eine Wechselstromübertragung. Dieses Thema wird ausführlich in Abschn. 4.4 besprochen.
- An dem Tag, an dem wir in der Lage sein werden, eine drahtloseKommunikation zwischen den verschiedenen Modulen zu ermöglichen, wird die Frage der Energieversorgung der Satelliten zu einem ernsten Problem. Wenn die Module so klein wie möglich bleiben müssen, können sie keine Batterie enthalten und müssen daher durch Induktion mit Energie versorgt werden. Dies erfordert das ständige Tragen eines externen Geräts für die Energieübertragung, das für die Wiederherstellung der Gliedmaßenbewegung möglicherweise unhandlich ist. Das Team in Cleveland wollte keine externen Geräte während des Betriebs und entschied sich daher für die Option eines wiederaufladbaren Masters und Kabelverbindungen zu batterielosen Satelliten.
- Für eine bessere Miniaturisierung hat das Team eigene Steckverbinder entwickelt. Später in diesem Buch, unter Abschn. 4.12, werden wir auch das Thema der implantierbaren Miniatur-Langzeitstecker behandeln. Die Arbeit am NNP ist eine große Inspirationsquelle.
- Auch der modulare Ansatz ist inspirierend. Alle Module haben das gleiche Gehäuse und die gleichen Anschlüsse, aber die Elektronik im Inneren der Module variiert je nach Funktionalität.

Das vollständige Locked-in-Syndrom (CLIS) ist ein sehr schwerwiegender Zustand, aber die laufende Forschung macht ihn zu einem faszinierenden Feld für die Entwicklung zukünftiger BCIs. CLIS-Patienten befinden sich in einem Endstadium der neuromuskulären Degeneration, die hauptsächlich auf die amyotrophe Lateralsklerose (ALS) zurückzuführen ist, bei der die Patienten allmählich die Kontrolle über alle ihre Muskeln und schließlich auch über die Augenbewegungen verlieren. Normalerweise ist die letzte Möglichkeit zur Kommunikation die Verwendung von Eyetrackern. Aber manche Patienten verlieren sogar die Kontrolle über ihre Augen und sind völlig blockiert, unfähig, ihren Freunden und Familienmitgliedern eine Rückmeldung zu geben. Der einzige Sinn, den sie noch haben, ist der Hörsinn, sodass sie uns zwar hören, aber nicht in der Lage sind, unsere Fragen zu beantworten.

Derzeit werden Pionierarbeiten durchgeführt, um einen Weg zu finden, mit Hilfe von BCI direkt mit dem Gehirn von CLIS-Patienten zu kommunizieren. Da es sich dabei noch nicht um ein kommerziell erhältliches Produkt handelt und es vielleicht sogar nie zu einer vollständig kommerziellen Initiative kommen wird, sollte sie nicht in dieses Kapitel aufgenommen werden. Ich habe mich entschlossen, es hier aufzunehmen, weil es eine Quelle der Inspiration ist. Eine ausführliche Diskussion über die künftige Entwicklung in diesem Bereich wird in Abschn. 7.3.6 stattfinden.

Bei frühen Experimenten mit CLIS wurden schwere Instrumente wie EEG oder fMRI eingesetzt, um die Gehirnaktivität zu messen, wenn Patienten einfache Fragen mit Ja/Nein-Antworten gestellt wurden. Mit einem bescheidenen, aber vielversprechenden Maß an Vertrauen konnten die Forscher die Antworten klassifizieren. Eine gewisse Kommunikation, die sehr begrenzt und langsam ist, wurde festgestellt. Ja/Nein-Antworten sind bei weitem nicht ausreichend, um den Patienten wieder in die Lage zu versetzen, Gefühle zu äußern.

Der nächste Schritt ist die Anbringung einer kortikalen Schnittstelle auf der Gehirnoberfläche. Man könnte auch eine durchdringende Elektrodenanordnung platzieren, was CLIS-Patienten wie einen Buchstabierer mit auditivem Feedback bedienen könnten. In der ersten Phase wird die Verwendung einer Utah-Elektrode mit einem Sockel getestet.

Die Inspiration für diese experimentelle Arbeit ist, dass Menschen in extrem schweren Fällen nicht nur von einem offenen Fenster der Kommunikation profitieren können, sondern auch einen wichtigen Beitrag zum Fortschritt der zukünftigen BCI beitragen und die Entwicklung von Geräten für weniger schwerwiegende Bedürfnisse beschleunigen.

3.5 Langfristige klinische Perspektiven

Dieses Kapitel ist den Zielen der Neurotechnologien gewidmet. Zum Abschluss dieses Kapitels werden wir kurz die Entwicklung der bestehenden Targets im nächsten Jahrzehnt und die Aussichten auf neue Entwicklungsmöglichkeiten auf diesem Gebiet erörtern.

Bestehende Ziele für implantierbare Neurotechnologien haben gezeigt, dass elektrische Stimulation und Sensorik ein erhebliches Potenzial zur Verbesserung der menschlichen Gesundheit haben. Wir wissen auch, dass wir ganz am Anfang der Neurotechnologie stehen.

Die vorhersehbare Entwicklung der in den Abschn. 3.4.1, 3.4.2, 3.4.3, 3.4.4, 3.4.5, 3.4.6, 3.4.7 und 3.4.8 beschriebenen Therapien könnte in den nächsten zehn Jahren in die folgenden Richtungen gehen:

- *Cochlea-Implantate*
  - Hinzufügen eines abnehmbaren Steckers, der den Austausch der implantierten Elektronik ermöglicht, falls erforderlich
  - Multiplikation der Anzahl der Kanäle
  - Elektromagnetisch transparentes Gehäuse und Integration der Spule in das Gehäuse (bereits von Neurelec realisiert)
  - Integration des Sprachprozessors, eines implantierbaren Mikrofons und einer wiederaufladbaren Batterie in das Implantat, um ein vollständig implantiertes CI ohne externes Kopfstück zu erhalten
  - Phasensynchronisiertes bilaterales CI zur Orientierung an der Schallquelle
- *Tiefe Hirnstimulation – Implantate*
  - Hinzufügung von neuen Therapien und Ziele
  - Durchdringung der Lenkungstechnologien
  - Einführung von Closed-Loop-DBS
  - Verbesserungen der Verfahren zur Einführung von Blei
  - Miniaturisierung
  - Mehr Kanäle für bessere Steuerbarkeit
  - Platzierung des IPGoberhalb des Halses
- *Stimulation der Rückenmark – Implantate*
  - Einführung flexibler, dehnbarer Paddelelektroden
  - Eindringtiefe der HF-Stimulation
  - Erweiterung der KreislaufwirtschaftSCS
  - Miniaturisierung des IPG
- *Implantate zur Stimulation des Vagusnervs*
  - Hinzufügung von neuen Therapien und Ziele
  - Verbesserung der Wirksamkeit
  - Hinzufügen von Sensoren für Closed-Loop-VNS
  - Miniaturisierung des IPG
- *Netzhaut-Implantate*
  - Vervielfachung der Pixel für bessere Auflösung
  - Bessere langfristige Stabilität
  - „Passive" photovoltaische RI ohne Kabel zwischen Sensor und und Stimulationsfunktion
  - Wanderung der Stimulationselektroden zum Sehnerv und den visuellen Kortex

- *Urin-Inkontinenz – Implantate*
  - Bessere Konzentration auf die Kontrolle der Blase und der Schließmuskeln
  - Ausweitung auf schwerere Inkontinenzfälle
  - Ausdehnung auf sexuelle Dysfunktionen
- *NeuroPace – Implantat*
  - Erweiterung von 8 auf 16 Kanäle (in Arbeit)
  - Verlängerung der Batterielebensdauer
  - Verbesserung des Fixierungsmechanismus bei der Kraniotomie, z. B. durch patientenspezifischen Knochenplattenersatz
  - Verbreitung in einer größeren Bevölkerung
  - Verbesserung der Algorithmen zur Vorhersage von Krampfanfällen
- *Verschiedene Implantate*
  - Programmierbare implantierbare Pumpen zur Medikamentenverabreichung: Miniaturisierung für die Implantation oberhalb des Halses und direkte Verabreichung von Medikamenten in das Gehirn
  - FES-Implantate: Erweiterung und Verbreitung von miniaturisierten NNP-Systemen und RF-Kommunikation mit drahtlosenBCI, möglicherweise über einen externen Hub
  - CLIS-Implantate: Verbesserung der Steuerungsalgorithmen und Nachweis der Überlegenheit gegenüber herkömmlichen externen BCI

Neben den bisher erfolgreich erforschten Anwendungen gibt es viele unerfüllte oder unzureichend erfüllte medizinische Bedürfnisse, für die die Neurotechnologien in einem vernünftigen Zeitrahmen eine Lösung bieten könnten:

- Migräne und chronische Kopfschmerzen
- Phantomschmerzen
- Schmerzen am Ende des Lebens
- Haptisches Feedback für Amputierte
- Volle Kontrolle über die Prothese für Amputierte durch direkte Verbindung mit peripheren Nerven
- Epilepsie-Anfallsprognose, -vorhersage und -verhinderung
- Kontrolle von Schizophrenie, Phobien, Angstzuständen, Depressionen und anderen psychiatrischenStörungen
- Bessere Wiederherstellung der Sehkraft
- Vollständig implantierbare Hörsysteme
- Neurofeedback-Technologien für Tinnitus und Schmerzen
- Re-Synchronisation von Gehirnwellen zur Behandlung von Legasthenie
- Wiederherstellung von Gleichgewichtsstörungen
- Spiegelstimulation bei einseitiger Gesichtslähmung
- Kontrolle von schwerer Inkontinenz
- Implantierbare Schlaganfall-Rehabilitation-Systeme

- Bessere kortikale Dekodierung für mehr Freiheitsgrade bei der Bewegungswiederherstellung
- Erweiterung der kortikalen Dekodierung für die Kontrolle und Wiederherstellung des Gehens (gelähmte untere Gliedmaßen)

Wie bereits beschrieben, sind die pharmazeutische Industrie und die Biotechnologien bei der Behandlung neurologischer Erkrankungen oder Störungen an gewisse Grenzen gestoßen. In zunehmendem Maße werden Medikamente und Technologien in Kombinationsprodukten kombiniert, die auf ungedeckte neuromedizinische Bedürfnisse ausgerichtet sind. Indem sie ihre Kräfte bündeln, sollten Biotechnologie und Medizintechnik in der Lage sein, die Grenzen der neurologischen Erkrankungen zu erweitern. Neue Systeme sollten bald Realität werden, wie die automatisierte lokale Verabreichung von Medikamenten, die von einem BCI optische Stimulation auf der Grundlage der Optogenetik und die Kombination von Stimulation und Injektion von Stammzellen für Nerven, Rückenmark und Gehirn-Wiederaufbau. Dies könnte innerhalb der nächsten zwei Jahrzehnte geschehen.

Die personalisierte Medizin ist eine weitere zukünftige Entwicklung, die sich auf die Neurologie auswirken wird. Die Anpassung der Behandlung an die individuelle biologische und genetische Signatur einer Person ist nicht auf Medikamente beschränkt. Das Konzept der „Behandlung à la carte" kann auf die Neurotechnologien ausgedehnt werden. Bereits heute kann jeder Patient an ein BCI angeschlossen werden und eine persönliche Anpassung der Algorithmen und Kalibrierungsverfahren durchlaufen. BCI-Schnittstellen sind von Natur aus personalisiert.

Neurotechnologien sind auch ein fruchtbarer Boden für eine schnelle Anwendung der starken Trends von morgen: Big Data, maschinelles Lernen und künstliche Intelligenz. Auf dem Gebiet der BCI sind dies keine Schlagworte, sondern die Werkzeuge, mit denen wir die BCI-Konzepte nutzen werden.

Literatur

1. https://www.braingate.org/team/john-donoghue-ph-d/
2. https://en.wikipedia.org/wiki/Neuroimaging
3. http://fescenter.org/about-fes-center/leadership/kirsch-robert-phd/
4. https://case.edu/universityprofessor/past-recipients/p-hunter-peckham-phd
5. https://www.braingate.org/
6. https://www.medtronic.com/us-en/healthcare-professionals/products/cardiac-rhythm/cardiac-monitors/reveal-linq-icm.html
7. https://www.synchronmed.com/
8. https://blackrockmicro.com/
9. https://en.wikipedia.org/wiki/Parylene
10. https://people.epfl.ch/gregoire.courtine?lang=en
11. https://people.epfl.ch/stephanie.lacour?lang=en
12. https://www.electrocore.com/
13. https://people.epfl.ch/nikolaos.stergiopulos?lang=en
14. https://www.comphya.com/

15. https://en.wikipedia.org/wiki/Obstructive_sleep_apnea
16. https://www.inspiresleep.com/for-healthcare-professionals/our-technology/
17. https://www.medtronic.com/us-en/patients/treatments-therapies/neurostimulator-gastroparesis/enterra-2-neurostimulator.html
18. http://www.balseal.com/
19. https://www.cochlear.com/us/en/home
20. https://www.sonova.com/en
21. https://www.medel.com/
22. http://aemf.org/
23. http://www.bostonscientific.com/en-US/Home.html
24. https://www.oticonmedical.com/cochlear-implants
25. https://www.oticonmedical.com/about-oticon-medical
26. https://www.demant.com/
27. https://www.cochlear.com/uk/home/discover/carina-middle-ear-implants
28. https://en.wikipedia.org/wiki/Alim_Louis_Benabid
29. Cavuoto J. Neurotech reports 2018: the market for neurotechnology: 20182022, Updated Sep 2018. http://www.neurotechreports.com/
30. Rossi J et al (2016) Proceedings of the third annual deep brain stimulation think tank: a review of emerging issues and technologies. Front Neurosci 10:119, Edited by Paolo Massobrio
31. Anderson DN et al (2018) Optimized programming algorithm for cylindrical and directional deep brain stimulation electrodes. J Neural Eng 15:026005
32. https://www.abbott.com/
33. https://www.aleva-neuro.com/
34. https://nuvectramedical.com/
35. https://globenewswire.com/news-release/2016/02/01/806602/0/en/Aleva-Neurotherapeutics-and-Greatbatch-Collaborate-on-Next-Generation-Device-for-Deep-Brain-Stimulation-DBS.html
36. https://www.jnj.com/
37. https://www.nevro.com/English/Home/default.aspx
38. http://www.saludamedical.com/home/
39. https://www.livanova.com/en-US
40. https://www.reshapelifesciences.com/
41. https://en.wikipedia.org/wiki/Vagus_nerve_stimulation
42. http://www.secondsight.com/
43. https://bionicvision.org.au/
44. https://www.pixium-vision.com/en
45. https://www.retina-implant.de/en/
46. https://www.nano-retina.com/
47. https://www.medtronic.com/us-en/healthcare-professionals/products/urology/sacral-neuromodulation-systems/interstim-ii.html
48. https://neuronewsinternational.com/nuvectra-issues-update-on-us-fda-and-ce-mark-applications-for-virtis-device/
49. http://www.axonicsmodulation.com/
50. https://www.neuropace.com/
51. https://www.medtronic.com/us-en/patients/treatments-therapies/drug-pump-severe-spasticity/about-itb-therapy/synchromed-ii-pump.html
52. https://www.medtronic.com/us-en/healthcare-professionals/products/neurological/drug-infusion-systems/synchromed-ii.html
53. http://fescenter.org/research/technology-programs/networked-neuroprosthetic-system-nnps/
54. https://www.synapsebiomedical.com/
55. http://fescenter.org/about-fes-center/
56. http://fescenter.org/wp-content/uploads/2015/10/Press-Moynahan-and-Peckham.pdf

Kapitel 4
Der menschliche Körper: Eine besondere Umgebung

4.1 Aktive implantierbare medizinische Geräte (AIMDs)

In den meisten Fällen wurden neue Technologien für einen Zweck entwickelt, der nichts mit der menschlichen Gesundheit zu tun hat. Die hohe Integration schneller Elektronik wurde durch den Bedarf an schnelleren und kleineren Computern ausgelöst. Verbrauchsarme Schaltkreise fanden ihren Ursprung in der Raumfahrtindustrie, in der Uhrenindustrie und bei tragbaren Verbraucherprodukten. Fortschrittliche Hochfrequenz (HF)-Komponenten und -Baugruppen wurden durch die Raumfahrt, das Militär und Mobiltelefone sowie durch den jüngsten Vorstoß für drahtlose Kommunikation in unserem täglichen Leben gefördert. Das Verfahren zum Laserschweißen von Titangehäusen unter kontrollierter, ultratrockener Atmosphäre (siehe Abschn. 4.9.2), das in der AIMD-Industrie eingesetzt wird, wurde ursprünglich für das Apollo-Programm der NASA entwickelt.

In anderen Fällen wurden einige grundlegende Fortschritte von der medizinischen Industrie selbst angestoßen. So wurden beispielsweise neue biokompatible und biostabile Materialien entwickelt und verbessert, um den spezifischen Anforderungen von AIMDs gerecht zu werden. Dieses Kapitel wird uns durch diese einzigartige Spielwiese für Ingenieure führen: den menschlichen Körper. Wir werden auch sehen, was zu tun ist, wenn man elektronische Geräte implantieren und eine Zeit lang im Körper belassen will. An diesem Punkt beginnen wir mit dem wichtigen Begriff „*How to build*“.

AIMDs weisen die folgenden Merkmale auf:

- *Aktiv*: Das Gerät ist elektrisch oder mechanisch aktiv, d. h., es verfügt über eine Energiequelle, z. B. eine (wiederaufladbare oder nicht wiederaufladbare) Batterie oder eine Induktionsspule und/oder eine elektronische Schaltung und/oder Sensoren und Aktoren und/oder Energiegewinnungsgeräte.
- *Implantierbar*: bezeichnet Produkte, die länger als 30 Tage im menschlichen Körper verbleiben.

C. Clément, *Gehirn-Computer-Schnittstellen-Technologien*,
https://doi.org/10.1007/978-3-031-23815-4_4

- *Medizinisch*: bezeichnet Geräte, die eine Therapie oder eine Diagnose durchführen oder Daten im Körper sammeln.
- *Gerät*: elektromechanische Einheit, die so gekapselt ist, dass Folgendes gewährleistet ist:

  – Hermetischer Schutz:

    - Verhindert das Eindringen von Flüssigkeiten oder Gasen in das Gerät
    - Verhindert das Austreten von Flüssigkeiten oder Gasen aus dem Gerät

  – Biokompatibilität: Alle Materialien, die mit dem Körpergewebe oder Flüssigkeiten in Berührung kommen, dürfen keine toxischen oder schädlichen Wirkungen auf diese haben.
  – Biostabilität: Alle Materialien, die den Körpergeweben oder -flüssigkeiten ausgesetzt sind, müssen während der gesamten voraussichtlichen Implantationszeit unverändert bleiben.
  – Sterilität: Die endgültige Baugruppe, die implantiert werden soll, muss sterilisiert werden (d. h. biologische Verunreinigungen müssen vor der Implantation abgetötet werden).
  – Sauberkeit: Nichtbiologische Verunreinigungen wie Schmutz, Öl, Staub oder andere inerte Materialien müssen auf ein Minimum reduziert werden, um Gewebereizungen oder pyrogene Effekte zu vermeiden.

Zusätzlich zu diesen fünf Grundfunktionen geht der jüngste Trend in der Industrie dahin, in die Verkapselung Folgendes zu integrieren: die Funktion des Schutzes vor oder der Kompatibilität mit elektromagnetischen Störungen, insbesondere von Mobiltelefonen, Diebstahlsicherungssystemen und Kernspintomographen (siehe Abb. 4.1).

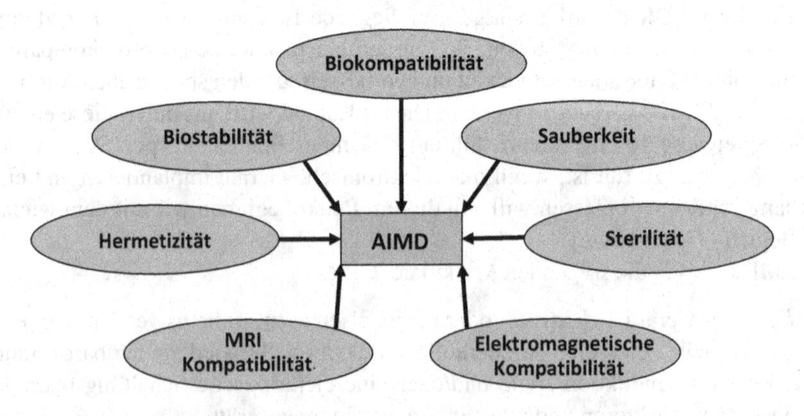

Abb. 4.1 Hauptmerkmale eines AIMD

4.2 Eine besondere Umgebung

Der menschliche Körper war schon vor der Technologie da! Er ist das Ergebnis von Millionen von Jahren der Evolution und der Anpassung an seine Umgebung. Einige unserer wertvollsten Organe, wie das Herz oder das Gehirn oder die Augen, sind erstaunlich ausgeklügelte Konstruktionen, die alles übertreffen, was Wissenschaftler und Ingenieure in den letzten Jahrhunderten geschaffen haben, und die vorhersehbar auch das übertreffen, was unser Genie in den nächsten Jahrhunderten bauen wird. Unsere kleinen technischen Tricks sind beschämend bescheiden im Vergleich zu der immensen Komplexität des menschlichen Körpers.

Die Chemie, Biologie und Physik des Gewebes, das ein Implantat umgibt, sind miteinander verknüpfte Welten, die sich ständig weiterentwickeln. Wir verstehen noch nicht alle Reaktionen, die im Körper ablaufen, wenn wir uns entscheiden, ein Implantat einzusetzen. Es gibt Phänomene, die wir noch nicht vorhersagen oder kontrollieren können. Die Beherrschung der Materialwissenschaften ist ein Eckpfeiler der Kunst der Implantologie.

4.2.1 Nicht verhandelbar

Wenn wir eine Schnittstelle schaffen, integrieren, reparieren und sogar verbessern wollen, müssen wir den menschlichen Körper so nehmen, wie er ist. Unser Körper und unsere Organe haben eine bestimmte Größe, zelluläre Beschaffenheit, Chemie, Physik und Verhalten. Dies ist der Rahmen unserer Spielwiese. Wir können die Art und Weise, wie der menschliche Körper beschaffen ist, nicht ändern; sie ist nicht verhandelbar.

Wir können vielleicht kleine Veränderungen am menschlichen Körper vornehmen, indem wir z. B. ein Kontrastmittel zur Verbesserung einer bildgebenden Diagnose einnehmen oder eine defekte Funktion durch ein Implantat ersetzen. Aber das sind keine grundlegenden Veränderungen. Das Zeitalter des bionischen Mannes/der bionischen Frau, der/die mehrere seiner/ihrer Hauptorgane durch Technik ersetzt, ist noch sehr weit entfernt. Ich bezweifle sogar, dass es jemals eintreten wird.

Es gibt einige offensichtliche Zwänge im menschlichen Körper. Abgesehen davon, dass wir Luft, Nahrung, Wasser und Spaß brauchen, um zu überleben, gibt es konstitutive Elemente, die nicht umgangen werden können. So besteht z. B. der Gaststar dieses Buches, das Gehirn, aus Milliarden von Zellen und Molekülen, die in einem erstaunlichen Netzwerk miteinander verbunden sind und alle in Form von sehr weichem Gewebe zusammenkommen. Da diese gelartige Masse keine innere starre Struktur und kein Skelett hat, muss sie in einem harten Gehäuse untergebracht sein: dem Schädel. Dieser äußere Schutz macht das Gehirn auch von außen schwer zugänglich. Auf diese Einschränkung werden wir in Kap. 5 näher eingehen. Das nicht verhandelbare Vorhandensein des Schädels bedeutet, dass wir entweder nicht direkt auf das Gehirn zugreifen können (z. B. um begrenzte Messungen von außen durchzuführen, wie z. B. EEG) oder wir die Barriere durchbrechen müssen, um einen direkten physischen Zugang zu den weichen Hirngeweben zu erhalten (z. B. eine Kraniotomie für die Platzierung eines elektrokortikalen Gitters [EkoG]).

Ein weiteres Beispiel sind die Grenzen der Ausbreitung von Hochfrequenzwellen im Körper. Bei den sehr hohen Frequenzen, die für die Übertragung großer Informationsströme erforderlich sind, werden die Funkwellen von den aufeinander folgenden Gewebeschichten gedämpft und gestreut. Das bedeutet, dass wir entweder das Informationsvolumen, das durch das Gewebe übertragen werden soll, begrenzen oder die Dicke des Gewebes über dem Gerät minimieren müssen, indem wir beispielsweise die Antenne direkt unter der Haut anbringen.

4.2.2 Die Gesetze der Physik

Körpergewebe haben spezifische biologische, physiologische, chemische und elektrische Eigenschaften. Sie gehorchen jedoch auch den Gesetzen der Physik. Wir haben bereits einige Einschränkungen im Zusammenhang mit der Übertragung von elektromagnetischen HF-Wellen im Körper erwähnt. Ähnliche Schwierigkeiten treten auch bei anderen Wellenarten auf, z. B. bei Licht oder Ultraschall. Dicke Gewebeschichten sind undurchlässig für sichtbares Licht. Nur dünne Gewebeschichten lassen infrarotes (IR) oder nah-infrarotes (NIR) Licht durch. Wenn wir Neuronen mit Licht stimulieren wollen, müssen wir das Licht zu der Stelle leiten, an die wir wirken wollen, z. B. mit Hilfe einer optischen Faser.

Wenn sie verschiedenen elektrischen und magnetischen Feldern ausgesetzt werden, zeigen Körpergewebe einige Reaktionen zeigen. Diese Effekte werden z. B. für die Volumendarstellung, wie die Magnetresonanztomographie (MRT), genutzt. Leider interagieren solche Felder auch mit Implantaten, Elektroden und anderen Fremdmaterialien, die zu therapeutischen Zwecken in den Körper eingeführt werden.

Elektromagnetische Felder im Körper erwärmen auch das Gewebe [1]. Ein Übermaß an Wärme im Gewebe kann zu dauerhaften Schäden führen. Eine Norm (ISO-14708-1) legt den Grenzwert für eine erhöhte Temperatur auf +2 °C fest. Temperaturen, die geringfügig über dieser Grenze liegen, sind in vorübergehenden Situationen akzeptabel. Induktive Energieübertragung oder hochfrequente RF-Kommunikation können die Temperatur in der Masse des Gewebes oder an der Oberfläche eines Implantats leicht um 2 °C erhöhen. Die Gesetze der Thermodynamik regeln die Ableitung dieser überschüssigen Wärme durch Strahlung, Leitung oder Blutkreislauf. Die Wärmeableitung von einem Implantat variiert stark in Abhängigkeit von der Umgebung, vom Knochen bis zum Liquor, durchbluteten Gewebe oder subkutaner Lage.

Diese Einschränkungen in Bezug auf elektromagnetische Felder in Körpergeweben müssen zu Beginn von Projekten genau verstanden werden. So versuchen beispielsweise mehrere Teams, im gesamten Volumen des Gehirns winzige elektronische Module (Neurograins oder neuronaler Staub) zu verteilen. Diese submillimetrischen batterielosen Module verfügen über winzige Antennen, die in der Lage sein sollten, genügend elektromagnetische Energie zu sammeln, damit die Module funktionieren und drahtlos kommunizieren können. Die Gesetze der Physik lehren uns, dass dies nur funktionieren kann, wenn das Feld, das die mikroskopischen Antennen erreicht, groß und stark ist. Dazu müssen riesige externe Spulen auf dem Kopf angebracht werden, die mit großen Strömen gespeist werden. Die Folge wird eine übermäßige Erwärmung des Gewebes sein. Wir können uns auch fragen, ob es sinnvoll ist, Implantate auf ein Niveau zu miniaturisieren, das enorme externe Geräte erfordert.

Einfacher zu verstehen: die Gesetze der Mechanik. Ein Implantat wird z. B. bei einem Autounfall Beschleunigungskräften ausgesetzt. Es muss daher so im Körper befestigt werden, dass Verschiebungen vermieden werden, die das umliegende Gewebe schädigen könnten. Weitere Einschränkungen ergeben sich aus der weichen Beschaffenheit des Gewebes, aus dem das Nervensystem besteht. Die Elektroden oder Gewebeschnittstellen der BCI-Systeme sind in der Regel mechanisch steif und starr. Da das Gewebe aufgrund von Körperbewegungen, Blutzirkulation oder Atmung ständig in Bewegung ist, besteht die Gefahr von Relativbewegungen an der Schnittstelle zwischen Geweben und Elektroden.

Bei der Entwicklung von Neuro-Geräten müssen die durch die physikalischen Gesetze bedingten Einschränkungen berücksichtigt werden. Wir können sie nicht einfach leugnen.

4.2.3 Chirurgische Aspekte

Das Gehirn, das Rückenmark und die Nerven sind weiche und empfindliche Gewebe. Die chirurgischen Verfahren zur Platzierung von Elektroden in oder auf Nervengewebe sind schwierig. Sie erfordern nicht nur Geschick, sondern auch angepasste chirurgische Instrumente, Werkzeuge, Bildgebungssysteme oder Operationsroboter. Das Gehirn ist mit einem dichten Netz von Blutgefäßen durchzogen. Es ist eine Herausforderung, durchdringende Elektroden in das Gehirn einzubringen, ohne die Blutgefäße zu beschädigen.

Wie bereits erwähnt, erfordert der direkte Zugang zum Gehirn eine Öffnung im Schädel. Die Operationstechniken für Kraniotomien werden von Neurochirurgen beherrscht, aber das Öffnen des Schädels ist immer ein großer Schritt, besonders für die Patienten. Die Öffnung des Schädels und das Eindringen in das Gehirn werden als der höchstmögliche Grad an Invasivität empfunden.

Chirurgische subdurale Eingriffe am Gehirn erfordern große Sorgfalt, da die natürliche Barriere der Dura geöffnet wurde. Infektionen können sich entlang der Kabel ausbreiten, die Gehirn-Schnittstelle mit der Elektronik verbinden.

Eine weitere Schwierigkeit für Neurochirurgen ist die Veränderung der Gehirnumgebung zum Zeitpunkt der Implantation, abhängig von Alter, Gewicht und anderen physischen Bedingungen. Auch die Entwicklung nach der Operation stellt eine Herausforderung dar. Z. B. ist bei der Platzierung der Elektroden in der Cochlea eines einjährigen Kindes das Wachstum des Kopfes in den folgenden Jahren berücksichtigen.

4.2.4 Reaktion von Körpergeweben

Implantate werden vom Körper nicht gut angenommen. Das umliegende Gewebe reagiert auf das Eindringen eines Fremdkörpers. Zunächst versuchen biologische, chemische und immunologische Mechanismen, den Fremdkörper zu zerstören. Da Implantate zu groß und zu biostabil sind, um wie bloße Bakterien abgetötet zu werden, baut der Körper eine Isolationsbarriere um das Implantat herum auf, eine Kapsel aus Bindegeweben.

Für Implantate oder Teile von Implantaten, die nicht in elektrischem Kontakt mit dem Körper stehen (z. B. das IPG eines DBS-Systems), stellt diese fibrotische Kapsel kein großes Problem dar. In einigen Fällen leistet der Körper so gute Arbeit, dass die Kapsel zu einer echten Barriere wird, die den natürlichen chemischen und biologischen Austausch verhindert oder unterbindet. Dies kann zu exotischen chemischen Reaktionen innerhalb der Kapsel und an der Oberfläche des Implantats führen. Es wurde über atypische pH-Werte und die Bildung von Säuren berichtet.

Bei Elektroden kann die Bildung einer fibrotischen Kapsel die Qualität des elektrischen Kontakts mit dem Gewebe verschlechtern und die Kontaktimpedanz erhöhen. Es ist anzumerken, dass die Mechanismen der Fibrose um Gehirn- und Nervenelektroden noch lange nicht verstanden sind. Es wurden beträchtliche Unterschiede zwischen den Patienten festgestellt, aber wir haben keine wissenschaftlichen Erklärungen dafür. Die Geometrie, Rauheit, Sauberkeit, die Aktivierung und die Materialien der Elektrodenoberfläche scheinen einen großen Einfluss auf die elektrischen Eigenschaften der fibrotischen Kapsel und ihre Entwicklung im Laufe der Zeit zu haben.

4.3 Biokompatibilität

In den folgenden Abschnitten werden wir die Biokompatibilität, Biostabilität, Korrosion, Sauberkeit und Sterilität diskutieren (siehe Abb. 4.2). Alle diese Begriffe sind miteinander verbunden und müssen bei der Entwicklung eines Implantats als

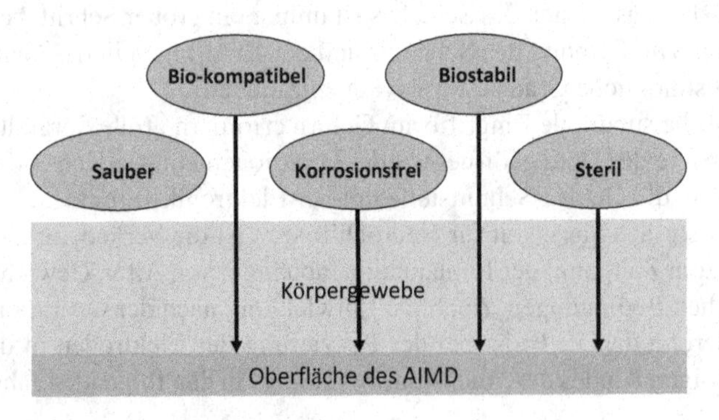

Abb. 4.2 Eigenschaften der Oberfläche eines AIMD

kritische Faktoren berücksichtigt werden. Manchmal werden diese Begriffe verwechselt. Z. B. sind Sauberkeit und Sterilität nicht gleichbedeutend. Wenn man ein schmutziges Implantat in eine Sterilisationskammer gibt, ist der Schmutz am Ende des Prozesses zwar sterilisiert, aber das Implantat ist immer noch schmutzig. Die Montage von Medizinprodukten erfolgt im sogenannten Reinraum, umso sauber wie möglich zu bleiben. Aber ein Reinraum ist noch lange kein steriler Raum. Die Biokompatibilität bezieht sich auf die chemische Verträglichkeit mit dem umgebenden Gewebe. Sterilität bedeutet, dass keine biologischen Verunreinigungen vorhanden sind. Eine Probe kann biokompatibel und nicht steril sein oder das Gegenteil.

Biokompatibilität kann definiert werden als die Fähigkeit eines Implantats, vom menschlichen Körper über einen langen Zeitraum chemisch toleriert zu werden. Es gibt mehrere andere Definitionen von Biokompatibilität, was bedeutet, dass es sich um ein komplexes Konzept handelt. Für die Zwecke dieses Buches ist meine bevorzugte Definition: „Biokompatibilität ist die Fähigkeit einer in den Körper implantierten Prothese, in Harmonie mit dem Gewebe zu existieren, ohne schädliche Veränderungen hervorzurufen." [2]

Ein Implantat oder eine Baugruppe gilt als biokompatibel, wenn es/sie die umgebenden Zellen und Gewebe weder vergiftet noch wesentlich verändert. Biokompatibilitätstests sind in der ISO-10993 geregelt, und die FDA hat einen entsprechenden Leitfaden „Use of International Standard ISO-10993, Biological Evaluation of Medical Devices Part 1: ‚Evaluation and testing'" herausgegeben [3].

Art und Umfang der vor der ersten Implantation in den Menschen durchzuführenden Tests hängen von der Dauer der Implantation ab. Bei kurzfristigen Implantationen (<30 Tage) sind die Biokompatibilitätstests weniger streng als bei Langzeitimplantaten.

Es ist sehr wichtig zu beachten, dass die Biokompatibilität für ein zusammengesetztes, sauberes und steriles Implantat nachgewiesen werden muss. Selbst wenn alle Materialien, die mit Körpergewebe oder -flüssigkeiten in Berührung kommen, unabhängig voneinander und an sich biokompatibel sind, muss nachgewiesen werden, dass die Prozesse, die zum Zusammenbau und zur Verbindung der einzelnen Teile verwendet wurden, die Biokompatibilität insgesamt nicht beeinträchtigt haben. Es wurde berichtet, dass einige Verfahren die physikalischen und chemischen Eigenschaften von Materialien verändern, die traditionell als biokompatibel gelten. So können beispielsweise beim Laserschweißen von zwei verschiedenen Metalllegierungen, die beide für sich genommen biokompatibel sind, intermetallische Verbindungen entstehen, die nicht biokompatibel sind.

Nur eine sehr begrenzte Anzahl von Materialien ist biokompatibel. Von dieser begrenzten Auswahl ist eine noch begrenztere Anzahl auch biostabil (siehe unten). Dies bedeutet, dass die Entwickler von Langzeitimplantaten nicht über ein breites Spektrum an Materialien verfügen.

Die Biokompatibilität kann in Kategorien eingeteilt werden:

- Inerte Biokompatibilität: Materialien, die vom Körper mit minimaler Gewebereaktion akzeptiert werden. Dies ist die Art der Biokompatibilität, die für die meisten AIMD-Anwendungen von Interesse ist.

- Resorbierbare Biokompatibilität: Materialien, die vom Körper resorbiert und durch natürliches Gewebe ersetzt werden. Materialien dieser Kategorie können in einigen BCI-Anwendungen eingesetzt werden, z. B. zum Schutz oder zur Verstärkung von Elektroden während einer Operation.
- Bioaktive Biokompatibilität: Materialien, die stark mit dem umgebenden Gewebe reagieren und eine enge Verbindung mit ihm eingehen. Sie könnte für in den Knochen eingesetzte BCI von Interesse sein.

Biokompatible Materialien, die im Rahmen dieses Buches von Interesse sind, sind:

- Metalle und Legierungen:
  - Reintitan (Grade 1–4)
  - Titan-Legierungen (Ti6Al4V)
  - Legierungen aus Kobalt, Chrom, Molybdän
  - Chirurgischer rostfreier Stahl (Fe, Cr, Ni), MP35, 316L
  - Nitinol (Ti, Ni)
  - Edelmetalle: Gold, Platin, Platin-Iridium, Palladium
  - Niobium
- Keramiken:
  - Inert:
    - Aluminiumoxide, Tonerde, Saphir, Rubin
    - Siliziumoxide
    - Zirkoniumoxide, Zirkoniumdioxid
    - Titanoxide, Titandioxid
    - Glaskeramik
      - Glasartiger oder glasartiger Kohlenstoff (C)
    - Kohlenstoff-Silizium (C-Si)
      - Diamant
  - Bioaktiv:
      - Hydroxylapatit (HA)
    - Tricalciumphosphat (TCP)
- Polymere:
  - Polymethylmethacrylat (PMMA)
  - Polytetrafluorethylen (PTFE), Handelsname: Teflon™
  - Polyethylenterephthalat (PET), Handelsname für Textilien: Dacron™
  - Flüssigkristallpolymere, LCP
  - Dimethylpolysiloxan (Silikonkautschuk), PDMS
  - Polyethylen mit ultrahohem Molekulargewicht (UMWPE)
  - Polyetheretherketon (PEEK)
  - Polyurethan (PUR)
  - Parylene™ (nur zur Beschichtung, nicht als Schüttgut)

  - Polysulfon (PS)
  - Leitfähiges Poly(3,4-ethylenedyoxythiophen)-Polystyrolsulfonat (PEDOT: PSS) als Beschichtung für Elektroden mit niedriger Impedanz
- Komposit:
  - Kohlenstoff-PTFE
  - Kohlenstoff-PMMA
  - Tonerde-PTFE
- Bio-absorbierbar:
  - Polyethylenglykol (PEG)
  - Hydrogele
- Biomaterialien auf Proteinbasis:
  - Kollagen
  - Fibrin
  - Seide

Materialien werden in der Regel nach ihren Masseneigenschaften bewertet. Die Biokompatibilität ist hauptsächlich eine Oberflächeneigenschaft. Die Oberflächeneigenschaften können durch mechanische oder chemische Behandlungen stark verändert werden. Im Hinblick auf die Biokompatibilitätm werden Oberflächen durch ihre Eigenschaften beeinflusst:

- Benetzbarkeit
- Sauberkeit
- Oberflächenenergie
- Korrosion-Beständigkeit

Die Reaktion und Adhäsion von Geweben auf intrinsisch biokompatiblen Materialien kann durch Oberflächenmodifikationen und -beschichtungen stark beeinflusst werden:

- Passivierung: Stabilisierung der Oxidschicht auf Metallen durch Eintauchen in Salpetersäure
- Säureätzung: Entfernung der oberflächlichen Schicht, um die Oberflächenrauhigkeit zu erhöhen und die Gewebehaftung zu fördern
- Plasmaätzung: wirkt wie Säureätzung und fördert die Haftung von Beschichtungen
- Sandstrahlen: erhöht die Oberflächenrauhigkeit und -härte
- Bürsten: erhöht die Rauheit
- Atomare Schichtabscheidung (ALD): schützt das Grundmaterial mit sehr stabilen atomaren Schichten
- Physikalische Gasphasenabscheidung (PVD): dickerer Schutz
- Sputtern
- Sprühbeschichtung
- Parylene-Beschichtung

Selbst wenn ein Massenmaterial biokompatibel ist, können durch Oberflächenreaktionen nichtbiokompatible Verbindungen entstehen. Ähnlich müssen Korrosionsprodukte auf ihre Zytotoxizität hin geprüft werden.

Beim Verbinden zweier biokompatibler Metalle oder Legierungen durch Schmelzen (Laser-, Punkt-, Widerstandsschweißen) können nichtbiokompatible intermetallische Nebenprodukte entstehen. Aus diesem Grund müssen Biokompatibilitätstests an vollständig montierten Systemen durchgeführt werden.

Biokompatibilität wird für alle Materialien und Materialverbindungen gefordert, die mit Gewebe oder körpereigenen Flüssigkeiten in Kontakt kommen. Bei der herkömmlichen Konfiguration von hermetisch gekapselten Implantaten gibt es zwei Bereiche: die Innenseite und die Außenseite des hermetischen Gehäuses.

Materialien und Komponenten, die sich in einem hermetischen Gehäuse befinden, müssen nicht biokompatibel sein. Da die hermetische Versiegelung vor der Sterilisation erfolgt, sind die Materialien im Inneren des Gehäuses nicht steril (siehe Abb. 4.3). Eines der Ziele der hermetischen Verkapselung ist der Schutz nichtbiokompatibler Materialien (z. B. einer elektronischen Platine) vor dem Kontakt mit Körperflüssigkeiten und Gewebe. Eine hermetische Verkapselung ist ausreichend, um zu verhindern, dass Körperflüssigkeiten durchsickern oder diffundieren und die Elektronik erreichen.

Die zweite Aufgabe der hermetischen Verkapselung besteht darin, die Migration von schädlichen Chemikalien aus dem Inneren der Dose nach außen zu verhindern. Aufgrund des hochreaktiven Lithiums stellen die Batterien ein hohes Risiko dar, wenn sie Feuchtigkeit ausgesetzt werden. Die sichere Praxis für implantierte Batterien ist eine doppelte hermetische Barriere: eine hermetische Verkapselung der Batterie selbst und eine hermetische Verkapselung des Gehäuses, das die Elektronik/Batterieeinheit umgibt (Abb. 4.4).

Das Prinzip des doppelten Schutzes (hermetische Batterie in einem hermetischen Implantat) ist von großer Bedeutung für die Sicherheit des Patienten (siehe Abb. 4.5).

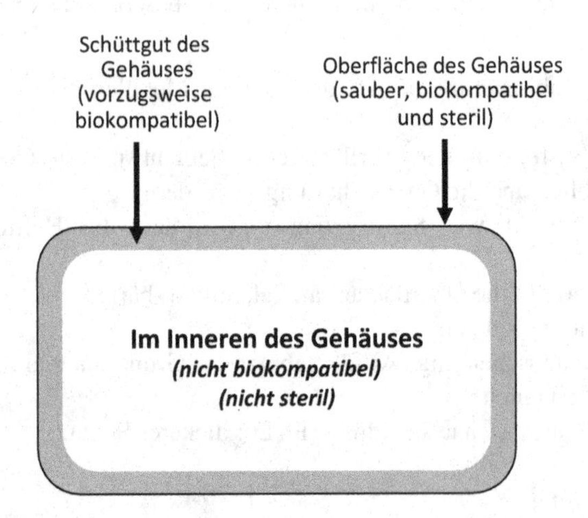

Abb. 4.3 Hermetisches Gehäuse

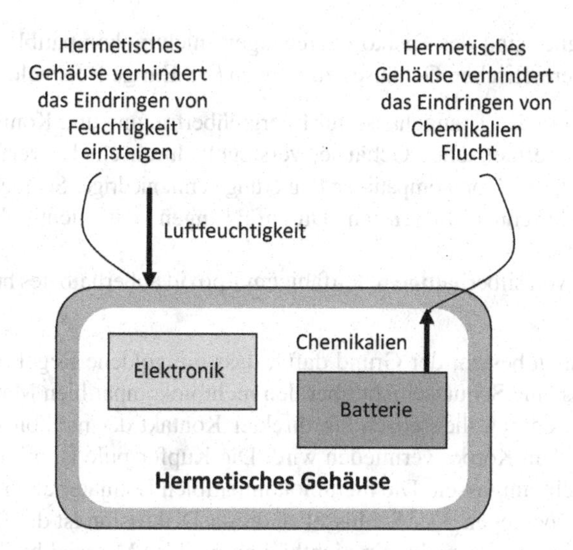

Abb. 4.4 Barriereeigenschaften von hermetischen Gehäusen

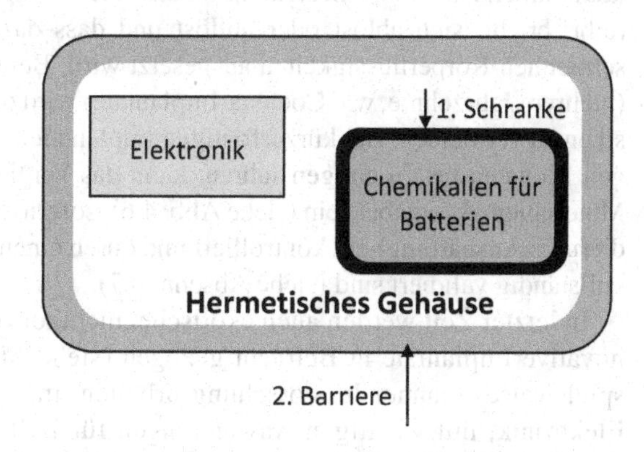

Abb. 4.5 Doppelbarriere für Batterien

Mit Ausnahme von zwei speziellen mittelfristigen Produkten folgen meines Wissens alle aktiven Implantate auf dem Markt die Regeln der doppelten Barriere für die Batterie. Bei AIMDs, die eine Batterie enthalten, insbesondere wenn sie wiederaufladbar sind, hängen mehrere, wenn nicht, die meisten kritischen Risiken mit der Batterie zusammen. Die Risiken des Auslaufens von Chemikalien und der Lithiumexposition werden am besten durch das Konzept der doppelten Barriere gemildert.

Die obigen Ausführungen verdeutlichen, wie wichtig die hermetische Barriere ist, um nichtbiokompatible Materialien vom Körperkontakt fernzuhalten. Was die Außenseite des hermetischen Gehäuses betrifft, lautet die goldene Regel für Langzeit-AIMDs:

Alle Materialien außerhalb einer hermetischen Verkapselung *müssen* biokompatibel und biostabil *sein*.

Einige Designer sind das Risiko eingegangen, nichtbiokompatible Materialien außerhalb des hermetischen Gehäuses zu verwenden. Einige Beispiele:

- Kupferspule um das Titangehäuse für Energieübertragung und Kommunikation
- Keramisches hermetisches Gehäuse, versiegelt durch ein Lötverfahren unter Verwendung von nichtbiokompatiblen Legierungen mit niedriger Schmelztemperatur
- Löten von Anschlussdrähten an Durchführungen mit nichtbiokompatiblen Löt-Legierungen
- Verwendung von silberhaltigem, leitfähigem Epoxid außerhalb des hermetischen Gehäuses

In all diesen Fällen besteht der Grund dafür, dass die goldene Regel nicht befolgt wird, darin, dass eine Schutzschicht über den nichtbiokompatiblen Materialien angebracht wird, wodurch theoretisch ein direkter Kontakt der nichtbiokompatiblen Materialien mit dem Körper vermieden wird. Die Kupferspule ist mit einer dicken Epoxidharzschicht umgossen. Die nichtbiokompatiblen Lötmaterialien sind mit Silikonkautschuk überzogen. Der Schlüssel zu dieser Diskussion ist die Risikobereitschaft. Ob vergossen oder nicht, ein nichtbiokompatibles Material bleibt nicht biokompatibel. Das Risiko besteht darin, dass die Schutzhülle nach einer gewissen Zeit reißt, bricht, sich ablöst oder auflöst und dass das nichtbiokompatible Material schließlich Körperflüssigkeiten ausgesetzt wird. Bei sehr langfristigen Implantaten (mehrere Jahrzehnte, wie Cochlea-Implantate) wird dringend empfohlen, solche Risiken zu vermeiden. Bei kürzerfristigen Implantaten, d. h. bei Implantaten von einigen Monaten bis zu einigen Jahren, kann das Vergießen von nichtbiokompatiblen Materialien akzeptabel sein (siehe Abb. 4.6), sofern die Prozesse (Reinigung, Grundierung, Aushärtung) gut kontrolliert und durch einen künstlichen Alterungsprozess vollständig validiert sind (siehe Abschn. 4.7).

In letzter Zeit werden auch exotische, nichtkonventionelle Materialien für innovative Implantate in Betracht gezogen (siehe Abschn. 7.4.2). So gibt es beispielsweise spannende Forschungsarbeiten im Bereich der implantierbaren Elektronik, mit wichtigen Anwendungen für BCI. Die Idee ist, die Elektronik (Verstärker, Multiplexer) direkt auf den Elektrodenanordnungen zu platzieren. Dies würde eine erhebliche Verringerung der Anzahl der Verbindungskabel und/ oder eine Verbesserung des Signal-Rausch-Verhältnisses (SNR) ermöglichen.

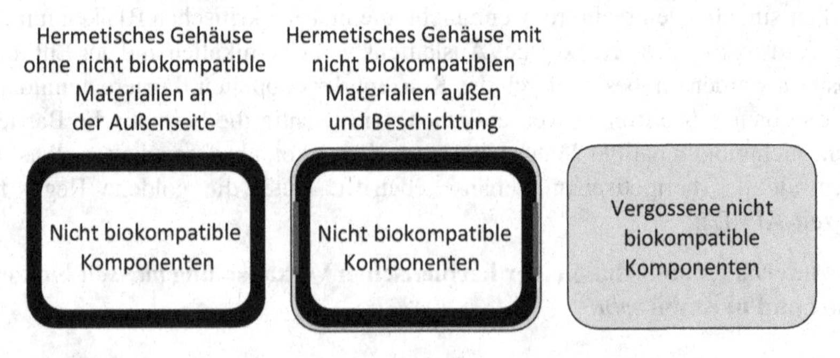

Abb. 4.6 Biokompatibilität von Gehäusematerialien

Das Konzept sieht vor, diese Elektronik nicht durch das herkömmliche CMOS-Verfahren (Dotierung von Siliziumwafern) zu realisieren, sondern durch galvanische Abscheidung oder durch Druck organischer Halbleitermaterialien direkt auf das Substrat der Elektroden. Solche elektronischen Schaltungen sind nicht hermetisch gekapselt. Folglich müssen die verwendeten exotischen Materialien (z. B. Gallium oder Verbindungen aus der Nanotechnologie) biokompatibel sein. Kohlenstoff-Nanoröhren und Graphen haben ebenfalls ein hohes Potenzial für Langzeitimplantate gezeigt. Über die langfristige Biokompatibilität dieser Materialien ist noch nicht viel bekannt. Es ist wahrscheinlich, dass in naher Zukunft neue biokompatible Materialien entdeckt werden.

Die Miniaturisierung von aktiven Implantaten wirft eine interessante Debatte auf. Wenn winzige Elektronikkörnchen in Körpergewebe eingesetzt werden (siehe Abschn. 7.4.3), wäre es dann akzeptabel, dass einige nichtbiokompatible Materialien freiliegen? Wie hoch ist die maximale Menge an toxischem Material, die lokal von den Geweben akzeptiert wird? Paracelsus (Schweizer Alchemist, gestorben 1541) sagte auf Französisch: „*Le poison est dans la dose*“, was bedeutet, dass die Toxizität mit der Menge des toxischen Materials zusammenhängt. Wo liegt die Grenze? Werden wir eines Tages in der Lage sein, so kleine Geräte herzustellen, dass wir uns nicht mehr um die Biokompatibilität kümmern müssen? Die Grundlagenforschung auf diesem Gebiet ist noch nicht abgeschlossen.

4.4 Biostabilität

Biokompatibilität wird als die Eigenschaft eines Materials beschrieben, vom Körper vertragen zu werden. In gewisser Weise ist die Biostabilität das Gegenstück zur Biokompatibilität (siehe Abb. 4.7a). Biostabile Materialien haben die Eigenschaft, gegenüber den Aggressionen des Körpers resistent zu sein.

Es gibt eine solide Wissensbasis über die Biokompatibilität der in Implantaten verwendeten Materialien. Dagegen ist die Biostabilität nach wie vor ein Bereich, der mit Unsicherheiten und Zweifeln behaftet ist. Wissenschaftliche Beweise und rationale Erklärungen für Langzeitimplantate fehlen in vielen Fällen noch. Jährlich werden etwa 2 Mio. AIMDs implantiert, und wir wissen nicht viel über ihre langfristige Biostabilität. Ein bestimmtes Material kann biokompatibel sein und vorläufig für eine langfristige Anwendung ausgewählt werden, aber es kann sich als nicht biostabil für die erwartete Implantationsdauer erweisen. Ein Beispiel ist das für CMOS-Chips verwendete Silizium. Das Massenmaterial ist biokompatibel, aber nicht biostabil.

Die Biostabilität steht in engem Zusammenhang mit der Zeitskala. Materialien lösen sich im Körper mehr oder weniger schnell auf. Einige, wie Titan oder Aluminiumoxid ($Al_2\,O_3$), sind sehr widerstandsfähig gegen Aggressionen des Körpers und halten sich fast unverändert über Jahrzehnte im Körper. Einige andere lösen sich schnell auf. In diesen Fällen müssen wir verstehen, welche Folgen der Auflösungsprozess hat:

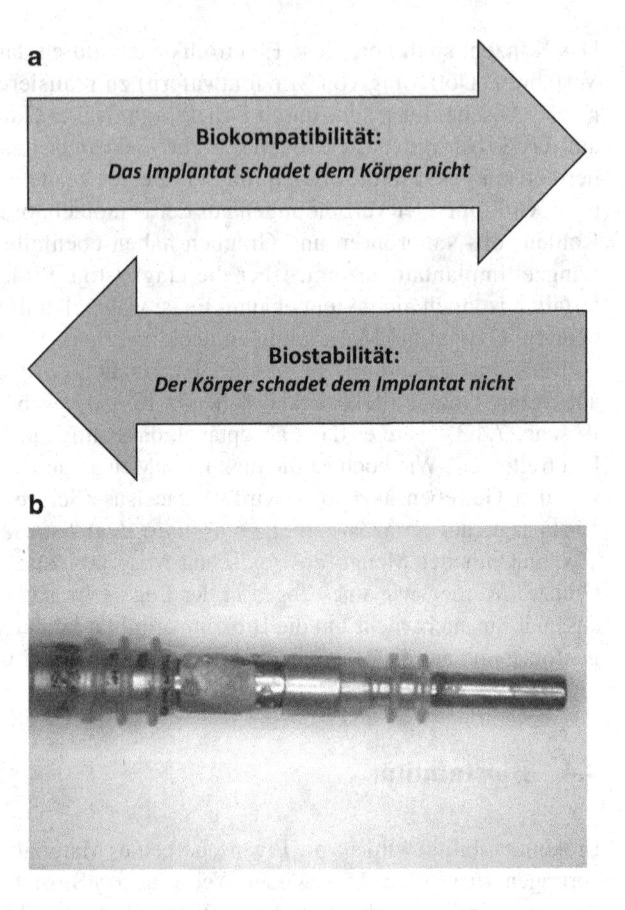

Abb. 4.7 (**a**) Biokompatibilität/ Biostabilität. (**b**) Korrodierter IS-1-Anschluss. ((**b**) Mit freundlicher Genehmigung von Yttermed SA)

- Sind die gelösten Partikel noch biokompatibel? Ein interessantes Beispiel ist kristallines Silizium (SiO_2), das in CMOS-Chips verwendete Massenmaterial. Es ist bekannt, dass sich Silizium langsam im Liquor auflöst (Liquor cerebrospinalis) auflöst, wenn der Chip nicht eingekapselt oder geschützt ist. Es ist nicht zu erwarten, dass freie SiO_2-Partikel in sehr geringer Konzentration ein Problem darstellen. Aber was ist mit dotiertem Silizium? Silizium wird halbleitend (CMOS-Kontakte und Transistoren), indem Dotierstoffe wie Bor (B) in die kristalline Struktur eingebracht werden. Die Biokompatibilität von B ist nicht klar. In geringen Konzentrationen scheint B einen positiven Einfluss auf verschiedene Krankheiten zu haben. Was geschieht mit freischwebenden B-Atomen, die im Liquor zirkulieren? Hierüber ist nicht viel dokumentiert worden.
- Wohin gehen die gelösten Partikel? Folgen sie dem Blutstrom, wandern sie durch das Gewebe, zirkulieren sie im Liquor oder im lymphatischen System? Sammeln sie sich irgendwo an?
- Wie lange dauert es in Fällen, in denen das sich auflösende biokompatible Material ein nichtbiokompatibles Material schützt, bis es Körperflüssigkeiten ausgesetzt wird?

Derzeit werden neue Materialien und Verfahren entwickelt, die erhebliche Verbesserungen in Bezug auf die Biostabilität und die Durchfeuchtung aufweisen (siehe Abschn. 4.9.7). Abwechselnd aufgebrachte, sehr dünne Schichten aus verschiedenen biokompatiblen Materialien zeigen erstaunliche Leistungen als Schutzbarrieren. Atomare Schichtabscheidung (ALD) ist eine dieser bahnbrechenden Entwicklungen [4]. Die besten Ergebnisse wurden mit abwechselnd organischen und anorganischen Schichten erzielt. Im Vergleich zu einer gleich dicken Parylene-Schicht wurde berichtet, dass ALD-Mehrschicht-Sandwiches die Feuchtigkeitsbeständigkeit um einen Faktor von 4000 verbessern. Die führenden Arbeiten zur hermetischen oder nahezu hermetischen Verkapselung von AIMDs mit Hilfe von ALD-Mehrschichten wird an der Universität Gent, Belgien, in der Gruppe von Maaike Op de Beeck durchgeführt [5–7].

Ein weiteres Beispiel für das Potenzial von Multilayer-Beschichtungen ist die Verbesserung der Langzeitstabilität des Utah-Elektroden-Arrays (UEA) (siehe Abschn. 3.3.1) durch Isolierung mit einer Doppelschicht aus Al_2O_3 und Parylene C im Vergleich zu einer Einzelschicht aus letzterem [8].

Es ist möglich, dass wir in naher Zukunft über hochgradig biostabile und feuchtigkeitsresistente Schutzschichten zur Verfügung verfügen, was die Möglichkeit eröffnet, die goldene Regel zu durchbrechen und einen angemessenen Langzeitschutz für nichtbiokompatible Materialien zu gewährleisten.

4.5 Korrosion

4.5.1 Allgemeines zur Korrosion von AIMDs

Korrosion von Materialien, die in den Körper implantiert werden, ist ein weiterer Bereich, der mit Unsicherheiten behaftet ist. In explantierten Geräten wurden verschiedene merkwürdige Verhaltensweisen von Materialien beobachtet, z. B. an Steckern und Kabeln. Für einige dieser Korrosionsphänomene gibt es keine eindeutigen wissenschaftlichen Erklärungen. Ich persönlich habe korrodierte Stecker aus rostfreiem Stahl und sogar Gold (Au) gesehen, das bei Kontakt mit Platindrähten (Pt) korrodierte (!).

Abb. 4.7b zeigt ein Beispiel für IS-1-Verbinder aus nichtrostendem Stahl, die frühzeitig beschleunigten Alterungsbedingungen und Gleichstrom ausgesetzt wurden. Es sind deutliche Anzeichen von Korrosion zu erkennen.

Der Hauptauslöser für Korrosion bei Implantaten ist die ionische Natur der Körperflüssigkeiten. Dadurch entstehen elektrisch leitende Pfade zwischen Materialien mit unterschiedlichen elektrochemischen Potenzialen. Wenn zwei Metalle galvanisch miteinander in Kontakt stehen, korrodiert normalerweise das (elektrochemisch gesehen) unedlere. Die Physik der Korrosion ist sehr komplex. Bevor wir ins Detail gehen, möchten wir die Designer aktiver Implantate lediglich darauf hinweisen, dass Korrosion ein ernst zu nehmendes Problem ist. Hier sind einige Richtlinien zu beachten:

- Vermeiden Sie den Kontakt zwischen verschiedenen Metallen, wenn die intermetallische Verbindung mit ionischen Flüssigkeiten in Berührung kommen kann. Z. B. werden implantierte Stecker früher oder später mit Körperflüssigkeiten getränkt. Wenn zwei Metalle mit erheblichen elektrochemischen Potenzialunterschieden dieser ionischen Umgebung ausgesetzt werden, kann es an der Grenzfläche zu Korrosion an der Grenzfläche kommen, zum Nachteil des unedleren Metalls. Dies kann bei Steckverbindern, aber auch bei Löt- oder Schweißnähten vorkommen. Eine sichere Wahl wäre die Verwendung des gleichen Metalls in der gesamten Baugruppe, z. B. das Verschweißen der Pt-Durchführung mit einem Pt-Draht, der zu einer Pt-Elektrode führt. Das Fehlen von intermetallischen Verbindungen ist ein sicherer Weg, um Korrosion zu verhindern.
- Minimierung der ionischen Kontamination durch Hinzufügen von Schutzschichten. Verguss-, Beschichtungs- und Isolierschichten werden zum Schutz von Verbindungen, Schweißnähten und Anschlüssen aufgebracht. Durch diese Schutzschichten diffundiert Feuchtigkeit in Form von reinem Wasser (nicht leitfähig). Wenn die Oberfläche unter der Beschichtung perfekt gesäubert ist, wird das diffundierende reine Wasser keine Korrosion auslösen. Perfekt gesäuberte Oberflächen gibt es in einer Produktionsumgebung nicht. Die Realität zeigt, dass die Oberflächen vor dem Auftragen der Beschichtung ionisch verunreinigt sind. Das reine Wasser, das durch die Beschichtung diffundiert, verbindet sich dann mit den ionischen Verunreinigungen und wird leitfähig, was der Korrosion Tür und Tor öffnet. Eine gründliche Vorreinigung ist das Geheimnis einer wirksamen Schutzbeschichtung.
- Führen Sie niemals elektrischen Gleichstrom über Kabel im menschlichen Körper. Wie oben erläutert, führt die geringste ionische Verunreinigung entlang der Leiterbahn zu Korrosion. Stimulationssignale sollten „ladungsausgeglichen" sein, d. h., der durchschnittliche Strom darf keine Gleichstromkomponente aufweisen. Die Übertragung von elektrischem Strom über ein Kabel zwischen zwei Implantaten (z. B. von einem implantierten Batteriesatz zu einem IPG) sollte in einem Modus mit geschalteter Polarität erfolgen, was zu einer Gleichstromkomponente von Null führt.
- Vermeiden Sie Lücken und Hohlräume, in die Körperflüssigkeiten eindringen und stagnieren könnten. Alle derartigen Lücken sollten vor dem Füllen, Unterfüllen oder Vergießen sorgfältig gereinigt werden. Ebenso wichtig ist es, Blasen im Füllmaterial oder auf der Oberfläche des Geräts unter Beschichtungs- oder Vergussschichten zu vermeiden. Früher oder später werden die Blasen von der Feuchtigkeit durchdrungen.
- Verwenden Sie kein leitfähiges Epoxidharz, weder außerhalb des hermetischen Gehäuses noch im Inneren. Diese Epoxidharze werden durch den Zusatz von

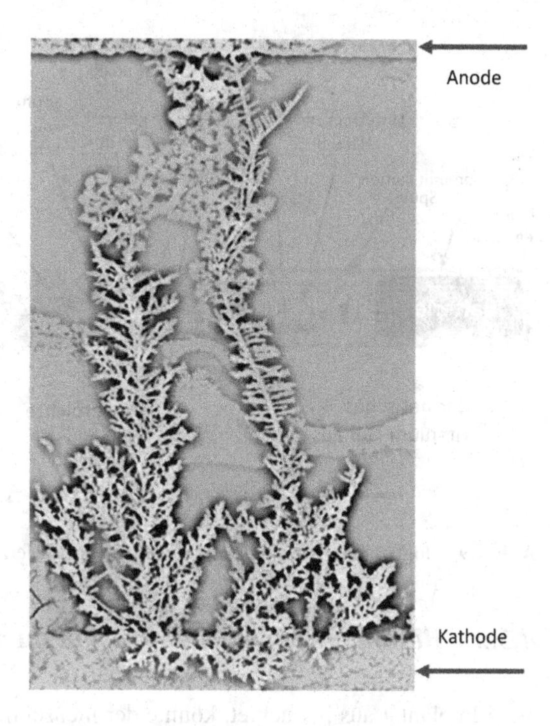

Abb. 4.8 Beispiel für das Wachstum von Dendriten

Silberpartikeln (nicht biokompatibel) leitfähig gemacht, die dazu neigen, zu wandern und aus der Masse des Epoxidharzes zu entweichen. In Gegenwart selbst mäßiger elektrischer Felder bildet das Silber sehr schnell (innerhalb von Minuten) Dendriten (siehe Abb. 4.8), die Kurzschlüsse zwischen den Kanälen verursachen können.

Das Auftreten von Korrosion in einem aktiven Implantat kann verschiedene Auswirkungen haben:

- Die Qualität des Kontakts verschlechtert sich, wodurch sich die Kontaktimpedanz erhöht und die Qualität des übertragenen Signals verschlechtert.
- Beim Auswechseln des IPG kann es schwierig werden, den Verbindungsstift zu lösen oder zu entfernen.
- Die durch Korrosion entstandenen chemischen Verbindungen (in der Regel Metalloxide) sind möglicherweise nicht biokompatibel.
- Korrodierte Metalle haben eine geringere spezifische Massendichte als nichtkorrodierte Schüttgüter. Das bedeutet, dass korrodierte Bereiche „aufquellen", was zu mechanischen Zwängen an der Oberfläche führt und oft eine Delaminierung der Isolierschicht auslöst.

Bei aktiven Implantaten ist Korrosion wahrscheinlich an Bimetallverbindungen, die potenziell Feuchtigkeit ausgesetzt sind (siehe Abb. 4.9).

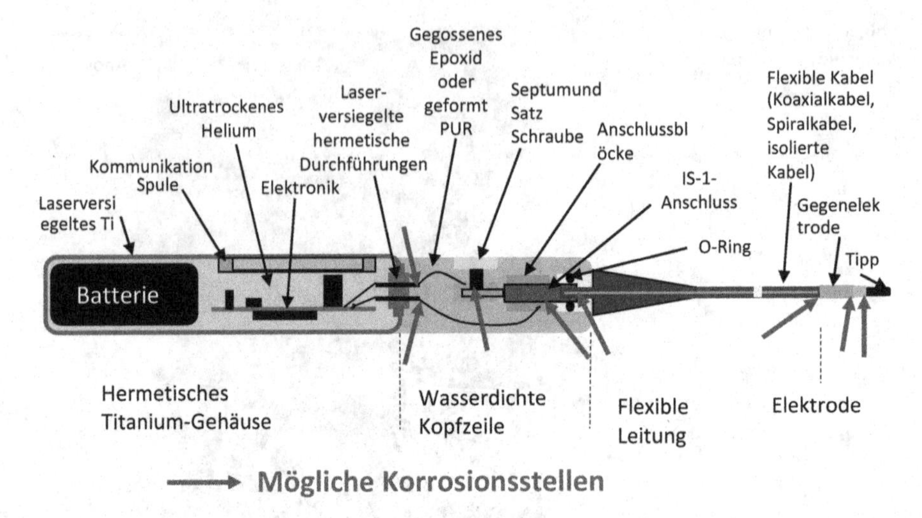

Abb. 4.9 Mögliche Korrosionsstellen Stellen an einem Herzschrittmacher

4.5.2 Besonderheiten der Korrosion im menschlichen Körper

Vom Implantat aus betrachtet, könnte der menschliche Körper mit dem Dschungel am Meer verglichen werden: ziemlich warm (37 °C), 100 % Luftfeuchtigkeit und salzig. Einige Implantate können mehrere Jahrzehnte in dieser Umgebung verbleiben. Einige Normen enthalten Richtlinien für die Korrosion von Verbindungsstücken im menschlichen Körper [9].

Eines der Hauptziele der Verkapselung von AIMDs ist es, einen langfristigen Schutz der Elektronik und der Batterie im Inneren des Gehäuses zu gewährleisten. Dies kann nur gelingen, wenn alle Materialien, aus denen die hermetische Verkapselung besteht, nicht mit der Zeit abbauen oder korrodieren. Die Wahl von Titangehäusen, die mit einem Laserstrahl nahtgeschweißt werden, bietet die bestmögliche Barriere gegen Korrosion. Allerdings macht die Titanabschirmung nur 99 % der gesamten Oberfläche der Kapselung aus. Das verbleibende 1 %, die FTs, sind ein Teil der äußeren Oberfläche, die potenziell Feuchtigkeit, Gas, Körperflüssigkeiten und Geweben ausgesetzt ist. Von Zeit zu Zeit werden Bedenken hinsichtlich potenzieller Korrosionsprobleme an den FTs oder in deren Umgebung geäußert.

Die Korrosion von Metallen im menschlichen Körper ist eine sehr komplexe Angelegenheit. Die herkömmliche Elektrochemie kann nicht alle Phänomene erklären. Die Dynamik des einfachen elektrochemischen Zellmodells (zwei Metallplatten in einer wässrigen Lösung) ist bereits sehr kompliziert und wird von den Wissenschaftlern nur teilweise erklärt. Bei nicht ebenen Geometrien, dünnen Zwischenräumen, porösen oder rissigen Materialien, die von menschlichem Gewebe umgeben sind, wird das Bild völlig unscharf. Wenn Korrosion mehr Magie als Wissenschaft ist, würde ich sagen, dass Korrosion bei implantierten Geräten mit Zauberei zu tun hat.

Dieser Mangel an wissenschaftlichen Daten über Korrosion im menschlichen Körper wird durch die jahrzehntelange Erfahrung bei der Herstellung und Implantation von Herzgeräten, Zahn- und Knochenimplantaten ausgeglichen. Jedes Jahr werden etwa 1,5 Mio. implantierbare Impulsgeneratoren (Herzschrittmacher, Defibrillatoren, Neurostimulatoren) bei Patienten weltweit implantiert, d. h., alle 20 s wird ein aktives Gerät eingesetzt, und zwar rund um die Uhr. Die Gesamtzahl der Menschen, die mit einem IPG leben, beläuft sich heute auf mehr als 7–8 Mio. (0,5–1 % der Bevölkerung in den USA, Europa und Japan). Alle diese Geräte haben 1–32 FTs. Ich schätze die Zahl der derzeit in den menschlichen Körper implantierten FTE auf über 25 Mio.. Unerwünschte Ereignisse im Zusammenhang mit Ausfällen von FTs aufgrund von Korrosion sind extrem selten. Dies ist ein Beweis dafür, dass die AIMD-Industrie bis jetzt gute Arbeit geleistet hat. Aber wir müssen vorsichtig sein, denn BCI und Neuro-Geräte werden höhere Anforderungen an die FTs stellen. BCI-Implantate werden viel mehr Kanäle in hochdichten Konfigurationen erfordern. Die robusten, recht großen Herzschrittmacher-FTs mit einem, zwei oder vier Drähten entsprechen nicht den Anforderungen und Spezifikationen von Neuro-Geräten. Miniaturisierte FTs mit hoher Dichte werden neue technische Herausforderungen in Bezug auf die Korrosion mit sich bringen.

Theorien über Korrosion identifizieren viele Arten von natürlichen Phänomenen, die zu Korrosion führen. Die physikalischen und chemischen Faktoren, die diese verschiedenen Veränderungen in Werkstoffen steuern, überschneiden sich und stehen in Wechselwirkung. Statische Reaktionen spiegeln nicht die Realität wider. Man muss die Entwicklung der Korrosion im Laufe der Zeit berücksichtigen. Korrosion ist von Natur aus ein dynamischer Prozess oder eine Kombination von miteinander verbundenen dynamischen und komplexen Prozessen.

In der Literatur finden wir Beschreibungen von Single-Mode-Korrosionsphänomenen. Die gängigsten davon sind:

- Chemische Korrosion
- Elektrochemische Korrosion
- Hochtemperaturkorrosion (gilt nicht für AIMDs, mit Ausnahme der Auswirkungen des Laserschweißens)
- Biologische Korrosion
- Atmosphärische Korrosion (Wassertropfen auf der Oberfläche; kann auf die Reinigungsprozesse von AIMDs anwendbar sein)
- Korrosion, ausgelöst durch Flüssigkeitsströmungen und Kavitation (wurde als Auslöser von Korrosion in Herzklappen identifiziert)
- Korrosion in extremen pH-Situationen ($pH < 3$ und $pH > 10$, kann am Boden von tiefen Hohlräumen und Rissen in den implantierten Geräten auftreten)

In realen Systemen wie AIMDs ist mit einer Kombination der meisten dieser Effekte zu rechnen, die in unterschiedlicher Intensität und in verschiedenen Phasen des Lebenszyklus des Produkts auftreten.

Eine chemische Korrosion findet schon früh im Lebenszyklus statt, noch vor der Implantation und während der Montage, Reinigung, Sterilisation und der Lagerung des Produkts. Chemische Korrosion hängt hauptsächlich mit Veränderungen an der

Oberfläche von Metallen zusammen, die auf die Einwirkung von Oxidationsmitteln zurückzuführen sind. Bei AIMDs ist eine Veränderung der Titanoxidschicht auf dem Gehäuse während der Reinigung und Sterilisation zu erwarten.

Die Bildung biologisch aktiver Schichten kann zu schwerwiegenden Veränderungen an der Metalloberfläche führen. In unserem Fall gehen wir davon aus, dass das Gerät vor der Implantation vollkommen steril ist. Dennoch kann biologische Korrosion auch unter sterilen Bedingungen auf, da die Geräte sofort nach der Implantation biologischem Gewebe ausgesetzt sind. Das Auftreten von hartem, granuliertem, schlecht entwässertem Fibrosegewebe um Titanimplantate birgt das Risiko von Wasserstoff-, Sauerstoff- oder Säureansammlungen, die zu unangenehmen Reaktionen mit Metallen führen können. Wir werden später darauf zurückkommen.

Elektrochemische Korrosion
Das klassische Modell der Korrosion ist eine „Zelle“, die aus zwei Metallplatten mit unterschiedlichen elektrochemischen Potenzialen besteht, die in einen Elektrolyten eingetaucht und über einen Widerstand elektrisch verbunden sind.

In Wasser eingetaucht, neigt jedes Metall dazu, sich an der Oberfläche aufzulösen und eine doppelt geladene Schicht zu bilden (Elektronen an der Oberfläche im Inneren des Metalls, metallische positive Ionen, die im Wasser gelöst sind). Wenn die Metallplatte nicht mit einer anderen eingetauchten Elektrode verbunden ist, bleibt die Doppelschicht stabil, da die gelösten Ionen von den Elektronen an der Oberfläche angezogen werden.

Wenn ein Fluss von ionisch geladener Körperflüssigkeit (Blut, Liquor) auf der Oberfläche oder die Verbindung mit einer anderen Elektrode, die in denselben Elektrolyten eingetaucht ist, führt dies zu einer Zirkulation von Elektronen von einer Platte zur anderen durch das Verbindungskabel, die durch eine Zirkulation von positiven Metallionen im Elektrolyten ausgeglichen wird. Das Material mit dem niedrigsten elektrochemischen Potenzial korrodiert (Verlust von Metallatomen an der Oberfläche), und die Elektrode mit dem höheren Potenzial kompensiert den Elektronenfluss, indem sie die Metallionen zurückhält. Dieser Prozess hängt mit zahlreichen physikalischen Regeln zusammen (Diffusion, Leitfähigkeit des Elektrolyten, Form und relative Oberfläche der Elektrodenbarrieren für die Zirkulation von Ionen usw.), die dieses einfache Modell weit von der tatsächlichen Situation bei einem Implantat entfernt erscheinen lassen.

Die Konfiguration ändert sich in gewisser Weise, wenn die beiden Metalle miteinander in Kontakt kommen und die gesamte Anordnung Elektrolyten oder Lösungen auf Wasserbasis ausgesetzt ist. In diesem Fall können wir nicht von zwei idealen homogenen Oberflächen ausgehen, die mit einem homogenen elektrischen Feld verbunden sind. An der Grenzfläche zwischen den beiden Metallen fließt der elektronische Strom in Abhängigkeit von der Qualität des Kontakts, der Oxidschicht und den an der Grenzfläche eingeschlossenen Materialien. Im Elektrolyten an der Grenzfläche zwischen den beiden Metallen hängt der Ionenstrom von der Geometrie und vom Elektrolyten selbst ab (Fließfähigkeit, pH-Wert, Vorhandensein von freiem Sauerstoff oder Wasserstoff usw.).

In dem idealen Modell zweier Metalle, die perfekt nebeneinander in einem perfekten Elektrolyten liegen, korrodiert (löst sich) das Metall mit dem niedrigsten Potenzial entlang der Grenzfläche und bildet einen Spalt, der immer tiefer in die Grenzfläche eindringt. Die Geschwindigkeit der Auflösung hängt nicht nur von der Ionenkonzentration und den Materialien ab, sondern auch von der Strömung der interstitiellen Flüssigkeit.

Was die Elektrochemie betrifft, so handelt es sich bei den Körperflüssigkeiten im Wesentlichen um NaCl-Lösungen in Wasser, im Idealfall in einer Konzentration von 0,9 % (9 g/l). Die Körperflüssigkeiten, die das Implantat umgeben, sind in Na^+-Kationen und Cl- Anionen dissoziiert, die frei zirkulieren und rekombinieren können, abhängig von den elektrischen Feldern und Potenzialen, die auf die leitenden Oberflächen einwirken. Die Migration von Cl-Ionen in Bereiche, die hydrogen in H^+ gesättigt sind, führt zur Bildung von HCl-Säuren, die die Korrosion beschleunigen können. Andererseits kann Na^+ mit OH-Komplexen rekombinieren, was zu basischen NaOH-Verbindungen führt, die ebenfalls als Korrosionsauslöser bekannt sind.

Bei den meisten IPGs werden die Stimulationsimpulse erzeugt, sobald die Batterie an die Elektronik angeschlossen wird. Daher werden noch vor dem Anbringen der Elektroden am IPG angebracht und die Steckverbinder können elektrischen Potenzialen ausgesetzt sein.

Durch die Gleichspannung zwischen zwei Polen, Elektroden und den Anschlüssen kann es zu Ionenverschiebungen in den Körperflüssigkeiten kommen, wobei Säuren oder Basen entstehen, die korrosive Wirkungen haben können.

Bei den meisten AIMDs sind die Spannungen an Teilen außerhalb des hermetischen Gehäuses (Steckverbinder, Kabel, Drähte oder Antennen) Impulse der Wechselspannungen. Die Gleichstromkomponente ist oft gering, und daher ist die gleichstrominduzierte Korrosion minimal.

Korrosion in tiefen Lücken und Rissen

Menschliche Flüssigkeiten haben einen eher neutralen pH-Wert im Bereich von 7–7,5. Blut hat einen pH-Wert von 7,35–7,45, und der CSP liegt normalerweise bei 7,33. In den Harnwegen und in einigen Organen ist der Säuregehalt wesentlich höher, und am sauersten ist der Magen (pH < 3,5). Im Gehirngewebe, im oder um das Rückenmark und Nerven ist der pH-Wert neutral oder leicht alkalisch, was die chemische Korrosion auf ein Minimum beschränken sollte, wenn man davon ausgeht, dass die Zirkulation des Elektrolyten den pH-Wert in diesem Bereich hält. Aber auch hier ist die Realität komplexer.

Körperflüssigkeiten, die durch Kapillarität in tiefen Spalten oder entlang dünner Risse eingeschlossen sind, unterliegen chemischen Veränderungen aufgrund von Zeit, Oxidation, Reduktion, Freisetzung eingeschlossener Gase, Diffusion oder anderen physikalisch-chemischen Reaktionen. Die lokale Dichte an freien Ionen H^+ (sauer) oder OH^- (basisch) verändert den pH-Wert lokal und führt zu exotischen dynamischen Phänomenen der lokalen Korrosion.

In der Literatur sind viele Situationen beschrieben, in denen sich Korrosion in Rissen aufgrund von Spannungen im Material fortschreitet. Je nach Art des Metalls und der Flüssigkeit, die in den Riss eindringt, können verschiedene Parameter die Korrosion beschleunigen. In einem tiefen Riss aus massivem Titan z. B. kann die neu entstandene Oberfläche nicht so schnell oxidieren wie an der freien Luft. Das neu freigelegte Titan wird seiner üblichen Schutzschicht aus Titanoxid beraubt. Die Körperflüssigkeiten, die sich entlang des Risses ausbreiten, haben möglicherweise eine Reduktion von Sauerstoff ausgelöst und HCl gebildet. Solche säurehaltigen Lösungen können Ti korrodieren.

Diese besonderen Situationen sind bei Gold und Platin aufgrund ihrer natürlichen Trägheit nicht zu erwarten.

Auswirkungen von menschlichem Gewebe auf die Korrosion

Nach der Implantation eines IPG oder einer Elektrode wird das Gerät von einer fibrotischen Schicht aus Hartgewebe „eingekapselt". Dies ist der natürliche Mechanismus des Körpers, um den fremden Eindringling „abzustoßen" oder zu „isolieren". Das Implantat wird schnell von verschiedenen Gewebeschichten umgeben, von denen die meisten schlecht durchblutet sind. Die Zirkulation der Körperflüssigkeiten durch diese Gewebe ist beeinträchtigt, sodass man nicht mehr von einem idealen Elektrolyten sprechen kann, in dem sich Anionen und Kationen frei bewegen können. Die Mobilität von Na^+, K^+, Cl^-, OH^-, H^+ und metallischen Ionen, die durch Korrosion entstanden sind, ist begrenzt, aber ein gewisser chemischer Austausch (durch Diffusion, durch Ca-Kanäle usw.) durch die Gewebe bleibt bestehen.

Es ist zu erwarten, dass sich auf der Oberfläche des Geräts Flüssigkeiten befinden, deren pH-Wert außerhalb im Bereich „normaler" Körperflüssigkeiten liegt. Wie bereits erwähnt, könnte sich die Ansammlung von HCl auf Ti auswirken, sollte aber nicht stark genug sein, um Au und Pt aufzulösen.

Jüngste Forschungen haben auch einen hohen Gehalt an Wasserstoffperoxid (H_2O_2) in der Nähe von implantierten Elektroden gezeigt. Dies könnte auf die Immunabwehrmechanismen in der fibrotischen Kapsel zurückzuführen sein, die sich um das Implantat bildet. Es könnte auch einfach von der hohen Sauerstoffversorgung des Gehirns herrühren. Was auch immer die Ursachen für diesen Überschuss an H_2O_2 auf der Oberfläche von Nervenimplantaten sind – die Folgen können schwerwiegend sein. H_2O_2 baut die meisten Polymere aktiv ab. Es wurde von Fällen berichtet, in denen Parylene™ – chemisch aufgedampftes Poly(p-xylylen)-Polymer, Handelsname von Union Carbide (SCS) Specialty Coating Solution division, 1994 an Cooksam Electronics verkauft – in den Isolierschichten von Utah-Arrays (Blackrock, Salt Lake City), für BCI-Projekte in den menschlichen Kortex platziert wurde [10].

Parylene wird seit Jahrzehnten in großem Umfang für Langzeitimplantate verwendet. Es ist bekannt als hochgradig biostabile, anpassungsfähige Beschichtung zum Schutz vor Feuchtigkeit und als Dielektrikum. Bei kardialen Anwendungen ist Parylene dafür bekannt, dass es über lange Zeiträume der Implantation sehr stabil ist. Warum hält Parylene im menschlichen Gehirn nicht so gut? Wir wissen es nicht, aber es ist wahrscheinlich auf den höheren Gehalt an H_2O_2 zurückzuführen. Eine weitere mögliche Ursache könnte in Verunreinigungen auf der Oberfläche vor der Beschichtung liegen. Dies ist ein weiteres Element, das dafür spricht, bei der Entwicklung von BCI vorsichtig zu sein. Die Umgebung des Gehirns und des Nervensystems ist uns noch weitgehend unbekannt.

Explantierte Herzschrittmacher zeigen manchmal Gewebe mit fester Adhäsion an Ti. Manchmal wird ein Herzschrittmacher explantiert, ohne dass eine Adhäsion zu sehen ist. Wir können solche Abweichungen nicht erklären.

4.6 Sauberkeit

Wir hatten oben gesehen, wie wichtig Sauberkeit in Bezug auf Korrosion ist. Die Reduzierung von Korrosionsquellen ist nur eines der Ziele, die mit der Festlegung geeigneter Reinigungsverfahren in den verschiedenen Phasen des Herstellungszyklus verfolgt werden. In diesem Kapitel werden wir sehen, warum, wann und wie wir ein aktives Implantat reinigen. Zunächst werden wir die Arten von Verunreinigungen betrachten, die entfernt werden müssen.

Verunreinigungen

Keine Oberfläche ist jemals zu 100 % sauber. Wir können Sauberkeit definieren als die Abwesenheit von Verunreinigungen auf einer bestimmten Oberfläche zu einem bestimmten Zeitpunkt. Verschmutzung ist ein evolutives Phänomen. Beispielsweise kann sich auf einer freiliegenden Oberfläche Staub ansammeln, ein in einer Montageanlage behandeltes Teil wird durch Fingerabdrücke verunreinigt oder die Oberfläche kann sogar durch Vorgänge unter der Oberfläche verändert werden, wie das Ausschwitzen von Weichmachern in spritzgegossenen Komponenten.

Das Reinigungsverfahren wird so spezifiziert und validiert, dass ein akzeptables Sauberkeitsniveau erreicht wird, gemessen an der Restverschmutzung und der Art der Restverschmutzung auf der Oberfläche nach der Reinigung. Reinigungsmittel können spezifisch für bestimmte Arten von Verunreinigungen sein. Z. B. erfordert die Entfernung von Öl auf der Oberfläche eines bearbeiteten Metallteils eine geeignete Flüssigkeit, die in der Lage ist, fettige Schichten aufzulösen.

Die Verschmutzung von Teilen und Baugruppen hat unterschiedliche Ursachen:

- Die Teile werden von den Lieferanten verunreinigt geliefert.
- Durch die Handhabung bei der Montage kommt es zu Verunreinigungen (z. B. Fingerabdrücke oder Speichelspuren).
- Bestimmte Montageverfahren können einige Oberflächen weiter verunreinigen (z. B. Ablagerung von Flussmitteldämpfen beim Löten).
- Staub und Partikel aus der Umgebung (die Montage medizinischer Geräte erfolgt in Reinräumen, um diese Form der Kontamination zu verringern).

Die Verunreinigungen sind unterschiedlicher Natur:

- Biologisch: alle Formen von Bakterien, Sporen, Viren, Keimen oder anderen lebenden Zellen. Die meisten von ihnen werden während des Reinigungsprozesses entfernt. Lebende Organismen, die nach der Reinigung auf der Oberfläche und in den Hohlräumen verbleiben, werden als Bioburden bezeichnet. Die Sterilisation tötet diese Organismen ab, aber es ist zu bedenken, dass nach der Sterilisation

„tote Körper“ zurückbleiben. Nach der Sterilisation sind diese Reste biologisch inert, können aber bei der Implantation Gewebereaktionen durch Pyrogene und Entzündungen hervorrufen.
- Inert: Chemikalien, Öle, Tenside, Rückstände, Oxide, Partikel und Staub.

Die Messung der Sauberkeit ist schwierig. In einem Labor kann eine Oberflächenuntersuchung mit dem Rasterelektronenmikroskop (REM) helfen, Restverschmutzungen und möglicherweise deren Art zu erkennen. Die Oberflächenbeobachtung ist jedoch lokal begrenzt und liefert kein umfassendes Bild der gesamten Restverschmutzung. In der Produktion erfolgt eine grobe Bewertung der Verschmutzung durch Messung der Leitfähigkeit des Reinigungsbades. Sie liefert nur eine Schätzung der ionischen Restbelastung, lässt aber nichtionische Spuren, wie Pyrogene, außer Acht.

Warum müssen wir reinigen?
Die ordnungsgemäße Reinigung ist in der AIMD-Industrie von grundlegender Bedeutung. Eine saubere Oberfläche ist eine Erfolgsgarantie für nachfolgende Prozesse. So können beispielsweise Klebe- und Beschichtungsprozesse fehlschlagen, wenn die Oberflächen nicht perfekt sauber sind. Die Abwesenheit von ionischen Verunreinigungen ist besonders wichtig, wenn nichtbiokompatible Materialien beschichtet werden, um den Kontakt mit Körperflüssigkeiten zu vermeiden.

Die Bedeutung der Reinigung lässt sich am besten anhand des dynamischen Verhaltens von Silikonbeschichtungen veranschaulichen. Die Nachhaltigkeit des Prinzips der Beschichtung nichtbiokompatibler Materialien mit Silikonkautschuk beruht auf dem Prinzip der sogenannten „Ionenpumpe“ (siehe Abb. 4.10). Wenn ein silikonbeschichtetes Gerät mit Körperflüssigkeiten in Berührung kommt, badet die Außenfläche der Silikonschicht in der natürlichen hohen Ionenkonzentration des menschlichen Gewebes. Es entsteht ein osmotischer Fluss von Feuchtigkeit von innen nach außen. Durch diesen Strom von Wassermolekülen wird das Silikon gewissermaßen „getrocknet“. Zumindest in den ersten Monaten nimmt die Silikonbeschichtung daher kein Wasser auf, und die nichtbiokompatiblen Materialien sind perfekt vor dem Eindringen von Feuchtigkeit geschützt. Mit der Zeit kann sich die innere Grenzfläche der Silikonschicht chemisch verändern. Das nichtbiokompatible Metall kann beginnen, Ionen durch intermetallische Grenzflächen und natürliche Auflösung oder durch die Freisetzung adsorbierter Gase abzugeben. Wenn in diesem Fall die Ionenkonzentration unter der Beschichtung hoch wird, kann die osmotische Pumpe umkehren und den Feuchtigkeitsfluss von außen nach innen erleichtern. Das gleiche Phänomen kann auftreten, wenn die Reinigung vor der Beschichtung nicht ordnungsgemäß durchgeführt wurde. Normalerweise ist die Reinigung auf flachen Oberflächen effizient, aber Restverschmutzungen bleiben oft an Diskontinuitäten, kleinen Hohlräumen, Klebeverbindungen und Lötstellen hängen. Aus diesen winzigen Bereichen werden Ionen freigesetzt, die zu einer Delaminierung der Beschichtung führen. Daher ist die Reinigung bei Beschichtungsprozessen äußerst wichtig.

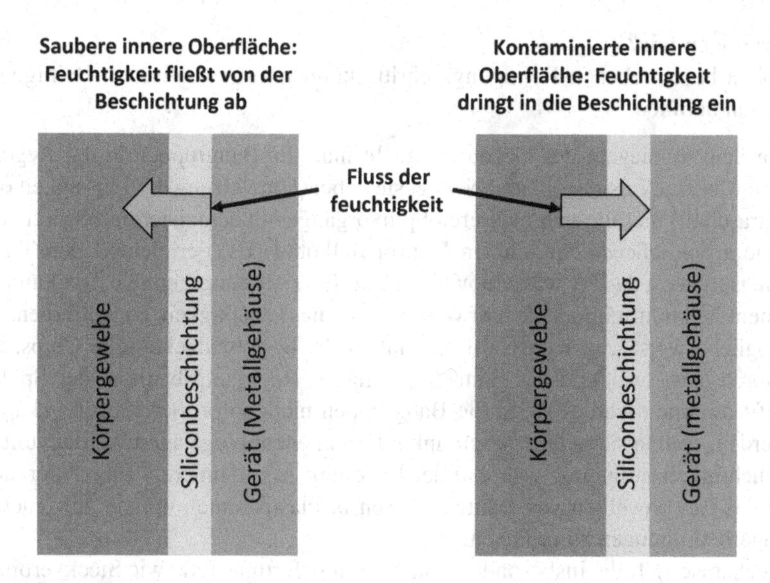

Abb. 4.10 Ionenpumpe

Wann müssen wir reinigen?

Beim Zusammenbau eines implantierbaren Geräts sind mehrere Reinigungsschritte erforderlich:

- Reinigen Sie die Bauteile vor dem Zusammenbau der Elektronikplatinen. Dadurch wird das ordnungsgemäße Löten der Bauteile auf den Leiterplatten (PCBs) garantiert.
- Reinigung bestückter Leiterplatten. Es entfernt ionische Verunreinigungen, die durch den Lötprozess entstanden sind.
- Reinigung der inneren Baugruppe (Leiterplatten + Batterie + Spule + Nester + Abstandshalter + andere Teile) nach der Zusammenschaltung und dem Konnektivitätstest. Dann wird die innere Baugruppe in das Gehäuse eingesetzt und hermetisch versiegelt. Restkontaminationen auf der inneren Baugruppe werden im Dichtungsgehäuse eingeschlossen, was langfristig zu einem potenziellen Risiko der Bildung von Dendriten führen kann [11]. Die Auswirkungen der eingeschlossenen Verunreinigungen hängen stark von der Restfeuchte ab (siehe Abschn. 4.8).
- Reinigung des versiegelten Gehäuses vor dem Schweißen von Steckern oder Leitungsdrähten.
- Nach dem Schweißen eines externen Bauteils erneut reinigen, um Flussmittelrückstände oder Metallruß vom Laserpunktschweißen oder Widerstandsschweißen zu entfernen.
- Reinigung der versiegelten mechanischen Baugruppe vor der Befestigung des Kopfes und der Oberflächenbeschichtung.
- Endreinigung nach Funktionsprüfung und Sichtkontrolle. Dann geht es an die Verpackung. Die Endreinigung muss den größten Teil der biologischen Verunreinigungen auf der Oberfläche und in den offenen Hohlräumen des Endprodukts entfernen, um die Sterilisation und Pyrogene zu minimieren.

Wie reinigen wir?
Die oben beschriebenen Reinigungsschritte können auf spezifischen Reinigungsverfahren beruhen.

- Vor dem Versiegeln des Gehäuses taucht man die Baugruppen in der Regel in eine wässrige Lösung ein und bewegt sie dabei (Umwälzung der Flüssigkeit oder Ultraschall), gefolgt von mehreren Spülvorgängen in deionisiertem Wasser (DI). Eine abschließende Spülung in Isopropylalkohol (IPA) erleichtert den Trocknungsprozess, da IPA wasserabweisend ist. Eine ordnungsgemäße Trocknung in einem Vakuumschrank ist notwendig, um die Feuchtigkeit zu entfernen, die möglicherweise von Kunststoffmaterialien (PCB, epoxidgekapselte Chips, Isolatoren usw.) während des Eintauchens in das Reinigungsbad und des Spülens aufgenommen wurde. Wenn die Baugruppen nicht sofort hermetisch gekapselt werden, sollten sie in einem Schrank mit trockenem N_2 gelagert werden, um die Feuchtigkeitsaufnahme während der Lagerung zu minimieren. Eine Alternative ist das Einschweißen von Bauteilchargen in Plastikbeutel, um sie vor feuchten Lagerbedingungen zu schützen.
- Mechanische Teile, insbesondere maschinell gefertigte Teile wie Steckverbinder oder Abschirmungen, haben oft eine fettige Oberfläche, die mit Lösungsmitteln gereinigt werden muss, die ihrerseits stark genug sind, um Ölrückstände zu lösen. Um Lösungsmittelspuren zu beseitigen, sind geeignete Spülungen erforderlich.
- Wenn das Gerät hermetisch versiegelt ist, muss bei den Reinigungsschritten berücksichtigt werden, dass das Innere des Gehäuses (Elektronik, Batterie) empfindlich auf Hitze und Vibrationen reagieren kann. Daher werden die Reinigungsprozesse nach dem Versiegeln in der Regel bei Temperaturen unter 55 °C und ohne Ultraschall durchgeführt. Nach dem Anbringen von Steckern oder Lötdrähten erfolgt die Reinigung hauptsächlich mit wässrigen Lösungen, gefolgt von DI-Spülungen und schließlich IPA.
- Die Endreinigung erfolgt gleichzeitig mit der visuellen Endkontrolle. Sie besteht aus einem sanften manuellen Abwischen mit einem Tuch und dem Einführen eines Q-Tips in die Hohlräume der Steckverbinder. Für diese Endreinigung wird IPA oder Heptan empfohlen. Die Endreinigung erfolgt unter laminarer Strömung (Klasse 100), um das Risiko der Ablagerung von Partikeln zu minimieren. Dann wird das Gerät in den inneren Blister zum Thermosiegeln gelegt. Ab diesem Zeitpunkt ist das Gerät vor jeder weiteren Kontamination geschützt.

4.7 Sterilität

Der Zweck der Sterilisation ist es, die meisten biologischen Verunreinigungen (Bioburden) abzutöten, die nach den verschiedenen Reinigungsschritten übrig geblieben sind. Die Sterilisation wird durchgeführt, wenn das Produkt bereits verpackt ist. Implantierbare Produkte werden in der Regel in Doppelblistern oder Beuteln verpackt:

- Innenblister: Tiefgezogene Folie aus Polyethylenterephthalat (PET), in die das Gerät direkt nach der abschließenden Wischreinigung gelegt wird. Der mittlere Teil des Blisters ist so geformt, dass das Gerät hineinpasst und an seinem Platz bleibt. Manchmal werden Zubehörteile hinzugefügt, wie Schraubendreher oder Einführungswerkzeuge. Anschließend wird ein semipermeabler Deckel vom Typ Tyvek® [12] auf den PET-Blister thermisch versiegelt. Tyvek ist eine Marke von DuPont. Dieses papierähnliche Material wird aus Polyethylenfasern hergestellt und hat die Eigenschaft, durchlässig für Dampf und kleine Gasmoleküle, aber undurchlässig für Wasser zu sein. Der Tyvek-Deckel wird mit einer geeigneten Thermosiegelmaschine unter Anwendung von Hitze und Druck auf den Rand des Blisters gesiegelt. Von diesem Zeitpunkt an ist das Produkt vollständig vor jeglicher Kontamination von außen geschützt, sei sie biologisch oder inert.
- Äußerer Blister: Der innere Blister wird in einen anderen, größeren Blister eingelegt, der ebenfalls mit einem Tyvek-Deckel thermisch versiegelt ist.
- Ziel des Doppelblisterkonzepts ist es, einen maximalen Schutz des Geräts zu gewährleisten, wenn es in den Operationssaal (OP) eingeführt wird. Das doppelt verpackte Produkt wird in den Vorraum des OPs eingeführt, wo der äußere Blister von einer Assistentin mit sterilen Handschuhen geöffnet wird. Dann wird das Gerät, das noch durch den inneren Blister geschützt ist, in den OP eingeführt. Wenn es Zeit für die Implantation ist, wird der innere Blister von einem Assistenten mit sterilen Handschuhen geöffnet; das Gerät wird aus dem Blister entnommen und in die Hand des Chirurgen über den sterilen OP gelegt. Dieses Verfahren minimiert das Risiko einer Kontamination des sterilen Geräts.
- Die Versiegelung von Blistern oder Beuteln wird in der Validierungsphase auf Unversehrtheit geprüft. Es werden Bersttests durchgeführt, um zu überprüfen, ob der Blister ordnungsgemäß versiegelt ist. Solche Tests werden regelmäßig in der Produktion durchgeführt, um sicherzustellen, dass der Thermosiegelungsprozess nicht von den vorgegebenen Werten abweicht.

Es gibt verschiedene Methoden zur Sterilisation eines Geräts. Die Sterilisation wird in Krankenhäusern üblicherweise für chirurgische Instrumente verwendet. Die gängigste Methode für wiederverwendbare Instrumente ist das Autoklavieren. Nach der Reinigung werden wiederverwendbare Instrumente in Metallschalen gelegt, in den Autoklaven eingeführt und 15–20 min lang gesättigtem, unter Druck stehendem Dampf bei hoher Temperatur (121 °C) ausgesetzt. Diese Methode gilt für wiederverwendbare Einführungsinstrumente und stammt aus der Chirurgie. Einweginstrumente können vor der Verwendung ebenfalls autoklaviert werden. Dies geschieht in der Regel im Krankenhaus, unmittelbar vor der Einführung in den OP. Solche Einweginstrumente sind häufig in einzelnen Tyvek-Beuteln verpackt, die für Dampf durchlässig sind.

Für implantierbare Produkte, die in Doppelblister oder Beutel verpackt sind, erfolgt die Sterilisation durch verschiedene, nachstehend beschriebene Methoden:

Autoklaven

Das Verfahren wurde bereits für wiederverwendbare oder Einweg-Chirurgiegeräte beschrieben. Es wird auch für metallische Knochenimplantate verwendet (Hüft-

und Knieprothesen, Knochenplatten, Schrauben usw.), da diese Geräte hitzebeständig sind. AIMDs können nicht im Autoklaven sterilisiert werden, da die Batterien nicht mehr als 55 °C aushalten.

Gammastrahlung

Viele Geräte, die in Kartons auf Paletten platziert sind, werden in einen großen Tunnel eingeführt und Gammastrahlen ausgesetzt, die von radioaktivem Kobalt 60 erzeugt werden, das Gammastrahlen aussendet. Die Gammastrahlen durchdringen die gesamte Masse der Ladung der Paletten und zerstören alle lebenden Zellen, indem sie die kovalenten Bindungen ihrer DNA aufbrechen. Der Vorteil liegt eindeutig in der Chargenbehandlung, bei der mehrere Geräte gleichzeitig sterilisiert werden können. Außerdem kommt es zu keiner wesentlichen Erwärmung der Sterilisationsladung. Leider ist die Gammastrahlung so stark, dass sie elektronische Bauteile beschädigt. Daher ist die Gammastrahlung kein geeignetes Verfahren für AIMDs. Sie kann jedoch für separat verpackte Elektroden verwendet werden. Bei den Kunststoffen, aus denen Elektroden oder Zubehörteile bestehen, die mit Gammastrahlung sterilisiert werden, ist große Vorsicht geboten, da bei diesem Verfahren freie Radikale freigesetzt werden können, die das Kunststoffmaterial spröde machen. Silikonkautschuk ist relativ tolerant gegenüber Gammastrahlung. Sterilisationsanlagen für Gammastrahlung sind riesige Anlagen, die extreme Sicherheitsvorkehrungen erfordern, da die Quelle radioaktiv ist.

Elektronenstrahl (E-Beam)

Die Elektronen werden auf ein hohes Energieniveau beschleunigt, sodass die entstehende Betastrahlung die meisten Materialien durchdringt. Der Sterilisationseffekt beruht wie die Gammastrahlung auf der Zerstörung der DNA von Mikroorganismen. Wie bei der Gammastrahlung wird die applizierte Dosis in kGray oder Mrad (1 gray = 100 rad) gemessen. Im Gegensatz zur Gammastrahlung werden bei E-Beam-Anlagen keine radioaktiven Quellen verwendet. E-Beam kann nicht in Geräten mit elektronischen Bauteilen verwendet werden und ist daher keine Option für AIMDs.

Ethylenoxid (EtO)

EtO ist ein stark durchdringendes Gas, das Mikroorganismen, einschließlich resistenter Sporen, wirksam abtötet. EtO reißt die Zellmembranen auf und tötet die Mikroorganismen ab. Es ist ein entflammbares und explosives Gas, das für den Menschen giftig ist, wenn es eingeatmet wird oder mit der Haut in Berührung kommt. EtO-Sterilisation ist das Verfahren (siehe Abb. 4.11) der Wahl für AIMDs wegen:

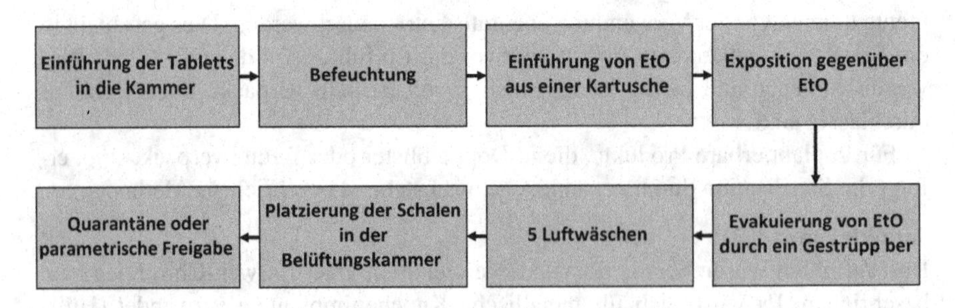

Abb. 4.11 Phasen eines EtO-Sterilisationsprozesses

- die niedrige Temperatur, die in der Regel unter 55 °C liegt (maximale Temperatur für Li-Ionen-Batterien)
- gutes Eindringen in tiefe Hohlräume und hohle Rohre
- gute Penetration in Silikonkautschuk
- minimale Auswirkung auf das Kunststoffmaterial (setzt keine freien Radikale frei)
- seine Standardisierung (kleine Kammern, Einweg-EtO Kartuschen, parametrische Kontrolle, validierte Zyklen, die mit den meisten Implantaten verwendet werden können)

Es gibt auch Nachteile bei der Verwendung von EtO:

- Gefährlich für den Menschen:
  - Sicherheitsmaßnahmen: Detektoren im Raum und von den Bedienern getragen.
  - Am Ende des Zyklus kann EtO nicht in die Atmosphäre freigesetzt werden, sondern muss durch einen Wäscher beseitigt werden.
- Während sie dem Gas ausgesetzt sind, absorbieren Kunststoffe, insbesondere Silikonkautschuk, etwas EtO auf, was nach der Sterilisation eine Belüftung erforderlich macht.
- EtO ist nur in Gegenwart von Feuchtigkeit wirksam und erfordert eine Befeuchtungsphase vor der Sterilisation.

Der EtO-Prozess muss einem strengen Zyklus folgen, um effizient zu sein:

- Die Blister werden in Körbe gelegt und in die Sterilisationskammer eingeführt. Da der Zyklus für volle Beladungen validiert wird, wird die Beladung mit Blindblistern vervollständigt, falls nicht genügend Produkte vorhanden sind, um einen Korb zu füllen.
- Wasserdampf wird in die Kammer eingeleitet. Der Tyvek-Deckel ist durchlässig für Feuchtigkeit, sodass die Geräte befeuchtet werden. Die Struktur von Tyvek lässt nur kleine Moleküle durch den Deckel eindringen. Tyvek lässt somit Wasserdampf und EtO-Moleküle in den Blister eindringen, weil sie klein genug sind. Bakterien, Sporen oder andere Mikroorganismen können die Tyvek-Barriere nicht überwinden.
- Eine Einzeldosis der EtO-Patrone wird eingeführt und EtO dringt in die Kammer ein. Der Tyvek-Deckel lässt ebenfalls EtO durch.
- Die Geräte bleiben einige Stunden lang dem EtO ausgesetzt, wobei die relative Luftfeuchtigkeit, der Druck und die Temperatur ständig kontrolliert werden. In den meisten Zyklen wird der Druck leicht unter dem Atmosphärendruck gehalten, um ein Austreten von EtO im Falle eines Defekts der Dichtungen der Kammer zu vermeiden.
- Dann wird der Gasinhalt der Kammer (EtO und Dampf) abgepumpt und durch ein Katalysatorbett (Scrubber) gepresst, das die EtO-Moleküle in H_2O und CO_2 zerlegt.

- Die Kammer wird fünfmal vakuumgepumpt, und es wird frische Luft zugeführt. Diese fünf „Luftwäschen" entfernen mehr als 90 % der EtO-Rückstände, die von den Kunststoffmaterialien während der Einwirkung von EtO absorbiert wurden. Durch die Luftwäschen wird auch die Feuchtigkeit entfernt und die Inhalte der Kammer und der Blister werden getrocknet.
- Die Körbe werden von der Sterilisationskammer in eine Belüftungskammer zur endgültigen Entfernung der letzten EtO-Reste bewegt. Je nach Gewicht, Dicke und Art der Kunststoffmaterialien im Gerät dauert die Belüftung länger.
- Infolgedessen ist der Inhalt des äußeren Blisters steril. Sobald wir die Tür der Kammer öffnen und die Blister vom Bedienpersonal manipuliert haben, wird die Außenfläche des äußeren Blisters kontaminiert und verliert ihre Sterilität. Verunreinigungen können die Tyvek-Barriere nicht passieren, sodass der Inhalt steril bleibt.
- Es gibt zwei Möglichkeiten, das sterile Produkt freizugeben und seinen Versand zu genehmigen:
  - Neu sterilisierte Produkte werden für 1 bis 2 Wochen in Quarantäne gestellt, so lange, bis die mikrobiologische Analyse der in der Sterilisationsladung enthaltenen Testsporenstreifen durchgeführt werden kann. Wenn die während der Quarantäne in Brutschränken untergebrachten Sporenstreifen (die mit den widerstandsfähigsten Sporen bestückt sind) sich als steril erweisen, wird die Charge freigegeben. Der Nachteil dieser Methode ist die lange Verweildauer der Partien in der Quarantäne.
  - Eine modernere Methode, die „parametrische Freigabe", vermeidet die Quarantäne und ermöglicht die Freigabe der Produkte unmittelbar nach der Belüftung. Alle relevanten Parameter (Temperatur, Feuchtigkeit, Druck und Konzentration von EtO) werden während des gesamten Sterilisationsprozesses aufgezeichnet und unter strengen Spezifikationen, die während der Validierung festgelegt wurden, geprüft. Wenn alle Parameter innerhalb der Spezifikationen liegen, wird die Charge sofort freigegeben. Die Validierung der parametrischen Freigabe ist eine langwierige und schwierige Aufgabe, da die Parametermessungen und die mikrobiologischen Ergebnisse mit Sporenstreifen verglichen werden. Eine Revalidierung ist jedes Jahr erforderlich.

Die Lieferanten von EtO-Sterilisatoren empfehlen bestimmte Zyklen. Die Auswahl des richtigen Zyklus und seine Validierung für ein bestimmtes Produkt sind Teil der Entwurfsphase. Einige Hersteller von Medizinprodukten haben beschlossen, den gleichen EtO-Zyklus für alle ihre Produkte zu verwenden, auch wenn einige von ihnen (z. B. Elektroden) durch Gammastrahlung sterilisiert werden könnten. Aus Gründen der Standardisierung verwenden sie außerdem in all ihren Fabriken die gleiche Ausrüstung. EtO-Sterilisation wird seit Jahrzehnten eingesetzt und ist von den Gesundheitsbehörden weltweit anerkannt.

Wasserstoffperoxid-Plasma (H_2O_2)
Die Sterilisationskammer ist mit gasförmigem Wasserstoffperoxid (H_2O_2) gefüllt und wird durch Mikrowellenfrequenzen im GHz-Bereich aktiviert, um ein Plasma

zu bilden. Das aktivierte H_2O_2 dringt durch den Tyvek-Deckel in den Blister ein und tötet Mikroorganismen ab. Im Vergleich zu EtO liegt der Vorteil dieser Methode in der Ungiftigkeit von Wasserstoffperoxid. Bei der Dissoziation durch das Plasma werden die Peroxidmoleküle in Wasser und Sauerstoff umgewandelt. Der Schwachpunkt der Plasmasterilisation ist das schlechte Eindringen in tiefe und enge Hohlräume, wie z. B. lange verschlossene Röhren. Die Methode ist neueren Datums und hat sich noch nicht überall auf der Welt durchgesetzt. Da einige Länder die Plasmasterilisation noch nicht zulassen, verwenden große Hersteller stattdessen weiterhin EtO.

4.8 Beschleunigte Alterung

Es ist von grundlegender Bedeutung zu beurteilen, wie Implantate über einen längeren Zeitraum halten werden. Wie können wir die Funktionsfähigkeit über 10 oder 20 Jahre beurteilen? Niemand kann es sich leisten, ein Produkt über einen so langen Zeitraum in vitro oder in vivo zu testen, bevor er es auf den Markt bringt.

Um den Alterungsprozess zu beschleunigen, haben die Entwickler Methoden zur Beschleunigung erdacht, mit dem Ziel, die Funktionstüchtigkeit in einem Jahr zu bewerten, aber bis zu 10 Jahre zu simulieren. Die Elektronikindustrie hat seit langem einen künstlichen Alterungsprozess von elektronischen Leiterplatten eingeführt, der als „Burn-in" bezeichnet wird (siehe Abb. 4.40, Abschn. 4.9.4). Bestückte Leiterplatten werden unter Spannung gesetzt und mehrere Tage in Öfen gelagert. Es ist bekannt, dass die meisten Fehler in elektronischen Schaltkreisen schon früh im Lebenszyklus auftreten, das sogenannte Kindheitsversagen. Die Beschleunigung folgt dem Gesetz von Arrhenius [13], das besagt, dass jede Erhöhung der Temperatur um 10 °C die Alterung um den Faktor 2 beschleunigt. Eine Temperaturerhöhung um 40 °C beschleunigt also die Alterung der Elektronik um den Faktor 16.

Die Beschleunigung der Alterung von Implantaten in der Situation des umgebenden menschlichen Gewebes ist viel komplexer als bei elektronischen Platinen in trockener Luft. Die Erhöhung der Temperatur einer Kochsalzlösung in einem Becherglas ist weit entfernt von einer Simulation des menschlichen Körpers im beschleunigten Modus. Das Arrhenius-Gesetz könnte bei elektronischen Schaltplatten in trockener Luft bis zu recht hohen Temperaturen (z. B. 160–170 °C) anwendbar sein. Gilt es auch noch in Kochsalzlösung? Ab einem bestimmten Punkt verhalten sich die Materialien anders und folgen nicht mehr dem Arrhenius'schen Gesetz. Z. B. können Polymere beginnen, sich zu verändern. Auch die Polymerisation, die Freisetzung freier Radikale, die Diffusion und die Entgasung sind physikalische Prozesse, die nicht automatisch dem Arrhenius'schen Gesetz folgen.

Kochsalzlösungen [14] und phosphatgepufferte Kochsalzlösung (PBS) [15] sind grobe Annäherungen an den menschlichen Körper. Eine Erhöhung der Temperatur dieser Testflüssigkeiten führt zu einer weiteren Abweichung von einem zuverlässigen Modell. So nimmt beispielsweise der absorbierte Sauerstoffgehalt in Wasser mit steigender Temperatur ab, was bedeutet, dass die Lösung mit steigender Temperatur weniger aggressiv wird. Dies hat zur Folge, dass das Arrhenius'sche Gesetz der Beschleunigung der Alterung um den Faktor 2 bei einer Erhöhung um 10 °C nicht mehr gilt. Die relative Abnahme des Sauerstoffs muss durch Zugabe von reaktiven Stoffen in die Kochsalzlösung kompensiert werden, wie H_2O_2. Die Gruppe von Cristin Welle bei der FDA hat einen Leitfaden für die beschleunigte Alterung von neurologischen Implantaten herausgegeben [16]. Diese In-vitro-Methode ermöglicht bei richtiger Anwendung die Durchführung beschleunigter Alterungstests mit einem höheren Maß an Sicherheit. Sie bietet den Vorteil, dass unnötige In-vivo-Tests vermieden und Zeit gespart werden kann. Während der Validierungsphase eines Humanimplantats ist es von größter Bedeutung, nachzuweisen, dass das Gerät so lange hält, wie es konzipiert wurde. Die Methode, die als reaktive beschleunigte Alterung (RAA) bezeichnet wird, arbeitet mit erhöhter Temperatur (87 °C) und reaktiven Sauerstoffspezies (ROS). Das Team von Cristin Welle hat die Entwicklung von handelsüblichen, intrakortikalen, eindringenden Elektroden getestet. Durch die sorgfältige Messung der Entwicklung der Leistungen der Testproben war es möglich, die Auswirkungen der Alterung zu bewerten und zu quantifizieren. Impedanzspektroskopie (siehe Abschn. 3.3) ist die Methode der Wahl für die Bewertung von Elektroden.

Manche Leute halten das RAA-Verfahren für zu hart. Ein etwas zu aggressiver Test ist besser als eine grobe Unterschätzung durch die 10 °C → 2×-Regel. Die beschleunigte Alterung ist einer der wichtigsten Schritte des Validierungsprozesses eines menschlichen Implantats. Eine Sicherheitsmarge ist Teil des Risikomanagements. Ich persönlich empfehle einen Sicherheitsfaktor von 2: Wenn das Implantat für ein Jahr implantiert werden soll, sollte die beschleunigte Alterung zwei Jahre voller Funktionalität mit einem statistisch relevanten Vertrauensniveau simulieren. Eine solch hohe Sicherheitsmarge ergibt sich aus der Natur des Auftretens einer altersbedingten Funktionsstörung (Korrosionsverlust der Hermetizität etc.). Die Schwere des Schadens ist katastrophal und tritt erst viele Jahre nach der Implantation auf. Wird ein solches Versagen erst lange Zeit nach dem Inverkehrbringen eines Produkts festgestellt, kann dies zu einem massiven Rückruf führen, der schwerwiegende Folgen für das Produkt und seinen Hersteller hat.

Die oben beschriebenen Tests zur künstlichen Alterung sind statisch. Die Realität eines Implantats ist, dass der Körper alles andere als statisch ist. Es gibt Flüssigkeitsbewegungen, Körperbewegungen, Wachstum von fibrotischem Gewebe, Ansammlung von Ionen, Interferenzen mit externen magnetischen und elektrischen Feldern und andere dynamische Phänomene, die einen erheblichen Einfluss auf die Alterung haben können. Die Entwicklung einer Testreihe, die die dynamische künstliche Alterung widerspiegelt, steht noch aus. Pionierarbeit in dieser Richtung wird von Dr. Pierre Fridez in Lausanne, Schweiz, im Rahmen des EndoArt-Projekts [17] geleistet, bei dem ein verstellbares Magenband ferngesteuert werden kann. Die Elektronik und der Schrittmotor, der den verstellbaren Durchmesser des Bandes steuert, wurden in Kunststoff gekapselt. Zum Nachweis der Langzeitbeständigkeit gegen Feuchtigkeit und Korrosionsfreiheit entwickelten Ingenieure vor mehr als zehn Jahren ein einzigartiges Testgerät für die künstliche Alterung, das einen Vorläufer der RAA-Methode darstellte. Mit dieser Arbeit wurde zum ersten Mal ein

Verfahren zur künstlichen Alterung eingeführt, das eine Prüfung in Salzlösung bei erhöhter Temperatur mit der Zugabe von Sauerstoff und der Bewegung der Prüfkörper kombiniert. EndoArt wurde im Jahr 2007 von Allergan übernommen [18].

4.9 Hermetische Dichtheit und Feuchtigkeitskontrolle

Die Hermetizität ist der Eckpfeiler der Industrie für aktive Implantate. Diejenigen, die die Hermetik beherrschen, haben eine Chance, in einem so speziellen Bereich erfolgreich zu sein. Die beste elektronische Platine, die schlecht gekapselt ist, wird auf Dauer versagen. Daher kann dieses Kapitel als zentraler Dreh- und Angelpunkt des Buches betrachtet werden.

Als allgemeines Konzept könnte die Verkapselung als Schutzbarriere um die aktiven Komponenten von AIMDs definiert werden: elektronische Schaltkreise und Batterie. Sie umfasst auch die isolierende und schützende Barriere um Kabel, Steckverbinder, Elektroden, Spulen und Antennen. Dieses Buch behandelt nur Verkapselungen für Implantate, die dazu bestimmt sind, länger als 30 Tage im Körper zu verbleiben. Verkapselungen können in drei Kategorien eingeteilt werden:

- Hermetische Verkapselung
- Nahezu hermetische Verkapselung (siehe Abschn. 4.9.6)
- Isolierstoffe, Beschichtungen, Töpferwaren (siehe Abschn. 4.9.7)

Die ersten aktiven implantierbaren medizinischen Geräte waren in den späten 1950er-Jahren die Herzschrittmacher. Die frühen Herzschrittmacher waren sehr einfache Impulsgeber, die in Silikonkautschuk oder Epoxid eingekapselt waren. Damals war weder eine Durchführung noch ein hermetisches Metallgehäuse erforderlich, da die Elektronik (einige Transistoren, Widerstände und Kondensatoren) mit großen Abständen zwischen den leitenden Teilen montiert wurde, sodass die Isolierung kein großes Problem darstellte.

Als die Elektronik immer komplexer wurde, führten die zunehmende Integration und die hohe Dichte der Bauteile zu kurzen Isolierabständen. Dann zeigt sich, dass Gummi- und Epoxidverkapselungen keinen ausreichenden Schutz mehr darstellten. Leckströme, Korrosion oder Kurzschlüsse zwischen wichtigen Teilen wurden zu einem Problem. In den 1970er-Jahren begann die Herzschrittmacherindustrie damit, die Herzschrittmacher in ein Metallgehäuse (hauptsächlich Titan) zu verpacken, was eine wesentlich höhere Zuverlässigkeit bot. Zu dieser Zeit waren die Batterien das Hauptproblem, die teilweise Quecksilberverbindungen oder sogar Atombatterien enthielten. Der Schutz der Patienten vor dem Auslaufen schädlicher Chemikalien hatte damals oberste Priorität. Später wurde die Batteriechemie auf weniger giftiges Material umgestellt, und implantierbare Batterien erhielten ihre eigene hermetische Primärkapselung. Das Hauptziel der hermetischen Verkapselung verlagerte sich dann langsam auf den Schutz der implantierten elektronischen Schaltungen.

Eine weitere wichtige Triebkraft für die hermetische Verkapselung sind die hochintegrierten elektronischen Schaltungen. Als die Dichte der integrierten Schaltkreise (ICs) zunahm, stieg das Risiko der Bildung von Dendriten auf der Oberfläche des unverpackten Chips entsprechend an. Aus Gründen der Miniaturisierung verwendeten einige Hersteller ungehäuste Chips, die mit nackten Farbstoffen direkt auf die Leiterplatte (PCB) lagen. Der zweite Grund für die Wahl eines unverpackten Chips ist die Vermeidung der Ansammlung von Feuchtigkeit in den Kunststoffen, die bei der Standard-Chipverpackung verwendet werden.

Die hermetische Metallkapselung wurde zum Standard, insbesondere für Batterien. Damals wurde eine doppelte Barriere für Batterien empfohlen: eine hermetische Verkapselung der Batterie selbst (Metalldose mit FTs) und eine hermetische Gesamtkapselung des Geräts (Ti-Gehäuse mit FTs um die Elektronik und die Batterieeinheit).

Es gibt keine klaren Normen für den Grad der hermetischen Kapselung, den ein AIMD erfüllen muss. Für dieses „Niemandsland" gibt es mehrere Gründe:

- Prüfverfahren zum Aufspüren kleinster Lecks sind schwierig umzusetzen, und ihre Ergebnisse sind im Hinblick auf die Qualitätssicherung alles andere als offensichtlich.
- Die Folgen eines schlecht versiegelten Geräts können sich erst nach vielen Jahren bemerkbar machen.
- Hinsichtlich der Restfeuchtigkeit im eingeschlossenen Gerät hat noch niemand eine ernsthafte wissenschaftliche Bewertung der Korrosion und ihrer Auswirkungen in Abhängigkeit von Zeit und Feuchtigkeit untersucht.
- Aufgrund der Größe medizinischer Geräte und des geringen Gasvolumens, das in ihnen eingeschlossen ist, besteht die Herausforderung bei der Messung kleiner Lecks darin, die pro Sekunde entweichenden Moleküle zu zählen. Es gibt keine Geräte mit ausreichender Empfindlichkeit, um Lecks in sehr kleinen Geräten zu erkennen, zumindest nicht in der Fertigung.

Infolgedessen folgt die medizinische Industrie vagen Empfehlungen, Extrapolationen von Standards, die in anderen Branchen verwendet werden, und „Daumenregeln" aus den Anfängen der Herzschrittmacherindustrie.

Offiziell gibt es keinen offiziellen Grenzwert für Feuchtigkeit in Implantaten. In den allgemeinen Richtlinien der FDA heißt es:

> „In Ermangelung einer standardisierten, weithin akzeptierten Testmethode ist es wichtig, dass die Gerätehersteller:
>
> a) die wissenschaftlichen Möglichkeiten der angewandten Methode kennen
> b) ihre eigenen angegebenen Verfahren und Spezifikationen einhalten
> c) ihre Geräte ordnungsgemäß zu kalibrieren und zu warten."

Hinsichtlich der hermetischen Abdichtung, der Dichtheitsprüfung, der Feuchtigkeitskontrolle und Restgasanalyse (RGA) verweist die FDA auf die militärischen Normen (MIL-STD) [19] 883 [20, 21], 750 [22] und 202 [23] sowie auf die American Society for Testing and Materials (ASTM) [24] F/34-72T [25].

Für einen Hersteller von AIMDs bestehen die Hauptschwierigkeiten in der Auswahl der richtigen Komponenten und der richtigen Montageprozesse, die zu einer hochhermetischen Verkapselung über einen trockenen Inhalt geschlossen wird. FTs und Gehäuse sind Teil der Charakterisierungs-, Qualifizierungs- und Validierungsphasen.

Wenn ein hermetisches Produkt zugelassen und auf den Markt gebracht wird, werden die Komponenten, das gekapselte Gerät, die Ausrüstung und die Prozesse auf mehreren Ebenen überprüft, um die Hermetizität und einen geringen Feuchtigkeitsgehalt zu gewährleisten:

- Eingangskontrolle der Teile im Montagewerk
- Regelmäßige Bewertung der Qualität der Teile
- Regelmäßige Audits bei den Lieferanten der Teile
- Helium-Lecktest (100 %) der versiegelten Geräte
- Querschnitte und metallografische Analysen von versiegelten Geräten mindestens zweimal täglich (zu Beginn und am Ende des Produktionstages)
- Regelmäßige RGA-Messungen
- Jährliche Revalidierung der Versiegelungsverfahren
- Regelmäßige Wartung und Kalibrierung der Geräte
- Regelmäßige Audits (intern und/oder durch benannte Stellen) des Montagewerks

Es muss darauf hingewiesen werden, dass kein Kunststoffmaterial eine 100 %ige Barriere gegen Feuchtigkeit bietet. Feuchtigkeit (Wasser in Dampfform) wird früher oder später durch alle Kunststoffe diffundieren. Die Feuchtigkeitsdiffusion unterliegt komplexen physikalischen Gesetzen (siehe Abb. 4.12), aber bei Langzeitimplantaten wird eine gewisse Feuchtigkeit langsam durch alle Kunststoffmaterialien

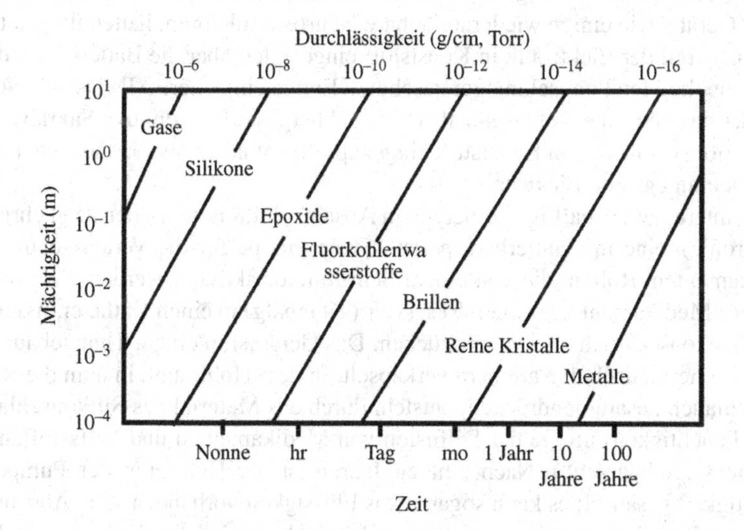

Abb. 4.12 Durchlässigkeit von Materialien. (Quelle: K. Ely [26], Nachdruck genehmigt)

hindurchdringen. Die widerstandsfähigsten Kunststoffe, wie z. B. Parylene, lassen nach ein paar Jahren dennoch etwas Feuchtigkeit durch. Wenn die Dampfkonzentration die Sättigung erreicht, bildet sich flüssiges Wasser durch Kondensation an der Oberfläche des Geräts, unter der Polymerbeschichtung, in Blasen und Rissen oder im Inneren von nichthermetischen oder nahezu hermetischen Gehäusen.

Es reicht nicht aus, dass ein AIMD wasserdicht zu sein; es muss hermetisch sein. Wasserdicht bedeutet, dass kein flüssiges Wasser in das Gerät eindringen kann. Hermetisch bedeutet, dass keine Flüssigkeit und kein Gas (einschließlich Wasserdampf, Sauerstoff, Wasserstoff) eindringen kann, entweder durch einen Riss oder durch Diffusion durch das Schüttgut. So ist beispielsweise ein Gerät mit einer Gummidichtung zwar wasserdicht, aber nicht hermetisch. Ich habe wasserdichte Ti-Gehäuse mit einer Silikongummidichtung gesehen, die nach 4 Monaten Implantation mit flüssigem Wasser gefüllt waren. Der Dampf war durch die Dichtung diffundiert und hatte sich im Gerät niedergeschlagen.

Eines der am häufigsten verwendeten Materialien für Implantate ist Silikonkautschuk, ein ausgezeichnetes Mittel zur Abwehr von Körperflüssigkeiten (in diesem Sinne ist eine Silikonkapsel wasserdicht), aber eine sehr schlechte Barriere für Feuchtigkeit (Feuchtigkeit kann leicht durch das Silikon diffundieren). Die Dynamik des Flusses, der Diffusion, des Austauschs und der Migration von Dämpfen durch Kunststoffmaterialien, die von Körperflüssigkeiten umgeben sind, ist komplex, da zusätzliche Bewegungen durch osmotischen Druck, die Freisetzung von Weichmachern und die fortschreitende Polymerisation entstehen. Beachten Sie, dass andere im Körper vorhandene Gase wie O_2, H_2, H_2O_2 und CO_2 wahrscheinlich auch durch implantierte Polymere diffundieren.

Diffusion von Feuchtigkeit durch Kunststoffmaterialien ist der Grund, warum fast alle AIMDs in Metallgehäusen mit Keramik- oder Glas-FTs gekapselt sind. Ältere Geräte, wie einige wiederaufladbare Neurostimulatoren, hatten ihre Antenne und einen Teil der Elektronik in Kunststoff eingebettet, aber die Batterie war durch eine doppelte Metallkapselung gut geschützt. Einige einfachere AIMDs, wie Sensoren oder das von FineTech Medical (UK) [27] hergestellte induktive Sakralwurzelstimulationsgerät, sind in Kunststoff eingekapselt, enthalten aber keine Batterie und keine hochintegrierte Elektronik.

Ein interessanter Fall ist die bereits in Abschn. 3.4.8 beschriebene SynchroMed (Medtronic), eine implantierbare peristaltische Pumpe für die Verabreichung von Medikamenten. Rollen, die von einem Schrittmotor aktiviert werden, drücken ein flüssiges Medikament aus einem Reservoir (Titanbalg) in einen Katheter, indem sie einen Silikonschlauch zusammendrücken. Das Gerät ist in einem Titangehäuse mit mehreren hermetischen Kammern verkapselt. In dem Hohlraum, in dem die Rollen den Schlauch zusammendrücken, entsteht durch das Material des Silikonschlauchs etwas Feuchtigkeit infolge der Diffusion von Medikamenten und Hilfsstoffen (sogenanntes „Schwitzen“). Nach einigen Jahren ist der Hohlraum der Pumpe mit Feuchtigkeit gesättigt; es kann sogar etwas Flüssigkeit vorhanden sein. Aus diesem Grund sind alle Komponenten des Pumpenkopfes korrosionsbeständig und biokompatibel (Keramikkugellager, Titanteile).

Metalle bieten den besten Schutz gegen Feuchtigkeit, gefolgt von Keramik und Glas (siehe Abb. 4.12). Es ist zu bedenken, dass der Schutz gegen das Eindringen von Feuchtigkeit in das Gerät wichtig ist, um eine Korrosion der Teile im Inneren der Kapselung zu vermeiden. Sollte es dennoch zu einer Korrosion kommen, so besteht eine zweite Aufgabe der Kapselung darin, zu verhindern, dass Korrosionsrückstände wie wässrige Salze oder Elektrolyte aus dem Gerät austreten und den Patienten beeinträchtigen.

Hermetische Verkapselungen haben also eine doppelte Aufgabe:

- Erstens: Feuchtigkeit, die in die Verkapselung eindringen und Korrosion auslösen kann, vermeiden.
- Zweitens: Im Falle von Korrosion der Komponenten im Inneren des Gehäuses oder im Falle eines Auslaufens der Batterie müssen alle schädlichen Chemikalien im verkapselten Inneren bleiben.

Das Eindringen von Feuchtigkeit hängt von mehreren Faktoren ab:

- Art des Materials
- Dicke der Wände der Kapsel
- Dauer der Implantation
- Druckgefälle $P_{ext} - P_{int}$

Das Diagramm in Abb. 4.12 zeigt deutlich, warum der Verguss eines Geräts in Epoxid oder Silikon nur für kurze Zeit einen angemessenen Schutz gegen Feuchtigkeit bietet. Ein dickerer Verguss verlängert die Lebensdauer. Die Realisierung von dünnen BCI für die Langzeitimplantation erfordert dünne Wände aus hochgradig feuchtigkeitsresistentem Material. Nur Metalle, reine Kristalle und möglicherweise Gläser können diese Kriterien erfüllen. Nimmt man die Einschränkung der Stoßfestigkeit hinzu, bleibt nur eine einzige Wahl: Metall. Dies erklärt, warum subkutane Implantate oberhalb des Halses BCI-Implantate in geeigneten Titangehäusen verkapselt werden.

4.9.1 Durchleitung (FT)

Durchleitungen sind Schlüsselkomponenten der hermetischen Verkapselung von AIMDs. Die Hauptfunktion einer FT besteht darin, eine elektrische Verbindung zwischen dem Inneren und dem Äußeren eines Gehäuses zu ermöglichen. Darüber hinaus müssen die FTs eine elektrische Isolierung zwischen dem/den leitenden Draht/en und dem Gehäuse sowie eine hermetische Abdichtung gewährleisten.

Die scheinbare Einfachheit dieser Komponente ist irreführend. Tatsächlich sind FTs einer der Schlüssel zu hochwertigen Verkapselungen und verdienen als solche volle Aufmerksamkeit. Jahrzehntelang haben sich das Design und die Montageverfahren nicht wesentlich weiterentwickelt. In jüngster Zeit haben neue Anwendungen, die Vervielfachung der Anzahl der Kanäle, der Trend zur Miniaturisierung, der

Kostendruck, die Anforderung, die verschiedenen Komponenten in automatisierte Montagelinien zu integrieren, und die Notwendigkeit, medizinische Geräte vor elektromagnetischen Störungen zu schützen, das Umfeld grundlegend verändert. Folglich werden sich zukünftige Generationen von FTs von ihren Vorgängern unterscheiden.

Die bisherigen Anbieter von Finanzdienstleistungen haben die erforderliche Innovation und die Weiterentwicklung der Technologien nicht aktiv vorangetrieben. Die Konzepte neu zu überdenken und mit einem „leeren Blatt Papier“ zu beginnen wurde als Chance für neue kreative Anbieter gesehen, in diesen Bereich einzusteigen. Die FTs sind eng mit der hermetischen Verkapselung der von AIMDs verknüpft. Folglich sollten FTS als wichtiger funktioneller Teil der Kapselung und nicht als bloßes Bauteil betrachtet werden. Selbst wenn FTs eine einfache Funktion haben (im Grunde ein vom Hauptteil der Kapselung isolierter Leiter), ist die Komplexität der Herstellung und des Zusammenbaus solcher Teile eine ernsthafte Herausforderung.

Hermetische FTs sind auch Schlüsselkomponenten der in AIMDs gekapselten Batterien. Im Vergleich zu AIMD-FTs haben Batterie-FTs etwas andere Spezifikationen, da sie nicht biokompatibel sein müssen, aber hochaggressiven Chemikalien, die in der Batterie eingeschlossen sind, widerstehen müssen.

Wichtige Entwicklungen von hermetischen FTs haben ihren Ursprung in der Militär-, Atom- und Raumfahrtindustrie. Vollkommen hermetische Gehäuse waren ein Muss für die Weltraummissionen. Die meisten der heutigen medizinischen FTs stehen in der Tat mit der Raumfahrtindustrie in Verbindung. Eine weitere wichtige Triebkraft für die hermetische Verkapselung sind die hochintegrierten elektronischen Schaltungen. Als die Dichte der ICs zunahm, stieg auch das Risiko der Bildung von Dendriten auf der Oberfläche des Chips. Daher entwickelte die Elektronikindustrie einen besseren Schutz für die Chips. Dies ist der Ursprung der keramischen IC-Gehäuse mit goldgelöteten Stiften und Deckeln.

Zuverlässigkeit ist das Schlüsselwort für Komponenten medizinischer Geräte. FTs sind als Schnittstellen zwischen der im Gehäuse eingeschlossenen Elektronik und der äußeren Umgebung besonders exponiert und werden daher zu einem der Hauptakteure von Produkten mit hoher Zuverlässigkeit.

Andererseits ist festzustellen, dass mehrere größere Probleme im Zusammenhang mit FTs auftraten, vor allem der Verlust der elektrischen Verbindung nach außen oder innen (schlechte Schweißnähte, gebrochene Drähte) oder Kurzschlüsse aufgrund von abgetrennten Kopfstücken oder schlechter Isolierung der externen FT-Drähte. Dies zeigt, wie wichtig es ist, nicht nur zuverlässige FTs als eigenständige Komponenten zu entwerfen, sondern auch die FTs richtig in das Gerät zu integrieren. Meiner Meinung nach werden erfolgreiche zukünftige FT-Designs innovative Funktionen für den Anschluss, die Isolierung, die automatische Montage und die Prüfung nach der Montage umfassen.

In den 1970er-Jahren waren die Herzschrittmacher die ersten medizinischen Geräte mit einem Metallgehäuse (zunächst aus rostfreiem Stahl, dann aus Titan) und daher mit hermetischen FTS. Damals waren die meisten Herzschrittmacher „Einkammer“-Geräte (nur eine Stimulationselektrode), und die Stimulation war unipolar (der Strom kehrte durch das Körpergewebe zum Herzschrittmacher und in die Dose). Folglich benötigten die frühen Herzschrittmacher nur einen einzigen Draht-FT.

In den 1980er- und 1990er-Jahren wurden die Herzschrittmacher mit der Einführung der Zweikammer-Stimulation und der bipolaren Elektroden, die zwei oder vier Anschlüsse erfordern, immer ausgereifter. Heute ist die große Mehrheit der Bradykardie-Schrittmacher zweikammerig und bipolar, mit vier Anschlüssen. Einige Resynchronisationsgeräte stimulieren auch die rechte Seite des Herzens und erfordern insgesamt sechs Drähte. Im Sinne der Automatisierung hat Medtronic vier nebeneinander liegende Ein-Draht-FTs verwendet, die anderen Hersteller von Herzschrittmachern zwei Zwei-Draht-FTs oder einen Vier-Draht-FTs.

Abgesehen von den strengen Anforderungen an die Hermetizität, Biokompatibilität und Zuverlässigkeit sind die in Herzschrittmachern verwendeten FTs hinsichtlich der elektrischen Spezifikationen nicht sehr anspruchsvoll. Die Spannung zwischen Draht und Gehäuse oder zwischen zwei Drähten beträgt nur wenige Volt. Die Isolierung ist also nicht allzu schwierig, und FTs mit mehreren Drähten können recht dicht sein. Der elektrische Strom, der an die Bradykardie Stimulationsleitungen abgegeben wird, liegt im Bereich von einigen Milliampere, sodass der Durchmesser des Leitungsdrahtes der FTs nicht entscheidend ist.

In den 1990er-Jahren wurden die ersten implantierbaren Defibrillatoren entwickelt. Wie bei den Herzschrittmachern ging die Entwicklung weg von unipolaren Einkammer-Defibrillatoren zu bipolaren Zweikammer-Geräten. Für Defibrillatoren musste ein neuer Typ von FTs entwickelt werden, da die Spannung (bis zu mehreren hundert Volt) und der Strom (bis zu mehreren Ampere) der Chocks eine viel bessere Isolierung und einen größeren Durchmesser der Leiter erfordern.

Die dritte große Kategorie kommerzieller AIMDs, die FTs verwenden, sind Neurostimulatoren. Die ersten Geräte kamen Ende der 1980er-Jahre auf den Markt und waren Herzschrittmachern sehr ähnlich, mit einem Titangehäuse und einigen (bis zu vier) externen Drähten. Der Hauptunterschied bestand in der Art der von den FTs übertragenen elektrischen Signale und natürlich in der Lage der Elektroden im Körper. Bis vor kurzem waren die FTs für Neurostimulatoren ähnlich denen oder identisch mit denen, die in Herzschrittmachern verwendet werden. Neue Anwendungen der Neurostimulation auf dem Gebiet der Schmerzkontrolle, Epilepsie, Bewegungsstörungen, funktionellen Stimulation und anderen spannenden Therapien erfordern mehr und mehr externe Verbindungen oder Stimulations-/Sensorkanäle. Es gibt bereits Geräte mit 32 oder 64 Kanälen, und einige künftige Anwendungen könnten mehrere hundert Anschlüsse erfordern. Dies wird zu einer grundlegenden Neudefinition der Funktion und des Designs von FTs führen. Aus Gründen des Platzbedarfs, der Montagezeit und der Kosten ist es nicht realistisch, herkömmliche kardiale FT für mehr als ein Dutzend Anschlüsse zu verwenden.

Bei kardialen Anwendungen hat die Größe der FTs bisher keine hohe Priorität. Künftige Mehrkanal-Neuroanwendungen werden miniaturisierte FTs mit hoher Dichte erfordern. Außerdem müssen die Kosten pro Verbindung erschwinglich bleiben.

Zusätzlich zu den drei oben beschriebenen großen Kategorien benötigen viele neue medizinische Geräte und Nischenanwendungen spezielle, an ihre Besonderheiten angepasste FTs. In der jüngsten Vergangenheit habe ich mehrere spannende Entwicklungen gesehen, die nicht abgeschlossen werden konnten, weil niemand in der Lage war, geeignete FTs zu liefern. Dies gilt insbesondere für stark miniaturisierte Geräte (Implantate im Auge oder im Innenohr, Sensoren in Blutgefäßen etc.). Wie wir später sehen werden, wirken die geringe Anzahl der Anbieter von FTs und die Dominanz der kardialen Anwendungen die Art und Größe der verfügbaren FTs extrem begrenzend.

4.9.1.1 Die Rolle der FTs

Als Teil der hermetischen Verkapselung für ein AIMD haben FTs die folgenden Aufgaben:

- Sie sorgen für eine hohe elektrische Isolierung zwischen dem/den Leiter(n) und dem Gehäuse des Geräts, mit einem hohen Isolationswiderstand (> xx MΩ) und einem geringen Leckstrom (< xx pA).
- Sie stellen sicher, dass die angegebenen elektrischen Signale ordnungsgemäß geleitet werden.
- Sie halten das Übersprechen und die elektromagnetische Kopplung zwischen den Drähten (bei FTs mit mehreren Drähten) auf einem bestimmten Niveau.
- Sie stellen einer hermetische Abdichtung (Leckage < xx 10^{-9} std cm^3/s) sicher.
- Sie sind biokompatibel und biostabil auf der Außenseite des FT.
- Sie sind beständig gegen Reinigungs- und Sterilisationsprozesse.
- Der Flansch muss mit dem Gehäuse verschweißbar sein.
- Der Draht oder Stift muss mit der internen Elektronik und dem externen Anschluss verbunden werden können.
- Die oben genannten Eigenschaften dürfen durch die Verformung des Drahtes bei der Montage nicht beeinträchtigt werden.
- Das oben Beschriebene sollte mindestens 10 Jahre lang im Körper bestehen bleiben.

4.9.1.2 Arten von elektrischen Signalen Übertragen durch FTs

FTs werden für die Übertragung einer Vielzahl von elektrischen Signalen verwendet. Hier sind einige der Klassifizierungen:

- Richtung:
  - Die im AIMD erzeugten Signale und an eine stimulierende Leitung (die meisten Anwendungen, wie z. B. Herzschrittmacher)
  - Signal, das außerhalb des Geräts gesammelt und an das AIMD weitergeleitet wird (BCISensoren, Messung von Körperpotentialen, induktives Aufladen, usw.)
  - FT wird abwechselnd für die beiden oben genannten Zwecke verwendet

- Spannung:
  - Niederspannung (wie Herzschrittmacher)
  - Hochspannung (z. B. Defibrillatoren), die ein hohes Isolationsniveau erfordert
- Aktuell:
  - Niedrige Stromstärken (wie bei Herzschrittmachern)
  - Hohe Stromstärken (wie bei Defibrillatoren), die einen größeren Drahtdurchmesser und hochleitende Materialien erfordern
- Häufigkeit:
  - Niederfrequenz (wie Herzschrittmacher oder Defibrillatoren)
  - Hochfrequenz (BCI und Neurostimulatoren, RF-Kommunikation)

Diese breite Palette von Signalen bedeutet, dass eine bestimmte FT-Technologie in mehreren Modellen dekliniert werden muss, um die Vielfalt der Anwendungen abzudecken.

4.9.1.3 Zwei wichtige FT-Technologien

Im Bereich der FTs für AIMDs gibt es grundsätzlich zwei Möglichkeiten (siehe Abb. 4.13), um eine hermetische Verbindung zwischen dem Isolator und den Metallteilen (Flansch und Draht bzw. Drähte) zu gewährleisten:

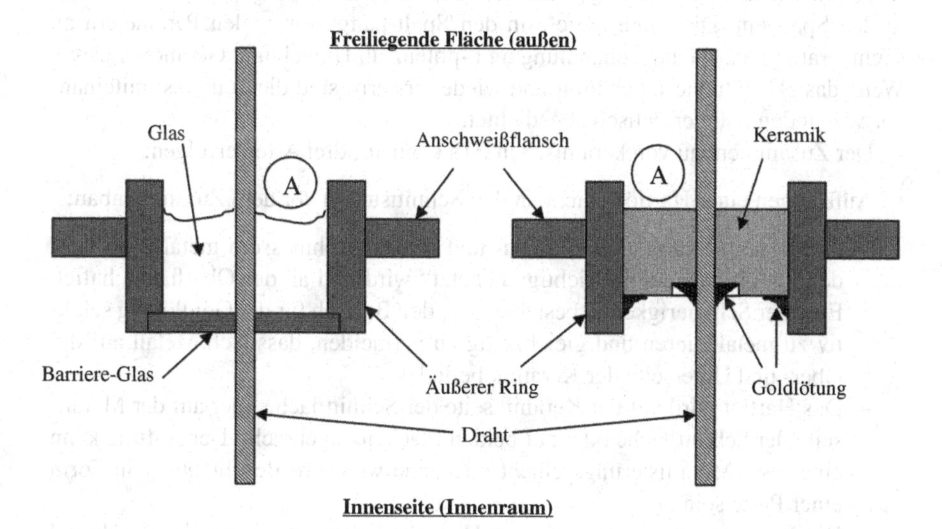

Abb. 4.13 Glas (links) und Keramik (rechts) FTs

- Hartlöten, d. h. Schmelzen einer Metallschicht an der Schnittstelle zwischen dem Isolator und dem Metallteil. Wir nennen sie keramische FTs oder goldgelötete FTs.
- Verschmelzung des Isolators oder eines Teils des Isolators. Wir werden sie als Glas-FTs bezeichnen.

Diese beiden Technologien werden weiter unten ausführlicher beschrieben. Mir ist kein Beispiel bekannt, in dem FT diese beiden Technologien kombiniert. Andere Technologien, wie Kleben oder Kunststoffisolatoren, werden in dieser Studie nicht behandelt, da sie für AIMDs nicht geeignet sind. Bei medizinischen Anwendungen habe ich noch keine koaxialen FT gesehen.

4.9.1.4 Keramische FTs

Ein keramischer FT besteht aus den folgenden Teilen:

- Ein oder mehrere elektrische Leiter, in Form von Drähten, Bändern oder Stiften
- Ein Isolator aus keramischem Material, mit Löchern zum Einführen der Leiter
- Ein Flansch

Die hermetische Verbindung der Teile wird durch Hartlöten sichergestellt, das darin besteht, ein Hartlot (hauptsächlich Gold) in die Schnittstellen Draht/Keramik und Keramik/Flansch zu schmelzen. Das Hartlot muss eine niedrigere Schmelztemperatur haben als die anderen Werkstoffe des FT. Wenn das Hartlot seinen Schmelzpunkt erreicht und flüssig wird, „benetzt" es beide Seiten der Grenzfläche und haftet fest an den Oberflächen. Das geschmolzene Material dringt durch Kapillarität auch in den Spalt ein. Die Eindringtiefe in den Spalt hängt von vielen Parametern ab (Temperatur, Oberflächenbehandlung und -potenzial, Umgebung, Geometrie usw.). Wenn das Hartlötmaterial abkühlt und wieder erstarrt, sind die Teile fest miteinander verbunden und hermetisch abgedichtet.

Der Zusammenbau von keramischen FTs kann auf drei Arten erfolgen:

- Aufbringen einer Hartlötschicht an den Schnittstellen vor dem Zusammenbau:
  - Die Keramik muss an den Innen- und Außendurchmessern metallisiert werden, damit das Goldlot richtig „benetzt" wird und an der Oberfläche haftet. Eine der Schwierigkeiten besteht darin, den Bereich für die Goldlötung selektiv zu metallisieren und gleichzeitig zu vermeiden, dass sich Metall auf der Ober- und Unterseite der Keramik befindet.
  - Das Hartlot wird auf der Keramikseite der Schnittfläche oder auf der Metallseite der Schnittfläche oder auf beiden Flächen angebracht. Der Auftrag kann eine feste Metallisierungsschicht oder eine weichere Beschichtung in Form einer Paste sein.
  - Die Baugruppen werden auf einer Halterung platziert, die die Teile während des Lötens in Position hält.
  - Hartlöten (Schmelzen des Hartlotes in einem Ofen unter kontrollierter Atmosphäre (Schutzgas oder Vakuum)).

- Montieren Sie die Teile vor dem Auftragen einer Lötverbindungspaste:
  - Stecken Sie den Draht/die Drähte in die Löcher der Keramik und die Keramik in den Flansch.
  - Halten Sie sie in einer Halterung, da an den Schnittstellen ein Spalt vorhanden ist, der das Eindringen des Lötmaterials ermöglicht.
  - Dosieren Sie Lötpaste auf die Oberseite der Schnittstellen. In der Regel werden in die Keramik Rillen eingearbeitet, um die Paste besser an Ort und Stelle zu halten und das Eindringen/Befeuchten während des Schmelzens zu erleichtern.
  - Löten in einem Ofen unter kontrollierter Atmosphäre.
- Ringe aus Hartlot an den Schnittstellen einlegen:
  - Anstatt eine weiche Paste aufzutragen werden Ringe oder Einsätze aus Hartlot zwischen die Teile oder in Nuten über den Schnittstellen eingelegt:
    - Entweder Ringe aus massivem Gold, maschinell bearbeitet, gestanzt, oder Rohrstücke
    - oder „Vorformen“ aus Goldpulver, die gesintert oder mit einem festen oder halbfesten „Klebstoff“ verbunden sind (dieses Bindemittel wird im Ofen geschmolzen und verdampft)
  - Löten in einem Ofen unter kontrollierter Atmosphäre.

Die letztgenannte Methode eignet sich am besten für eine automatisierte Montage und große Produktionsmengen.

Andere FTs werden nur an der Flanschschnittstelle gelötet, aber die Drähte werden nicht gelötet, sondern einfach in der Keramik komprimiert, indem die Baugruppe erwärmt und verschiedene Dehnungskoeffizienten gewählt werden. Dies erfordert eine extreme Präzision bei den Abmessungen von Loch und Draht.

Die Bearbeitung des Flansches und der Drähte erfolgt auf herkömmliche Weise und ohne besondere Schwierigkeiten. Die kritischen Schritte bei der Herstellung von keramischen FTs sind:

- Bearbeitung des keramischen Isolators: hochpräzise Löcher und Nuten. Dies erklärt, warum mehrere Hersteller von keramischen FTs ursprünglich Hersteller von Keramikkomponenten sind.
- Dosieren von Lötpaste oder Einsetzen von Lötvorformlingen.

Entscheidend sind auch die Schritte der Reinigung, Oberflächenbehandlung, des Ätzens oder des Auftragens von Primer auf die verschiedenen Teile. Die Qualität der Lötverbindung hängt in hohem Maße von diesen Vorbereitungsschritten ab.

Nach der Montage machen Inspektion und Prüfung einen großen Teil der Herstellungskosten für implantierbare FT aus. Nachfolgend sind einige der Prüfschritte und Tests aufgeführt, die die meisten Hersteller entweder aufgrund von Normen oder als Teil ihrer eigenen Zuverlässigkeits- und Qualitätssicherungsverfahren eingeführt haben. Beachten Sie, dass all diese Tests für 100 % der FTs durchgeführt werden und dass niemand das Risiko eingeht, nur eine Teilmenge der Produktionschargen zu testen. In dieser Reihenfolge:

- Thermoschock: erfolgt in einem Ofen, in der Regel fünf Zyklen zwischen 200 °C und −65 °C. Ziel ist es, Spannungen abzubauen und mögliche Risse vor der Dichtheitsprüfung zu öffnen.
- Dichtheitsprüfung oder Hermetisierungsprüfung: Helium-Dichtheitsprüfung an FTs, die in geeignete Halterungen eingesetzt werden. Dies ist die anspruchsvollste Prüfung, da es schwierig ist, den Flansch mit einer Dichtung an der Halterung richtig abzudichten.
- Leckstromprüfung oder Isolationswiderstandsprüfung: Messung von Leckstrom zwischen Drähten und Drähten/Flansch.
- Durchschlagprüfung oder Hochspannungsprüfung: Anlegen einer hohen elektrischen Spannung zwischen Drähten und Drähten/Flansch.
- Sichtprüfung: unter dem Binokular, Suche nach:
  - Rissen, Einschlüssen, Blasen, Löchern, Veränderung der Farbe des Isolators
  - Rissen, Einschlüssen, Blasen, Löchern, Farbveränderungen, Diskontinuitäten, Kurzschlüssen oder Brücken in der Goldlötung
  - Rissen oder anderen Verletzungen der Leitung(en)
  - Risse oder anderen Verletzungen des Flansches
  - Spuren von Oberflächenverschmutzung, Fingerabdrücken, Öl, Staub

4.9.1.5 Glas-FTs

Ein Glas-FT besteht aus den gleichen Teilen (Drähte, Isolator und Flansch) wie ein Keramik-FT, aber die Verbindung und die hermetische Abdichtung werden durch das Verschmelzen eines Teils des Isolators selbst (Glas) sichergestellt. Es gibt kein Hartlöten oder zusätzliches Verbindungsmaterial an der Schnittstelle.

Die Baugruppe wird in einen Ofen eingeführt, um den Glasisolator zu schmelzen. Das geschmolzene Glas wird so flüssig, dass es durch Kapillarwirkung die Metalloberfläche benetzt. Das flüssige Glas neigt aber auch dazu, unter dem Einfluss der Schwerkraft wegzufließen. Daher muss unter der Glasvorform eine Barriere angebracht werden, die das geschmolzene Material an Ort und Stelle halten soll. Diese Barriere sollte ein guter Isolator sein und fest bleiben, wenn das Glas verschmolzen ist. Materialien der Wahl für die Barriere sind:

- Saphir oder Rubin (Einkristalle), wie die „Uhrensteine", die in hochwertigen Uhren verwendet werden. Die Zulieferer kommen aus der Uhrenindustrie. Es handelt sich um teure Komponenten, da sie mit Diamantwerkzeugen bearbeitet werden.
- Glas mit einer höheren Schmelztemperatur als die Vorform. Es erfordert eine perfekte Steuerung des Temperaturzyklus im Ofen, um eine gute Verschmelzung des Glasisolators zu erreichen, ohne dass die Glasbarriere schmilzt.
- Keramik.

Einige Konfigurationen haben zwei Barrieren, eine unten, um das Fließen des geschmolzenen Glases durch die Schwerkraft zu verhindern, und eine oben, um einen gewissen Druck zu erzeugen (Gewicht, das während des Schmelzvorgangs um den Draht gleitet), um das geschmolzene Glas gegen die Metallteile zu drücken und die Benetzung zu verbessern.

Die Montageschritte für ein Glas-FT sind:

- Setzen Sie den Flansch in eine Halterung ein.
- Führen Sie das/die Kabel ein.
- Setzen Sie die Schranke in den Flansch ein.
- Setzen Sie die Glasvorform ein.
- Fügen Sie die obere Schranke und das Gewicht ein, wenn sie einsetzbar sind.
- Stellen Sie sie in einen Ofen mit Gas- oder Vakuumabdeckung.

Der Zusammenbau von Glas-FTs ist einfacher als der von Keramik-FTs, da die teure Bearbeitung von Keramik entfällt und kein Goldlot benötigt wird. Glas-FTs ermöglichen auch eine hochdichte Konfiguration mit vielen Drähten.

Die Inspektions- und Prüfschritte entsprechen denen, die für keramische FTs verwendet werden (siehe oben). Wenn die Barriere durchsichtig ist (Saphir oder Glas), hat dies den Vorteil, dass der Isolator bei Durchsicht und mit Gegenlicht geprüft werden kann. Dies erleichtert die Erkennung von Rissen.

Der Schwachpunkt von Glas-FTs ist die Ausbreitung von Rissen im Glasisolator. Nachdem das geschmolzene Glas wieder erstarrt ist und an den Metallteilen haftet, können winzige Risse durch thermische Spannungen (während des Abkühlens des Ofens, während des Thermoschocktests, während des Laserschweißens des Flansches) oder durch mechanische Spannungen an den Drähten entstehen, insbesondere beim Biegen und Formen.

Zunächst werden diese winzigen Risse im Glas lokal sein und keinen Verlust der Dichtigkeit verursachen und sind daher bei der Heliumdichtheitsprüfung (des FT allein oder des gesamten Geräts) nicht nachweisbar. Die Risse können so klein sein, dass sie selbst unter einem Binokular oder bei Gegenlicht nicht sichtbar sind. *Dies ist die Achillesferse von Glas-FTs.*

Risse in Glas neigen dazu, mit der Zeit zu wachsen und sich auszubreiten. Dies ist ein langsamer Prozess, vergleichbar mit Korrosion und Diffusion. Wir verstehen nicht alle physikalischen Zusammenhänge dieses Phänomens, aber es ist eine Realität. Ein ursprünglich kleiner Riss kann sich nach einigen Jahren durch den Isolator ausbreiten und einen Weg für Feuchtigkeit öffnen. Da diese Ausbreitung langsam und unvorhersehbar ist, stellt sie ein ernstes Risiko für AIMDs mit Glas-FTs dar, falls bei der Montage ein unentdeckter Anfangsriss vorhanden ist.

Die Hauptursachen für Risse sind:

- Thermische Belastung beim Laserschweißen des Flansches.
- Verformung und Faltung der Drähte während des Montageprozesses. Das geschmolzene Glas bildet einen Benetzungsradius an der Schnittstelle mit den Drähten. Der Rand dieses Meniskus ist sehr dünn und zerbrechlich. Wenn die Drähte seitlich verschoben werden, kann das Glas um die Drähte herum brechen oder abblättern, wodurch ein Riss entsteht, der möglicherweise langsam wächst.

Die Zerbrechlichkeit von Glas bedeutet auch, dass die Leiter dünn und flexibel sein müssen. Wenn die Drähte zu starr sind, können moderne Montageverfahren (wie Widerstandsschweißen, Laserschweißen in Vorrichtungen) zur Verbindung der Drähte Spannungen und Stoßwellen im Glas erzeugen. So sind beispielsweise kurze starre Stifte und „Top Hat"-Konfigurationen in Glas-FTs nicht ratsam.

Daraus ergibt sich, dass die Auswahl von Glas-FTs besondere Sorgfalt bei der Gestaltung des Produkts, bei der Wahl der Montageverfahren und bei den Prüfverfahren erfordert.

Aufgrund ihrer hohen Beständigkeit über einen großen pH-Bereich hinweg sind Glas-FTs oft die beste Wahl für die Verkapselung von Batterien.

4.9.1.6 Vergleich, Vorteile, Nachteile, Besonderheiten und Trends (Tab. 4.1)

Die meisten Hersteller geben einen Tropfen Epoxid auf die Außenfläche des FT (sowohl Keramik als auch Glas), die in den Abb. 4.13 und 4.14 mit dem Buchstaben „A" gekennzeichnet ist. Dies geschieht in der Regel, wenn die FT vollständig montiert, die Drähte geformt und angeschlossen sind. Der Tropfen Epoxidharz sorgt für Spannungsabbau und verzögert die Einwirkung von Körperfeuchtigkeit auf den FT.

Aufgrund der Vorteile der Robustheit und der besseren Anpassung an automatisierte Montageprozesse stellen keramische FTs heute den größten Markt für AIMDs dar (fast alle Hersteller von Herzschrittmachern und Defibrillatoren verwenden keramische FTs). Einige Spezialprodukte, bei denen Miniaturisierung ein Muss ist (Cochlea-Implantate, implantierte Sensoren usw.), finden im Segment der Glas-FTs Vorteile.

Tab. 4.1 Keramische und gläserne FTs in AIMD-Anwendungen

	Keramische FTs	Glas FTs
Vorteile	Robust Für die meisten Anwendungen geeignet Angepasst an die Automatisierung Langfristig zuverlässig	Niedrigere Kosten Hohe Dichte möglich Widerstandsfähig gegen Korrosion Leichter zu miniaturisieren
Benachteiligungen	Teuer Schwierig zu miniaturisieren Maximal 10–12 Drähte (einige Ausnahmen)	Fragil Langsame Ausbreitung von Rissen Nur flexible Drähte Schlecht für hohen Strom
Besonderheiten	Hochspannung (ICDs) Hoher Strom (ICD)	Hohe Dichte (Neuro, BCI) Miniatur (Sensoren etc.)
Trends	Große Mengen Automatisierte Montage	Besondere Anwendungen Miniaturisierung

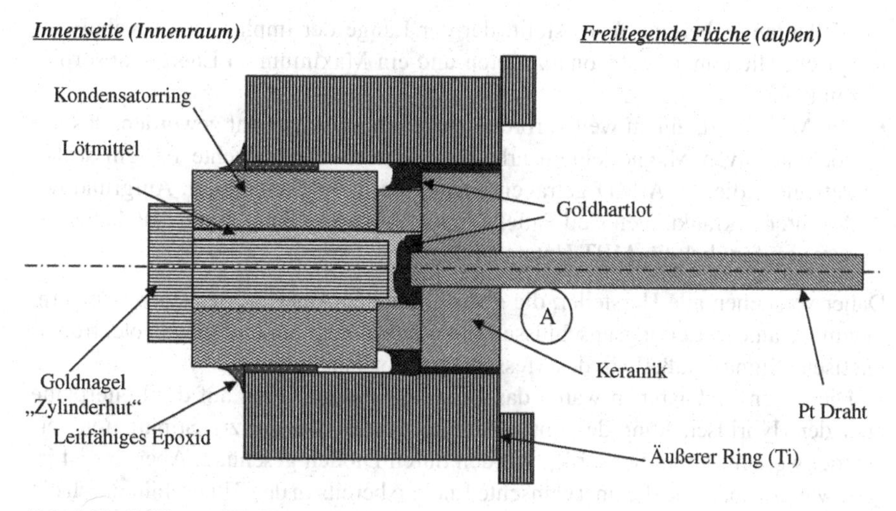

Abb. 4.14 Gefiltertes FT (Einzelader)

4.9.1.7 Gefilterte FTs

In den meisten Fällen bieten metallische Gehäuse eine ausreichende Abschirmung gegen eintreffende elektromagnetische Wellen, insbesondere im Bereich der Funkfrequenzen (RF). Leider steht die empfindliche Elektronik von AIMDs in Kontakt mit der externen elektromagnetischen Umgebung, und zwar über die sogenannten FTs, die mit Stimulations- oder Messleitungen verbunden sind. Diese Leitungen verhalten sich wie Antennen und leiten eine bestimmte Menge elektrischer Energie, die von den „Antennen“ aufgefangen wird, in das Innere des implantierten Geräts.

Bis in die 1990er-Jahre waren die Auswirkungen von elektromagnetischen Störungen (EMD) auf Herzschrittmacher aus verschiedenen Gründen vernachlässigbar:

- Die Elektronik der Implantate war einfach und robust.
- Die Hauptfunktion war die Schrittmacherfunktion; das Erkennen war nur selten.
- Der elektromagnetische Smog war im Vergleich zu heute gering (kein Mobiltelefon, keine drahtlosen Verbraucherprodukte).
- Die MRT war in den Krankenhäusern noch nicht weit verbreitet.

Heute ist die Situation der AIMDs in Bezug auf die EMD eine andere:

- Viele Geräte messen winzige Signale (einige mV oder sogar µV) an verschiedenen Stellen im Körper. Diese kleinen Signale müssen verstärkt werden, um nützliche Informationen zu gewinnen. Elektroden sind anfällig für die Absorption von elektromagnetischen Wellen und Rauschen aus der Umgebung, die ebenfalls in den Verstärker gelangen.
- In einem breiten Spektrum nimmt der elektromagnetische Smog mit der Zeit exponentiell zu, vor allem durch Handys, drahtlose Verbindungen und Diebstahlsicherungssysteme in Geschäften. Eine starke Zunahme wurde in einem

Wellenlängenbereich festgestellt, der der Länge der implantierten Kabel entspricht, die daher in Resonanz treten und ein Maximum an Energie absorbieren können.
- Die MRT ist zu einem weit verbreiteten Diagnoseinstrument geworden, das mit hochintensiven Magnetfeldern arbeitet. Mehrere unerwünschte Ereignisse bei Patienten, die ein AIMD getragen haben, wurden dokumentiert. Aufgrund der Art ihrer Erkrankungen sind Patienten mit Neurostimulatoren oder BCIs besonders empfänglich für MRT-Untersuchungen.

Daher versuchen alle Hersteller, die oben genannten Auswirkungen zu verringern, indem sie an den Leitungsanschlüssen Filter anbringen, um einfallende elektromagnetische Signale außerhalb des Messspektrums zu entfernen.

Die ersten Maßnahmen waren das Hinzufügen von Filtern auf der Leiterplatte oder der Hybridschaltung des Implantats. Leitungen, die nur zur Stimulation verwendet werden (keine Sensorik), wurden durch Dioden geschützt. Aber das ist irgendwie „zu spät“, da die unerwünschte Energie bereits in den Titanschild durch die FTs eingedrungen ist.

Im Idealfall sollte der Filter das unerwünschte Rauschen auf der geerdeten Abschirmung kanalisieren. Der beste Platz für den Filter ist also auf der Höhe des FT, zwischen dem Draht und dem Flansch. Mitte der 1990er-Jahre begann Medtronic damit, kleine Kondensatorchips (von Hand) an die Seite der FTs zwischen Draht und Flansch zu schweißen.

Die endgültige Konfiguration ist die Integration des Filters in das FT. Medtronic hat vor mehr als zwei Jahrzehnten einen solchen integrierten gefilterten FT patentiert und entwickelt [28, 29]. Das Prinzip ist in Abb. 4.14 beschrieben.

Bei dieser Filterkonfiguration handelt es sich um einen einfachen Kondensator (in der Größenordnung von 10 pF bis 1 nF), der den Draht mit dem geerdeten Flansch verbindet. Er filtert also die hohen Frequenzen weg. Leider hat ein solches passives Filter erster Ordnung eine schlechte Unterdrückungsrate und keine scharfe Grenzfrequenz. Dieses gefilterte FT bietet einen gewissen Grundschutz für Herzschrittmacher, ist aber nicht ausreichend für hochempfindliche Messleitungen (wie bei einigen fortgeschrittenen Neuroanwendungen und BCI).

Anspruchsvollere Filter (LC-Filter, aktive Filter) können nicht in den Kern des FT integriert werden. Es gibt zahlreiche Patente, in denen gefilterte FTs beschrieben werden, von denen einige auch Induktoren oder aktive Komponenten enthalten. Einige Hersteller untersuchen zudem die Möglichkeit, den Filter oder einen Teil davon in die Leitung oder in den Anschlussblock zu integrieren. Die Hauptschwierigkeit, wenn sich Elemente des Filters außerhalb des Titangehäuses befinden, besteht darin, die Biokompatibilität zu wahren.

Im Prinzip werden Filter nur für Sensorleitungen oder kombinierte Mess-/Stimulationsleitungen benötigt. Bei Elektroden, die nur stimulieren (keine Sensorfunktion), sind die Ausgangstreiber durch Dioden gut geschützt. Die meisten Herzschrittmacherkabel sind bidirektional und erfordern daher einige Filter zum Schutz der Elektronik. Neurostimulation ist meist unidirektional (nur Stimulation) und weniger kritisch, was die Resistenz gegen elektromagnetische Störungen angeht. BCI-Elektroden-Arrays sammeln winzige Signale und sind daher an Verstärker mit hoher Leistung angeschlossen, was das Gerät noch empfindlicher gegenüber EMD macht. Auf den elektrischen Schutz von BCI wird in Abschn. 4.11.2.

Es wurden beträchtliche Fortschritte erzielt, um AIMDs MRT-kompatibel zu machen. Verbesserte FTs, die Filter und Schutzvorrichtungen integrieren, sind Teil der Strategie für die MRT-Kompatibilität. Siehe Abschn. 4.11.3 für weitere Einzelheiten.

4.9.1.8 Einzelne oder mehrere Drähte

Wir haben bereits über die sogenannten einadrigen FTs gesprochen, bei denen nur ein Leiter von Isoliermaterial umgeben ist. Die Entwicklung der Herzschrittmacherindustrie führte schnell zu einem Bedarf an zwei oder vier Leitern pro Gerät. Die Hersteller verfolgten zwei grundlegend unterschiedliche Konstruktionsansätze, um den Bedarf an vier Anschlüssen pro Herzschrittmacher zu decken:

- *Side-by-side*: Ausführung mit vier nebeneinander angeordneten Einzeldraht-FTs in einer Rohfassung (siehe Abb. 4.15). Sie befinden sich im unteren Bereich einer der Abschirmungen, rechtwinklig zur Oberfläche. Die FTs werden vor dem Zusammenbau des Herzschrittmachers mit dem Laser auf das obere Schild ge-

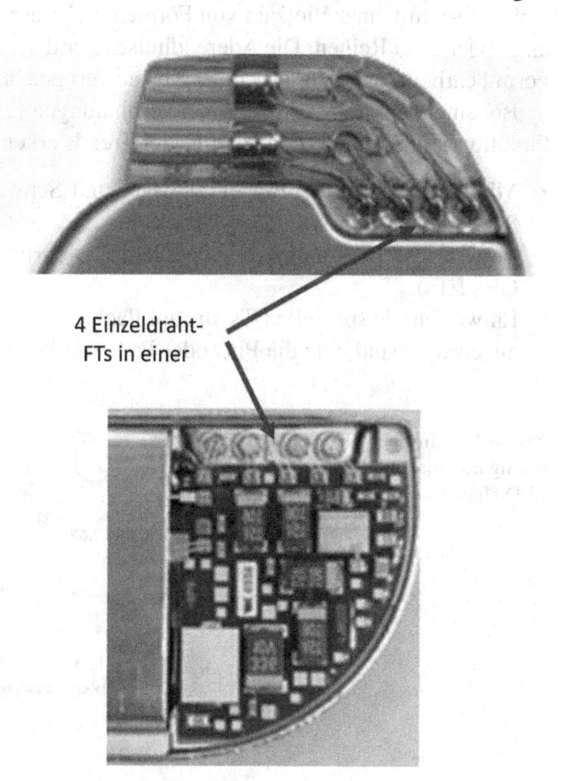

Abb. 4.15 „Side-by-side"-Konfiguration, vier einadrige FTs

schweißt. Dies hat den Vorteil, dass eine Dichtheitsprüfung der Abschirmung mit vier geschweißten FTs möglich ist, bevor mit dem Zusammenbau des Geräts begonnen wird. Vier getrennte FTs haben den Nachteil, dass sie mehr Platz auf der Oberfläche und mehr Volumen im Inneren des Herzschrittmachers für den Anschluss an die Elektronik beanspruchen. Diese Konfiguration ist einer der Schlüssel für den Erfolg von Medtronic bei der Automatisierung der Montagelinien. Die Herstellung der Komponente „Single Wire FT" ist ebenfalls hoch automatisiert. Die Kosten für vier solcher Teile sind viel niedriger als für ein Vierfach-FT. Diese „Side-by-Side"-Strategie wurde später auf Geräte mit einer großen Anzahl von Kanälen (bis zu 32) ausgeweitet. Der Platzbedarf und das Volumen, das die FTs einnehmen, werden dann unerschwinglich.
- *Multiwire-FTs*: Hersteller von Herzschrittmachern verwenden auch zwei Zweidraht-FTs oder ein Vierfach-FT, das auf der flachen Oberseite der Dose zwischen den beiden muschelförmigen Abschirmungen platziert wird. Wenn alle Komponenten zusammengebaut und im Herzschrittmacher verbunden sind, werden die beiden Abschirmungen und der/die FT in einem einzigen Arbeitsgang unter Schutzgas oder in einer Glovebox lasergeschweißt. Diese Konfiguration ermöglicht kleinere und kompaktere Konstruktionen, ist aber komplizierter in der Montage. Außerdem ist sie schwieriger zu automatisieren und teurer.

Die meisten Anbieter von FTs haben auch „In-line"-FTs entwickelt (siehe Abb. 4.16), mit einer Vielzahl von Formen und einer Anzahl von Drähten (4–15) in einer oder zwei Reihen. Die Aderendhülse oder der Flansch müssen in der richtigen Form bearbeitet werden, was hohe Kosten verursacht.

Bei einer sehr hohen Anzahl von Verbindungen (20+), wie z. B. bei Neuro- oder Funktionsstimulatoren, können wir vier Trends erkennen:

- Miniaturisierung von Einzeldraht-FTs und Schweißen nebeneinander auf dem Schild oder in Arrays.
- Verwenden Sie mehrere hochdichte Mehrfachdrähte FTs (hauptsächlich Glas FTs).
- Entwerfen Sie spezielle FTs, die auf flachen Steckern basieren die in einer Reihe angeordnet sind, wie die Pins oder Pads von keramisch gekapselten ICs.

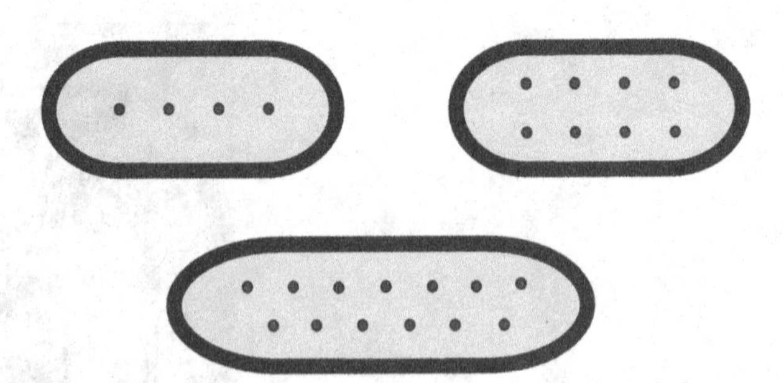

Abb. 4.16 „In-line"-FT-Konfigurationen. (4, 8, 13 Drähte)

4.9.1.9 Drahtleiter oder geformte Stifte („Top Hat“)

Traditionell bestehen die Leiter von FTs aus langen flexiblen Drähten, die auf Länge getrimmt und geformt werden, um auf die Elektronik (PCB oder Hybridschaltung) im Inneren des Geräts und auf Anschlussblöcke außerhalb des Gehäuses geschweißt zu werden. Dieses Verfahren eignet sich gut für die manuelle Montage und ermöglicht eine Vielzahl komplexer Konstruktionen.

Bis vor kurzem wurden die Drähte auf Goldblöcken (auf dem Hybrid) und direkt auf den Anschlussblöcken auf der Kopfseite widerstandsgeschweißt. Dies war sehr arbeitsaufwändig und manchmal schwierig zu überprüfen oder zu testen.

Um die Montagekosten zu senken, führten die Hersteller (Medtronic zuerst) schrittweise eine gewisse Automatisierung oder flexiblere Prozesse ein:

- „Top Hat“: Ersatz des Drahtleiters auf der Innenseite durch einen runden Goldblock. Auf der Außenseite bleibt der Leiter ein Draht (siehe Abb. 4.14). Da die vier FTs senkrecht zur Abschirmung geschweißt werden, werden die vier Goldblöcke in einem geringen Abstand zu den entsprechenden Goldblöcken auf dem Hybrid platziert. Die Verbindung zwischen den Goldblöcken erfolgt dann mit einem automatischen Drahtbonder, wie bei der Verbindung eines IC mit seiner Platine. Um die Zuverlässigkeit zu erhöhen, wird häufig ein Doppelbond pro Verbindung verwendet. Der automatische Pull-Test erfolgt zu 100 %, direkt nach dem Bonden.
- „Grid“: Das automatische Drahtbonden zur Verbindung der FTs mit der Elektronik wird durch Laserschweißen eines Gitters ersetzt. Das Gitter besteht aus vier Bändern, die mit kleinen Brücken verbunden sind. Nachdem die vier Bänder an beiden Enden verschweißt wurden, schneidet der Laser die Brücken aus.
- Erweiterung des Gitterkonzepts auf der Außenseite des Herzschrittmachers, um die vier Anschlussblöcke mit den FTs zu verbinden. Zu diesem Zweck sollten die FTs auf beiden Seiten einen „Zylinder“ haben. Dies wäre ein FT ohne Draht, nur zwei Goldblöcke, die durch einen Stift verbunden sind.

Eine weitere mögliche Weiterentwicklung des Designs von FTs mit dem Ziel, besser an die Automatisierung angepasst zu sein, besteht darin, die flexiblen Drähte durch starre Stifte oder flache Bänder zu ersetzen. Dabei gibt es zahlreiche Herausforderungen, da starre Stifte während des Schweißvorgangs den Isolator der FTs beschädigen können. Das Design für die Automatisierung ist auch schwieriger für FTs mit mehreren Drähten oder für kleine, miniaturisierte FTs.

4.9.1.10 Verschiedene Arten von Flanschen

Es gibt zwei Hauptkonfigurationen von Flanschen:

- *Einlippenflansch*: (Abb. 4.17) Er passt in ein Loch im Gehäuse (von Medtronic verwendeter Montagetyp) oder in ein Loch in einer Grundplatte. Der Flansch überlappt das Gehäuse für das anschließende Laserschweißen. Dicke und Durch-

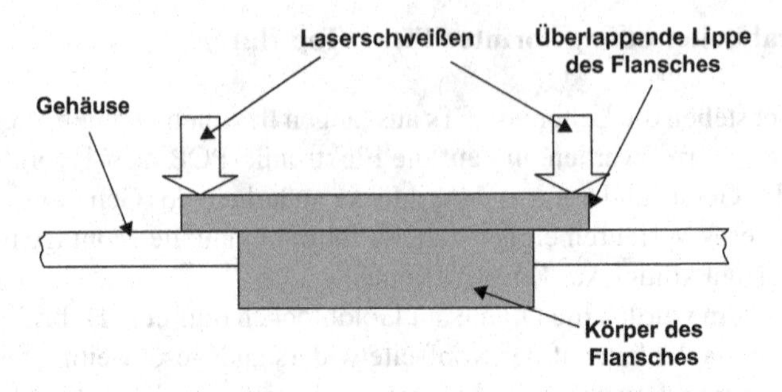

Abb. 4.17 Einlippenflansch

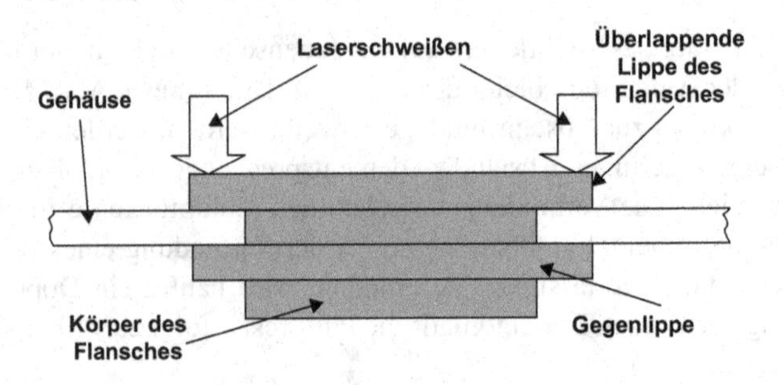

Abb. 4.18 Doppellippenflansch

messer des überlappenden Teils sind wichtige Parameter für die Qualität der Laserschweißung und hängen von den Eigenschaften des Laserschweißgeräts ab (Brennweite, Punktgröße, Schusswinkel usw.). Normalerweise werden einlippige Flansch-FTs zu einem frühen Zeitpunkt im Montageprozess auf die Dose (oder die Grundplatte) geschweißt. Die Nahtschweißung der Dose erfolgt in einem späteren Stadium.

- *Doppellippenflansch*: (Abb. 4.18) Die beiden Hälften des zweischaligen Gehäuses werden zwischen den beiden Lippen eingesetzt. Dies ist das bevorzugte Design für Herzschrittmacher mit Dual- oder Quad-Keramik-FTs. Die FT selbst hat eine „selbstbefestigende" Funktion, da sie die Positionierung und Ausrichtung der Schalen erleichtert. Wie bei einlippigen Flanschen wird nur die obere Überlappung mit dem Gehäuse lasergeschweißt. In der Regel wird das Schweißen der FT(s) im selben Laserschweißgerät und zur gleichen Zeit wie das Schweißen der beiden Dosenhälften durchgeführt. Einige Hersteller schweißen die FT(s) zuerst und schweißen dann die Dose zusammen. Andere schweißen die FT(s) nach der Dose. Die Kosten für Doppellippenflansche sind höher als die für Einlippenflansche, da die hochpräzise Nut zwischen den „Lippen" schwer zu bearbeiten ist.

4.9.1.11 Werkstoffe

Im Folgenden finden Sie eine Liste der verschiedenen Materialien, die am häufigsten in FTs verwendet werden. Für einige spezielle Anwendungen können auch exotischere Materialien erforderlich sein. Alle Materialien, die sich außerhalb der hermetischen Versiegelung befinden, müssen biokompatibel sein, auch wenn sie durch den Header abgedeckt sind. Der Header ist nicht hermetisch. Feuchtigkeit dringt durch das Kunststoffmaterial, insbesondere durch Silikonkautschuk und Klebstoff. Die Materialien werden also nach einiger Zeit einer gewissen Feuchtigkeit ausgesetzt und nichtbiokompatibles Material kann in die Körperflüssigkeiten zurückdiffundieren.

4.9.1.12 Isolatoren

- „Gläserne FTs“:
  - Glas (Schmelztemperatur im Bereich von 800 °C)
  - Barriere aus Saphir, Rubin, Keramik
- „Keramische FTs“:
  - Tonerde $Al_2 O_3$, 99 % rein
  - Zirkoniumdioxid ZrO_2
  - Synthetischer Rubin (Einkristall aus Tonerde)
  - Synthetischer Saphir

Glasvorformlinge werden aus Glasröhren geformt oder geschnitten. Saphir und Rubin sind extrem harte Materialien, die nur durch Diamantschleifen bearbeitet werden können. Keramische Isolatoren werden zunächst gesintert, aber die Schrumpfung ist zu grob, um genaue Abmessungen zu erhalten. Daher muss der Außendurchmesser auf exakte Maße geschliffen werden, und für eventuelle Rillen und Kanten sowie zum Bohren der Löcher ist eine weitere Bearbeitung erforderlich. Das Goldhartlöten ist ein recht „verzeihendes“ Verfahren, d. h., Abweichungen in der Spaltgröße können teilweise durch das Eindringen von Gold in den Spalt ausgeglichen werden. In jedem Fall ist der Isolator ein teures Teil.

4.9.1.13 Leitern

- Reines Platin (Pt) 99,95
- Platin/Iridium (90 %/10 % oder 80 %/20 %)
- Niobium
- Tantal
- Palladium
- Titan

- Wolfram
- Gold (Anstecknadeln und „Zylinderhüte“)
- Einige Speziallegierungen

Die Wahl des Materials für die Drähte hängt von den Anforderungen an Flexibilität, Verformbarkeit, Schweißverfahren und -parameter, elektrischem Widerstand, Kosten usw. ab. Es ist auch möglich, rostfreien Stahl (316L) zu verwenden, solange die zu übertragende Stromstärke bescheiden ist. Beachten Sie, dass das leitende Material auf der Außenseite des FT biokompatibel sein muss. Die Steifigkeit von rostfreiem Stahl könnte ein Problem darstellen, da die Schweißnähte durch den „Federeffekt“ belastet werden.

Eine Möglichkeit besteht darin, einen Draht mit einem hochleitfähigen Kern (Silber oder Kupfer) und einem äußeren Mantel aus biokompatiblem Material zu verwenden. Aber dann könnte der Mantel beim Schweißen auf Anschlussblöcke beschädigt werden und das Kernmaterial freilegen. Dies würde nur beim Crimpen, nicht beim Schweißen funktionieren. Golddrähte könnten eine Möglichkeit sein.

4.9.1.14 Flansche

- Unlegiertes Reintitan (Ti), Grad 1 oder 2
- Ti-Al-V-Legierungen, Güteklasse 4 oder 5
- Niobium

Reines Ti ist recht schwierig zu bearbeiten, daher verwenden einige Hersteller legiertes Ti (Grad 4 oder 5), das härter ist. Dies hat jedoch Auswirkungen auf die Laserschweißparameter.

4.9.1.15 Andere Werkstoffe (Filter, Beschichtung, Hartlöten, Schutz etc.)

- Lötmaterial:
  - Gold 99,99 %.
  - Einige Speziallegierungen (Ni/Au, In/Cu/Ag usw.)
- In gefilterten FTs:
  - Spezialkeramik oder Tantal für Kondensatorringe
  - Epoxid und leitfähiges Epoxid
  - Lötmittel
- Beschichtung der Drähte:
  - Goldauflage oder andere Metallisierung zur Erleichterung des Schweißens
- Schutz der Keramik:
  - Epoxidharz
  - Parylen

Da diese Art von Schutz den hohen Temperaturen beim Laserschweißen nicht standhält, wird die Schutzschicht in der Regel nach dem Schweißen aufgebracht.

4.9.1.16 Montage am Gerätegehäuse

Die Außenseite der FTs ist nicht in direktem Kontakt mit Körperflüssigkeiten. Der Anschlusskopf des Geräts bedeckt und schützt die FTS. Das Schutzniveau ist jedoch je nach der Technologie des Anschlusskopfes sehr unterschiedlich (siehe Abb. 4.19). Hier sind einige Beispiele für die Montage des Anschlusskopfes am Gehäuse:

I. *FTs rechtwinklig zum Gehäuse, Kleber-auf-Kopf*:

- Hohlraum „A" in Abb. 4.13 wurde vor dem Anbringen des Kopfstücks mit Epoxidharz gefüllt
- Eingespritzter Kopf, mit Silikonkleber auf das Gehäuse geklebt
- Die Drähte werden in Rillen auf der Oberfläche des Kopfstücks gebogen und mit den Anschlussblöcken verschweißt. Nach dem Schweißen und dem Zugversuch werden alle Öffnungen und Hohlräume in der Steckerleiste mit Silikon gefüllt (mit einer Spritze eingespritzt). Die Rillen (in denen sich die Drähte befinden) werden ebenfalls mit Silikon gefüllt.
- Die Drähte und die FTs sind mit einer dünnen Silikonschicht überzogen und daher nicht gut gegen Feuchtigkeit geschützt.

II. *Multiwire-FT(s) senkrecht zur Gehäusekante, aufklebbarer Header*:

- In der Mehrzahl keramische FTs mit zwei oder vier Drähten.
- Hohlraum „A" in Abb. 4.13 wurde vor dem Anbringen des Kopfstücks mit Epoxidharz gefüllt.

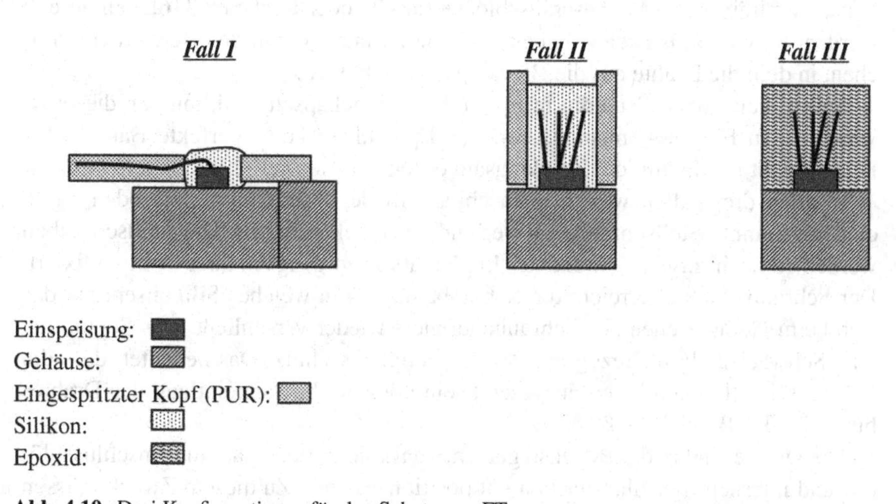

Abb. 4.19 Drei Konfigurationen für den Schutz von FTs

- Eingespritzter Kopf, mit Silikonkleber auf den Herzschrittmacher geklebt.
- Der Header wird über den Drähten und FTs eingefügt und schützt die FTs auf allen Seiten. Die Drähte werden geformt und auf einer Seite der Anschlussblöcke verlegt.
- Nach dem Anschweißen der Drähte an die Blöcke und dem Zugtest wird der Hohlraum um die FTs mit Silikon gefüllt (mit einer Spritze injiziert). Die Öffnung an der Seite des Kopfstücks, wo die Drähte an die Blöcke geschweißt wurden, wird ebenfalls mit Silikon gefüllt und/oder mit einem PUR-Schloss verschlossen, das mit Silikonkleber verklebt wurde.
- Im Vergleich zur Konfiguration „I" sind die FTs viel besser gegen Feuchtigkeit geschützt.

III. *Multiwire-FT(s) senkrecht zur Gehäusekante, gegossener Epoxy-Header*:

- Die alte Konfiguration wird noch immer von einigen Herstellern für Spezialprodukte verwendet. Es ist auch das Design der Wahl für hochkomplexe Verbindungen oder Produkte, die in kleinen Mengen hergestellt werden, wie Neuro-Geräte und BCIs.
- Die Drähte werden zunächst mit den Anschlussblöcken verschweißt.
- Der Herzschrittmacher wird dann in eine einmalige Silikonform gelegt, und Epoxid wird über die Anschlussblöcke, Drähte und FTs gegossen.
- Die FTs sind vollständig in Epoxidharz eingekapselt und bieten eine Barriere gegen Feuchtigkeit um mehrere Größenordnungen besser als Silikon.
- Diese Methode des Übergießens oder Vergießens ist auch geeignet, wenn die Elektrodenkabel direkt an den FTs befestigt werden, ohne Stecker.

Die Alternative *III* ist eindeutig die beste in Bezug auf Feuchtigkeitsschutz, Korrosion und damit die Zuverlässigkeit. Aber sie ist schwieriger zu automatisieren und erfordert viel Arbeit.

Aufgeklebte Stiftleisten (*I* und *II*) werden in Polyurethan (PUR) gespritzt und haben Hohlräume, in die Anschlussblöcke (aus Ti oder Edelstahl 316L) eingesetzt werden. Sowohl *I* als auch *II* haben seitliche Öffnungen, um den Bereich zu erreichen, in dem die Drähte auf die Blöcke geschweißt sind.

Selbst wenn sie vollständig in Epoxidharz eingekapselt sind, müssen die in *III* verwendeten FTs biokompatibel sein, da Epoxidharz keine perfekte Barriere für Feuchtigkeit ist, die mit der Zeit langsam durch den Kopfteil diffundieren wird.

In allen drei Fällen wird der Anschlussstift der Stimulationselektroden durch eine sogenannte Stellschraube im Verbindungsblock gehalten. Die Stellschrauben werden vom Chirurgen während des Implantationsvorgangs in ihrer Position fixiert. Der Schraubendreher erreicht die Schraube durch ein weiches Silikonseptum, das sich beim Herausziehen des Schraubendrehers wieder verschließt. Das Septum ist eine Schwachstelle in Bezug auf den Feuchtigkeitsschutz. Das bedeutet, dass die Blöcke schnell Feuchtigkeit ausgesetzt sein können, die dann entlang des Drahtes bis in den FT-Bereich fließt.

Die Drähte sind in der Regel so geformt, dass sie in Bezug auf die Anschlussblöcke und internen Anschlussflächen gut positioniert sind. Zu diesem Zweck müssen sie flexibel und verformbar sein. Nach dem Schweißen werden die Drähte sowohl innen als auch außen gezogen, um die Qualität der Schweißnaht zu prüfen. Dies ist die einzige mechanische Beanspruchung, abgesehen von der durch den Schweißer und die Vorrichtungen verursachten. Im fertigen Produkt werden die Drähte praktisch nicht beansprucht. Daher gibt es keine besonderen Anforderungen an die Ermüdung der Drähte.

4.9.1.17 Anschluss der Drähte im Inneren des Gehäuses

Wie die Drähte mit der Elektronik im Inneren des hermetischen Gehäuses verbunden sind, wurde oben bereits kurz erläutert.

Bis vor kurzem basierten die meisten Entwürfe auf recht langen, flexiblen und formbaren Drähten (Pt), die von Hand mit einer Pinzette geformt und verlegt wurden. Anschließend wurden die Drähte widerstandsgeschweißt (hauptsächlich Parallelspalt-Widerstandsschweißen), in der Regel auf Goldblöcke oder Pads, die sich auf dem Hybridschaltkreis befinden. Die Qualität der Schweißnaht wurde durch eine Sichtprüfung und einen manuellen Zugtest überprüft. Einige Hersteller verwenden immer noch diese Methode, die arbeitsintensiv ist. Für Kleinserien, wie z. B. bei Neuro-Geräten, ist diese Methode nach wie vor akzeptabel.

Bereits in den 1990er-Jahren hat Medtronic eine automatisiertere Anschlussmethode für Zweikammer-Schrittmacher eingeführt, mit vier Einzeldraht-FTs mit goldenen „Top Hats" an der Innenseite einer der Schalen. Dann wurde der Hybrid oder die Leiterplatte neben den FTs platziert, und ein automatischer Drahtbonder (dünne Golddrähte) stellte die Verbindung zwischen den goldenen „Top Hats" und den Goldblöcken auf dem Schaltkreis her. Der Pull-Test wurde automatisch mit der gleichen Maschine durchgeführt. Es war sogar möglich, zwei Drahtbrücken pro Verbindung herzustellen, um die Zuverlässigkeit zu erhöhen. Dieses Konzept ist nach wie vor die beste Lösung in Bezug auf Kosten, Montagezeit und Arbeitsaufwand, aber die Verwendung von vier FTs nebeneinander benötigt mehr Platz. Dies ist auch das beste Beispiel für ein Design, bei dem die FTs an die Montageprozesse angepasst wurden. Das Konzept wurde später auf Neurostimulatoren mit bis zu 32 Einzeldraht-FTs ausgeweitet.

In jüngster Zeit wurden mehrere neuere Ansätze erprobt oder sogar umgesetzt, z. B. das Ersetzen der Goldverbindungen durch ein Gitter aus Bändern. Die beiden Enden der Bänder werden mit dem Laser verschweißt, auf der einen Seite mit dem Hut oder dem Draht des FT, auf der anderen Seite mit der Elektronik. Anschließend werden die Brücken, die die Bänder zusammenhalten, mit dem Laser geschnitten.

4.9.1.18 Lieferanten von FTs

In den Anfängen der Herzschrittmacherindustrie wurde ein Großteil der FTs von Greatbatch Inc. geliefert, das heute als Integer bekannt ist [30]. Dieses Unternehmen wurde von Wilson Greatbatch [31] gegründet, einem der Pioniere der Branche für implantierbare Geräte. Mehrere Jahrzehnte lang lieferte Greatbatch Inc. FTs für fast alle Hersteller, mit Ausnahme von Medtronic, die ihre eigenen FTs herstellten (meist unter Lizenz von Greatbatch). Später traten einige Wettbewerber auf dem Gebiet der keramischen FTs auf, wie Morgan Technical Ceramics [32], SCT (Société de Céramiques Techniques) [33] oder Hermetic Solutions Group [34].

Ein halbes Dutzend Unternehmen liefern Glas-FTs an die medizinische Industrie.

In Abschn. 7.1 werden bahnbrechende neue FT-Technologien beschrieben, die der Schlüssel für die Miniaturisierung künftiger, über dem Nacken getragener BCI Implantate.

4.9.2 Hermetische Abdichtung

Die Hermetik ist niemals perfekt. Wie Prof. Anne Vanhoestenberghe (University College London) [35–37] feststellte, ist „ultimative Hermetizität praktisch unerreichbar. Was zählt, ist, dass die Verpackung für die Anwendung ausreichend hermetisch ist.“ Die grundlegende Frage, die sich den Entwicklern von AIMD stellt, lautet daher ist:

„Was ist für meine Anwendung ausreichend hermetisch?“

Der Grad der Dichtheit des Gehäuses ist nur ein Parameter der gesamten Feuchtigkeitskontrolle (siehe Abschn. 4.9.4). Wir müssen auch verstehen, was im Inneren eines abgedichteten Gehäuses geschieht. Sobald ein hermetisches Gehäuse um einen elektronischen Schaltkreis und eine Batterie herum versiegelt ist, wird das Innere des Gehäuses zu einer eingeschränkten Umgebung, die alles andere als statisch und stabil ist. Dynamische chemische, physikalische und sogar biologische Phänomene verändern die Eigenschaften dieser eingeschlossenen Umgebung. Diese Entwicklung kann sich über Jahre hinziehen. Der erste Schritt, um diese Veränderungen unter Kontrolle zu halten, ist eine angemessene hermetische Abdichtung des Gehäuses, die den Austausch von Gasen und Flüssigkeiten über die Umhüllung in beide Richtungen verhindert.

Wie oben beschrieben, ist die hermetische Abdichtung ein wesentliches Element der Feuchtigkeitskontrolle, er Korrosion und der Verhinderung von Leckagen im Zusammenhang mit dem Inhalt oder dem Inneren eines AIMD-Gehäuses. Hermetische Abdichtung ist das Verfahren, das den Verschluss von Gehäusen um die Elektronik-/Batteriebaugruppen herum ermöglicht.

Die meisten der heute auf dem Markt befindlichen Neurostimulatoren sind von der Herzschrittmachertechnologie inspiriert, mit einem zweischaligen Titangehäuse, FTs und modularer Elektronik, wie in Abb. 4.20 dargestellt.

Die Gehäuse bestehen aus den folgenden Komponenten:

- Mindestens zwei Schalen aus inhärent hermetischen Materialien (Metall, Keramik, Saphir, Glas).
- In den meisten Fällen FT-Baugruppe(n) mit isolierten Drähten oder Stiften.

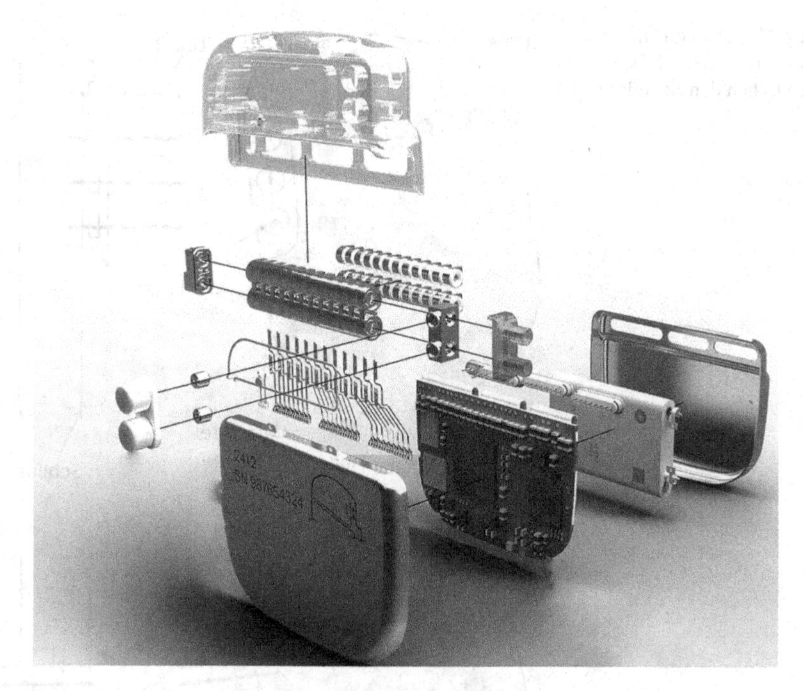

Abb. 4.20 Algovita, Beispiel eines modernen Neurostimulators mit einem Titangehäuse und 2 × 12 In-line-Anschlüssen. (Mit freundlicher Genehmigung von Nuvectra Inc.)

- Alternativ können auch FTs oder Vias in eine der Schalen integriert werden.
- Die Schalen können auch andere Elemente enthalten, wie Fenster für die optische oder RF-Kommunikationsdurchgänge für Flüssigkeiten oder verformbare Strukturen.

In der Industrie werden hauptsächlich zwei Montagekonfigurationen verwendet:

- FTs werden in einer der Schalen (Abb. 4.21a) vormontiert. Siehe auch Abb. 4.15.
- FTs werden zwischen den beiden Schalen eingeklemmt (Abb. 4.21b).

Bei hermetischen Gehäusen gibt es zwei grundlegend verschiedene Dichtungsverfahren:

- *Schweißen* der Naht zwischen den beiden Schalen durch Schmelzen des Materials der beiden Schalen an ihrer Schnittstelle ohne zusätzliches Verbindungsmaterial. Das lokale Schmelzen wird durch einen fokussierten Laserstrahl in einer Folge von Schweißpunkten mit Überlappung erzeugt. Die lokale Temperatur im Brennpunkt des Laserstrahls ist ausreichend, um das Material zu schmelzen, aber die Gesamtwärme bleibt gering und verhindert eine Beschädigung der Elektronik im Inneren der Dose. Einige Beispiele sind:

    (a) Ti-Ti-Schweißen mit einem gepulsten Yttrium-Aluminium-Granat (YAG)-Laserstrahl, der auf die Kante des Spalts zwischen den beiden Schalen oder entlang der Kante der Ti-Ferrule, die die FT-Baugruppen umgibt, fokussiert

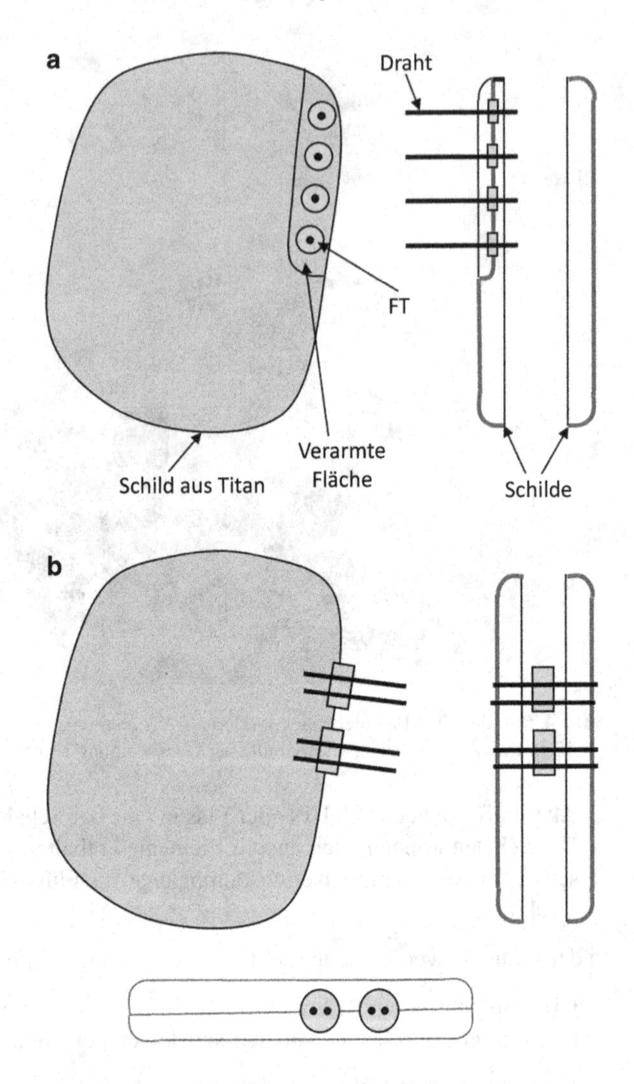

Abb. 4.21 (**a**) In einem Schild vormontierte FTs. (**b**) Zwischen den Schilden eingefügte FTs

wird. In einigen Konfigurationen ist eine Überlappung vorgesehen, um das Schweißen zu erleichtern (Abb. 4.22). 99 % der AIMDs werden auf diese Weise versiegelt.

(b) Glas-Glas-Schweißen mit einem Femto-Laser (Abb. 4.23). Die Laserenergie wird durch die Glasabdeckung geschossen und auf die Grenzfläche fokussiert, sie schmilzt das Glas lokal auf. Alternativ kann das gleiche Verfahren auch zum Verbinden einer Glasschale oder eines Glasdeckels mit Silizium- oder Saphirsubstraten verwendet werden. Primoceler (Finnland) [38], das kürzlich mit dem Glasunternehmen Schott (Deutschland) [39] fusionierte, ist führend auf dem Gebiet der Glaskapselung für medizinische Geräte.

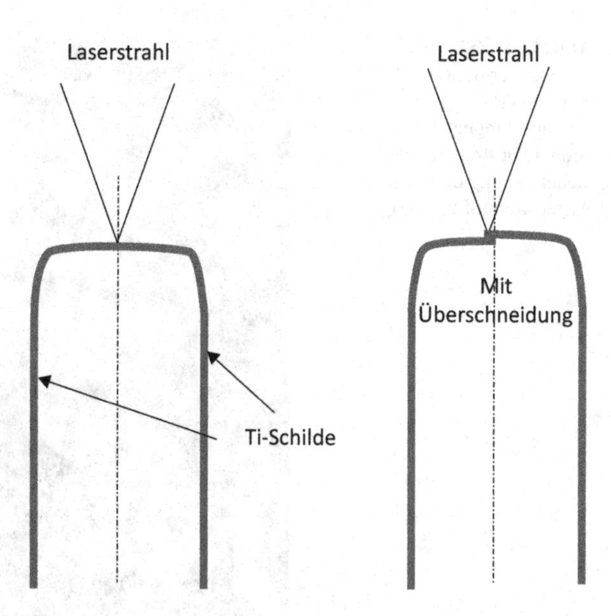

Abb. 4.22 Kante an Kante und überlappende Schilde beim Lasernahtschweißen

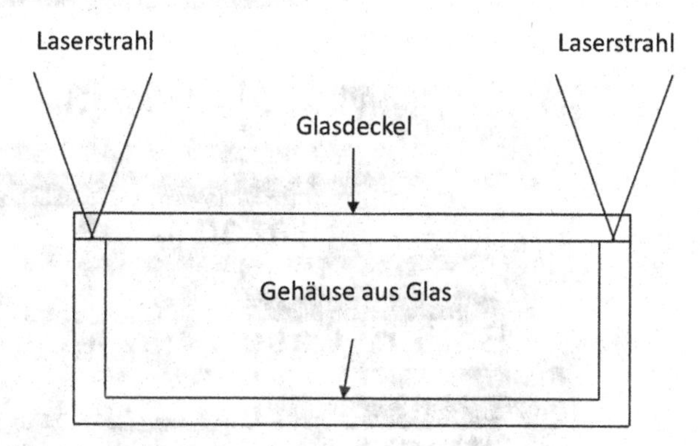

Abb. 4.23 Glas-auf-Glas-Lasernahtschweißen

- *Hartlöten* (Hinzufügen von Lötmaterial zwischen die beiden Schalen) in einem Ofen. Eine Dichtung, eine Vorform oder eine Paste aus Hartlot wird zwischen die beiden Schalen gepresst, und die Baugruppe wird bei einer ausreichend hohen Temperatur in einen Ofen eingeführt, um das Hartlot zu schmelzen. Es müssen drei Kategorien unterschieden werden:

  (a) Hartlöten von Baugruppen ohne Elektronik im Inneren (z. B. ein keramisches FT in einem Ti-Gehäuse): Goldhartlöten (Abb. 4.24). Die hohe Schmelztemperatur von Au (ca. 1060 °C) schließt das Einsetzen von elektronischen Bauteilen in den Ofen aus. Das Goldhartlöten ist ein ausgereiftes und stabiles Verfahren, das seit Jahrzehnten in der AIMD-Industrie eingesetzt wird. Die Goldverbindung ist biokompatibel, biostabil und korrosionsbeständig. Das Goldlöten ist ein verzeihender Prozess, da geschmolzenes Gold die Lücken auch dann ausfüllen kann, wenn es einige Ausrichtungsfehler gibt.

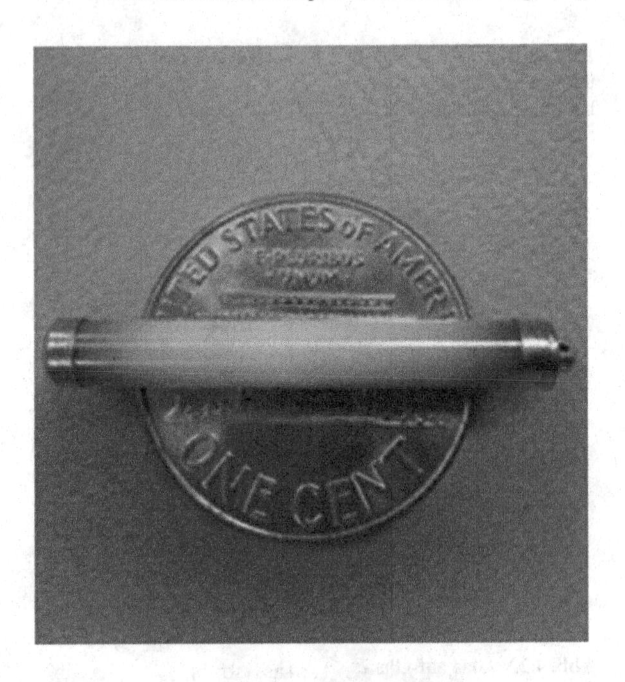

Abb. 4.24 Zylindrisch gelötete hermetische Keramik-Ti-Verkapselungbatterielos, Bion. (Mit freundlicher Genehmigung der Alfred-Mann-Stiftung)

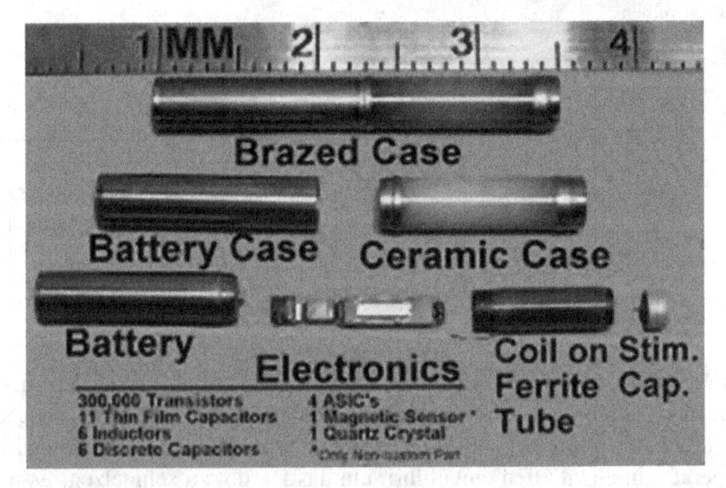

Abb. 4.25 Zylindrisch gelötete hermetische Keramik-Ti-Verkapselungeinschließlich Batterie, Bion. (Mit freundlicher Genehmigung der Alfred-Mann-Stiftung)

Dieses Verfahren wird auch verwendet, um einen Ti-Ring oder -Flansch an einer Keramikschale anzubringen, der später, wie oben beschrieben, mit der anderen Schale oder dem Deckel lasergeschweißt wird. Dieses Verfahren wird seit zwei Jahrzehnten eingesetzt, z. B. von der Alfred-Mann-Stiftung (AMF) [40] für ein FES-Gerät namens Bion (Abb. 4.24 und 4.25) [41]. Die Technologie wurde von der Hermetic Solutions Group [34] weiterentwickelt, und einige Produkte für den Menschen befinden sich auf dem Weg zur Zulassung, wie ein batterieloses Gerät mit 32 Kanälen (Abb. 4.26, 4.27, 4.28 und 4.29) von Ripple Inc. [42].

(b) Löten von Gehäusen mit elektronischen Platinen: Niedrigtemperatur-Löten (etwa 250 °C). Da die Elektronik bereits vor dem Löten in das Gerät eingesetzt wird, führt das Hochtemperatur-Goldlöten zu einer Beschädigung der Leiterplatten-Komponenten. Daher wird die Temperatur des Lötofens auf niedrigem Niveau gehalten. Leider enthalten diese Hartlote nichtbiokompatible Materialien (Sn, Ag, In, Pb usw.). Meines Wissens gibt es keine Nie-

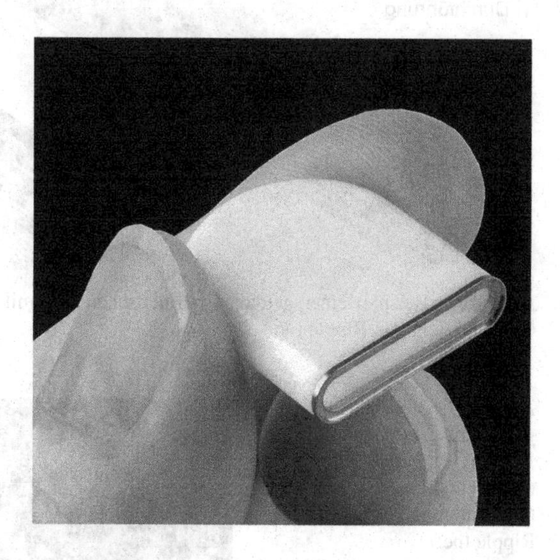

Abb. 4.26 Beispiel eines auf Keramik gelöteten Flansches. (Mit freundlicher Genehmigung von Ripple Inc.)

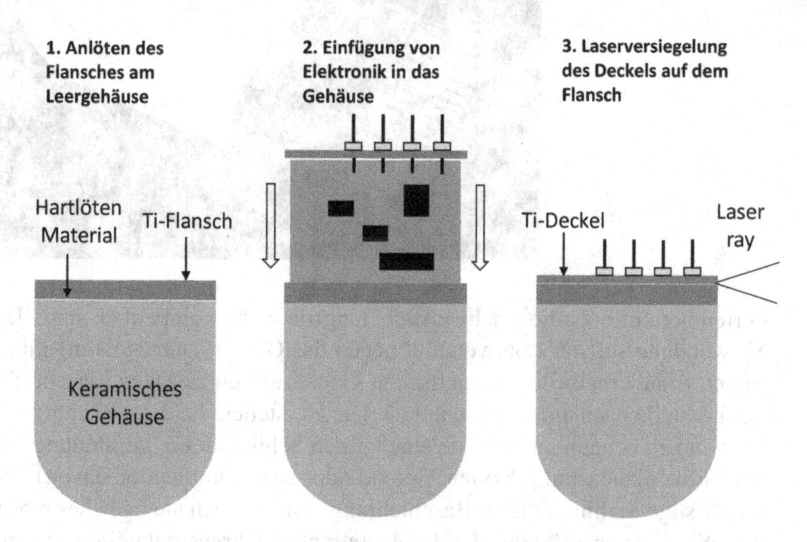

Abb. 4.27 Gelöteter TI-Flansch auf Keramik, Laserversiegelung des Deckels

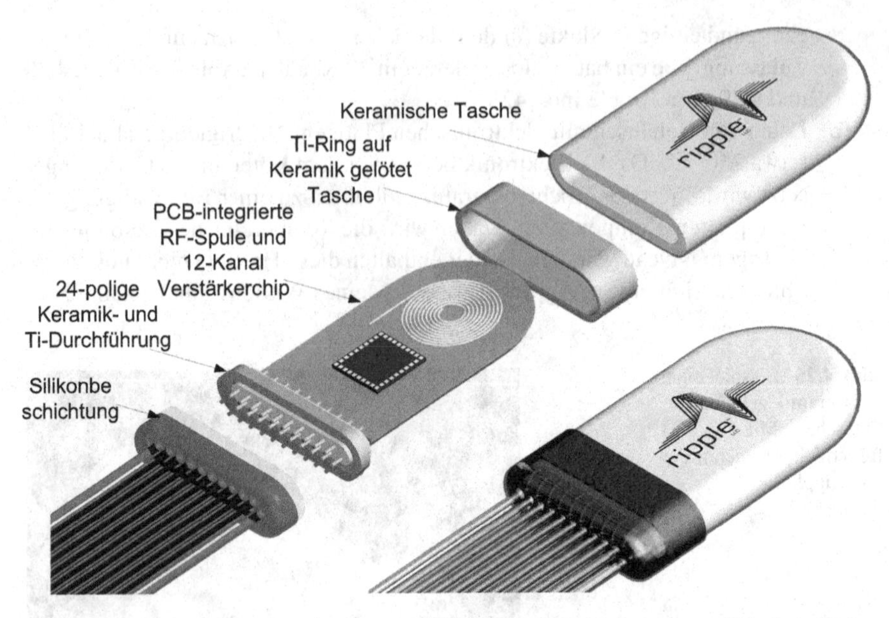

Abb. 4.28 Beispiel einer gelöteten hermetischen Keramik-Ti-Verkapselung. (Mit freundlicher Genehmigung von Ripple Inc.)

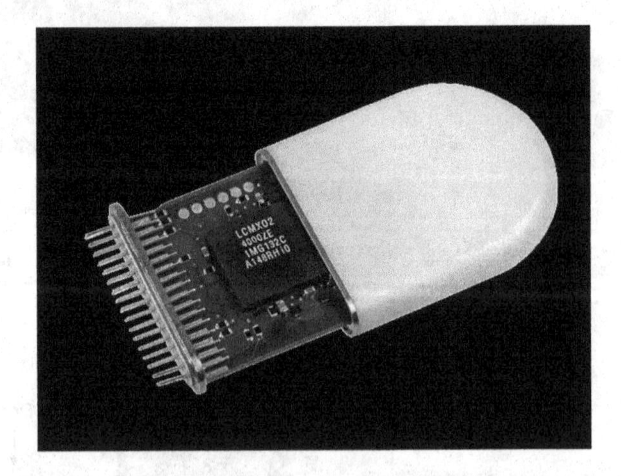

Abb. 4.29 Beispiel einer gelöteten hermetischen Keramik-Ti-Verkapselung. (Mit freundlicher Genehmigung von Ripple Inc.)

dertemperaturlote, die nachweislich langfristig biokompatibel sind. Die Verwendung solcher Lote verstößt gegen das Gesetz, „nur biokompatibles Material außerhalb des hermetischen Gehäuses" einzusetzen, da ein Teil der Lötstelle nach außen gerichtet ist. Die Hersteller, die diese Technologie verwenden, behaupten, dass sie einen guten Schutz für die Verbindung bieten (Silikonkautschuk, Parylen, Epoxid oder eine Kombination davon). Die langfristige Stabilität dieser Beschichtungen muss noch nachgewiesen werden. Sie können während des Implantationsverfahrens delaminieren, erodieren oder beschädigt werden. Weitere Erörterungen finden sich in den

Abschn. 4.9.6 und 4.9.7. Beachten Sie, dass das Hartlöten in einem Ofen auf batterielose Geräte beschränkt ist, da implantierbare Batterien keinen Temperaturen über 55–60 °C ausgesetzt werden können. Andere elektronische Bauteile wie Supercaps oder Elektrolytkondensatoren sind ebenfalls vom Ofenlöten ausgeschlossen. Pionierarbeit in dieser Technologie wurde am IMTEK [43], Universität Freiburg, Deutschland, in den Labors von Prof. T. Stieglitz [44] geleistet. Daran schloss sich M. Schüttler [45, 46] von der CorTec GmbH [47] an. CorTec entwickelte Brain Interchange (Abb. 4.30), ein Mehrkanal-Lese-/Schreibgerät, das in tieftemperaturgelöteter Keramik gekapselt ist.

(c) Biokompatibles Hartlöt-Material wie Au oder Pt, das durch lokale Erwärmung (fokussierte Laserenergie) geschmolzen wird, anstatt in einen Ofen eingelegt zu werden (siehe Abb. 4.31). Es vereint die Vorteile von (a) und (b): Biokompatibilität und die Möglichkeit, ein keramisches Gehäuse zu versiegeln, das eine Elektronik und sogar eine Batterie enthält. Ein oder zwei Unternehmen haben es geschafft, Au-Verbindungen zu schmelzen, indem sie Laserpulse durch einen Glasdeckel schossen.

Hinsichtlich der elektromagnetischen Transparenz wurden mehrere Alternativen zu Titan in verschiedenen Konfigurationen getestet. Das erste Ziel dieser Verkapselungsmethoden ist es, die RF-Kommunikation durch die Umhüllung hindurch zu ermöglichen, wobei die Antenne im Inneren bleibt. Das zweite Ziel ist die Wahrung der Hermetizität für langfristige Zuverlässigkeit. Es gibt fünf Hauptkategorien von elektromagnetisch transparenten, hermetischen Verkapselungen:

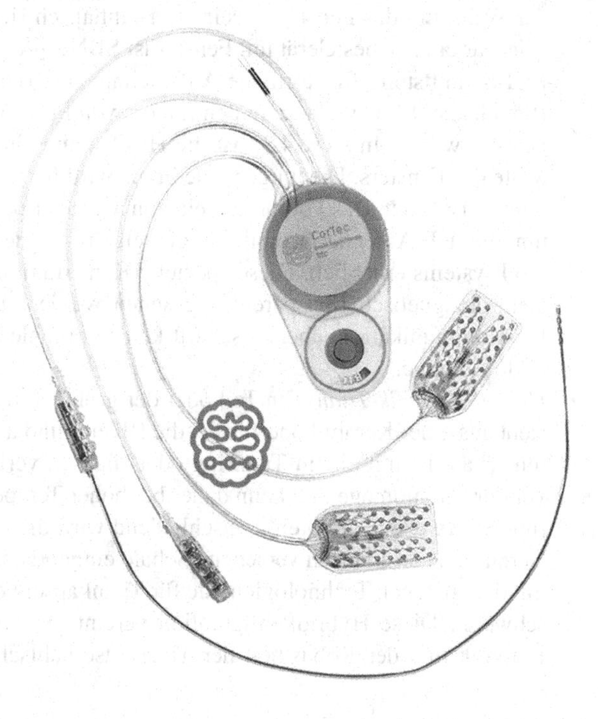

Abb. 4.30 Brain Interchange in einer Konfiguration für Close-Loop DBS. (Mit freundlicher Genehmigung der CorTec GmbH)

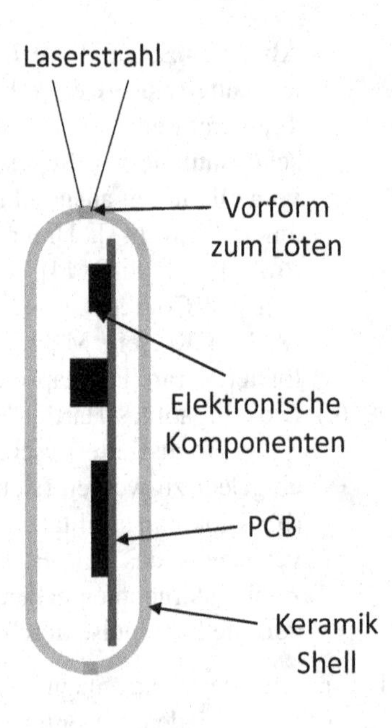

Abb. 4.31 Lasergeschmolzene biokompatible Hartlot-Verbindung für hermetische Verkapselung

- *Hinzufügen eines Fensters in das Titangehäuse*: In eine der Titanschalen wird ein Fenster aus Keramik, Glas oder Saphir eingelötet. Die HF-Antenne befindet sich hinter dem Fenster, im Inneren des Gehäuses. Da das Fenster vor der Endmontage und dem Lasernahtschweißen in die Titanabschirmung gelötet wird, kann der Lötprozess bei hoher Temperatur durchgeführt werden. Gold ist das Material der Wahl, um das Fenster in seinem Titanflansch richtig abzudichten. Ein Beispiel für ein solches Gerät mit Fenster ist SBNC [48] (Abb. 4.32), eine drahtlose BCI-Schnittstelle für kortikale Aufzeichnungen, die an der Brown University, Providence, Rhode Island, in den Labors von Prof. A. Nurmikko [49] an Tieren getestet wurde. In Abb. 4.32 ist die HF-Antenne die blaue Komponente in der Mitte des Fensters. Die umgebende Spule wird für die induktive Energieübertragung verwendet. Das Vorhandensein von Metall (Kupferspule und Titangehäuse) um die HF-Antenne beeinflusst die elektromagnetischen Eigenschaften des Funksystems erheblich. Diese spezielle Konstruktion kann nicht als vollständig elektromagnetisch transparent angesehen werden. Das Fenster erleichtert die HF-Kommunikation, aber es schafft keine optimale Umgebung für die implantierte Antenne.
- *Hybrid-Keramik-Titan*: Ein Teil oder der größte Teil der Gehäuseoberfläche besteht aus einer Keramikoberfläche, die RF ein- und auslässt. Der Rand der Keramikschale ist mit einem Titanring oder -flansch verlötet. Das Hartlöten erfolgt vor der Endmontage und kann daher bei hoher Temperatur durchgeführt werden (normalerweise Goldlöten). Anschließend wird die Elektronik in die mit einem Keramik-Titan-Flansch versehene Schale eingebracht, und der Titandeckel wird mit den gleichen Technologien, die für Titankapseln entwickelt wurden, lasergeschweißt. Diese Hybridkonfiguration vereint die Vorteile der Transparenz der Keramik und der Robustheit der Ti-Ti-Lasernahtschweißung (siehe Abb. 4.24

Abb. 4.32 SBNC, 100 Kanäle drahtlos BCI, mit Saphirfenster. (Mit freundlicher Genehmigung von Prof. A. Nurmikko, Brown University)

und 4.28). Wie beim Fensterkonzept führt das Vorhandensein von Titan zu Störungen in der elektromagnetischen Umgebung, die die HF-Kommunikation erschweren können. Der Einfluss von Metallteilen auf die HF hängt von der Position und der Richtwirkung der Antenne, der Frequenz, den verschiedenen Reflexionsschnittstellen und den Materialien ab. Die Antenne sollte so „frei" wie möglich von Metallen in der Umgebung sein. Die Bion-Konfiguration (Abb. 4.24) ist vorteilhaft, da nur die Enden des Keramikzylinders mit Metall verschlossen sind.

- *Saphir-Gehäuse mit lasergeschmolzener Lötverbindung*: Die Elektronik ist in zwei Hohlschalen aus monokristallinem Saphir (Al_2O_3) eingeschlossen. Zwischen den Schalen befindet sich eine metallische Vorform (Au oder Pt), die als Dichtung dient. Diese metallische Vorform wird durch einen Laserstrahl, der durch das transparente Material geschossen und an der Grenzfläche fokussiert wird, lokal verschmolzen. Sie sorgt für eine hermetische Abdichtung mit nur lokalem Temperaturanstieg, wodurch die Integrität der Elektronik im Inneren des Gehäuses erhalten bleibt. Eine solche Baugruppe ist sowohl hermetisch als auch transparent für HF-Wellen. Sie weist jedoch einen Nachteil auf. Die mit Metall verschmolzene Dichtung ist im Kurzschlussfall ein hochgradig leitfähiger Ring, der ein gegenläufiges elektromagnetisches Feld induziert, die Funkkommunikation einschränkt und möglicherweise Wärme erzeugt. Saphir ist sehr inert und biostabil, wenn er mit Körperflüssigkeiten in Berührung kommt. Da Saphir extrem hart ist, müssen die Hohlkörper durch Diamantschleifen hergestellt werden, ein teurer und nicht skalierbarer Prozess. Ein Schweizer Forschungsinstitut, das Centre Suisse d'Electronique et de Microtechnique (CSEM) [50], hat diese Technologie für implantierte Miniaturlaserquellen entwickelt (Abb. 4.33).
- *Glas-Glas-Dichtung* (siehe Abb. 4.34a): Wie oben, die Elektronik ist in zwei hohlen Schalen aus Glas eingeschlossen. Kein zusätzliches Material verbindet die beiden Schalen. Ein geeigneter Laserstrahl wird durch das Glas geschossen und auf die Grenzfläche fokussiert, wodurch das Material lokal schmilzt und beide Teile miteinander verbunden werden. Die Schweißnaht besteht aus einer Folge von Schmelzpunkten. Diese Anordnung hat den Vorteil, dass der Induktionsring der oben beschriebenen Saphirkapsel vermieden wird. Aber Glas ist weniger biostabil und zerbrechlicher als Saphir. Through Glass Vias (TGV) beste-

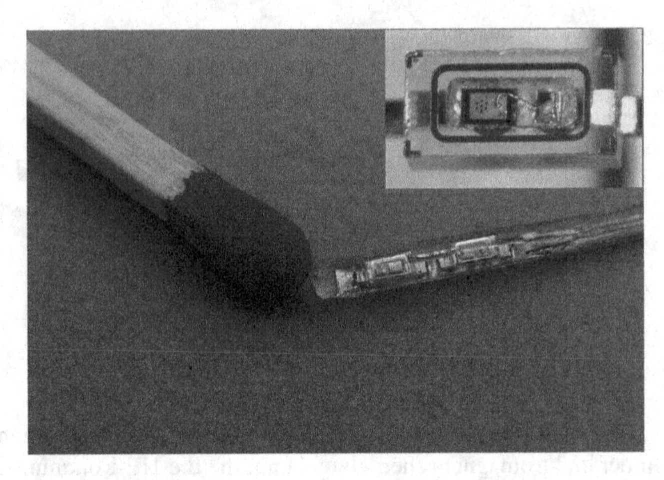

Abb. 4.33 Hermetische Verkapselung aus Saphir einer Laserquelle (<1 mm lang). (Mit freundlicher Genehmigung des CSEM)

hen aus Wolframdrähten, die nach einem geschützten Verfahren durch den Glasboden gedrückt werden. Diese Art von FT unterscheidet sich von den in Abschn. 4.9.1 beschriebenen Glas-FT insofern, als die Wolframdrähte bei einer Temperatur, die sich dem Schmelzpunkt von Glas nähert, in die untere Glasplatte eingeführt werden, wenn sich das Glas in einer plastischen, pastösen Phase befindet.

- *Niedertemperatur-Löten:* Zwei Schalen aus Keramik oder eine Keramikschale und ein Metalldeckel werden mit einer Legierung mit niedriger Schmelztemperatur zusammengelötet. Da sich die Elektronik zum Zeitpunkt des Lötens bereits im Gehäuse befindet, darf die Schweißtemperatur 200–250 °C nicht überschreiten (je nach Art der Bauteile im Gehäuse). Solche Gehäuse können keine Batterien oder Elektrolytkondensatoren enthalten. Der größte Nachteil dieser Technologie ist die Nicht-Biokompatibilität des Lötmaterials. Niedertemperatur-Lötmaterialien enthalten alle nichtbiokompatible Metalle wie Blei (Pb), Zinn (Sn), Silber (Ag) oder Indium (In). Diese Baugruppe ist hermetisch und strahlendurchlässig, hat aber den gleichen Nachteil (Induktionsring bei Kurzschluss) wie die Saphirkapselung. Das Hauptproblem bei dieser Verkapselung besteht darin, einen geeigneten Schutz für das Dichtungsmetall zu finden, um eine langfristige Exposition gegenüber Körperflüssigkeiten zu vermeiden. Im Hinblick auf die RF-Kommunikation und der induktiven Aufladung stellt der Hartlötring eine Verlustquelle dar, wie dies bereits bei der Saphirkapselung festgestellt wurde (Abb. 4.34b).

Wie in Abschn. 4.9.4 zu sehen ist, muss das hermetische Verschließen so erfolgen, dass die Mengen an Feuchtigkeit und Sauerstoff, die in der Dose eingeschlossen sind, verringert werden. Vor dem Versiegeln des Gehäuses muss ein Trocknungsverfahren, der sogenannte „Backofen", angewandt werden (wie später in Abschn. 4.9.4 beschrieben). Wenn der Inhalt des Gehäuses als trocken genug für die Versiegelung beurteilt wird, haben die Hersteller grundsätzlich zwei Möglichkeiten:

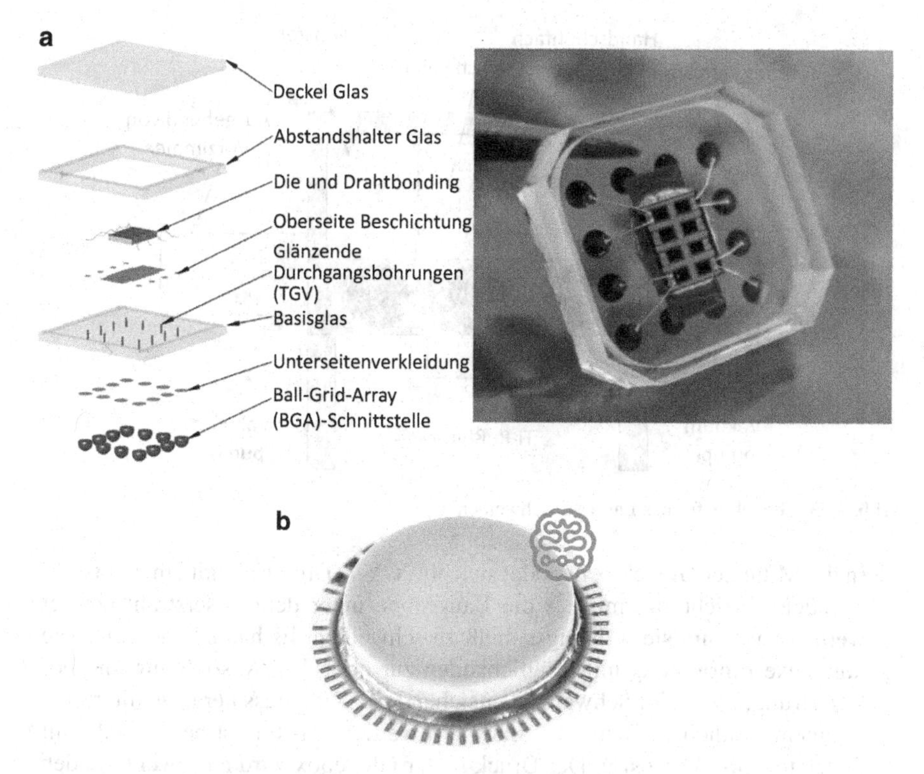

Abb. 4.34 (**a**) Glasverkapselung. (Mit freundlicher Genehmigung von SCHOTT Primoceler Oy). (**b**) Keramische Verkapselung. (Mit freundlicher Genehmigung der CorTec GmbH)

- *Versiegeln in einer Glovebox*. Eine Glovebox ist ein abgeschlossener Arbeitsplatz, zu dem der Bediener mit luftdichten Gummihandschuhen Zugang hat (siehe Abb. 4.35). Beim hermetischen Laserversiegeln ist die Glovebox eine ultratrockene Kammer, die mit Helium (He) oder einer Mischung aus Helium und Argon (20 %He-80 %Ar) gefüllt ist, die billiger ist als reines He. Diese Atmosphäre wird sehr trocken gehalten, bis zu Taupunkten < −42 °C (100 ppm Wasserdampf). MIL-STD-883, Methode 1013, empfiehlt sogar einen Taupunkt von −65 °C. Die Glovebox hat zwei Vorräume mit je zwei Türen (eine Öffnung nach außen und eine Öffnung in der Glovebox) (Abb. 4.35):
  - Eingehende Vorkammer: wird auch für den Trocknungsprozess verwendet. Die zu versiegelnden Bauteile werden in die Kammer/den Ofen gelegt und verbleiben dort für 12–24 h zum Trocknen, dem sogenannten „Backofenprozess“, in der Regel bei 55 °C (maximale Temperatur, die von den Batterien toleriert wird) unter einem tiefen Vakuum. Wenn die Baugruppen trocken sind, werden sie durch die Innentür in die Glovebox gebracht und dort laserverschweißt, wobei das trockene He-Ar im Gerät eingeschlossen wird.
  - Vorraum: wird einfach verwendet, um die versiegelten Einheiten aus der Glovebox zu entnehmen.

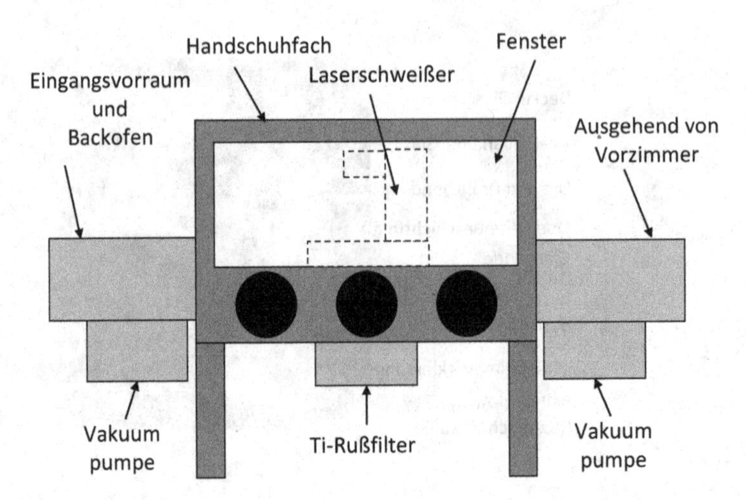

Abb. 4.35 Glovebox für das Lasernahtschweißen

In der Mitte der Glovebox befindet sich ein X-Y-Z-Drehtisch mit einer entsprechenden Vorrichtung, mit der die Baugruppe unter dem Laserstrahl bewegt werden kann, um sie ordnungsgemäß zu schweißen. Es handelt sich um eine komplexe Einrichtung mit Möglichkeiten zur optischen Ausrichtung und Fokussierung. Der beim Schweißen entstehende Ti-Ruß muss herausgefiltert und in einem luftdichten Behälter aufbewahrt werden (Ti-Ruß ist bei Kontakt mit Sauerstoff hochexplosiv). Der Druck in der Glovebox wird aus zwei Gründen leicht (10–30 mbar) über dem Atmosphärendruck gehalten:

- Der Überdruck in der ultratrockenen Atmosphäre verhindert das Eindringen von feuchter Luft aus dem Raum.
- Das nach dem hermetischen Verschluss im Gerät eingeschlossene Gas steht unter einem geringen Überdruck gegenüber dem Atmosphärendruck, was zwei Vorteile bietet:
  - Erleichtert die Grobleckprüfung
  - Aufschieben des Eindringens von Körperflüssigkeiten bei verspäteter Öffnung eines kleinen Lecks

Das Lasernahtschweißen in einer Glovebox ist der schwierigste und anspruchsvollste Prozess in der AIMD-Industrie. Eine strenge Kontrolle des Einbrennvorgangs, des Feuchtigkeits- und Sauerstoffgehalts in der Kammer sowie die Genauigkeit des Punktschweißens zu kontrollieren ist die beste Garantin für Qualität und langfristige Zuverlässigkeit. Eine solche Glovebox mit Laser, Verschiebetisch, Kameras, Filtern, Vorkammern, Kameras und Sensoren ist eine große Investition (1–3 Mio. $) und erfordert Expertenwissen für den Betrieb. Große Hersteller von AIMDs besitzen solche Geräte und beherrschen deren Betrieb. Nur eine Handvoll Erstausrüster (OEM) bieten diesen Service für Dritte und Start-ups an. Es ist sehr selten, dass ein neu gegründetes Unternehmen das Nahtschweißen in eine eigenen Glovebox durchführt.

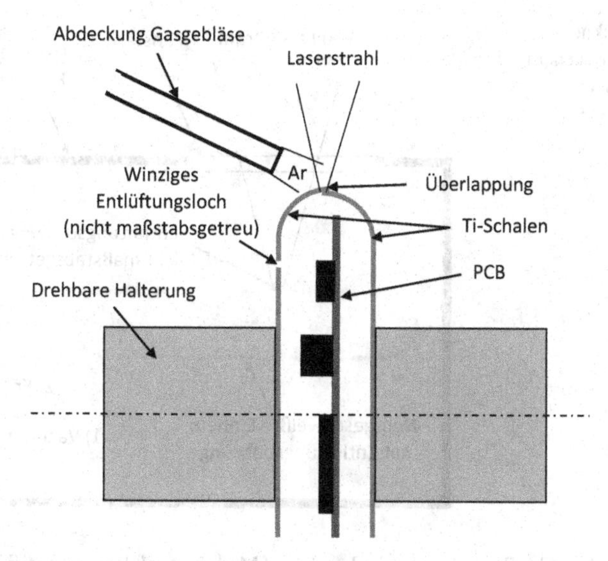

Abb. 4.36 Lasernahtschweißen in Raumatmosphäre mit Schutzgas

- *Versiegelung unter Schutzgas mit einem Spülloch.* Im Vergleich zum Glovebox-Verfahren ist dieses Verfahren kostengünstiger, liefert aber weniger stabile und weniger vorhersehbare Ergebnisse. Die zu versiegelnde Einheit wird in eine Halterung des X-Y-Z-Rotationssystems des Laserschweißgeräts eingesetzt (Abb. 4.36). Eine der Ti-Schalen hat ein kleines Loch, das sogenannte „Spülloch". Die Einheit wird dann in Raumatmosphäre lasergeschweißt, wobei ein „Schutzgas", in der Regel Ar, auf den Laserpunktschweißbereich geblasen wird, um die Oxidation und Nitrierung des geschmolzenen Tis zu minimieren. Nach dem Schweißen wird das Gerät in einer kleinen Kammer (Abb. 4.37) für 12–24 h bei 55 °C im Vakuum getrocknet (Schritt 1, Abb. 4.37). Die Feuchtigkeit verlässt das Gerät durch die verbleibende winzige Entlüftungsöffnung. Am Ende des Trocknungsprozesses wird die Kammer mit ultratrockenem He gefüllt (Schritt 2, Abb. 4.37). Trockenes He tritt durch die Spülöffnung in die Vorrichtung ein. Anschließend wird das Spülloch durch Beschuss mit einem Laser durch ein Fenster der Vakuumkammer hermetisch verschlossen (Schritt 3, Abb. 4.37).

4.9.3 *Dichtheitsprüfung*

In Abschn. 4.9.2 wurde erläutert, wie die Geräte hermetisch verschlossen werden. Wie beurteilen und messen wir die Dichtheit nach dem Versiegeln?

Die Dichtheit oder vielmehr der Mangel an Dichtheit wird als „Leckrate" gemessen. Ein Leck kann als ein Fehler im Gehäuse definiert werden, durch den Gas ein- und/oder ausströmt. In der Literatur und den geltenden Normen gibt es einige Unklarheiten bezüglich der Einheiten und Definitionen von Lecks. Ein kohärenter

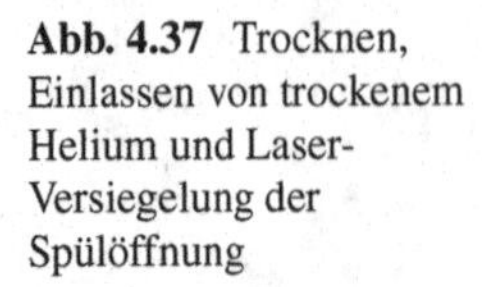

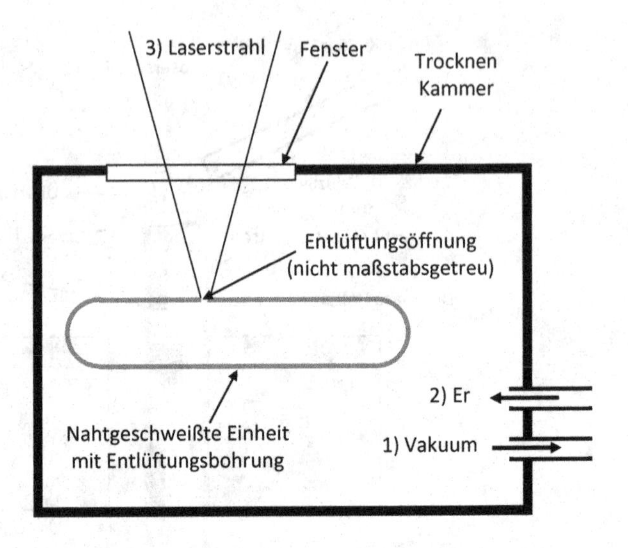

Abb. 4.37 Trocknen, Einlassen von trockenem Helium und Laser-Versiegelung der Spülöffnung

Ansatz wäre, den Gasfluss durch ein Loch in [Mol × atm/s] zu quantifizieren. Tatsächlich bezieht sich die Industrie üblicherweise auf die Leckrate, bezogen auf austretendes He bei 37 °C in (cm^3/s) für einen Druckgradienten von 1 Atmosphäre (z. B. Innendruck von 1 atm, Einheit in einer Vakuumkammer). In der Industrie wird zwischen zwei Kategorien von Leckagen unterschieden, um die Geräte in der Produktionslinie effizient testen zu können:

Grobe Lecks

In der Regel spricht man bei Leckraten über 1×10^{-5} cm^3/s von groben Leckagen. Dies entspricht 1 cm^3 alle 28 h unter Standardbedingungen. Ein winziges Loch mit einem Durchmesser von 0,1 µm (ein Tausendstel eines Haares!), das selbst mit einem Fernglas nicht zu erkennen ist, leckt mit einer Geschwindigkeit von $4{,}6 \times 10^{-6}$ cm^3/s oder hundertmal schneller als die akzeptablen MIL-Spezifikationen. Der Durchmesser eines Wassermoleküls beträgt 4×10^{-10} m. 250 Wassermoleküle nebeneinander passen auf den Durchmesser dieses winzigen 0,1 µm-Lecks. Diese Zahlen zeigen, wie schwierig es ist, perfekte Dichtheit zu erreichen.

Helium, das im Gehäuse eingeschlossen ist und mit einem Massenspektrometer gemessen wird, ist geeignet, um feine Lecks (2×10^{-10} bis 1×10^{-5} cm^3/s) zu erkennen. Bei kleineren Geräten werden grobe Lecks nicht erkannt, da das meiste oder das gesamte He bereits ausgetreten ist, bevor das Gerät in den Feinlecksucher eingesetzt wird. Eine Sichtprüfung reicht nicht aus, um grobe Lecks zu erkennen. MIL-STD-883, Methode 1004, Seite 83, und MIL-STD-750, Seite 91, definieren die Verfahren zur Erkennung grober Lecks. Es gibt im Wesentlichen zwei Methoden, um grobe Lecks zu erkennen:

- *Blasenprüfung* (zerstörungsfrei): Die Anforderungen an die Dichtheitsprüfung in der Luft- und Raumfahrt (Blasenprüfung ohne Bombing, wenn der Innendruck >84,6 mbar über dem Atmosphärendruck liegt) und MIL-STD 1576 [51] sind weniger streng als MIL-750. Wenn im Gerät kein Überdruck herrscht, sollte ein Bombing (Anlegen eines erheblichen Gasdrucks außerhalb des Geräts, um etwas Gas durch das Leck zu drücken) durchgeführt werden. Ein normaler Blasentest (Prüfbedingung D, MIL-750) wird bei einem Innenvolumen von weniger als 1 cm^3 nicht empfohlen. Stattdessen können wir die Fluorkohlenstoff-Brutalleck-Methode anwenden (Testbedingung C, MIL-750, Seite 93):

- Reduzieren Sie den Druck (Teilvakuum bei <670 Pa) für >30 min.
- Bedecken Sie das Gerät mit Fluorkohlenstoffflüssigkeit, bevor Sie das Vakuum auflösen.
- Bombing bei 5 bar während 2 h (oder andere Kombinationen von Bombendruck und Zeit)
- Entfernen Sie den Druck.
- Waschen und trocknen.
- In Fluorkohlenstoff-Indikator Typ II eintauchen.
- Eventuell vorhandene Blasen beobachten.
- Ablehnen, wenn sich zwei oder mehr Blasen an der gleichen Stelle befinden.

- *Farbstoffpenetrationstest*, auch *Zyglo-Test* genannt (zerstörend): wird hauptsächlich für die Analyse von Fehlern oder Rücksendungen im Feld verwendet. Das Gerät wird 3 h lang bei 7 bar in flüssigen Farbstoff getaucht. Dann wird das Gerät aufgebrochen, und die Farbstoffspuren im Inneren werden unter UV-Licht und Binokular untersucht. Weitere Einzelheiten in MIL-750.

Feine Lecks

Helium wird zum Aufspüren feiner Lecks verwendet, da es ein sehr kleines Molekül ist (das kleinste nach H_2), das leicht durch die kleinsten Lecks sickert. Außerdem ist es inert und in der Luft selten (4–5 ppm), was falsche Messwerte verhindert. Die Leckraten werden anhand des Volumenstroms pro Zeiteinheit in cm^3/s gemessen. Aufgrund der unterschiedlichen Viskosität und Atomgröße fließen verschiedene Gase mit unterschiedlicher Geschwindigkeit durch dasselbe Leck. He beispielsweise entweicht 2,8-mal schneller als Luft. Aus Gründen der Standardisierung werden die Leckraten in atm × cm^3/s Luft bei 25 °C gemessen, d. h., der Druckunterschied beträgt 1 Atmosphäre (1 bar). Diese Einheit wird als „std cm^3/s" bezeichnet. Die Standarddichtheitsprüfung ist definiert als die Menge trockener Luft bei 25 °C in cm^3, die pro Sekunde durch ein Leck strömt, wenn die Hochdruckseite 1 atm (760 mmHg) und die Niederdruckseite <1 mmHg beträgt. Die kleinsten Lecks, die mit einem normalen industriellen Massenspektrometer messbar sind, liegen im Bereich von 2×10^{-10} std cm^3/s. Um eine solche Empfindlichkeit zu erreichen, sollte die Größe der Vakuumkammer so klein wie möglich sein. MIL-STD-883 setzt die maximale Leckage für Geräte mit einem inneren Hohlraum von weniger als 50 mm^3 auf 5×10^{-8} std cm^3/s fest.

Der Durchfluss durch ein Leck ist ungefähr proportional zum Differenzdruck. Das bedeutet jedoch nicht, dass es keinen Durchfluss gibt, wenn der Druck innen und außen identisch ist. Lecks müssen als Austauschbereich betrachtet werden, in dem die verschiedenen Gase auf beiden Seiten auf die andere Seite diffundieren.

Die Geschwindigkeit der Diffusion hängt von der Temperatur und der Atommasse ab. Selbst bei einem Druckunterschied von null tritt He aus und Wasser oder Dampf tritt ein. Es wurde festgestellt, dass es nur 12 Tage dauert, um das Gas eines 100 mm^3 großen Hohlraums (Herzschrittmacher) mit einem Leck von 1×10^{-7} std cm^3/s ohne Druckunterschied auszutauschen.

Es gibt vier grundlegende Methoden zur Prüfung von Feinlecks mit Helium:

- Im Inneren des Geräts zum Spektrometer eine Vakuumpumpe verwenden und He auf die Außenseite sprühen. Dies gilt für Test-FTs, die auf einer Abschirmung vormontiert sind.
- Das Innere des Geräts mit He unter Druck setzen und die Kammer außerhalb des Geräts zum Spektrometer hin vakuumpumpen. Gilt nicht für versiegelte Geräte.
- Das Gerät ist in einer Glovebox mit He zu versiegeln oder durch eine Spülöffnung mit He zu befüllen, wie in Abschn. 4.9.2 beschrieben. Dann wird das versiegelte Gerät in eine Kammer gelegt, die mit der Vakuumpumpe zum Spektrometer gepumpt wird. Diese Methode wird von den meisten Herstellern zur Prüfung von Herzschrittmachern und andere IPGs verwendet. Beachten Sie, dass die Heliumdichtheitsprüfung rasch nach dem Versiegeln durchgeführt werden muss. Wird zu lange gewartet, besteht die Gefahr, dass ein großer Teil des Heliums ausgetreten ist und der He-Detektor den Fehler nicht erkennen kann. Wenn die Feindichtheitsprüfung nicht sofort (innerhalb weniger Minuten) nach dem Versiegeln durchgeführt wird, muss eine Grobleckprüfung immer mit einer Feindichtheitsprüfung und einer Sichtprüfung der Dichtung unter dem Binokular kombiniert werden.
- Die versiegelte Vorrichtung enthält kein He. Die Vorrichtung muss dann dem „Bombing“ ausgesetzt werden, d. h., sie muss unter hohem Druck für eine ziemlich lange Zeit He ausgesetzt werden, sodass etwas He durch potenzielle Lecks hineingedrückt wird. Unmittelbar nach dem „Bombing“ wird das Gerät wie oben beschrieben getestet. Wenn es Lecks gibt, ist etwas He in das Gerät eingedrungen und wird (wie oben beschrieben) entdeckt, wenn es wieder austritt. MIL-STD 750 (Seite 98) empfiehlt ein „Bombing“ von 2 h bei 5 bar und die Prüfung auf He-Lecks innerhalb von weniger als 1 h nach dem „Bombing“. Wenn das Gerät solch hohen Drücken nicht standhält, sind weniger heftige „Bombings“ möglich, aber über viel längere Zeiträume hinweg: 23,5 h bei 2 bar, 8 h bei 3 bar und 4 h bei 4 bar.

Der bekannteste Zwischenfall im Zusammenhang mit dem Verlust der hermetischen Abdichtung bei AIMDs ereignete sich bei Cochlea-Implantaten im Jahr 2004 [52], als mehrere Geräte eine eingeschlossene Feuchtigkeit im Bereich von 200.000 ppm aufwiesen (im Vergleich zu 5000 ppm, die in den Normen als Grenzwert empfohlen werden). Beachten Sie, dass die FDA Werte im Bereich von 200.000 ppm meldete, die Sättigungsfeuchte bei Körpertemperatur jedoch 58.000 ppm nicht überschreiten kann. Dies ist ein weiteres Zeichen dafür, dass die Physik der Feuchtigkeitskontrolle nicht immer vollständig verstanden wird. Eine Erklärung für die Diskrepanz könnte in der Tatsache liegen, dass die RGA bei 100 °C durchgeführt wird (siehe Abschn. 4.9.5).

4.9.4 Feuchtigkeitsregulierung

In den beiden vorangegangenen Abschnitten wurde beschrieben, wie man eine hermetische Verkapselung herstellt und wie man versiegelte Geräte testet. Die Feuchtigkeit in unseren Geräten zu kontrollieren ist ein wichtiger Teil unserer Bemühungen. Im Inneren des hermetischen Gehäuses nehmen die elektronischen Bauteile den größten Teil des verfügbaren Raums ein. Außerdem gibt es einen „leeren" Raum zwischen den Teilen, der durch He-Ar gefüllt wird, das während des Laserschweißens im Gehäuse eingeschlossen wird. Der Druck in der abdichtenden Glovebox wird bei einigen mbar über dem Atmosphärendruck gehalten, sodass im Falle eines kleinen Lecks, wenn das Gerät bereits implantiert ist, der Leckstrom von innen nach außen fließt und das Einsaugen von Körperflüssigkeiten zumindest für eine gewisse Zeit verhindert wird.

Im Idealfall sollte das im Gerät eingeschlossene Gas so trocken sein wie das Gas in der Glovebox. Die Realität sieht jedoch anders aus. Der Feuchtigkeitsgehalt im versiegelten leeren Raum wird aus verschiedenen Gründen weiter ansteigen (Abb. 4.38):

(a) Das Laserschweißen erhitzt und schmilzt Ti lokal und setzt einige Wassermoleküle frei, die in oder auf der Oberfläche des Metalls absorbiert sind.
(b) Feuchtigkeit kann durch winzige, nicht nachweisbare Lecks im versiegelten Gehäuse eindringen (perfekte Hermetizität gibt es nicht).

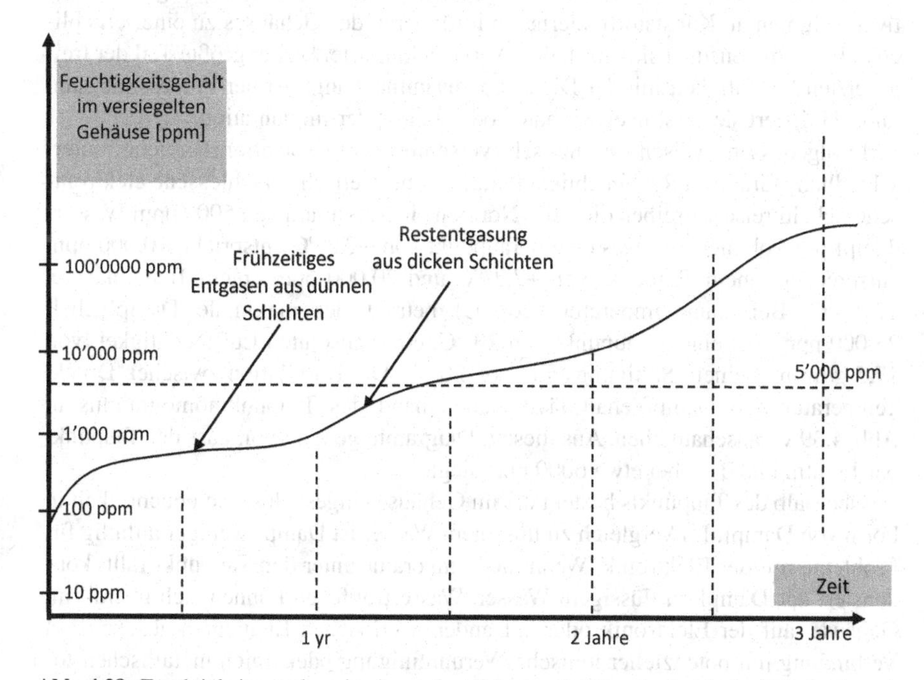

Abb. 4.38 Feuchtigkeitszunahme in einem abgedichteten Gehäuse im Laufe der Zeit. (aufgrund verschiedener Ursachen)

(c) Die im Gehäuse, einschließlich der Durchführungen und des Batteriegehäuses, absorbierte Feuchtigkeit kann ebenfalls leicht entgasen.
(d) Selbst wenn sie während des Backvorgangs ordnungsgemäß getrocknet werden, geben die elektronischen Bauteile (insbesondere wenn sie in Epoxidharz oder Silikonkautschuk verpackt sind) und das PCB-Substrat weiterhin etwas Feuchtigkeit ab (in den meisten Fällen die Hauptquelle für Feuchtigkeit nach dem Versiegeln).
(e) H_2 kann von metallbeschichteten Oberflächen, wie den Gold- oder Kupferspuren der Leiterplatte, freigesetzt werden, sich mit dem in der Dose eingeschlossenen Sauerstoff verbinden und Wassermoleküle bilden.
(f) Bauteile wie Elektrolytkondensatoren oder Supercaps sind nicht hermetisch und können Feuchtigkeit und andere Gase abgeben. Der Einbau solcher Komponenten in hermetische Gehäuse wird nicht empfohlen.
(g) Wesentliche Quellen von Feuchtigkeit finden sich in Kunststoffhaltern, Nestern, Drahtisolierungen, Abstandshaltern, dem Verguss von nackten Farbstoffen mit Handschuhen, Füllmaterial unter Flip-Chips und verschiedenen Klebstoffen (Epoxid, Silikon), die für die Montage verwendet werden.

Die oben genannten möglichen Ursachen für einen erhöhten Feuchtigkeitsgehalt in einem versiegelten Implantat sind zeitlich unterschiedlich und von unterschiedlicher Bedeutung, sodass es sich um eine komplexe dynamische Entwicklung handelt. In der Entwurfsphase ist es wichtig, die potenziellen Feuchtigkeitsquellen zu minimieren. Ich habe schlechte Konstruktionen gesehen, bei denen ein großes relatives Volumen an Kunststoffmaterialien im Inneren des Gehäuses zu einer erheblichen Feuchtigkeitsdiffusion nach dem Versiegeln führte. Da der größte Teil der freigesetzten Feuchtigkeit mit der Diffusion zusammenhängt, ist der Prozess langsam und stabilisiert sich erst nach Monaten oder Jahren der Implantation.

Infolgedessen weisen hermetisch verschlossene Expositionsbereiche unterschiedliche Grade an Restfeuchtigkeit auf. Für hermetisch verschlossene elektronische Schaltkreise schreiben die MIL-Normen ein Maximum von 5000 ppm Wasserdampf pro Volumen vor, was einem Taupunkt von −2,3 °C entspricht. 10.000 ppm entsprechen einem Taupunkt von +7,2 °C und 20.000 ppm einem Taupunkt von 17,7 °C. Bei Raumtemperatur (20 °C) beträgt der maximale Dampfgehalt 23.000 ppm, bei einem Taupunkt von 20 °C, einer absoluten Luftfeuchtigkeit von 17,5 g/m^3 und einem Sättigungsgrad von 20 °C. Die Korrelation zwischen Druck, Temperatur und Dampfgehalt lässt sich anhand des Taupunktnomogramms in Abb. 4.39 veranschaulichen. Aus diesem Diagramm geht hervor, dass der Taupunkt bei 1,0 atm und 0 °C bei etwa 6000 ppm liegt.

Oberhalb des Taupunkts besteht die im Gehäuse eingeschlossene Feuchtigkeit in Form von Dampf. Im Vergleich zu flüssigem Wasser ist Dampf weniger anfällig für Probleme mit der Elektronik. Wenn die Temperatur unter den Taupunkt fällt, kondensiert der Dampf zu flüssigem Wasser. Wassertröpfchen können sich überall im Gehäuse, auf der Elektronik oder auf anderen kritischen Elementen absetzen. In Verbindung mit potenzieller ionischer Verunreinigung oder freien metallischen Ionen kann dieses flüssige Wasser zu Kurzschlüssen führen, Korrosion auslösen oder Dendritenwachstum begünstigen.

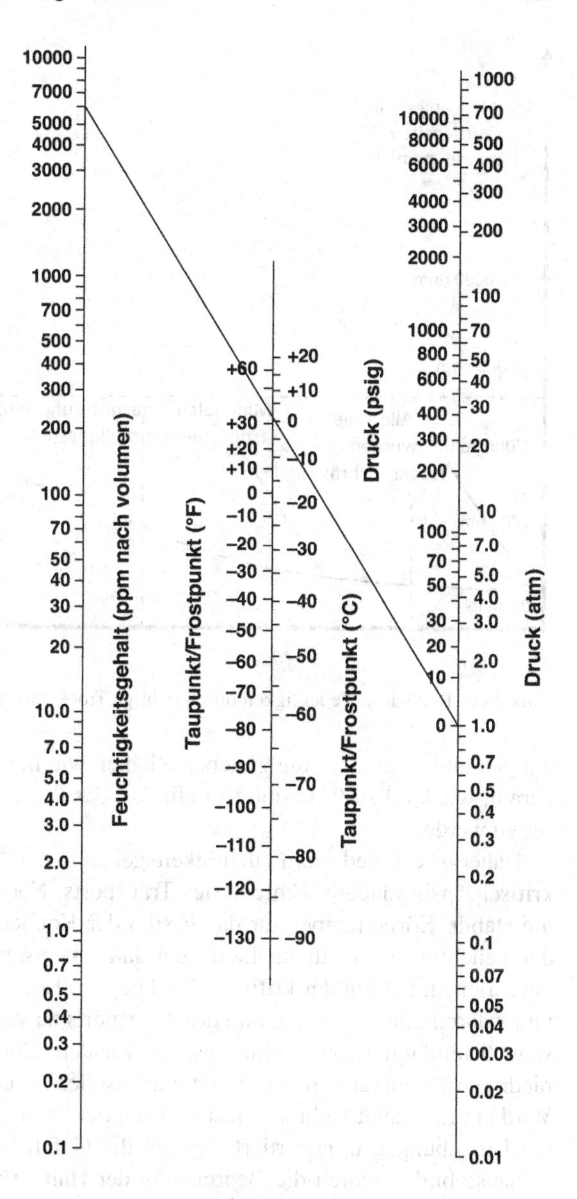

Abb. 4.39 Taupunktkurve, Beispiel bei 1,0 atm, 0 °C und 6000 ppm. (Quelle: Kevin Ely [26])

Bezüglich der Auswirkungen eingeschlossener Feuchtigkeit liegt der kritische Moment in der Lebensdauer eines aktiven Implantats zwischen dem hermetischen Versiegelungsprozess und der Implantation in den Patienten. Während des Transports von der Fabrik zum Krankenhaus ist das Implantat wahrscheinlich einem breiten Temperaturspektrum ausgesetzt, einschließlich Temperaturen unter dem Gefrierpunkt, z. B. wenn es im Winter in ein Flugzeug verladen werden soll. Aus diesem Grund wurde der maximale Feuchtigkeitsgehalt auf 5000 ppm festgelegt. Wenn die Temperatur unter 0 °C sinkt, kristallisiert der Dampf in Eisflocken, ohne die flüssige Phase zu passieren. Eis rekombiniert nicht mit ionischen Verunreini-

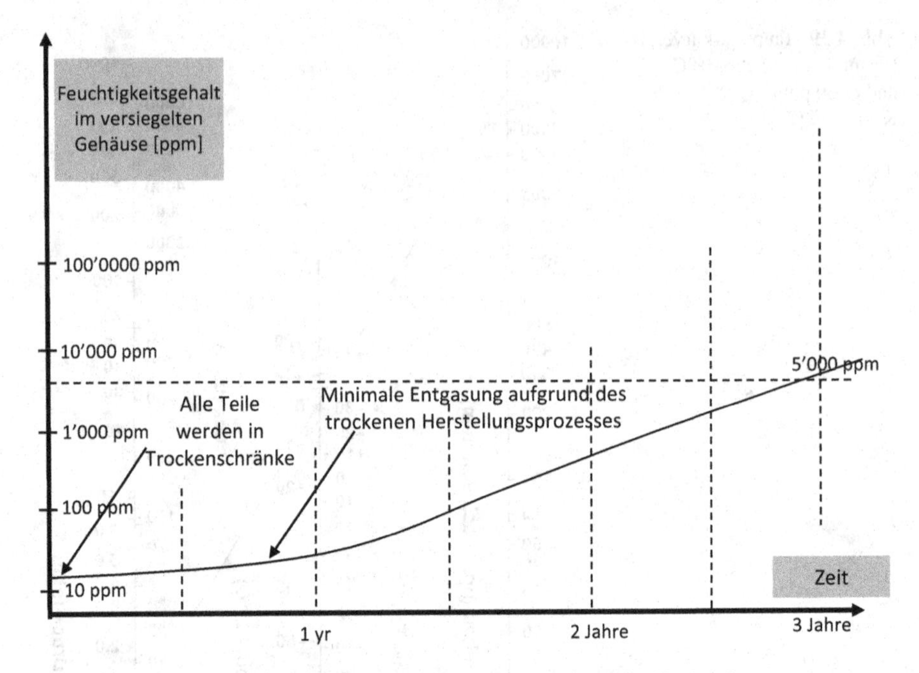

Abb. 4.40 Reduzierte Feuchtigkeit durch richtige Trocknung vor der Versiegelung

gungen und birgt nicht die gleichen Risiken wie flüssiges Wasser. Wenn die Temperatur wieder über 0 °C steigt, sublimiert das Eis in Dampf, ohne wieder zu Wasser zu werden.

Daher ist ein niedriger Feuchtigkeitsgehalt in den Monaten vor der Implantation kritisch, insbesondere während des Transports. Nach der Implantation verringert die stabile Körpertemperatur das Risiko der Kondensation erheblich, auch wenn der Feuchtigkeitsgehalt im Laufe der Jahre langsam ansteigt. Wie in Abb. 4.40 beschrieben, besteht der kritische Punkt darin, Kondensation vor der Implantation und während der Lagerung und des Transports zu vermeiden. Wenn das Implantat schnell implantiert wird, ohne dass es vor dem Eintreffen im Krankenhaus sehr niedrigen Temperaturen ausgesetzt wird, ist der Feuchtigkeitsgehalt kein Problem. Wird ein Implantat mehr als ein Jahr nach der Versiegelung implantiert und in kalten Umgebungen transportiert, besteht die Gefahr, dass sich Kondenswasser im Gehäuse bildet. Durch die Begrenzung der Haltbarkeit eines AIMD auf ein Jahr wird nicht nur die Sterilität bewahrt, sondern auch verhindert, dass die Einheiten kalter Witterung ausgesetzt werden, wenn der Feuchtigkeitsgehalt im Inneren bereits zu hoch ist.

4.9.4.1 Prozess des Backens im Ofen

Der Zweck des Vakuum-Backens ist die Freisetzung der Feuchtigkeit, die von verschiedenen Materialien im Inneren des Geräts absorbiert wird. Feuchtigkeit wird von den meisten Kunststoffen, Beschichtungen und Klebstoffen aufgenommen. Die Geschwindigkeit, mit der das absorbierte Wasser freigesetzt wird, hängt von der Temperatur, dem Vakuum, der Art und der Dicke der Kunststoffteile ab.

Für elektronische Geräte ohne Li-Ionen-Batterien wird eine Backzeit von 24 h bei 125 °C empfohlen. In der Herzschrittmacherindustrie wird der Backvorgang in der Regel 8–12 h lang bei 50–55 °C (Höchsttemperatur für die Batterie) unter Vakuum mit einer Turbomolekularpumpe durchgeführt. Die Faustregel besagt, dass eine Erhöhung der Temperatur um 10 °C zu einer Halbierung der Ausheizdauer führt.

Der Backofenprozess ist einer der entscheidenden Schritte bei der Herstellung zuverlässiger hermetischer implantierbarer Geräte. Es gibt keine wissenschaftlichen Beweise dafür, dass die herkömmliche Art des Backens optimal ist. Einige Experten bezweifeln die Wirksamkeit der Anwendung eines tiefen Vakuums, da Leckagen in Höhe der Tür feuchte Luft eindringen lassen. Eine Verbesserung, die ich vorschlage, wäre, den Backofen in eine zweite Kammer zu stellen, die mit trockenem Stickstoff gefüllt ist.

Die Zeitkonstante der Feuchtigkeitsdesorption wird je nach Material und Dicke in Wochen oder Monaten angegeben. Die Backofenprozesse in der Fertigung dürfen jedoch nicht länger als 24 h dauern, da sonst die Montagezeit unhaltbar wird. Folglich muss ein guter Montageprozess diese grundlegenden Regeln befolgen:

- Die Menge an Kunststoffmaterialien aller Art, einschließlich der Verpackung von Chips, PCB-Substraten, Halterungen, Abstandshaltern, Isolatoren und Klebstoffen, muss auf ein Minimum reduziert werden.
- Die Dicke dieser Kunststoffe muss auf ein Minimum reduziert werden.
- Vor der hermetischen Versiegelung müssen alle Teile in trockenen Schränken gelagert werden.
- Der Transport und die Handhabung von Teilen und Unterbaugruppen muss in Schutzbeuteln erfolgen, um zu vermeiden, dass sie, auch nur für kurze Zeit, der Umgebungsfeuchtigkeit ausgesetzt werden.
- Reinräume, die für die Montage verwendet werden, müssen in Bezug auf ESD so trocken wie möglich sein. Wenn die Reinräume trockener als 30 %HR sind, besteht die Gefahr, dass elektronische Schaltungen durch statische Elektrizität beschädigt werden (siehe Abschn. 4.11.1).
- Die Dauer des Backvorgangs sollte nach Möglichkeit unter der Grenze dessen liegen, was für den Produktfluss in der Produktionshalle akzeptabel ist.
- Die Backtemperatur sollte so hoch wie möglich sein, mit Rücksicht auf die Höchsttemperatur, die kritische Teile vertragen. Batterien, Elektrolytkondensatoren und Superkondensatoren sind die temperaturempfindlichsten Bauteile, die in der Regel auf eine Temperatur 55–60 °C begrenzt sind. Batterielose Geräte, wie Cochlea-Implantate, können bei viel höheren Temperaturen, z. B. bei 100–150 °C, betrieben werden. Im Vergleich zu Geräten mit Batterie ist ein batterieloses Gerät zum Zeitpunkt der Versiegelung viel trockener und gibt später weniger Feuchtigkeit ab, was langfristig zu einer höheren Zuverlässigkeit führt. Dies ist ein spezifischer Vorteil des batterielosen Geräts, der bei der Entwicklung von BCIs eine große Rolle spielt.

- Die Tiefe des Vakuums ist ein wichtiger Faktor, auch wenn wir keine Beweise für den Zusammenhang zwischen Vakuum und Trockenheit haben. Die Qualität der Dichtungen um die Tür des Schranks ist sicherlich wichtiger als die Leistung der Vakuumpumpe.

Das Backen wurde eingeführt, um die Feuchtigkeit, die zuvor von der elektronischen Schaltung absorbiert wurde, zu entfernen. Wäre es nicht sinnvoller, den Kontakt mit feuchter Luft zu vermeiden oder zu minimieren, bevor das Gehäuse versiegelt wird? Einige Hersteller haben diese triviale Aussage kürzlich verstanden:

„Wenn die Feuchtigkeit nicht absorbiert wurde, muss sie nicht entfernt werden."

Ich schlage nicht vor, das Backen direkt vor dem Versiegeln zu eliminieren, sondern die Trockenheit der elektronischen Schaltkreise vom Einbrennen bis zum Verkapseln zu erhalten. Durch geeignete Maßnahmen, um die Trockenheit vor dem Versiegeln auf einem optimalen Niveau zu halten, wird die Feuchtigkeitslage nach dem Versiegeln erheblich verbessert (Abb. 4.40).

Bei diesem strengen Konservierungsverfahren wird die große Trocknungskapazität des Einbrennprozesses genutzt. Nach der Bestückung und Prüfung der elektronischen Baugruppen führen die Hersteller mehrere Tage lang strenge Funktionstests (mit angelegter Standardspannung) bei erhöhter Temperatur (im Bereich von 150 °C) durch. Der Zweck dieses Burn-in-Prozesses (siehe Abb. 4.41) besteht darin, die „Kinderkrankheiten" der elektronischen Baugruppen zu beseitigen.

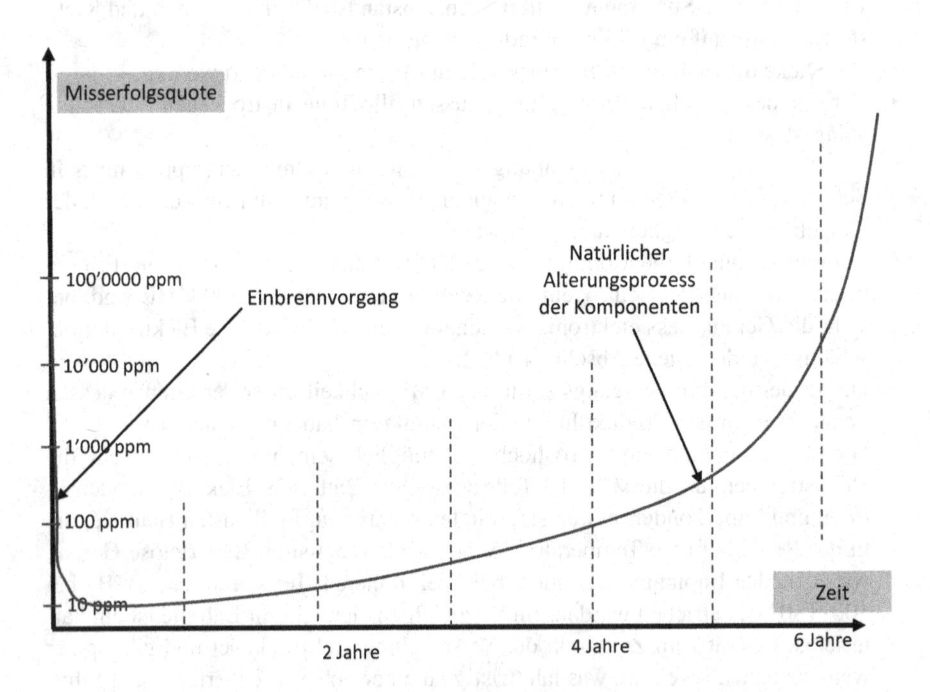

Abb. 4.41 Ausfallrate von Elektronikplatinen nach dem Einbrennen

Nach mehreren Tagen bei hoher Temperatur sind die Platten extrem trocken, und die meiste Feuchtigkeit aus den Kunststoffteilen ist diffundiert. In der Vergangenheit wurden die Platten am Ende des Einbrennvorgangs in Raumatmosphäre gelagert und begannen sofort wieder, Feuchtigkeit aufzunehmen. Die oben beschriebene Methode verhindert eine unnötige Feuchtigkeitsbelastung vom Ende des Einbrennvorgangs bis zum Einbringen der Geräte in den Backofen, indem die Teile und Baugruppen in Trockenschränken gelagert werden (trocken N_2).

Ein weiterer interessanter Ansatz für eine bessere Kontrolle der Feuchtigkeit in versiegelten Gehäusen ist die Verwendung von Trocknungsmitteln oder Gettern. Diese speziellen Materialien, die in das hermetische Gehäuse eingefügt sind, haben die Eigenschaft, Restfeuchtigkeit zu absorbieren. Es gibt zwei Kategorien von Trocknungsmitteln:

- Reversible Feuchtigkeitsabsorption: Die Chemikalie absorbiert Feuchtigkeit bis zu ihrem Sättigungsgrad. Von diesem Punkt an kann das Trockenmittel wieder Feuchtigkeit an die verdeckte Umgebung abgeben.
- Unumkehrbare Feuchtigkeitsabsorption: Die chemische Reaktion mit Feuchtigkeit ist dauerhaft: $CaO + H_2O \rightarrow Ca(OH)_2$. Die umgekehrte Reaktion findet nur bei etwa 650 °C statt. Wenn das Trockenmittel gesättigt ist, kann es keine zusätzliche Feuchtigkeit mehr aufnehmen, aber auch nicht mehr abgeben.

Die Verwendung von Trockenmitteln ist ein wirksames Mittel, um mögliche Schäden durch übermäßigen Dampfgehalt zu minimieren. Er kann die Lebensdauer eines Geräts erheblich verlängern. Dennoch bringt die Verwendung von Trockenmitteln in implantierbaren Geräten mehrere neue Herausforderungen mit sich:

- Im Gehäuse muss genügend Platz vorhanden sein, um eine angemessene Menge an Trockenmittel hinzufügen zu können.
- Die Auswahl der richtigen Trockenmittelmenge zur Gewährleistung einer langfristigen Absorption hängt eng mit der Masse und der Art des im Gehäuse eingeschlossenen Kunststoffs zusammen. Derzeit gibt es keine etablierte Methode, um die für eine langfristige Zuverlässigkeit erforderliche Menge an Trockenmitteln richtig abzuschätzen.
- Die RGA von Geräten, die ein Trockenmittel enthalten, ist schwer zu beurteilen.
- Die Validierung der Wirksamkeit der RGA ist schwer und zeitaufwändig.
- Das Trockenmittel muss unmittelbar vor dem Einsetzen in das Gerät in einem Ofen getrocknet werden. Nach dem Trocknen im Ofen sollte das Trockenmittel nicht länger als ein paar Minuten der Reinraumatmosphäre ausgesetzt werden; anderenfalls beginnt es, Feuchtigkeit zu absorbieren. Folglich erfordern der Prozessablauf und seine Validierung viel Aufmerksamkeit.

Unternehmen wie Alpha Advanced Materials [53] haben verschiedene Gettermaterialien entwickelt, die für die Absorption von Feuchtigkeit (H_2O), aber auch O_2, H_2 und CO_2 optimiert wurden. Die Galvanisierung (z. B. die Leiterbahnen der PCB) führt in der Regel langfristig zur Freisetzung von H_2. In einer geschlossenen Umgebung kann H_2 mit Metalloxiden rekombinieren und Wassermoleküle erzeugen.

Mehrere implantierbare Produkte, die ein Trockenmittel enthalten, wurden für die Vermarktung zugelassen. In den meisten Fällen wird das Trockenmittel in Form einer Platte, eines Streifens oder einer Folie unmittelbar vor dem hermetischen Verschluss in das Gerät eingesetzt. Ein neuer interessanter Trend besteht darin, das Trockenmittel auf die Innenseite des Gehäuses aufzutragen oder per Tintenstrahldruck aufzubringen. Auch die Beschichtung der Elektronik mit einer Schicht Trockenmittel könnte ein vielversprechendes Thema sein.

4.9.5 Restgasanalyse (RGA)

Bei der RGA wird ein tiefes Vakuum um das auf 100 °C vorgeheizte Gerät erzeugt. Dann wird durch einen Punktionsmechanismus ein Loch in der Vorrichtung geöffnet. Die im Gehäuse eingeschlossenen Gase werden einem Spektrometer zugeführt, das den prozentualen Anteil der verschiedenen Gase quantifizieren und identifizieren kann. Bei 37 °C beträgt die Sättigungsdampfkonzentration 44 g/m^3 und 598 g/m^3 bei 100 °C. Bei Körpertemperatur beträgt die maximale Dampfkonzentration also 58.000 ppm.

RGA identifiziert auch andere Gase, die die Korrosion beeinflussen können, wie z. B. O_2. Es ist zu bedenken, dass die Korrosion verschiedener reiner Metalle oder Legierungen auch ohne kondensiertes Wasser stattfinden kann. Dampf und/oder Sauerstoff können Korrosionsprozesse auslösen, allerdings in einem geringeren Ausmaß als flüssiges Wasser.

Der RGA-Test ist zerstörerisch und teuer, und er erfordert viel Fachwissen und Fähigkeiten. Nur wenige Labors in der Welt beherrschen diesen Test, wie Oneida Research Services (ORS) [54], das auf beiden Seiten des Atlantiks vertreten ist. Je nach Größe des Hohlraums werden unterschiedliche Methoden und Geräte eingesetzt [55]. RGA-Messungen werden während der Entwicklung eines neuen Geräts oder eines innovativen hermetischen Gehäuses durchgeführt. Nur so lässt sich beurteilen, ob die Konstruktion den Erwartungen an die Restfeuchte zum Zeitpunkt der Versiegelung entspricht. Die RGA muss auch während der Validierungsphase des endgültigen Geräts durchgeführt werden. Es wird auch empfohlen, mehrere RGA-Tests im Laufe der Zeit durchzuführen, z. B. eine Probe direkt nach dem Versiegeln und weitere Proben 3 Monate, 6 Monate und 1 Jahr nach dem Versiegeln. Die Entwicklung der Feuchtigkeits- und Sauerstoffkonzentration im Laufe der Zeit ist ein guter Indikator für die langfristige Zuverlässigkeit. Die meisten Hersteller haben eine jährliche RGA-Prüfung für jedes ihrer Produkte als Überwachungsroutine nach dem Inverkehrbringen vorgesehen.

Wenn ein Gerät einem beschleunigten Alterungstest unterzogen wird, sind RGA-Tests in aufeinanderfolgenden Zeiträumen von großem Wert.

Die Genauigkeit der RGA-Tests ist grob. Dennoch ist die RGA ein guter Indikator für die dynamische Entwicklung von Feuchtigkeit und anderer Gase in einem hermetisch abgeschlossenen Mikrokosmos. Ich habe Beispiele gesehen, bei denen eine erste RGA nach 12 h Backen im Ofen einen Feuchtigkeitsgehalt von etwa

8000 ppm ergab. Wir beschlossen dann, die Backzeit auf 24 h zu verdoppeln. Die RGA zeigte dann einen Feuchtigkeitsgehalt von 10.000 ppm! Eine erneute Verdopplung der Backzeit auf 48 h brachte uns wieder auf 8000 ppm. Solche widersprüchlichen Ergebnisse zeigen, wie schwierig diese Messung ist. Einige dieser Unsicherheiten hätten durch eine größere Anzahl von Proben bei der RGA beseitigt werden können. Aber bedenken Sie, dass es sich um einen zerstörerischen Test handelt. Idealerweise sollten wir viele Geräte durch RGA schicken, um ein statistisch kohärentes Ergebnis zu erhalten. Leider können sich die Unternehmen solche Kosten nur selten leisten.

4.9.6 Nahezu hermetische Verkapselung

In den vorangegangenen Kapiteln haben wir nachdrücklich auf die Notwendigkeit hingewiesen, implantierbare Elektronik in hermetischen Gehäusen zu verkapseln. Wir haben sogar erklärt, dass Hermetizität ein „Muss" ist und dass „sich außerhalb des hermetischen Gehäuses nur biokompatible Materialien befinden sollten." Dieser strenge Ansatz beruht auf der Geschichte der AIMDs.

Die frühen Herzschrittmacher, die Pioniere auf dem Gebiet der AIMDs, waren einfach in Silikonkautschuk oder Epoxidharz eingegossen. Dies war die beste damals verfügbare Technologie. Schon bald zeigten viele Ausfälle und unerwünschte Ereignisse, dass die Ummantelung erhebliche Einschränkungen hinsichtlich der Zuverlässigkeit, der langfristigen Leistung und der Sicherheit der Patienten mit sich brachte. Aufgrund der unvermeidlichen Diffusion von Feuchtigkeit durch Silikone und Epoxide konnte Elektronik mit hoher Dichte nicht verwendet werden. Als Ende der 1970er-Jahre die ersten vollständig hermetisch verschlossenen Titankapseln auf den Markt kamen, bedeutete dies eine Revolution. Plötzlich war es möglich, Elektronik so zu versiegeln, dass sie möglicherweise jahrzehntelang funktioniert (es sei denn, die Lebensdauer der Batterie erfordert einen schnelleren Austausch) und die bestmögliche Patientensicherheit gewährleistet ist. Titan-Gehäuse waren eine große Veränderung für diese Branche.

Heute, mit der kumulierten Erfahrung von mehreren Jahrzehnten jährlicher Implantation von Millionen von Geräten und mit erstaunlich seltenen unerwünschten Ereignissen im Zusammenhang mit der Hermetizität, können wir uns fragen, ob die Strategie der vollständig hermetischen Versiegelung nicht übertrieben war. An sich ist ein Herzschrittmacher so gekapselt, dass dies vor dem Eindringen von Feuchtigkeit 20, 30 oder vielleicht 100 Jahre lang schützt. Aber die Batterie ist nach 10 Jahren leer, und das Gerät wird durch ein neues ersetzt. Ist eine hermetische Titankapselung zu gut für 10 Jahre Gerätelebensdauer? Zumindest können wir sagen, dass Herzschrittmacher eine gute Sicherheitsmarge hinsichtlich ihrer Widerstandsfähigkeit gegen Feuchtigkeit haben.

Neurotechnische Geräte und BCI weisen Besonderheiten auf, die Herzschrittmacher nicht aufweisen. Die beiden wichtigsten sind:

- BCIs haben viele Kanäle, die viele FTs erfordern. Mit den derzeit verfügbaren FT-Technologien wird es schwierig, Mehrkanal-Titanverkapselung und Miniaturisierung zu kombinieren.
- BCIs kommunizieren mit Hochfrequenz. Das Titangehäuse ist ein Schild oder eine Barriere gegen elektromagnetische Wellen.

Daher ist es an der Zeit, für BCI und andere komplexe Neuro-Geräte die Verwendung eines hermetisch verschlossenen Titangehäuses zu überdenken.

Es gibt drei Möglichkeiten, eine in den Körper implantierte elektronische Karte zu schützen:

- *Vollständig hermetische Verkapselung*: Einsetzen der Elektronik in eine hermetisch verschlossene Box mit ausschließlich biokompatiblen Materialien außerhalb des hermetischen Gehäuses, wie oben im Detail beschrieben (siehe Abb. 4.9)
- *Hermetisch/nahezu hermetisch Hybrid-Kapselung*: Die Elektronik ist hermetisch versiegelt, aber nichtbiokompatible Materialien außerhalb des hermetischen Gehäuses sind nur durch eine nahezu hermetische Beschichtung oder einen Verguss geschützt (siehe Abb. 4.30 und 4.42).
- *Nahezu hermetische* Verkapselung: Beschichten und/oder vergießen Sie die elektronische Baugruppe (siehe Abb. 4.43).

Das Konzept der Versiegelung eines Gehäuses um die Elektronik herum wurde in früheren Kapiteln eingehend untersucht. Angesichts der Notwendigkeit, BCI-Geräte zu miniaturisieren Geräte und sie so dünn wie möglich zu machen, hat die „Versiegelung in einem Gehäuse" drei große Nachteile:

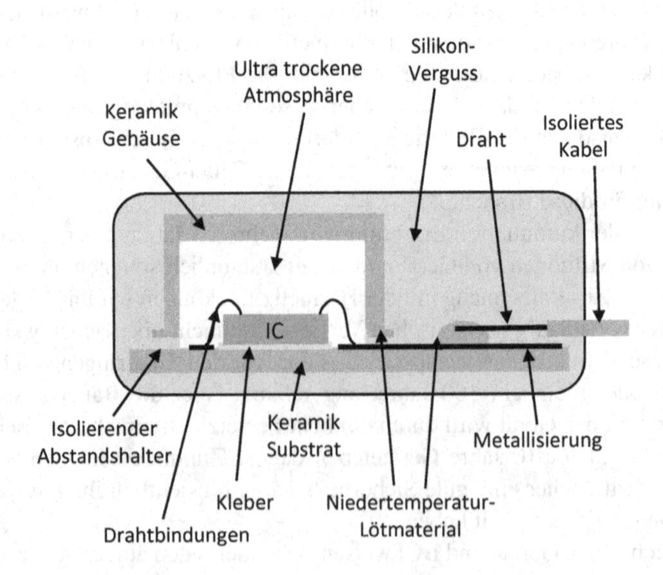

Abb. 4.42 Hermetische/nahezu hermetische Hybrid-Kapselung

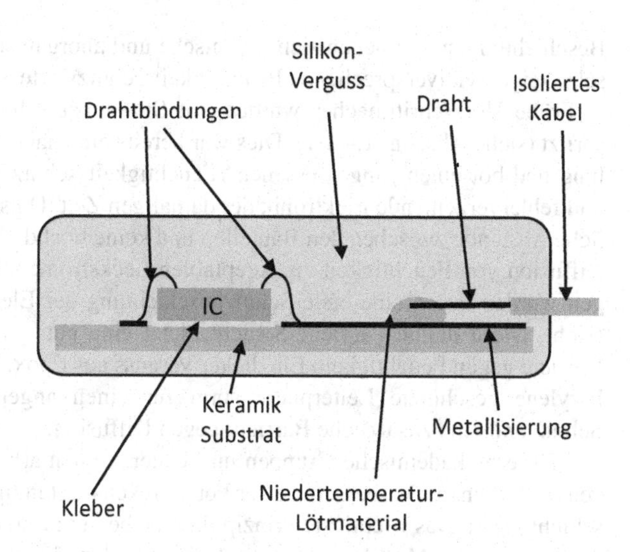

Abb. 4.43 Nahezu hermetische Verkapselung

- Das Verhältnis „Nutzvolumen/Gesamtvolumen" ist gering und liegt im Bereich von 10–30 %. Verschwendetes Volumen ist zurückzuführen auf:
  - Leeren Raum zwischen den Bauteilen und der Innenwand des Gehäuses.
  - Dicke der Gehäusewände. Titangehäuse haben relativ dünne Wände (0,2–0,4 mm), aber zerbrechliche Materialien wie Glas oder Keramik erfordern dickere Wände, insbesondere wenn sie auf dem Schädel angebracht werden. In diesem Fall muss man je nach Form und Größe des Gehäuses mit einer Wandstärke von 0,5–1,0 mm für Glas und 1–2 mm für Keramik rechnen.
  - Hermetische FTs sind in ihrem herkömmlichen Design sperrig. Bei einer großen Anzahl von Kanälen wird das von FTs belegte Volumen erheblich.
- Die Gesamtdicke des Implantats ist die maximale Höhe der elektronischen Schaltung plus die Dicke der unteren und oberen Schale. Wenn die bestückte Leiterplatte 2 mm dick ist, führt dies im besten Fall zu einem Schädelimplantat von 3 mm Dicke, wenn es in Titan eingekapselt ist, aber von 6 mm Dicke, wenn es in Keramik eingekapselt ist. In diesem Sinne können Gehäuse aus Titan immer noch eine Zukunft in der BCI haben, wenn dünne Profile erforderlich sind.
- Die Bearbeitung von Hartschalen in gebogener Form zur besseren Anpassung an die natürliche Krümmung des Schädels ist eine mechanische Herausforderung.

Die Alternative zum hermetischen Gehäuse ist die nahezu hermetische Verkapselung. Wir definieren „nahezu hermetisch" als Schutz der Elektronik, der einen „angemessenen" Feuchtigkeitsschutz für die zu erwartende Dauer der Implantation bietet, wie bereits in Abschn. 4.9.2 dargestellt. Die Idee ist, die Elektronik und ihre Verbindungen mit organischen oder plastischen Materialien in Verbindung mit anorganischen dünnen Schichten zu beschichten oder zu vergießen. Mehrschichtige

Beschichtungen, bei denen sich organische und anorganische Materialien abwechseln, zeigen vielversprechende Feuchtigkeitsschutzwerte.

Frühe Herzschrittmacher wurden mit Silikonkautschuk oder Epoxidharz umspritzt (siehe Abschn. 1.4.1.1). Dies war bereits eine nahezu hermetische Verkapselung und bot einen „angemessenen" Feuchtigkeitsschutz für die einfache, robuste und fehlerverzeihende Elektronik der damaligen Zeit. Diese Geräte hatten beträchtliche Abstände zwischen den Bauteilen und keine hochdichten IC. Daher führte die Diffusion von Feuchtigkeit zu akzeptablen Leckströmen. Erhebliche Verbesserungen wurden durch eine erste Schutzbeschichtung der Elektronik mit Parylene erreicht. Diese dünne Parylene-Schicht bietet eine gute, wenn auch nicht perfekte Barriere gegen Feuchtigkeit. Ein dicker Verguss aus Epoxid oder Silikon um die mit Parylene geschützte Leiterplatte sorgt für einen angemessenen mechanischen Schutz und eine zusätzliche Barriere gegen Diffusion.

Mehrere akademische Gruppen und Unternehmen arbeiten derzeit an innovativen Verfahren zur Verbesserung der Feuchtigkeitsbeständigkeit von konformen Beschichtungen. Das wichtigste Prinzip für eine bessere Barriere gegen Feuchtigkeitsdiffusion ist der Multilayer-Ansatz. Dabei werden abwechselnd dünne organische und anorganische Schichten aufgetragen. Prototyping und Langzeitalterung werden derzeit in zwei Hauptrichtungen bewertet:

- Atomare Schichtabscheidung (ALD): Extrem dünne, konforme Schichten werden auf die Strukturen (IC, bestückte Leiterplatten, Elektroden, Kabel usw.) zum Schutz vor Feuchtigkeit und Sauerstoff aufgetragen. Verschiedene Materialien, Schichtdicken, Schichtwechsel und Schichtzahlen werden in mehreren Labors mit vielversprechenden Ergebnissen getestet. Die Gruppe von Maaike Op de Beeck [56] hat eine Dreifachschicht aus 8 nm HfO_2/20 nm Al_2O_3/8 nm HfO_2 in Sandwichbauweise zwischen zwei Polyimidschichten (11 und 5,5 µm) getestet, die eine erstaunliche Widerstandsfähigkeit gegen das Eindringen von Feuchtigkeit aufweist, die etwa 8000-mal besser ist als eine Referenzschicht aus Parylene mit gleicher Dicke (siehe Abb. 4.44). Diese feuchtigkeitsdichten ALD-Dreifachschichten (siehe Abb. 4.44) wurden auf elektronischen Strukturen auf Polyimidbasis getestet, darunter auch auf gehackten Chips. CMOS-ICs wurden bis auf 30 µm Dicke zerkleinert, was dem Chip selbst Flexibilität verleiht (siehe Abb. 4.45).
- Mehrschichtige Beschichtung von Parylene C und SiO_2, entwickelt von Coat-X in der Schweiz [57–60]. Das Verfahren kann bei starren bestückten Leiterplatten (siehe Abb. 4.46) oder flexiblen Substraten (siehe Abb. 4.47a, b) angewendet werden.

Für beide Verfahren erreichen eine erhebliche Verbesserung (tausendmal besser) der Feuchtigkeitsbeständigkeit im Vergleich zu herkömmlichen, einschichtigen Parylene-Beschichtungen. Wenn diese neuen Beschichtungskapseln für Langzeitimplantate beim Menschen vollständig validiert sind, werden sich die Grenzen der Beinahe-Hermetizität in Richtung der vollständigen Hermetizität verschieben. Wir können uns vorstellen, dass in etwa einem Jahrzehnt die titanfreie Verkapselung AIMDs für mehr als 5 Jahre im menschlichen Körper angemessen schützen wird.

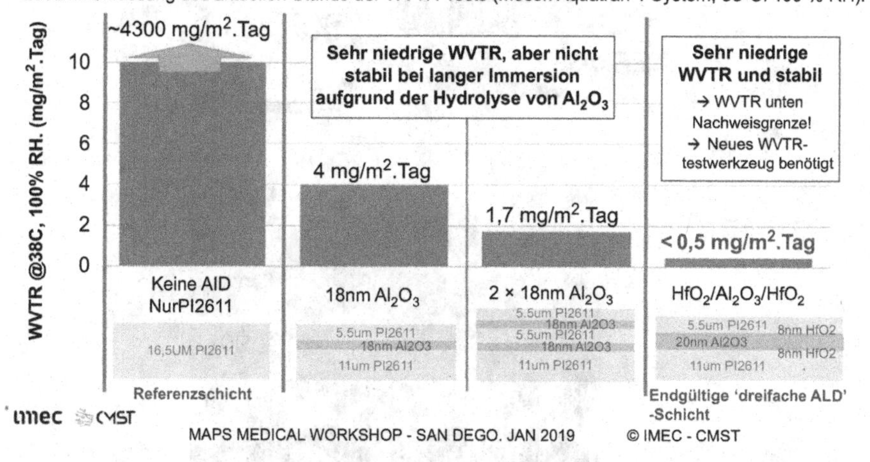

Abb. 4.44 Dreifache ALD-Schicht für optimalen Feuchtigkeitsschutz. (Mit freundlicher Genehmigung von Maaike Op de Beeck, Centre for Microsystems Technology (CMST)_IMEC und Universität Gent, Belgien, Auszug aus [56])

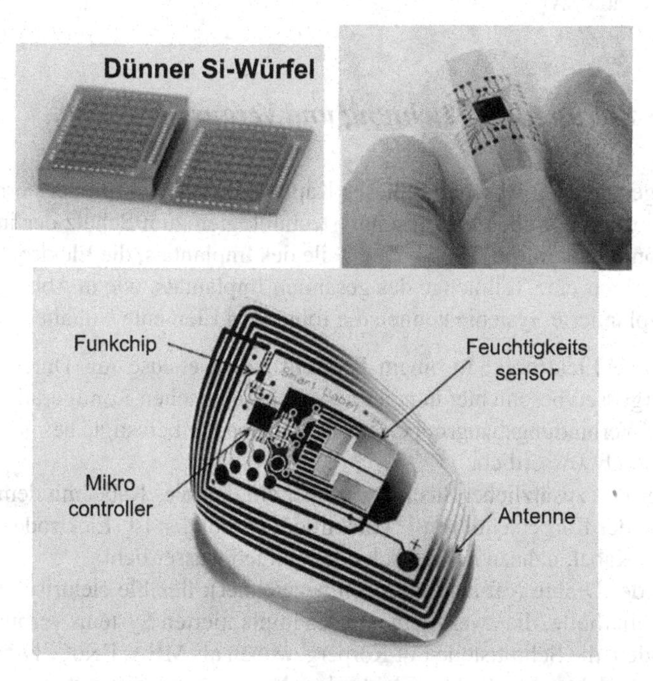

Abb. 4.45 Zerkleinerte Chips auf Polyimidsubstraten. (Mit freundlicher Genehmigung von Maaike Op de Beeck, Zentrum für Mikrosystemtechnik. (CMST_IMEC und Universität Gent, Belgien))

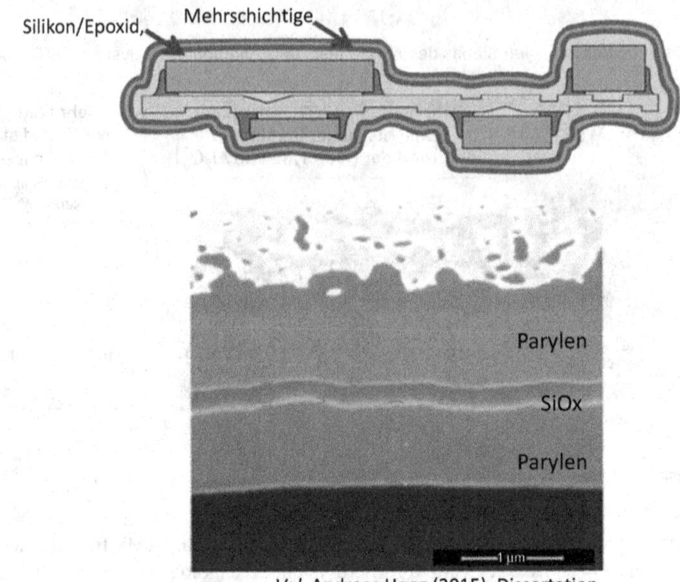

Abb. 4.46 Mehrschichtige Beschichtung auf einer starren Leiterplatte. (Mit freundlicher Genehmigung von Coat-X SA)

4.9.7 *Isolierung, Beschichtung und Verguss*

Die vorangegangenen Abschnitte dieses Kapitels haben sich mit der hermetischen oder nahezu hermetischen Verkapselungstechnologien zum Schutz der implantierten Elektronik beschäftigt. Die aktiven Teile des Implantats, die Elektronik und die Batterie sind nur eine Teilmenge des gesamten Implantats, wie in Abb. 4.48 zu sehen ist. Implantierte Systeme können die folgenden Elemente enthalten:

- Gekapselte Elektronik: in einem hermetischen Gehäuse mit Durchführungen oder vergossen/beschichtet in einer nahezu hermetischen Konfiguration
- Header: Verbindungsbaugruppe, am Hauptgehäuse befestigt, hermetisch dicht oder einfach wasserdicht
- Erweiterung: zusätzlicher Stecker, der über ein flexibles Kabel mit dem Kopfstecker und der Körperschnittstelle (Elektrode) verbunden ist (Elektrode) durch ein weiteres Kabel, nahezu hermetisch oder einfach wasserdicht
- Kabel oder Drähte (oft als Leitungen bezeichnet): flexible elektrische Leiter in einer Isolierhülle, die zwei Elemente des implantierten Systems verbinden
- Elektroden: die Schnittstelle mit Körpergeweben als MEA, EKoG, DBS Elektroden, Drahtelektroden, Paddle-Elektroden, Nervenmanschetten usw.
- Deportierte Komponenten, die mit der gekapselten Elektronik verbunden sind, nahezu hermetisch oder einfach wasserdicht:

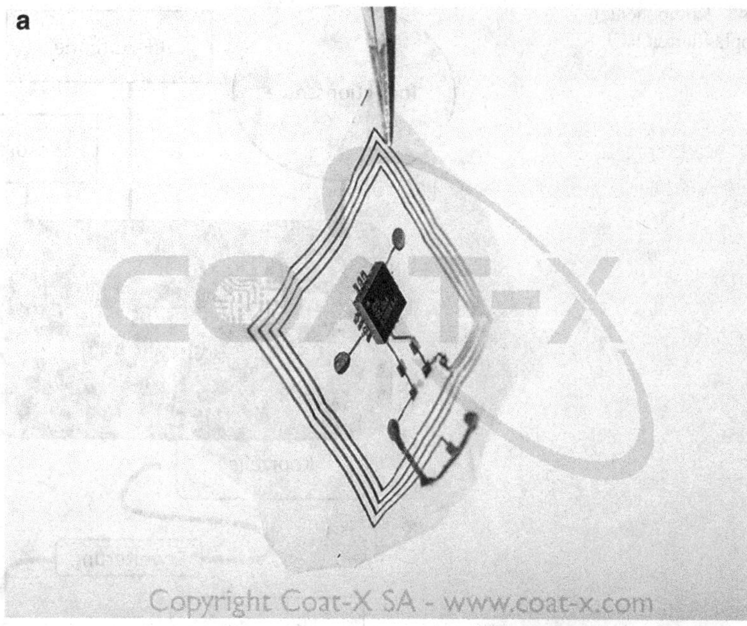

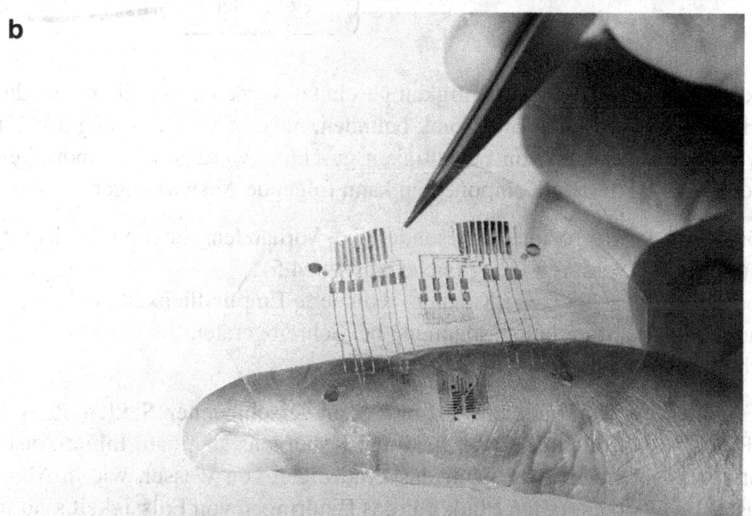

Abb. 4.47 (**a**) und (**b**) Mehrschichtige Beschichtung auf einer flexiblen Schaltung. (Mit freundlicher Genehmigung von Coat-X SA)

- Induktionsspule zur Leistungsübertragung
- RF-Antenne
- Sensoren

Elektrische Ströme fließen zwischen den verschiedenen Unterbaugruppen, die an der gekapselten Elektronik befestigt sind. Wir haben oben gesehen, dass die Elek-

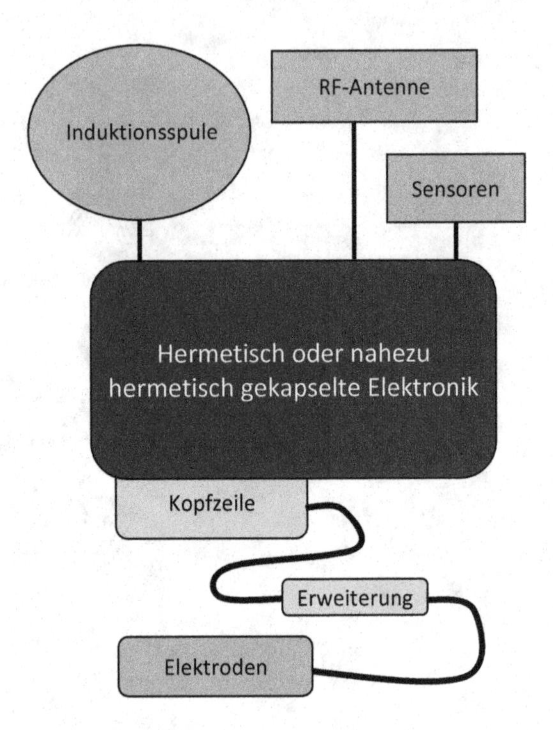

Abb. 4.48 Komponenten eines implantierten BCI

tronik ordnungsgemäß vor Feuchtigkeit geschützt werden muss. Elemente, die sich außerhalb der gekapselten Elektronik befinden, müssen ebenfalls so gut wie möglich vor dem Eindringen von Feuchtigkeit geschützt werden. Das Eindringen von Wasser in diese externen Komponenten kann folgende Auswirkungen haben:

- Förderung der Korrosion, insbesondere bei Vorhandensein von Gleichspannung und ionischer Verunreinigung (siehe Abschn. 4.5)
- Leckstrom zwischen zwei Kanälen, reduzierte Empfindlichkeit bei Lesegeräten und reduzierte Stimulationsspannung bei Schreibgeräten
- Erhöhtes Übersprechen zwischen Kanälen

Die Feuchtigkeit dringt ein und diffundiert an verschiedenen Stellen. Z. B. bietet eine Paddel-Elektrode mit einem flexiblen Kabel, das an einem Inline-Anschluss befestigt ist, potenzielle Wege für das Eindringen von Wasser, wie in Abb. 4.49 dargestellt. Die potenziellen Pfade für das Eindringen von Flüssigkeit sind in Rot dargestellt. Dies sind die schwächsten Stellen in der Verkapselung der Elektrode und ihres Steckers. Das Eindringen von Feuchtigkeit entlang dieser Wege erfolgt relativ schnell, im Bereich von Tagen bis Monaten. In die Leerräume, Hohlräume und anderen Grenzflächen, die durch die Verkapselung geschützt werden sollen, dringen daher Körperflüssigkeiten ein, die hauptsächlich aus Wasser bestehen. Wir haben in Abschn. 4.5 über Korrosion gesehen, dass reines Wasser keine Korrosion auslösen wird. Leider kommt reines Wasser im menschlichen Körper nie vor. Implantierte Geräte sind von Flüssigkeiten umgeben, die ionisch geladen

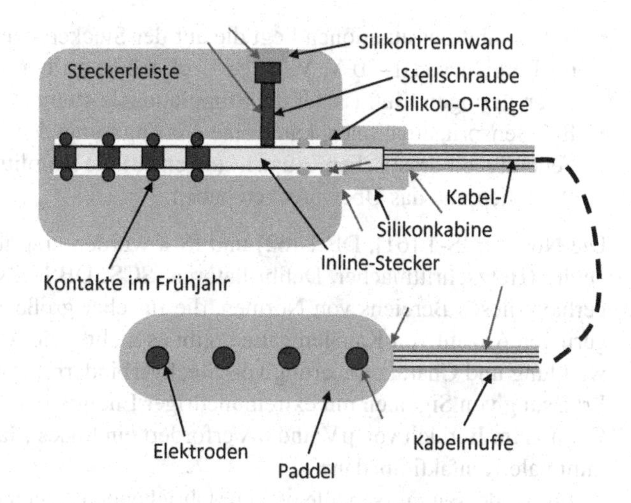

Abb. 4.49 Mögliche Wege für das Eindringen von Feuchtigkeit. (rote Pfeile)

sind. Darüber hinaus weisen die Hohlräume des Geräts, selbst wenn sie während des Herstellungsprozesses ordnungsgemäß gereinigt wurden, immer eine gewisse ionische Restkontamination auf die sich zu den bereits ionisch geladenen eindringenden Flüssigkeiten gesellen.

Das Design der implantierbaren Konnektoren und Verlängerungen ist so konzipiert, dass das Eindringen von Feuchtigkeit minimiert und so weit wie möglich verzögert wird. Der primäre Schutz basiert auf Silikongummi-Dichtungen:

- Doppelte O-Ringe am Stecker: Wenn sie in den Hohlraum der Buchse eingeführt werden, verhindern oder verzögern die O-Ringe zumindest das Eindringen von Körperflüssigkeiten in den Kontaktbereich.
- Septum an den Stellschrauben: Der Schraubendreher wird durch das Septum gestanzt, um die Schraube zu befestigen. Wenn der Schraubendreher zurückgezogen wird, dichtet die Öffnung im Septum ab und minimiert das Eindringen von Körperflüssigkeiten.

Diese Silikonbarrieren sind bestenfalls wasserdicht, aber wahrscheinlich nicht hermetisch. Früher oder später wird Feuchtigkeit durch diese Dichtungen dringen. In geringerem Maße wird die Feuchtigkeit auch durch den Hauptkörper des Steckverbinders diffundieren, entweder in einer Kopfkonfiguration oder in einer Verlängerung.

Die Folgen des Eindringens von Feuchtigkeit in Steckverbinder hängen von der Geometrie der Kontakte, von der Art der elektrischen Signale, die auf der Ebene der Verbindung übertragen werden, von den Materialien und der Sauberkeit der verschiedenen Teile ab:

- Entfernte Kontakte (wie in der Herzschrittmachernorm IS-1 [61]) sind mäßig empfindlich gegenüber Feuchtigkeit, da der Isolationswiderstand von Kanal zu Kanal im MΩ-Bereich bleibt und nach mehreren Jahren der Implantation vielleicht auf Hundertstel kΩ sinkt.

- In Stimulationssituationen liegt die auf der Steckerebene übertragene Spannung im Bereich von 1–20 V. Winzige Leckströme zu benachbarten Kanälen haben einen geringen Einfluss auf die Stimulationsleistung.
- Bei Sensoriksituationen kann eine Verringerung der Isolierung aufgrund von Feuchtigkeit drastischere Auswirkungen auf die Amplitude des Messsignals, das Rauschen und das Übersprechen haben.

Die Normen IS-1 [61], DF-1 [62] und IS-4 wurden ursprünglich für Stimulationsgeräte (Herzschrittmacher, Defibrillatoren, SCS, DBS, SNS usw.) entwickelt. Außerhalb dieses Bereichs von Normen, die für eher große Steckverbinder mit einer geringen Anzahl von Kanälen gelten, gibt es nicht viele Anhaltspunkte für die Entwicklung und Charakterisierung von Steckverbindern für Neuroanwendungen. Die Erfassung von Signalen mit extrem niedriger Energie in oder an der Oberfläche des Gehirns im Bereich von μV und nA erfordert ein hohes Maß an Isolierung und eine minimale Kontaktimpedanz.

Infolgedessen müssen alle oben beschriebenen Elemente außerhalb des hermetischen Gehäuses so gut wie möglich gekapselt werden, um das Eindringen von Feuchtigkeit zu minimieren. Steckverbinder, Kabel und Elektroden können nicht hermetisch in Metall oder Keramik gekapselt werden. Die einzigen Möglichkeiten, sie zu schützen, sind die Verkapselung oder die Beschichtung mit Polymeren, die, wie in Abschn. 4.9.6 erläutert, nur begrenzt feuchtigkeitsbeständig sind. Die Einführung von Mehrlagenbeschichtungen wird in naher Zukunft einen wesentlich besseren Schutz von Elektroden und Leitungen bieten. Der schwächste Punkt der AIMDs sind jedoch nach wie vor die Dichtungen, die die abnehmbaren Stecker schützen. Systeme, die aus einer hermetisch gekapselten elektronischen und nahezu hermetischen Mehrschichtbeschichtung von Leitungen und Kabeln bestehen, können versagen, wenn Feuchtigkeit die Barrieren der Silikon-O-Ringe in den Hohlräumen der Steckverbinder überwindet.

In zahlreichen wissenschaftlichen Abhandlungen oder Büchern [63, 64] wurden Modelle für die komplexe Impedanz von Leitungen vorgestellt. Wir werden keine tiefgreifende Theorie darüber entwickeln, wie elektrische Signale vom Körper zum elektronischen Schaltkreis gelangen oder umgekehrt. Eine vollständige Darstellung einer Mehrkanalelektrode und der Entwicklung der elektrischen Eigenschaften im Laufe der Zeit würden den Rahmen dieses Buches sprengen. Aus pragmatischen Gründen empfehlen wir In-vitro-Tests auf dem Prüfstand in einer für den Körper repräsentativen Umgebung und tatsächliche Messungen an Prototyp-Elektroden und Steckern in einer Einrichtung zur beschleunigten Alterung.

Modellierung der Schnittstelle zwischen dem metallisch leitenden Teil der Elektrode und dem Körpergewebe ist bereits eine schwierige Aufgabe. Die im Metall zirkulierenden freien negativen Elektronen werden mit den in den Körperflüssigkeiten schwimmenden Ionen ausgetauscht, und zwar auf dynamische und nicht offensichtliche Weise. Die Eigenschaften dieses Austauschs werden durch eine komplexe Impedanz (siehe Abb. 4.50) mit zwei Komponenten dargestellt:

- die faradaische Impedanz, die den tatsächlichen Austausch von Elektronen und Ionen veranschaulicht
- die nichtfaradaische Impedanz, eine Kapazität, die die Doppelschicht darstellt, ohne Austausch von Elektronen/Ionen

Hinter dieser einfachen Darstellung (siehe Abb. 4.50) mit zwei Elementen verbirgt sich eine enorme Komplexität, die mit der Veränderung der Impedanzen im Laufe der Zeit zusammenhängt, die auf die Veränderung der Oberfläche, das Wachstum von Gewebe auf der Oberfläche der Elektrode, die Veränderung der Flüssigkeitszirkulation und andere dynamische Faktoren zurückzuführen ist.

Ein einfaches Basismodell (siehe Abb. 4.51) eines zweiadrigen Kabels, das eine Elektrode und einen Stecker verbindet, zeigt, dass sich eine globale Simulation als schwierig erweisen kann. An jedem Punkt, an dem Feuchtigkeit eindringt (siehe Abb. 4.49), gibt es einen Ionen-Elektronen-Austausch und eine Doppelschichtkapa-

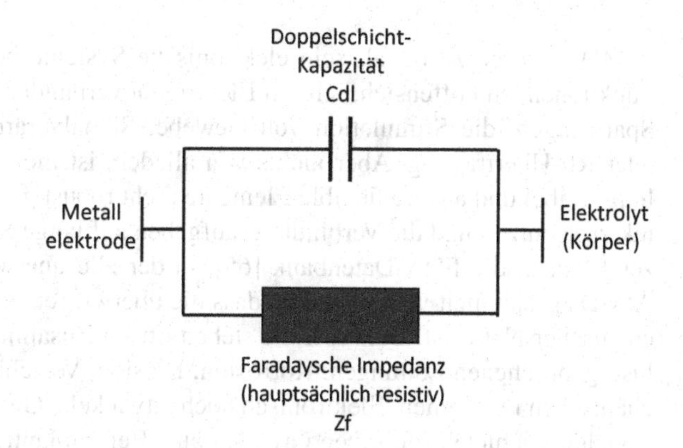

Abb. 4.50 Darstellung der Impedanz an der Grenzfläche zwischen einer Metallelektrode und Körpergeweben/ Flüssigkeiten

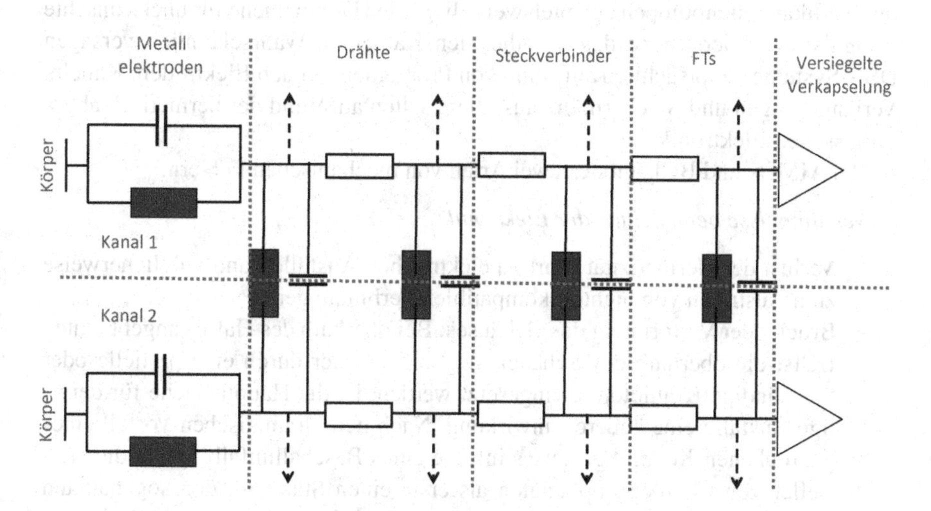

Abb. 4.51 Vereinfachte Darstellung einer Elektrode und eines zweiadrigen Kabels

zität, die sich zeitlich unterschiedlich entwickeln. Die Erstellung zuverlässiger Modelle ist daher eine Herausforderung.

Jedes System, das zur langfristigen Implantation in den menschlichen Körper bestimmt ist, und Elemente (Elektroden, Kabel, SteckerVerlängerungen, Sensoren usw.), die Elektrizität leiten, müssen vor der Zulassung zur Vermarktung bewertet und validiert werden. Verfahren zur künstlichen Alterung sind besonders wichtig im Hinblick auf die zeitliche Entwicklung von Impedanz, Kriechstrom, Isolationsverlust und Übersprechen zwischen Kanälen. Einfache theoretische Berechnungen von Leckstrom und Impedanz reichen nicht aus, um eine ordnungsgemäße Funktion der Elektroden zu gewährleisten oder Stimulationsfähigkeit der Elektrodenkabel-Verbindungsbaugruppe zu gewährleisten.

4.10 Mechanische Robustheit

AIMDs werden zu oft als rein elektronische Systeme betrachtet. Ihre wichtigen Funktionen sind offensichtlich mit Elektrizität verbunden, wie das Lesen winziger Spannungen, die Stimulation von Gewebe, Signalverarbeitung, Datenaustausch oder RF-Übertragung. Aber nichts von alledem ist möglich, wenn die Verkapselung, Kabel und andere flexible Elemente nicht robust genug sind, um die Elektronik zu schützen und die Verbindungsaufgaben auf lange Sicht zu erfüllen. Ein kurzer Blick in die FDA-Datenbank [65], in der alle unerwünschten Ereignisse bei AIMDs gesammelt werden, zeigt, dass die überwiegende Mehrheit von ihnen mechanischer Natur ist. Die Ausfälle stehen oft im Zusammenhang mit Kontaktverlust, gebrochenen Leitungen, Korrosion, Erosion, Verschiebung oder anderen mechanischen Problemen. Elektronisch hochentwickelte Geräte fallen regelmäßig aus trivialen, nichtelektronischen Gründen aus. Bei implantierbaren, programmierbaren Medikamentenpumpen beispielsweise liegt die Hauptursache für unerwünschte Ereignisse auf der Ebene des intrathekalen Katheters. Wahrscheinlich versagen DBS-Systeme hauptsächlich aufgrund von Problemen mit den Elektroden, Kabeln, Verlängerungen und Steckern, die ausfallen, selten aufgrund der hermetisch abgeschlossenen Elektronik.

Bei AIMDs und BCIs gibt es zwei Arten von mechanischen Fehlern:

- *Versäumnisse beim Schutz der Elektronik*:
  - Verlust der Hermetizität führt zu elektrischen Ausfällen und möglicherweise zum Austreten von nichtbiokompatiblen Verbindungen.
  - Bruch oder Verformung des Gehäuses: Bei oberhalb des Halses angebrachten BCIs, die oberhalb des Schädels angebracht oder durch eine partielle oder vollständige Kraniotomie eingesetzt werden, ist die Hauptursache für derartige Ausfälle eine äußere Einwirkung. Nach dem dramatischen Vorfall eines gebrochenen Keramikgehäuses infolge eines Baseballunfalls haben die Hersteller von Cochlea-Implantaten als erste einen Standard, den sogenannten

Hammertest entwickelt, um die Widerstandsfähigkeit von Schädelimplantaten gegen Stöße zu bewerten [66]. Jüngste Entwicklungen von BCIs mit in den Schädel eingesetzten Gehäusen haben zu intensiven Diskussionen über die Stoßfestigkeit geführt. Im Gegensatz zu Cochlea-Implantaten, die in den Kopf von Kindern implantiert werden, die hart spielen, Fahrrad fahren und Sport treiben, sind BCIs in der Regel für Patienten mit einem viel ruhigeren Leben. Folglich gibt es einen Grund für weniger strenge Aufpralltests für BCIs. Da es keine Norm für die Aufprallprüfung von BCIs gibt, muss die Validierung neu entwickelter BCIs die Kriterien für die Stoßfestigkeit auf der Grundlage einer rationalen Risikoanalyse festlegen.

- *Verlust der Konnektivität*:
  - Bruch eines Drahtes in einem Kabel aufgrund von Ermüdung, übermäßiger Zugbelastung oder Torsion
  - Riss, Erosion oder Verschleiß der Schutz- und Isolierhülle um ein Kabel oder eine Elektrode
  - Ungewolltes Herauswandern des Anschlussstiftes aus dem Steckerblock
  - Verschlechterung der Kontaktqualität aufgrund von Korrosion

Wie bereits erwähnt, ist die Entwicklung von implantierten BCI-Systemen ein relativ neues Unterfangen, das durch die Verfügbarkeit neuer bahnbrechender Technologien ermöglicht wurde. Folglich unterscheiden sich BCI-Systeme mechanisch wesentlich von anderen, konventionelleren AIMDs. Neue Materialien, innovative Geometrien, Miniaturisierung und die Lage oberhalb des Halses platzieren BCI-Implantate in Bezug auf Normen und Richtlinien ins Niemandsland. Es gibt nur sehr wenige Prädikate, an denen man sich orientieren kann. Die Entwickler von BCI-Geräten müssen daher bei der Definition der mechanischen Merkmale und Spezifikationen sehr sorgfältig vorgehen. Möglicherweise sind auch neue Montageverfahren erforderlich. Eine neue Reihe von Testmethoden und Validierungsverfahren müssen untersucht und eingeführt werden. Sie werden eines Tages die Grundlage für neue Normen bilden.

Die Erfahrung hat uns gelehrt, dass der Einstieg in einen neuen Bereich oder der Wechsel von einem bekannten Umfeld in ein neues die besten Erfolgschancen hat, wenn er einer umsichtigen Methodik folgt. Dies gilt insbesondere für die mechanischen Aspekte aktiver Implantate. Unsere Empfehlungen für die Entwicklung leistungsfähiger und robuster zukünftiger BCIs lauten:

- *Lernen Sie aus der Vergangenheit*: In den vorangegangenen Kapiteln haben wir auf Misserfolge, Erfolge, clevere Konstruktionen und Quellen von Feldaktionen hingewiesen. Mechanische Ausfälle sind oft sehr schwer vorherzusagen und treten auf unerwartete Weise und an unerwarteten Orten auf. Die aus realen Fällen gezogenen Lehren sind von großem Wert für die Risikominimierung bei zukünftigen Konstruktionen.
- *Verstehen Sie die Umgebung*: Der Wechsel von einem bekannten Ort im Körper (z. B. der Brust) zum Kopf bringt viele Veränderungen für das Gewebe um das

Implantat herum mit sich, aber auch für die Bewegungen, die Verfügbarkeit von Platz, die Physik, die Chirurgie, die Ästhetik usw. Ein klares Verständnis des neuen Umfelds wird den Einsatz von Technologien verhindern, die nicht an dieses Umfeld angepasst sind.

- *Anwendung der „Verkleinerungsgesetze"*: Die Miniaturisierung eines Geräts lässt sich nicht durch eine einfache homothetische Verkleinerung erreichen. Verringert man beispielsweise alle Abmessungen eines Keramikgehäuses, einschließlich der Dicke der Keramikwand, um den Faktor 2, wird das Gerät zu empfindlich gegenüber äußeren Stößen. Die Wanddicke muss wahrscheinlich unverändert bleiben, was auf Kosten des Volumens des inneren Hohlraums geht. In ähnlicher Weise führen eine Erhöhung der Dichte der FTs und eine proportionale Verringerung des Isolationsabstands zu einer Verschlechterung der Isolationseigenschaften und damit zu einer Erhöhung der elektrischen Leckagen zwischen den Kanälen.
- *Entwicklung angepasster Testmethoden*: Mechanische Tests, die aus der Industrie für Herzimplantate stammen, lassen sich möglicherweise nicht gut auf die Besonderheiten von Implantaten übertragen. Beispielsweise biegen sich die Elektroden von Herzschrittmachern jahrzehntelang über eine große Amplitude, etwa 80-mal pro Minute. Ihre Widerstandsfähigkeit gegen Ermüdung ist von entscheidender Bedeutung, und es wurden spezielle Tests standardisiert, um die Robustheit zu bewerten. Ermüdungstests für ins Gehirn implantierte Elektroden werden durch andere Parameter bestimmt. Neben dem bereits diskutierten Aufpralltest, der für die besonderen Anforderungen von Cochlea-Implantaten entwickelt wurde, gibt es nicht viele Normen, die direkt zu BCI-Systemen passen. Es liegt in der Verantwortung der BCI-Entwickler, geeignete mechanische Prüfverfahren zu entwickeln, die auf einem umfassenden Verständnis der Umgebung, der Dynamik und des menschlichen Kopfes beruhen.

4.11 Elektrische Robustheit

AIMDs enthalten elektrische Bauteile, die vor äußeren Einflüssen geschützt werden müssen. In den Abschn. 4.9 und 4.10 haben wir bereits den mechanischen Schutz durch die Verkapselung, die die Elektronik umgibt, diskutiert. Wird die Elektronik nicht mechanisch geschützt, führt dies zum Eindringen von Feuchtigkeit, zu Korrosion oder Kurzschlüssen. Dies sind elektrische Fehlfunktionen oder Störungen mit mechanischen Ursachen.

In diesem Kapitel werden wir uns mit der Störung der elektrischen Funktion durch äußere elektrische und/oder magnetische Felder befassen. Externe elektromagnetische Felder können nicht nur Schäden an der implantierten Elektronik verursachen, sie können auch unerwünschte Auswirkungen auf das Implantat haben, vor allem in Form von Erwärmung durch induzierte Wirbelströme, die in leitenden Materialien zirkulieren. Besonderes Augenmerk wird auf die MRT-Kompatibilität gelegt, die in der Neurotechnologie immer wichtiger wird.

4.11.1 Elektrostatische Verträglichkeit (ESC)

Zwischen zwei gut voneinander isolierten, leitenden Elementen können sich Hochspannungsladungen (mehrere tausend Volt) ansammeln. Diese elektrostatischen Aufladungen haben verschiedene Ursachen, wie Reibung und relative Verschiebung von Kunststoffen. Statische Elektrizität kommt im täglichen Leben vor, und jeder erinnert sich an einen unangenehmen elektrischen Schlag, wenn er ein geerdetes Element berührt. Elektrostatische Entladungen (ESD) haben eine hohe Spannung, aber eine sehr geringe Energie. Aus diesem Grund haben sie nur geringe Folgen für den Menschen.

FDA und die Internationale Elektrotechnische Kommission (IEC) haben Normen und Leitlinien für den Schutz von Medizinprodukten gegen statische Elektrizität herausgegeben (siehe z. B. [67] oder [68]).

Aufgrund ihrer hohen Spannung können elektrostatische Entladungen bei direkter Anwendung auf einen elektronischen Schaltkreis Transistoren und Dioden irreversibel beschädigen. Während des gesamten Herstellungszyklus von aktiven Implantaten – von der Lagerung der Komponenten bis zur Verpackung des sterilen Geräts – werden Schutzmaßnahmen ergriffen, um die Entstehung statischer Elektrizität zu vermeiden und die mögliche Exposition empfindlicher Teile zu verringern:

- Antistatikbeutel für die Lagerung von Bauteilen
- Elektrische Erdung von Geräten und Werkbänken
- Leitfähiger Boden und Bediener mit leitfähigen Schuhen
- Bediener tragen Armbänder, die elektrisch mit der Erde verbunden sind
- Ionisatoren über den Werkbänken

Diese Methoden stellen sicher, dass das fertige, sterile und implantationsbereite Gerät nicht durch statische Elektrizität beschädigt wird. Außerdem kann die Elektronik Schutzvorrichtungen gegen Hochspannung an den Eingängen enthalten [69].

Wenn das Gerät in den Körper implantiert wird, ist es von leitfähigen Flüssigkeiten umgeben. Daher gibt es keine statische Elektrizität im Körper.

AIMDs sind nur während weniger Sekunden ihrer Existenz dem Risiko ausgesetzt, durch statische Elektrizität beschädigt zu werden: *beim Öffnen der Blister im Operationssaal und beim Halten des Geräts für die Implantation.*

- Vor dem Öffnen des Blisters: Das Gerät wurde bei der Herstellung geschützt. Sobald es verpackt ist, ist das Gerät elektrisch von seiner Umgebung isoliert, und keine statische Elektrizität kann die elektrischen Eingänge erreichen.
- Wenn das Gerät aus seiner sterilen Verpackung entnommen wird, kann es kurzzeitig von Krankenschwestern oder Chirurgen ohne entsprechende Erdung angefasst werden. Derzeit entwickelte BCIs, wie drahtlose kortikale Implantate (siehe Abschn. 7.3), können sogar im Operationssaal, unmittelbar vor der Implantation, einem elektrischen Test (Messung der Impedanz der Kanäle) unterzogen werden. Die Handhabung des Implantats mit ungeschützten Elektroden in direktem Kon-

takt mit empfindlicher Elektronik ist eine große Herausforderung für BCIs. Selbst wenn der Kontakt mit statischer Elektrizität in dieser kritischen chirurgischen Implantationsphase nur sehr kurz ist, kann dies schwerwiegende Folgen haben. Wenn ein Kanal beschädigt wird, ist er für immer verloren. Dies ist eine Situation, die nur bei BCI mit nicht abnehmbaren Elektroden möglich ist (ein Beispiel dafür, wie wichtig es ist, „die Umgebung zu verstehen"). Wenn die Elektroden von der Elektronik getrennt werden können, kann ihre Impedanz separat gemessen werden, wobei die Elektronik sicher vor ESD geschützt bleibt. Wenn die Elektroden mit dem Gehäusestecker verbunden werden, werden alle Teile durch leitfähige Körperflüssigkeit geerdet. Leider sind mehrkanalige implantierbare Miniaturstecker noch nicht verfügbar.
- Nach der Implantation besteht kein Risiko einer ESD-Exposition.

4.11.2 Elektromagnetische Verträglichkeit (EMV)

Der Raum um uns herum ist mit elektromagnetischen Wellen in einem sehr großen Frequenz- und Intensitätsbereich überfüllt. Bei niedrigen Frequenzen sind die elektromagnetischen Felder im Wesentlichen auf industrielle Aktivitäten, Stromnetze, Motoren und andere energiebetriebene Geräte zurückzuführen. Bei höheren Frequenzen ist die drahtlose Kommunikation die Hauptverursacherin eines dichten Spektrums von Wellen. Das Aufkommen der mobilen Kommunikation (Mobiltelefone, das Internet, Wi-Fi, Bluetooth, das Internet der Dinge [IoT], tragbare Geräte, das Global Positioning System [GPS]) und andere drahtlose Anwendungen haben zu einem exponentiellen Anstieg der elektromagnetischen Leistungsdichte geführt. Wir können das Phänomen nun als „elektromagnetischen Smog" bezeichnen, eine Art Umweltverschmutzung, die ständig und überall auf jeden einwirkt.

Drahtlose medizinische Geräte werden in einem globalen Leitfaden der FDA behandelt: „Radio Frequency Wireless Technology in Medical Devices – Guidance for Industry and Food and Drug Administration Staff" [70].

Die wichtigsten Normen für EMV im Allgemeinen sind IEC-60601-1 [71, 72] und ISO-14708-3 für aktive implantierbare medizinische Neurostimulatoren [73].

Wie bereits in Abschn. 2.2.1 dargelegt, werden die Frequenzbänder von den nationalen Behörden geregelt. Einige Bänder sind beschränkt oder lizenzpflichtig, andere sind frei. Eine kleine Anzahl von Frequenzbändern ist für medizinische Geräte bestimmt. Bei der Zuteilung von Frequenzbändern muss man sich der leichten Unterschiede von Land zu Land bewusst sein. Da für medizinische Geräte eher internationale Normen gelten, wie z. B. die europaweite CE-Kennzeichnung, wird dringend empfohlen, Frequenzbänder, die nationalen Lizenzen unterliegen, zu meiden und sich im Bereich der nichtlizenzierten medizinischen Frequenzbänder aufzuhalten. Leider sind die medizinischen Bänder nur wenige und ziemlich schmal, d. h., sie sind auch überfüllt und laut.

Zwei Kategorien von EMV müssen klar unterschieden werden (siehe Abb. 4.52):

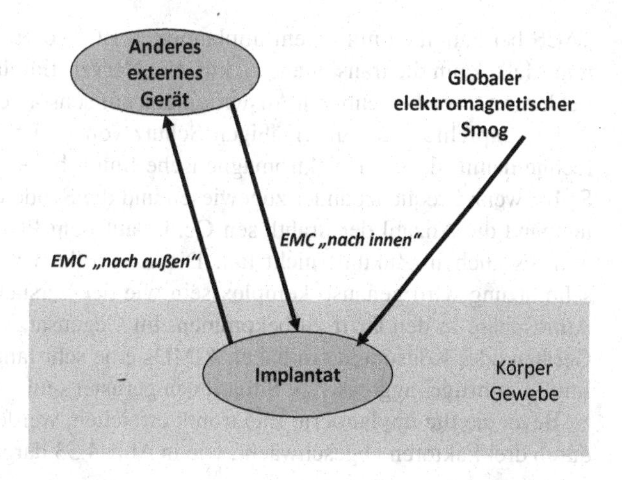

Abb. 4.52 Bidirektionale elektromagnetische Verträglichkeit

- „Innere EMV": Widerstandsfähigkeit und Immunität des implantierten Systems gegenüber einfallenden EMDs aus der Umgebung
- „EMC nach außen": Begrenzung und Kontrolle der vom Implantat erzeugten EMDs, die andere Systeme stören können

Während der Entwicklungsphase eines AIMD muss sehr sorgfältig darauf geachtet werden, dass die Entwicklung des elektromagnetischen Smogs auf lange Sicht vorhersehbar ist. Ein Implantat kann mehrere Jahrzehnte im Körper verbleiben und in der Zukunft einer elektromagnetischen Umgebung ausgesetzt sein, die sich von den Bedingungen zum Zeitpunkt seiner Entwicklung stark unterscheidet. Es gibt Beispiele für ältere AIMDs, die eine begrenzte EMV aufweisen, insbesondere bei Mobiltelefonen. Die Einhaltung von EMV-Normen und FDA-Leitlinien ist notwendig, aber nicht ausreichend. Siehe z. B. „Information to Support a Claim of Electromagnetic Compatibility (EMC) of Electrically-Powered Medical Devices" [74], „Design Considerations for Devices Intended for Home Use" [75], und „Radio Frequency Wireless Technology in Medical Devices" [70].

Die Normen hinken hinter der raschen Entwicklung der drahtlosen Kommunikation her und greifen den Veränderungen nicht vor. EMV-Normen decken die „normale" Situation ab, im Falle von AIMDs die elektromagnetische Verträglichkeit des Geräts im menschlichen Körper. Selbst wenn ein Gerät alle geforderten EMV-Tests bestanden hat, kann es in „anormalen" Situationen versagen, z. B. wenn es extremen Feldern ausgesetzt wird, wie bei einer MRT-Untersuchung, bei Sicherheitskontrollen am Flughafen oder bei einer Operation. Ich habe gesehen, wie ein EMV-geprüftes AIMD während eines chirurgischen Eingriffs durch unsachgemäße Verwendung von Elektrokauterisationsgeräten beschädigt wurde.

Andere anormale Situationen können sich aus dem therapeutischen Einsatz von TDCS und TACS (Transkranielle Stimulation) ergeben, die in Abschn. 3.2.1 kurz beschrieben wurden. Diese externen Geräte verfügen über leistungsstarke Spulen, die Gleichstrom (DC) bzw. Wechselstrom (AC) und elektromagnetische Felder mit hoher Dichte erzeugen und mit dem Gehirn interagieren. Die Intensität dieser Felder liegt weit über den Grenzwerten der EMV-Normen. Daher sollten TDCS und

TACS bei Patienten mit einem implantierten BCI kontraindiziert sein. In geringerem Maße kann die transkutane elektrische Nervenstimulation (TENS) Ströme und Felder mit unvorhersehbaren Auswirkungen auf sensorische BCIs erzeugen.

Ich empfehle einen übermäßigen Schutz von BCI-Systemen gegen EMD und rechne damit, dass der elektromagnetische Smog bald noch viel höher sein wird. Selbst wenn Frequenzbänder zugewiesen und die Sendeleistung begrenzt wird, hat niemand die Anzahl der drahtlosen Geräte auf dem Planeten unter Kontrolle und wird es auch in Zukunft nicht tun. Die Kontrolle der elektromagnetischen Verschmutzung wird genauso komplex sein wie der Versuch, die Verschmutzung der Atmosphäre in den Griff zu bekommen. Im Gegensatz zu anderen elektronischen Geräten oder Konsumgütern haben AIMDs eine sehr lange Lebensdauer und müssen für künftige, aggressivere Situationen gerüstet sein.

Bevor sie die implantierte Elektronik erreichen, werden die einfallenden EMDs durch drei Faktoren abgeschwächt, wie in Abb. 4.53 dargestellt:

- Dämpfung in den verschiedenen Gewebeschichten des Körpers. Wir werden in Abschn. 4.12 sehen, dass elektromagnetische Wellen beim Eindringen in den menschlichen Körper absorbiert und gebrochen werden. Im Allgemeinen durchdringen niedrige Frequenzen (Hz … kHz) den Körper mit minimaler Dämpfung. Höhere Frequenzen (MHz … GHz) werden fast proportional zu den Frequenzen absorbiert. Die Absorption hängt auch von der Art des Gewebes ab (Haut, Fett, Muskeln, Knochen usw.). Als Faustregel gilt, dass das weit verbreitete 2,45-GHz-Band (Wi-Fi, Bluetooth, Mobiltelefon) über 3 cm menschliches Gewebe um den Faktor 10 gedämpft wird. Das bedeutet, dass ein Implantat, das 9 cm tief im Körper sitzt, nur ein Tausendstel der einfallenden EMD erhält. Im Gegensatz dazu ist menschliches Gewebe für niedrige Frequenzen, z. B. 135 kHz, die für die Radiofrequenz-Identifikation (RFID) verwendet werden, nahezu transparent.
- Abschirmwirkung des Implantatgehäuses. Herkömmliche Ti-Gehäuse sind nahezu perfekte Abschirmungen für Frequenzen über 1 MHz. Je nach der elektri-

Abb. 4.53 Dämpfung der einfallenden elektromagnetischen Störgrößen

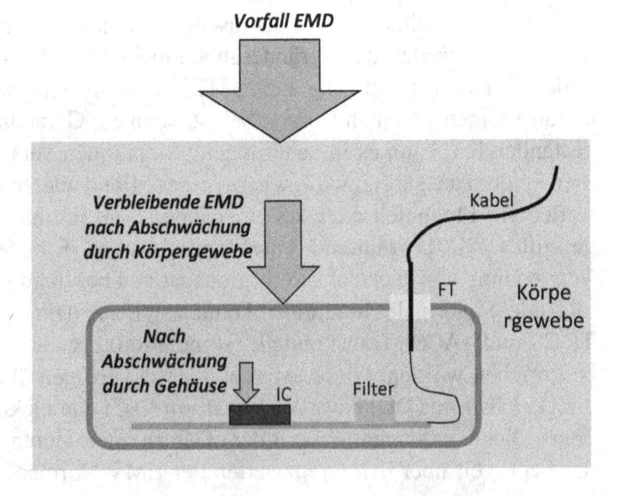

schen Leitfähigkeit des Gehäusematerials und der Dicke der Wände dringt ein Teil der niederfrequenten Wellen in die Gehäuseabschirmung ein. Alte Herzschrittmacher nutzten diese teilweise Transparenz bei niedrigen Frequenzen (20–100 kHz), um die Kommunikationsspule im Inneren der Ti-Dose zu platzieren. Es ist zu beachten, dass eine Ti-Verkapselung keinen Schutz vor industriellen EMDs wie den 50–60-Hz-Feldern (und Oberwellen) bietet, die von Stromleitungen, Elektromotoren und Transformatoren erzeugt werden. Nichtmetallische, nicht leitende Implantatkapselungen wie Keramik, Glas, Saphir oder mehrschichtige Beschichtungen schirmen die Elektronik bei keiner Frequenz vor einfallenden EMD ab.

- Die Eingangskanäle von AIMDs sind in der Regel mit Schutzschaltungen versehen. Die Sensorkanäle verfügen über Verstärker mit hoher Verstärkung, durch die EMDs leicht in die elektronischen Chips eindringen und Schäden verursachen können. Elektroden, Kabel, Induktionsspulen und andere leitende Elemente, die sich außerhalb des Gehäuses befinden und über hermetische FTs mit der Elektronik verbunden sind, können sich wie Empfangsantennen verhalten, die einen Teil der Energie der einfallenden EMDs aufnehmen und an die Elektronik weiterleiten. Elektromagnetisch gesehen sind FTs transparente Fenster in Ti-Abschirmungen. Elektrische Störungen, die von EMDs über die FTs ausgehen, können auf der Ebene der FTs oder auf der Leiterplatte teilweise durch das Hinzufügen von Filtern an den Eingangskanälen eliminiert werden.

Es gibt nur wenige öffentlich zugängliche Dokumente über gefilterte FTs [76]. Warum investieren Integer (ehemals Greatbatch) und Medtronic (MDT) viel in die Entwicklung von Filtern, die in die FT integriert sind, anstatt den Filter einfach in die Elektronik zu integrieren? Ich weiß es nicht genau. Offenbar ziehen sie es vor, die hohen Frequenzen herauszufiltern, bevor sie überhaupt in die Dose gelangen. Aber wir können uns darüber streiten. Ein Filter in der FT ist ein schlechter Filter (ein kapazitiver Filter erster Ordnung, ohne klaren Cut-off und mit schlechter Unterdrückung), aber wir können anspruchsvollere Filter auf der Leiterplatte oder in den Chips haben.

Wie auch bei anderen Aspekten der Entwicklung von BCI ist es sehr schwierig, einen optimalen Schutz gegen EMD zu entwickeln. Der beste Ansatz besteht darin, die vorhandenen Lösungen sorgfältig zu untersuchen, sie zu verbessern, Prototypen zu bauen und sie in einer Umgebung zu testen, die für die Körperimplantation repräsentativ ist. Unternehmen wie Zurich MedTech [77] haben Phantome für praktische Tests und Bewertungen von Prototypen entwickelt, aber auch fortschrittliche Simulationssoftware [78, 79] für die Bewertung der Ausbreitung elektromagnetischer Wellen außerhalb und innerhalb des Körpers, einschließlich des Verhaltens um und im Implantat selbst. Simulationen von drahtlosen Körpernetzen (Wireless Body Area Networks, WBANs) sind jetzt möglich.

Stimulierende BCI können auch EMD erzeugen, die sich auf andere Geräte innerhalb des Körpers (siehe Abschn. 4.11.4) oder außerhalb des Körpers auswirken können. Es ist wichtig, aktive Implantate nicht nur als potenzielle Opfer von EMD zu betrachten, sondern auch als Quelle elektromagnetischer Störungen.

4.11.3 MRT

Es gibt eine umfangreiche Literatur über MRT, Kompatibilität mit Implantaten, unerwünschte Ereignisse und elektromagnetische Auswirkungen [80]. Ziel dieses Buches ist es nicht, die reichhaltige Dokumentation zu diesem Thema zu überprüfen oder neu zu formulieren, sondern sie in die Perspektive von BCI und MRT bringen.

Die MRT ist eine nichtionisierende Bildgebungstechnologie, mit der Wasserstoffmoleküle (die in menschlichem Gewebe und Fett reichlich vorhanden sind) sichtbar gemacht werden können. Die MRT ermöglicht hochauflösende 3D-Bilder des Kopfes. Die Injektion von Kontrastmitteln kann die Visualisierung des Zielgewebes erleichtern. Die MRT wird in der Forschung intensiv genutzt, um die Anatomie des Gehirns besser zu verstehen. Sie ist auch ein wichtiges Diagnoseinstrument, das sich gut für eine bessere Behandlung von Patienten, die an neurologischen Krankheiten leiden.

Im Gegensatz zur MRT, die statische Bilder liefert, dient die funktionelle MRT (fMRI) der Messung der Blutströme im Gehirn. Anstelle von Zielwasserstoff löst die fMRT die Resonanz von Sauerstoff aus. Die Sauerstoffanreicherung des Blutes im Gehirn ist ein dynamisches Bild der Gehirnaktivität. Folglich ist die fMRT eine nützliche Ergänzung zur herkömmlichen MRT, um die Schaltkreise des Gehirns besser zu verstehen und die Diagnostik zu verbessern. FDA-Leitlinien für die MRT von Neurostimulatoren sind in [73] beschrieben.

MRT-Tunnel für den klinischen Gebrauch sind riesige Geräte mit einem Gewicht von bis zu 100 t [81].

Sowohl die MRT als auch die fMRT beruhen auf der gleichzeitigen Einwirkung von drei starken Feldern auf den zu untersuchenden Körperteil:

(a) *Konstantes magnetisches Induktionsfeld*: Es wird von einer supraleitenden Spule erzeugt, die oft als „Magnet“ bezeichnet wird (was ein unpassender Begriff ist, da die Spule kein magnetisches Material enthält, sondern ein konstantes magnetisches Feld durch die Zirkulation eines starken Gleichstroms erzeugt). Die meisten MRT-Geräte, die in Krankenhäusern verwendet werden, haben eine magnetische Induktion von 1,5 Tesla (T), seltener 3 T. Moderne Anlagen, die hauptsächlich von Forschungslabors verwendet werden, haben 7 T. Experimentelle Geräte, die der Tierforschung dienen, verwenden eine starke magnetische Induktion von bis zu 24 T.

(b) *Gradienteninduktionsfeld*: Es überlagert die konstante Induktion und erzeugt eine Verzerrung, die für eine spezielle Lokalisierung notwendig ist. Dieser Gradient liegt je nach Ausrüstung und Anwendung im Bereich von 1–100 mT/m. Ein typischer Wert für einen 1,5-T-MRT-Tunnel in einem Krankenhaus für die Diagnose liegt bei 30 mT/m.

(c) *Elektromagnetisches Wechselerregungsfeld*: im Bereich von 40–60 MHz. Dieses Feld hoher Intensität (Spitzenwert etwa 35 kW, durchschnittliche Leistung 1 kW) wird von einer dritten Spule erzeugt.

Diese drei starken Felder haben unterschiedliche Auswirkungen auf verschiedene Materialien und Komponenten:

(a) Die konstant hohe Induktion kann:

- Ferromagnetische Teile (Fe, Ni, Co und deren Legierungen) anziehen und dabei erhebliche Zugkräfte und Drehmomente erzeugen (wenn das Teil auf das Feld ausgerichtet ist). Ferromagnetische Materialien sind in AIMDs selten, mit Ausnahme von implantierbaren Medikamentenpumpen mit Schrittmotoren und Reed-Schaltern für die Rückstellung von Herzschrittmachern.
- Dauermagnete anziehen, die Zugkräfte und Ausrichtungsmomente erzeugen. Einige AIMDs enthalten Dauermagnete, wie Cochlea-Implantate (der Magnet kann vor der MRT-Bestrahlung entfernt werden), Gleichstrommotoren in Harninkontinenzgeräten sowie magnetische Rotoren in Wasserkopfventilen und Augendruckkontrollmechanismen.
- Entmagnetisierung von Dauermagneten.

(b) Der hohe Induktionsgradient kann:

- Anziehung und Beschleunigung von ferromagnetischen Teilen bewirken, die sich in der Nähe des Tunnels frei bewegen können (Geschosseffekt)
- Anziehungskraft und Drehmoment auf implantierte ferromagnetische Teile und leitende Schleifen im Kurzschluss ausüben
- Vibration des Implantats auslösen

(c) Das hochenergetische Hochfrequenz-Wechselfeld kann:

- Wirbelströme induzieren in allen elektrisch leitenden Teilen – mit den folgenden Konsequenzen:
  - Wärmeentwicklung.
  - Elektromagnetisches Gegenfeld, das Bildverzerrungen und Artefakte erzeugt. Normalerweise ist das Gewebe hinter dem Gerät möglicherweise nicht sichtbar. Dunkle Artefakte sind mitunter um ein Vielfaches größer als das Gerät selbst.
- Induzierte Spannung in Leiterschleifen, Spulen und Leiterplatten erzeugen. Dies kann Lichtbögen bewirken, elektronische Bauteile beschädigen, Kondensatoren polarisieren und Zirkulationsströme erzeugen. Induktionsspulen für die Energieübertragung können an den Polen hohe Spannungen aufweisen, insbesondere wenn sie aus vielen Windungen bestehen.
- Mit der implantierten Elektronik interagieren – mit unvorhersehbaren Folgen.
- Elektroden und Kabel können als Antennen wirken, wenn ihre Länge der Feldwellenlänge oder der Hälfte oder einem Viertel davon entspricht. In diesem Fall nimmt diese unerwartete Antenne eine große Menge an Energie auf und kann die Eingangsverstärker beschädigen.

Es ist zu beachten, dass Wirbelströme in allen leitenden Teilen des Geräts auftreten, einschließlich Ti-Gehäusen, Batterien, Leiterplatten, Steckern, Antennen, Leitungen und Elektroden.

Die oben genannten Phänomene können schwerwiegende Auswirkungen auf die Gesundheit haben. Sie können auch dazu führen, dass das BCI funktionsunfähig wird, sodass der Patient nicht mehr von der Therapie profitieren kann.

Die Kompatibilität von implantierten Geräten mit der MRT wird in drei Kategorien eingeteilt:

- MRI-kompatibel oder MRT-sicher (selten bei AIMDs).
- MRT unter Vorbehalt. Für die Durchführung einer MRT-Exposition können mehrere Bedingungen gestellt werden:
  - Begrenzen Sie die Induktionsfeldstärke (z. B. auf 1,5 T).
  - Begrenzen Sie die Dauer der Prüfung.
  - Begrenzen Sie die exponierten Körperteile (z. B. nur unterhalb des Halses).
  - Vor der MRT-Untersuchung: Positionierungsmagnete chirurgisch entfernen (wird bei Cochlea-Implantaten regelmäßig durchgeführt).
  - Schalten Sie das Gerät vor der MRT-Untersuchung aus.
  - Versetzen Sie die implantierte Elektronik vor der MRT-Untersuchung in einen programmierbaren, „sicheren Modus" (z. B. Induktionsspule abschalten, Eingangskanäle kurzschließen usw.).

  Die bedingte Exposition wird die Sicherheit des Patienten erhalten. Dennoch können Artefakte die Qualität des Bildes beeinträchtigen.
- MRT-unverträglich: Der Träger des Geräts sollte nicht der MRT ausgesetzt werden.

Patienten, die ein BCI-System implantiert bekommen, leiden an Krankheiten, die ihr Gehirn oder Nervensystem betreffen. Sie sind daher Kandidaten für regelmäßige MRT- oder fMRT-Untersuchungen. Daher ist es wichtig, dass BCI-Systeme so konzipiert sind, dass sie MRT-kompatibel oder zumindest MRI-kompatibel sind. Ein BCI-System, das nicht MRT-kompatibel ist, verhindert MRT-Untersuchungen nach der Implantation. Dies kann eine ernsthafte Einschränkung für Patienten und medizinisches Fachpersonal sein.

4.11.4 Koexistenz

Drahtlose Kommunikationssysteme teilen „von Natur aus" gemeinsame Frequenzbänder. Bestimmte HF-Bänder werden von nationalen Regulierungsbehörden für verschiedene Kommunikationszwecke zugewiesen (siehe Abschn. 2.2.1). Die globale Wahrnehmung des Begriffs „Koexistenz" bezieht sich in der Regel auf die Möglichkeit, mehrere Systeme in demselben HF-Band zu verwenden, ohne dass es zu Störungen kommt. FCC Part 15 besagt, dass Geräte, die unter dieser Vorschrift betrieben werden, Störungen von primären Nutzern des Frequenzbandes akzeptieren müssen [82].

In diesem Buch beschränken wir den Bereich der Koexistenz auf die Möglichkeit, mehr als ein aktives Implantat im Körper eines einzigen Patienten zu haben. Sie umfasst die Bedingungen für den gleichzeitigen Betrieb mehrerer Geräte. Die Association for the Advancement of Medical Instrumentation (AAMI) [83] und das American National Standards Institute (ANSI) [84] diskutieren Tests und Risikomanagement für die drahtlose Koexistenz medizinischer Geräte.

Vor zwei bis drei Jahrzehnten schloss jede neue AIMD andere aktive Implantate bei Patienten während klinischer Studien aus. Dies war ein einfacher Weg, um Interferenzen zwischen zwei und mehr Geräten im selben Körper zu vermeiden. Das war sinnvoll (wenn auch nicht sehr visionär), da es nur wenige Kandidaten für ein zweites Implantat gab.

Heute werden jedes Jahr 1,5–2 Mio. AIMDs implantiert. Es kommt häufig vor, dass ein Patient mit einem Herzschrittmacher ein SCS oder ein DBS benötigt. Werden wir das erste Gerät explantieren, wenn das zweite eine bessere Lebensqualität bietet? Trennen wir ein Neuro-Gerät, wenn der Patient einen lebenserhaltenden Defibrillator benötigt? Meiner Meinung nach ist der Ausschluss von Patienten von einem BCI, weil sie eine andere AIMD haben, nicht länger akzeptabel und wird in Zukunft nicht mehr tragbar sein. Es ist auch ethisch bedenklich. Muss ich wählen zwischen der Behandlung meiner Inkontinenz und dem Leiden an hartnäckigen Rückenschmerzen?

In ihrem Entwurf einer Leitlinie zu Brain Computer Interfaces vom Februar 2019, der unter Abschn. 2.2.1 erwähnt und in Anhang 3 erörtert wird, empfiehlt die FDA den Ausschluss anderer AIMDs bei frühen Machbarkeitsstudien (EFS) von BCIs.

Ich denke, dass die FDA den Standpunkt verteidigen sollte, dass jeder Patient das grundlegende Recht auf mehrere Therapien hat, die durch verschiedene Implantate, die in seinem Körper existieren, nötig werden. Mehrere Geräte sollten in einem einzigen menschlichen Körper koexistieren können. Die Regulierungsbehörden sollten Normen festlegen, die dies ermöglichen.

Die Koexistenz wird erleichtert, wenn zwei Geräte im Körper eines Patienten nicht dasselbe Frequenzband für die Kommunikation mit der Außenwelt nutzen. Befinden sich beide Geräte im selben Frequenzband, sollten spezielle Kommunikationsprotokolle eine Kollision von Informationen vermeiden.

Wenn die FDA oder die Europäische Kommission keine Koexistenzregeln für mehrere AIMDs bei einem Patienten vorschreibt, sollten die Hersteller die Einführung einer freiwilligen Norm anstreben. Es liegt im Interesse der gesamten Gemeinschaft der aktiven Medizinproduktehersteller, eine gegenseitige Ausgrenzung zu vermeiden und die Koexistenz zu fördern. Einige Kommunikationsprotokolle wie Bluetooth haben das Problem der Koexistenz bereits gelöst, und zwar durch geeignete Identifizierungs-, Adressierungs- und Antikollisionsverfahren.

Eine weitere künftige Entwicklung würde darin bestehen, die Kommunikation und Synchronisierung zwischen Geräten innerhalb einer einzigen Einrichtung. Dies würde Prioritätsregeln, Firewalls und andere Austauschmöglichkeiten zwischen den

Geräten ermöglichen, um das symbiotische Funktionieren zu optimieren. So könnte beispielsweise ein implantierter ICD vor der Abgabe eines lebensrettenden Hochenergieimpulses den Befehl an alle anderen AIMDs im selben Körper senden, in einen sicheren Modus zu wechseln.

4.12 Kommunikation durch Gewebe

Wir haben bereits in den Abschn. 2.2.1 und 4.11.2 gesehen, dass die HF-Kommunikation durch menschliches Gewebe nicht nur durch Vorschriften, sondern auch durch die Gesetze der Physik eingeschränkt ist.

RF-Kommunikation mit AIMDs ist in verschiedenen Konfigurationen möglich:

- *Richtung des Informationsflusses*:
  - Vom Implantat zu einem externen Empfänger
  - Von einem externen Emitter zum Implantat
  - Bidirektional
- *Distanz in der Kommunikation*:
  - Proximal: Die äußere Einheit befindet sich auf der Haut, in möglichst geringem Abstand zum Implantat.
  - Kurze Reichweite: Das externe Gerät wird vom Patienten getragen, z. B. am Gürtel, in einer tragbaren Jacke, am Handgelenk, an seinem Rollstuhl usw.
  - Heimbereich: Die externen Einheiten sind eine Basisstation, die sich im Haus des Patienten oder in einem Krankenhaus befinden.
  - Ferngespräche: Die Kommunikation wird über Mobilfunknetze, entfernte Antennen oder Satelliten hergestellt.
- *Bandbreite*:
  - Reduzierter Informationsfluss: Hoch- oder Herunterladen von Servicedaten, Softwareaktualisierung, Auslesen der im Implantatspeicher gespeicherten Daten usw.
  - Gehirndaten in Echtzeit: kortikale Daten, die auf vielen Kanälen mit hoher Abtastrate erfasst werden
- *Sicherheit*: verschiedene Formen der Verschlüsselung, Redundanz und Identifizierung

Die Energiemenge, die zur Versorgung eines implantierten Geräts zur Verfügung steht, ist naturgemäß begrenzt. Kommunikationskonfigurationen, die den Stromverbrauch minimieren, werden bevorzugt. Die Rückstreuung ist ein interessanter Ansatz, da das Implantat einfach die von einer externen Einheit gesendeten Signale moduliert, wo der Stromverbrauch weniger einschränkend ist.

Die Ausbreitung von HF-Wellen von einer implantierten Antenne zu einem externen Empfänger ist alles andere als ein kontinuierlicher homogener Pfad. Die

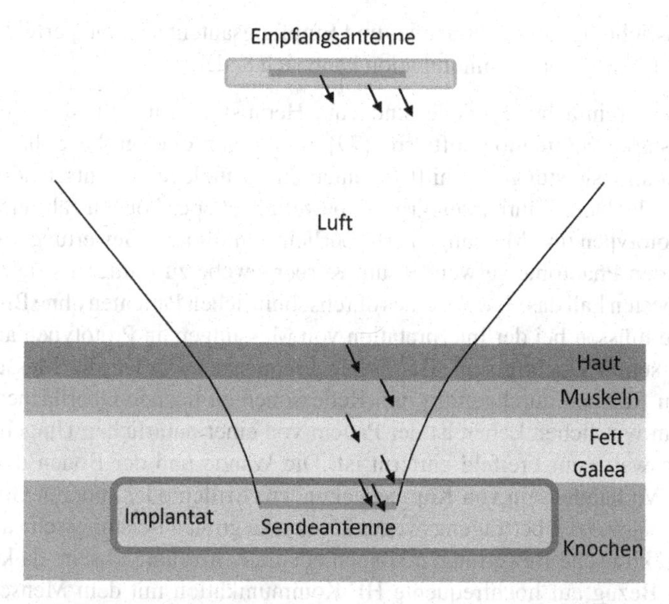

Abb. 4.54 Ausbreitung von HF-Wellen von einem in den Knochen eingesetzten Implantat zu einer externen Antenne mit kurzer Reichweite durch mehrere nicht angepasste Schichten

Dämpfung in den verschiedenen Schichten kann erhebliche Unterschiede aufweisen, und die Nichtübereinstimmung der dielektrischen Konstanten an den Grenzflächen zwischen zwei Schichten ist eine Quelle für Reflexion und Diffusion (siehe Abb. 4.54).

Das in Abb. 4.54 dargestellte Modell ist eine grobe Annäherung an die Realität. Bessere Modelle sollten die folgenden Parameter enthalten:

- Das Abstrahlprofil der Antenne ist weder unidirektional noch homogen. Es enthält Seitenflügel.
- Die Unterseite des Gehäuses oder der Leiterplatte oder eine Abschirmung wirkt wie ein reflektierender Spiegel mit einer gewissen Streuung.
- Die verschiedenen Schichten des Körpergewebes durchdringen und überlappen sich.
- Blutgefäße bevölkern das Gewebe in einem fast zufälligen Muster.
- Die Haarwurzeln und das Haar erhöhen die Streuung.
- Schweiß und Haarfett sorgen für eine zufällige Streuung.
- Zusätzliche Gewebeschichten, wie die fibrotische Kapsel auf der Oberfläche des Implantats, erscheinen in den Monaten nach der Implantation.
- Erosion, Entzündung und Nekrose können die dielektrischen Eigenschaften von Geweben verändern.
- Die Dicke der Fettschicht kann mit der Zeit variieren.
- Die Zusammensetzung und Dicke des Gewebes variiert stark von Patient zu Patient.

- Die Ausrichtung zwischen Sende- und Empfangsantenne ist nie perfekt.
- Die Entfernung der Kommunikation kann sich ändern.

Selbst übervereinfachte Modelle sind eine Herausforderung für die Simulation. Leistungsstarke Simulationssoftware [79] liefert nur eine grobe Schätzung der Kommunikationsleistung. Sie hilft Ingenieuren, grundlegende Entscheidungen zu treffen und die Durchführbarkeit grob zu bewerten, aber es können zahlreiche Iterationen, Prototypen und Messungen erforderlich sein. Bei der Bewertung von Prototypen werden Phantome verwendet, um Körpergewebe zu imitieren. Sie repräsentieren im besten Fall das Gewebe eines durchschnittlichen Patienten ohne Blutzufuhr. Ingenieure müssen bei der Interpretation von Messungen an Prototypen auf einem Prüfstand sehr vorsichtig sein. Bei hohen Frequenzen werden die Messungen in schalltoten Räumen durchgeführt, um Reflexionen an flachen Oberflächen zu vermeiden. Im wirklichen Leben ist der Patient von einer natürlichen Umgebung umgeben, die weit vom Freifeld entfernt ist. Die Wände und der Boden des Raums sowie das Vorhandensein von Kopfbedeckungen, Brillen oder anderen Gegenständen in der Nähe des Übertragungsweges können zu großen Leistungsschwankungen führen. Präklinische Bewertungen können ebenfalls irreführend sein, da kein Tiermodell in Bezug auf hochfrequente HF-Kommunikation mit dem Menschen vergleichbar ist. Wie oben beschrieben, verändert die Entwicklung des Gewebes um das Implantat die Ausbreitungsparameter mit unvorhersehbaren Folgen.

Variabilität und Empfindlichkeit gegenüber der Umgebung nehmen mit der Frequenz des HF-Signals zu. Funkkommunikation im Hunderte-MHz-Bereich oder darunter ist nicht allzu empfindlich gegenüber Körperparametern. Oberhalb von 1 GHz sind Dämpfung, Reflexion, Diffusion und Streuung von Funkwellen im menschlichen Körper von Bedeutung.

Wie wir in den Abschn. 7.2.5 und 7.3.1 sehen werden, können BCIs hochfrequente RF-Kommunikationskanäle mit großer Bandbreite erfordern. Vorläufige präklinische Arbeiten an der Brown University [48] haben die Machbarkeit einer unidirektionalen Kurzstrecken-Kommunikation (vom Implantat zum externen Empfänger) mit 48 Mbit/s bei Trägerfrequenzen um 3,5 GHz gezeigt. Die Fortführung dieses Projekts am Wyss Center for Bio and Neuroengineering in Genf, Schweiz [85], in den Jahren 2015–2018 hat durch Simulation und Prüfstandstests die Variabilität der Leistungen bei der Hochfrequenzkommunikation mit großer Bandbreite für den menschlichen Gebrauch gezeigt.

Die Beschaffenheit des menschlichen Körpers und die physikalischen Gesetze schränken die Nutzung der HF-Kommunikation im Rahmen eines großen Informationsflusses ein. Was die Bandbreite betrifft, so sind BCI-Systeme viel anspruchsvoller als alle anderen AIMD. Der leistungsstärkste kommerziell erhältliche HF-Chip für implantierbare medizinische Anwendungen, der von MicroSemi-Zarlink [86] hergestellt wird, hat eine begrenzte Durchsatzrate von 0,5 Mbit/s, was 100-mal weniger ist als das, was für die im vorigen Absatz beschriebene BCI-Anwendung erforderlich ist. Die Entwicklung von BCI wird daher durch den Mangel an validierten Hochleistungs-HF-Chips begrenzt. Mehrere Labors und Unternehmen entwickeln derzeit anspruchsvollere HF-ICs, aber bisher wurde noch keiner von ihnen in ein BCI für den menschlichen Gebrauch integriert. Dies ist ein Beispiel für einen fehlenden Baustein, der in Abschn. 6.3 näher erläutert wird.

4.13 Implantate mit Energie versorgen

AIMDs benötigen eine elektrische Energiequelle, um die implantierte Elektronik mit Strom zu versorgen. Es gibt drei Möglichkeiten, ein Implantat mit Strom zu versorgen:

- Speicherung der Energie im implantierten Gehäuse (dies ist bei mehr als 95 % der AIMDs der Fall):
  - *Primäre* (nicht wiederaufladbare) *Batterie*: Sie ist die Lösung der Wahl für Geräte mit geringem Verbrauch (bis zu 50–100 µA), z. B. Herzschrittmacher. Wenn die Batterie erschöpft ist, wird das gesamte Gerät durch ein neues mit einer frischen Batterie ersetzt. Moderne Herzschrittmacher können bis zu 10 Jahre halten. Ein Absinken der Batteriespannung zeigt das Ende der Lebensdauer (EOL) an, und auf dem Programmiergerät des Arztes wird eine Warnmeldung angezeigt, um einen rechtzeitigen Austausch des Herzschrittmachers zu planen. Primärbatterien sind äußerst zuverlässige Komponenten, die hermetisch in ihrem eigenen Metallgehäuse versiegelt sind. Die Herstellungsverfahren sind seit den Anfängen der Herzschrittmacherindustrie erheblich verbessert worden. Ausfälle oder das Auslaufen von implantierbaren Primärbatterien sind selten und liegen im Bereich von Teilen pro Million (ppm). High-Drain-Primärbatterien sind in der Lage, über einen kurzen Zeitraum viel Strom zu liefern, der für implantierbare Defibrillatoren benötigt wird.
  - *Sekundärbatterie* (wiederaufladbar): Geeignet für Situationen, in denen der Energiebedarf hoch ist (im Bereich von mA), wie bei bestimmten Neurostimulatoren. Nach dem derzeitigen Stand der Technik haben Sekundärbatterien eine begrenzte Anzahl von Aufladezyklen (500–1000). Danach lässt die Kapazität der Batterie unaufhaltsam nach und sie kann nicht mehr in angemessener Weise aufgeladen werden. Daher müssen die Geräte, je nach Häufigkeit der Aufladezyklen, nach einigen Jahren durch ein neues Gerät mit einer frischen Batterie ersetzt werden. Das Aufladen eines Akkus ist eine kritische Aufgabe, da der Ladestrom unter einem Grenzwert bleiben muss, um eine Überhitzung zu vermeiden, und eine Überladung zu einer Entgasung und Explosionsgefahr führen kann. Was das Risikomanagement betrifft, so stellen wiederaufladbare Batterien ein hohes Risiko für die Patientensicherheit Sicherheit dar. Sie werden durch ausgeklügelte Stromversorgungskreise mit redundanten Schutzfunktionen gemildert, manchmal einschließlich Temperatursensoren und Sicherungen. Sekundärbatterien werden über eine Induktionsspule aufgeladen, die magnetisch mit einem externen Ladegerät verbunden ist.

  - *Superkondensatoren* (wiederaufladbar): Ihre Energiedichte ist viel geringer als die von Primär- oder Sekundärbatterien. Die Versiegelungstechnologie ist noch nicht so weit entwickelt, dass sie mit Langzeitimplantaten kompatibel ist. Sie können auslaufen oder entgasen.
  - *Festkörperbatterien* (wiederaufladbar): Klein, dünn, robust und auslaufsicher, aber die Energiedichte ist um mehrere Größenordnungen geringer als bei herkömmlichen Batterien. Begrenzt auf nA-Anwendungen, wie z. B. Backup-Speicher.

- Batterieloses Implantat mit kontinuierlicher Energieübertragung durch ein externes Kopfstück (das Cochlea-Implantat seit drei Jahrzehnten):
  - *Induktive Kopplung*: Am Implantat ist eine flache Patch-Spule mit einem Magneten in der Mitte zur Fixierung und Ausrichtung des Kopfstücks angebracht. Die gleiche induktive Kopplung kann auch für die Kommunikation mit geringer Bandbreite verwendet werden. Je nach Entfernung und Wärmebegrenzung können solche Systeme einige hundert mW übertragen. Es handelt sich um ein robustes und ausgereiftes Konzept.
  - *Nichtelektrische Energieübertragung*: wie Ultraschall oder Licht (NIR). Sie befinden sich noch im Stadium der Studien und Prototypen. Keines dieser Systeme ist reif für die Umsetzung in menschliche Anwendungen.

- Sammeln von Energie im menschlichen Körper. Mehrere Laboratorien führen interessante Arbeiten in dieser Richtung durch, aber die Leistung ist im Vergleich zu herkömmlichen Energiequellen noch zu gering. Es wird noch Jahrzehnte dauern, bis autonome Energiegewinnungssysteme für aktive menschliche Geräte eingesetzt werden können. Die Beschränkungen der geernteten Energie werden diese Alternative für neurologische Geräte sicherlich ausschließen.

Drahtlos implantierbare BCI-Systeme haben einzigartige Eigenschaften, die die Art der Energieversorgung beeinflussen:

- Das Sammeln, Verstärken, Abtasten und drahtlose Übertragen großer Informationsströme verbraucht Energie im Bereich von einigen zehn mW. Daraus folgt:
  - Ausgenommen sind Primärbatterien, die innerhalb von Stunden oder Tagen verbraucht sind.
  - Es ist nicht für wiederaufladbare Batterien geeignet, da ein häufiges Aufladen (etwa jeden Tag) dazu führt, dass nach etwa 1000 Aufladungen innerhalb von 1–2 Jahren ein neues Gerät implantiert werden muss.
  - Kontinuierliche Energieübertragung durch Induktion ist die Lösung der Wahl für BCIs in naher Zukunft.

- Derzeit ist kein Miniatur-Mehrkanalstecker verfügbar. Daher werden wir in den nächsten zehn Jahren nicht in der Lage sein, die Gehirnschnittstelle von der Schnittstelle (MEA, ECoG) des elektronischen Gehäuses zu trennen. Dies schließt die Verwendung von wiederaufladbaren Batterien aus und bestätigt die Wahl der induktiven Energieübertragung.

- Oberhalb des Halses eingesetzte Implantate (siehe Kap. 5) müssen dünn sein. Es gibt keine primären oder wiederaufladbaren medizinischen Batterien, die dünner als 4 mm sind. Neuere Entwicklungen dünner und sogar flexibler Batterien erfüllen nicht die für implantierbare Geräte erforderlichen Auslaufsperren. Auch hier zeigt sich, dass die induktive Energieübertragung die beste Wahl für BCIs ist.

Dieses Buch konzentriert sich auf die Suche nach pragmatischen Lösungen für die Implementierung von BCIs mit menschlichem Charakter in einem vernünftigen Zeitrahmen. Aus diesem Grund *empfehlen wir die induktive Energieübertragung*. Alternative Energieversorgungsmethoden müssen weiterentwickelt und getestet werden, aber nicht auf Kosten einer schnellen und robusten induktiven Lösung. Die induktive Energieübertragung ist eine stabile und vollständig validierte Methode, die sich bei vielen Patienten über lange Zeiträume bewährt hat. BCI-Entwickler sollten auf dieser soliden Grundlage aufbauen und ihre Innovationsfähigkeit auf andere Bausteine wie dem im nächsten Kapitel beschriebenen ausdehnen.

4.14 Implantierbare Konnektoren

AIMDs haben zwei Hauptbestandteile, die unterschiedlichen Zwecken dienen und ihre spezifische „Beziehung" zum menschlichen Körper haben:

- *Schnittstelle zum Gewebe*: oder Elektroden, deren Hauptaufgabe darin besteht, mit dem Körper elektrisch zu interagieren, indem sie an bestimmten Stellen „lesen" oder „schreiben". Die Elektroden müssen in engem Kontakt mit den Geweben stehen, lange Zeit an Ort und Stelle bleiben, akzeptiert werden und sich in den Körper integrieren. Es wird alles getan, um die Symbiose zwischen den Elektroden und den Zielgeweben oder -organen zu erleichtern. Das Einsetzen der Elektroden ist oft ein heikler chirurgischer Akt, der das Zielgewebe beschädigen kann. Je besser die Elektrode in den Körper integriert ist, desto schwieriger ist es, sie zu entfernen. Die Explantation von Elektroden stellt ein chirurgisches Risiko dar und kann zu Gewebeschäden führen. Das Einsetzen einer zweiten Elektrode an der gleichen Stelle ist selten möglich. Einige Experten gehen davon aus, dass die kortikale MEA zur Bewegungswiederherstellung durch eine zweite MEA ersetzt werden könnte, die neben der ersten platziert wird. Dies wurde bisher noch nicht klinisch nachgewiesen. Idealerweise sollten die Elektroden bis zum Tod an Ort und Stelle bleiben.
- *Implantierte Elektronik*: Sie sammelt Signale von den Elektroden und/oder sendet Stimulationsimpulse an die Gewebeschnittstelle. Diese Einheit wird an der Peripherie des Körpers platziert, mit einem einfachen chirurgischen Zugang, z. B. unter der Haut. Aus verschiedenen Gründen (erschöpfte Batterie, Hardwareproblem, Technologie-Upgrade, Miniaturisierung) kann das Gehäuse, das die Elektronik enthält, ausgetauscht und durch ein neues ersetzt werden.

Die Austauschbarkeit erfordert die Möglichkeit, die Kabel/Elektroden von der implantierten Elektronik zu trennen. Diese Funktion wird durch einen implantierbaren Stecker gewährleistet. Das Trennen und Wiederverbinden einer neuen implantierten Elektronik wird ein seltenes Ereignis sein, einmal, zweimal oder sehr wenige Male während eines Lebens.

Millionen von Herzschrittmachern werden oder wurden in diesem Zusammenhang verwendet. Das normale Verfahren zur Implantation und zum Austausch eines abnehmbaren AIMD folgt einer einfachen Abfolge:

- *Erste Implantation*:
  - Einschnitt in die Haut und chirurgische Eröffnung eines Zugangs zum Zielgewebe.
  - Einführen der Elektroden und Fixierung an den Zielgeweben.
  - Das proximale Ende des Kabels und der Stecker ragen aus der Hautöffnung heraus.
  - Eine „Tasche" wird für das Implantat vorbereitet.
  - Die männlichen Stifte des Kabels werden in den Stecker der Elektronik eingesteckt und gesichert (Stellschrauben).
  - Das elektronische Gehäuse wird in der Tasche platziert, die dann vernäht wird.
- *Auswechseln der implantierten Elektronik* (in der Regel mehrere Jahre nach der Erstimplantation):
  - Einschnitt in die Haut zum Öffnen der Tasche
  - Extraktion des Implantats
  - Abklemmen der Leitungen
  - Anschluss eines neuen Implantats
  - Das neue Elektronikgehäuse wird in dieselbe Tasche eingesetzt, die dann vernäht wird.

Diese Strategie eignet sich gut für Herzschrittmacher, da der Stecker nur zwei oder vier Kanäle hat. Außerdem befinden sich die Herzschrittmacher im Brustbereich, wo Platz vorhanden ist. Seit den 1990er-Jahren und der Standardisierung der Konnektoren (IS-1) gab es in der Industrie keinen Anreiz, implantierte Geräte weiter zu miniaturisieren. Vor etwa 10 Jahren wurde die Anzahl der Kanäle in Neurostimulatoren von 4 auf 8, 16 und 32, die Hersteller wurden zu einer weiteren Miniaturisierung gedrängt und dichtere Inline-Stecker entwickelt. Da die Neurostimulatoren jedoch nach wie vor unterhalb des Halses angebracht sind, sind abnehmbare Steckverbinder nach wie vor recht sperrig.

Cochlea-Implantate waren in den 1990er-Jahren die ersten elektronischen Implantate, die oberhalb des Halses eingesetzt wurden (siehe Abschn. 1.4.1.3 und 3.4.1). Damals war die Herstellung eines abnehmbaren Steckers mit 22 Kanälen nicht möglich; die Größe wäre viel zu groß gewesen, um ihn unter der Haut hinter dem Ohr zu platzieren. Daher bestand die einzige Möglichkeit darin, die 22-adrige Leitung fest mit dem Titangehäuse zu verbinden, *ohne die Möglichkeit, sie später wieder zu entfernen*. Dies hat die Konfiguration des implantierten Systems im Vergleich zu einem Herzschrittmacher grundlegend verändert:

- Da ein Austausch der Elektronik erst Jahrzehnte nach der Implantation möglich wäre, muss die implantierte Elektronik so einfach wie möglich sein, ohne störungsanfällige Komponenten.
- Das Implantat muss batterielos sein, um die Entwicklung der induktiven Energieübertragung und der proximalen induktiven Kommunikation zu erzwingen.

Implantierte BCIs von heute befinden sich in der gleichen Situation wie CIs in den 1990er-Jahren. Wir können keine zuverlässigen, abnehmbaren Stecker für 100 oder mehr Kanäle herstellen, die klein genug sind, um im Kopf platziert zu werden, und langfristig einwandfrei funktionieren. Daher basieren die aktuellen Entwicklungen von BCIs mit einer großen Anzahl von Kanälen immer noch auf einer permanenten Verbindung der Elektroden mit der Elektronik. Dies hat erhebliche Konsequenzen für den Langzeiteinsatz, da ein Austausch der Elektronik nicht möglich ist.

Was die KIs betrifft, so wird der Mangel an miniaturisierten implantierbaren Anschlüssen in den nächsten 5–10 Jahren die Entwickler von BCIs zu gewissen Maßnahmen zwingen:

- Die Elektronik sollte einfach und zuverlässig sein. Dies schließt die Möglichkeit aus, einige Signalverarbeitungs-, Komprimierungs- oder Dekodierungsfunktionen in das Implantat einzubauen. Die gesamte Komplexität und Intelligenz muss in der externen Einheit untergebracht werden.
- Übertragung unverarbeiteter Daten vom Implantat nach außen, was mit einer großen Bandbreite verbunden ist Kommunikation.
- Die Entwickler müssen das Risiko eingehen, dass Patienten bei einem Ausfall des Elektronikgehäuses in ihren vorherigen Zustand zurückfallen.

Als Fazit dieses Abschnitts können wir sagen, dass abnehmbare miniaturisierte Stecker der wichtigste fehlende Baustein in der BCI-Industrie sind.

Literatur

1. Wolf P (2008) Chapter 3: Thermal considerations for the design of an implanted cortical brain-machine interface (BMI). In: Reichert WM (Hrsg) Indwelling neural implants: strategies for contending with the *in vivo* environment. CRC Press/Taylor & Francis, Boca Raton
2. Becker EL, Landau SI, Manuila A (1986) International dictionary of medicine and biology. Wiley, New York
3. https://www.fda.gov/MedicalDevices/DeviceRegulationandGuidance/GuidanceDocuments/UCM348890
4. Jeong J et al (2019) Conformal hermetic sealing of wireless microelectronic implantable chiplets by multilayered atomic layer deposition (ALD). Adv Funct Mater 29:1806440
5. Schaubroek D et al (2017) Polyimide-ALD-polyimide layers as hermetic encapsulant for implants. In: XXXI international conference on Surface Modification Technologies (SMT31), Mons, Belgium, July 5–7, 2017
6. Op de Beeck M et al (2017) Ultra-thin biocompatible implantable chip for bidirectional communication with peripheral nerves. In: 2017 IEEE Biomedical Circuits and Systems Conference (BioCAS)

7. Op de Beeck M et al (2013) Improved chip & component encapsulation by dedicated diffusion barriers to reduce corrosion sensitivity in biological and humid environments. In: 2013 European microelectronics packaging conference, Grenoble, France, Sept 9–12, 2013
8. Xie X et al (2014) Long-term reliability of Al_2O_3 and Parylene C bilayer encapsulated Utah electrode array based neural interfaces for chronic implantation. J Neural Eng 11(2):02016
9. ISO 16429 2004 Implants for surgery – measurements of open-circuit potential to assess corrosion behavior of metallic implantable materials and medical devices over extended time periods
10. Barrese JC et al (2013) Failure mode analysis of silicon-based intracortical microelectrode arrays in non-human primates. J Neural Eng 10(6):066014
11. Munson T. What is electrochemical migration – dendrite shorting of electronic circuits? White Paper, Foresite Inc. www.foresiteinc.com
12. https://en.wikipedia.org/wiki/Tyvek
13. https://en.wikipedia.org/wiki/Arrhenius_equation
14. https://en.wikipedia.org/wiki/Saline_(medicine)
15. https://en.wikipedia.org/wiki/Phosphate-buffered_saline
16. Takmakov P et al (2015) Rapid evaluation of the durability of cortical neural implant using accelerated aging with reactive oxygen species. J Neural Eng 12:026003
17. https://www.medgadget.com/2007/04/easyband_remote.html
18. https://www.businesswire.com/news/home/20070222005165/en/Allergan-Announces-Acquisition-EndoArt-Leading-Swiss-Developer
19. https://en.wikipedia.org/wiki/United_States_Military_Standard
20. https://en.wikipedia.org/wiki/MIL-STD-883
21. MIL-STD 883, Test method standard for microcircuits, Revision J, June 7, 2013
22. MIL-STD 750, Test methods for semiconductor devices, Revision F, Nov 30, 2016
23. MIL-STD 202, Electronic and electrical component parts, Revision G, Feb 8, 2002
24. https://en.wikipedia.org/wiki/ASTM_International
25. ASTM F/34-72T, Tentative recommended practices for determining hermeticity of electron devices with a helium mass spectrometer leak detector. Annual book of ASTM standards, part 43, 1976
26. Ely K (2000) Issues in hermetic sealing of medical products, medical device & diagnostic industry magazine MDDI, Jan 2000
27. https://finetech-medical.co.uk/
28. Thompson DL et al (1998) Filtered feedthrough assembly for implantable device. Patent US5836992, Medtronic Inc
29. Fraley M et al (2002) Leak testable capacitive filtered feedthrough for an implantable medical device. Patent US6349025, Medtronic Inc
30. https://integer.net/product/feedthroughs-filtered-feedthroughs-crm/
31. https://en.wikipedia.org/wiki/Wilson_Greatbatch
32. http://www.morgantechnicalceramics.com/en-gb/products/healthcare-products/medical-feedthroughs/
33. https://www.sct-ceramics.com/en/our-products/implantable-feedthroughs/
34. http://hermeticsolutions.com/
35. https://search2.ucl.ac.uk/s/search.html?query=anne%20vanhoest&collection=website-meta&profile=_directory&tab=directory
36. Vanhoestenberge A, Donaldson N (2013) Corrosion of silicon integrated circuits and lifetime predictions of implantable electronic devices. J Neural Eng 10:031002
37. Vanhoestenberge A et al (2014) Underwater current leakage between encapsulated NiChrome tracks: implications for strain-gauges and other implantable devices. Sens Actuators A Phys 212:1–11, Elsevier
38. https://www.schott.com/primoceler/
39. https://www.us.schott.com/english/index.html
40. http://aemf.org/
41. http://aemf.org/item/neuromuscular-disorders/

42. https://rippleneuro.com/
43. https://www.imtek.de/home-en?set_language=en
44. http://www.imtek.de/laboratories/biomedical-microtechnology/bm_home?set_language=en
45. Schuettler M et al (2011) Ensuring minimal humidity levels in hermetic implant housings. In: 2011 annual international conference of the IEEE Engineering in Medicine and Biology Society
46. Schuettler M et al (2012) Hermetic electronic packaging of an implantable brain-machine-interface with transcutaneous optical data communication. In: 34th annual international conference of the IEEE EMBS, San Diego, CA, USA, Aug 28–Sept 1, 2012
47. https://cortec-neuro.com/
48. Yin M et al (2013) A 100-channel hermetically sealed implantable device for chronic wireless neurosensing applications. IEEE Trans Biomed Circuits Syst 7(2):115–128
49. https://en.wikipedia.org/wiki/Arto_Nurmikko
50. https://www.csem.ch/home
51. MIL-STD 1576, Electroexplosive subsystem safety requirements and test methods for space systems, July 31, 1984
52. https://www.accessdata.fda.gov/scripts/cdrh/cfdocs/cfRes/res.cfm?id=35401
53. https://www.alphaadvancedmaterials.com/
54. https://www.orslabs.com/services/rga-package-gas-analysis/
55. https://www.orslabs.com/services/rga-package-gas-analysis/iga/
56. Op de Beeck M et al (2019) FITEP: a flexible implantable thin electronic package platform for long term implantation applications, based on polymer & ceramic ALD multilayers. IMAPS Medical Workshop, San Diego
57. Hogg A et al (2014) Protective multilayer packaging for long-term implantable devices, Elsevier. Surf Coat Technol 255:124–129, SCT-19263
58. Hogg A et al (2023) Ultra-thin layer packaging for implantable electronic devices, IOP Publishing. J Micromech Microeng 23:075001
59. Hogg A (2014) Development and characterization of ultrathin layer packaging for implantable medical devices. PhD thesis, Graduate School for Cellular and Biomedical Sciences, University of Bern, Switzerland
60. http://coat-x.com/
61. ISO 5841-3 2013 Implants for surgery – cardiac pacemakers – part 3: low-profile connectors (IS-1) for implantable pacemakers
62. ISO 11318 2002 Cardiac defibrillators – connector assembly DF-1 for implantable defibrillators – dimensions and test requirements
63. Merrill D et al (2005) Electrical stimulation of excitable tissue: design of efficacious and safe protocols, Elsevier. J Neurosci Methods 141:171–198
64. Grimnes S, Martinsen OG (2000) Bioimpedance and bioelectricity, basics. Academic Press, London, ISBN 0-12-303260-1
65. https://open.fda.gov/data/faers/
66. IEC-60068-2-75 2014 Environmental testing, part 2–75: Test Eh: Hammer tests
67. https://www.accessdata.fda.gov/scripts/cdrh/cfdocs/cfstandards/detail.cfm?standard__identification_no=33456
68. https://blog.atltechnology.com/protect-yourself-from-esd
69. Ker M-D et al (2004) Active electrostatic discharge (ESD) device for on-chip ESD protection in sub-quarter-micron complementary metal-oxide semiconductor (CMOS) process. Jpn J Appl Phys 43(1A/B):L33–L35
70. https://www.fda.gov/MedicalDevices/DeviceRegulationandGuidance/GuidanceDocuments/UCM077272
71. IEC-60601-1: Medical electrical equipment – part 1: general requirements for basic safety and essential performance
72. IEC-60601-1-2: Medical electrical equipment – parts 1–2: general requirements for basic safety and essential performance – collateral standard: electromagnetic disturbances – requirements and tests

73. ISO-14708-3: Implants for surgery, active implantable medical devices – part 3: implantable neurostimulators
74. https://www.fda.gov/MedicalDevices/DeviceRegulationandGuidance/GuidanceDocuments/UCM470201
75. https://www.fda.gov/MedicalDevices/DeviceRegulationandGuidance/GuidanceDocuments/UCM331681
76. https://www.meddeviceonline.com/doc/protecting-implantable-medical-devices-from-electromagnetic-interference-0001?vm_tId=2124770&user=b231f621-6dbd-47f9-a9b8-c271e83de85a&vm_alias=Protecting%2520Implantable%2520Medical%2520Devices%2520From%2520Electromagnetic%2520Interference&utm_source=mkt_MDOL&utm_medium=email&utm_campaign=MDOL_04-30-2019&utm_term=b231f621-6dbd-47f9-a9b8-c271e83de85a&utm_content=Protecting%2520Implantable%2520Medical%2520Devices%2520From%2520Electromagnetic%2520Interference&mkt_tok=eyJpIjoiWW1VeE9ESXpZVEUwTW1VeCIsInQiOiJqTTdoN3hEQnR5MjViYU1WTHloVEdqb3ZZd0pvc25FbkxrTzh6SzV1OGw0T2lkZmVoVEJnTmJGTzdpUkd5MTZmUUdRXC9kOTVTK3ZlM2VLTno0dTF6WVlwMW5BWWFqMGdMT0l0MGtWMmxOTXNsSFcrbFVUZHExWldSTFR3eEo2TmYifQ%253D%253D
77. https://zmt.swiss/
78. https://zmt.swiss/applications/wireless-body-area-networks/
79. https://zmt.swiss/sim4life/
80. Brown RW et al (2014) Magnetic resonance imaging – physical principles and sequence design, 2. Aufl. Wiley Blackwell, Hoboken. ISBN 978-0-471-72085-0
81. https://en.m.wikipedia.org/wiki/Physics_of_magnetic_resonance_imaging
82. Electronic Code of Federal Regulations, Title 47: Telecommunication, Chapter I, Subchapter A, Part 15 (Radio Frequency Devices). https://www.ecfr.gov/cgi-bin/text-idx?c=ecfr&SID=d9799480849898b1aaf705b67e156ade&rgn=div5&view=text&node=47:1.0.1.1.16&idno=47
83. FDA, Recognized Consensus Standards, AAIM TIR69:2017, Technical information report risk management of radio-frequency wireless co-existence for medical devices and systems. https://www.accessdata.fda.gov/scripts/cdrh/cfdocs/cfStandards/detail.cfm?standard__identification_no=35548
84. FDA, Recognized Consensus Standards, ANSI IEEE C83.27-2017, American National Standard for the Evaluation of Wireless Co-existence. https://www.accessdata.fda.gov/scripts/cdrh/cfdocs/cfStandards/detail.cfm?standard__identification_no=35809
85. https://www.wysscenter.ch/projects/
86. https://www.microsemi.com/product-directory/ultra-low-power-wireless/1312-implantable-medical-transceivers

Kapitel 5
Unterhalb und oberhalb des Halses

5.1 Unterhalb des Halses

AIMDs für kardiale Anwendungen für kardiologische Anwendungen befinden sich naturgemäß nicht weit vom Herzen entfernt. Herzschrittmacher und IPGs werden bequem unter die Haut in einer Brusttasche eingesetzt, und ihre Leitungen folgen den Blutbahnen zu den verschiedenen Herzkammern. Neben der DBS zielten die ersten Neurostimulatoren auf das Rückenmark, auf Nervenwurzeln oder periphere Nerven. Die Elektroden konnten an den jeweiligen Zielnerven angebracht werden und das IPG in bequemer Entfernung in Brust, Rumpf, Bauch oder Rücken in subdermalen Taschen implantiert werden.

Das Einsetzen von metallgekapselten Geräten in Weichteilgewebe irgendwo zwischen Hüfte und Schulter ist relativ einfach. Es können Taschen zwischen den Gewebeschichten geschaffen werden, wobei das Risiko einer Verletzung der Blutbahnen minimal ist. Diese Taschen dehnen sich gut aus, um Platz für das Implantat zu schaffen. In den meisten Fällen ist das Implantat nicht oder nur minimal unter der Haut sichtbar, und die Patienten spüren es nicht oder zumindest verursacht es keine Schmerzen oder Beschwerden. Dieser Teil des Körpers ist sehr nachsichtig mit dem Einsetzen von Implantaten in Weichgewebe, wenn das Gerät ein Volumen von weniger als ein paar Dutzend cm^3 hat. Frühe ICDs waren groß und schwer, sodass sie von den Patienten weniger akzeptiert wurden. Programmierbare implantierbare Medikamentenpumpen, die heute noch verwendet werden, sind zu groß (etwa 200 cm^3), als dass der Patient sie vergessen könnte.

Diese Toleranz des menschlichen Körpers für Implantate von angemessener Größe war ein Hindernis für die Miniaturisierung. Seit mehr als 20 Jahren sind Herzschrittmacher klein genug, um von den Patienten akzeptiert zu werden. Zusätzliche Anstrengungen zur Verkleinerung würden lediglich die Herstellungskosten erhöhen oder die Autonomie des Geräts verringern. Auch wenn sich die elektroni-

C. Clément, *Gehirn-Computer-Schnittstellen-Technologien*,
https://doi.org/10.1007/978-3-031-23815-4_5

schen Merkmale ständig weiterentwickelt haben, haben sich die AIMDs in Bezug auf ihre Form und mechanische Verkapselung seit den 1990er-Jahren kaum verändert.

Aufgrund dieses mangelnden Anreizes zur Miniaturisierung hat die Industrie die neuen spezifischen Bedürfnisse von Neurostimulatoren nicht vorweggenommen. Wenn mehr Kanäle benötigt wurden, fügten die Entwickler einfach mehr FTs, mehr Anschlüsse und größere Kopfstücke und Gehäuse, um sie unterzubringen. Im Vergleich zu Herzschrittmachern, die jede Sekunde sehr kurze Impulse erzeugen, geben Neurostimulatoren in der Regel kontinuierliche Impulssalven mit einer Frequenz von etwa 100 Hz ab. Um diese Signale zu liefern, benötigen Neurostimulatoren größere Batterien oder wiederaufladbare Akkus. Auch hier hat die Industrie nur minimale Anstrengungen unternommen, um die Batterien zu miniaturisieren. Folglich sind kommerzielle implantierbare Neurostimulatoren zwei- bis sechsmal größer als Herzschrittmacher, aber immer noch klein genug, um von den Patienten akzeptiert zu werden.

SCS- und DBS-Neurostimulatoren sind häufig in zwei Konfigurationen mit identischen elektrischen Stimulationseigenschaften erhältlich:

- Größeres Format mit Primärbatterie.
- Kleineres Format mit wiederaufladbarer Batterie.

Es hat sich gezeigt, dass Patienten oft das größere Gerät bevorzugen, da sie sich nicht um das regelmäßige Aufladen kümmern müssen. Dies ist ein weiteres Indiz dafür, dass die Größe bei Unterhalsimplantaten kein kritischer Faktor ist.

In Fällen von Patienten mit dünner Haut und geringer Körpermasse kann das Implantat leicht hervorstehen und auffallen. Aber ich habe selten Patienten gesehen, die sich daran gestört haben, da es immer unter der Kleidung versteckt werden kann.

Da sie in Weichgewebe eingesetzt werden, sind Implantate unterhalb des Halses nicht sehr empfindlich gegenüber äußeren Einflüssen.

5.2 Die ersten Schritte in Richtung des Kopfes

In den 1980er-Jahren wurden einstellbare Shuntventile entwickelt, um überschüssigen Liquor freizugeben für hydrozephale Patienten. Dieses Gerät fällt nicht unbedingt in die Kategorie der AIMDs, da es weder über implantierte Elektronik noch Batterien verfügt. Dennoch ist es in vielerlei Hinsicht interessant, da es einen implantierten magnetischen Rotor enthält, der durch ein extern angelegtes Drehfeld gedreht werden kann. Aspekte im Zusammenhang mit dem Schutz der Magnete zur Sicherstellung der langfristigen Biostabilität oder die Miniaturisierung zum Einsetzen in den Schädel machen Ventile für Hydrocephalus zu Pionieren auf dem Gebiet der neurologischen Implantate.

Zu Beginn der 1990er-Jahre wurden zwei klinische Indikationen, die auf den Kopf abzielen, zugelassen:

- *DBS bei der Parkinson-Krankheit*: Wenn Elektroden im Gehirn platziert werden, bleibt das IPG in der Brust, weil er zu groß ist, um oberhalb des Halses implantiert zu werden. Dieses Gerät wurde bereits ausführlich besprochen (siehe Abschn. 3.4.2). Die Kabel müssen unter die Haut getunnelt werden, von der Brust bis zum Scheitel, wobei der bewegliche Bereich des Halses passiert wird. Auch wenn das Tunneln heute ein gut kontrollierter chirurgischer Eingriff ist, birgt das lange Kabel, das den Hals durchquert, potenzielle Risiken:

- Ermüdungsbruch durch häufige Bewegungen mit großer Amplitude entlang des Halses.
- Zwei Kabelabschnitte, einer vom IPG zu einem Zwischenstecker hinter dem Ohr, und das Kabel, das zu den DBS-Elektroden führt. Die Vervielfachung der Elemente und Kontaktflächen erhöht das Risiko von Fehlern.
- Um flexibel zu bleiben, darf das Kabel nicht viele Drähte enthalten. Acht Drähte scheinen heute eine erreichbare Grenze zu sein. Aleva (siehe Kap. 3, [30]) erwägt, das Halskabel mit zwölf Drähten zu tunneln. Eine langfristige klinische Bewertung ist noch erforderlich.

• *Cochlea-Implantat* (siehe Abschn. 1.4.1.3 und 3.4.1): Dieses Gerät ist das erste rein halsnahe AIMD. Wie bereits erwähnt, haben die Besonderheiten und die Lage der CIs den Entwickler gezwungen, die traditionell bei aktiven Implantaten verwendeten Technologien völlig neu zu überdenken. Wir können CI als den Vorläufer von BCI betrachten. Zwei bis drei Jahrzehnte lang blieb das CI ein untypisches Produkt, und die Neurotechnologie-Gemeinschaft begriff nur langsam, dass es den Weg für anspruchsvollere Schädelimplantate ebnete.

5.3 Implantate oberhalb des Halses

Der menschliche Kopf ist etwas ganz Besonderes. In vielerlei Hinsicht unterscheidet er sich deutlich vom Rest des Körpers (siehe Abb. 5.1).

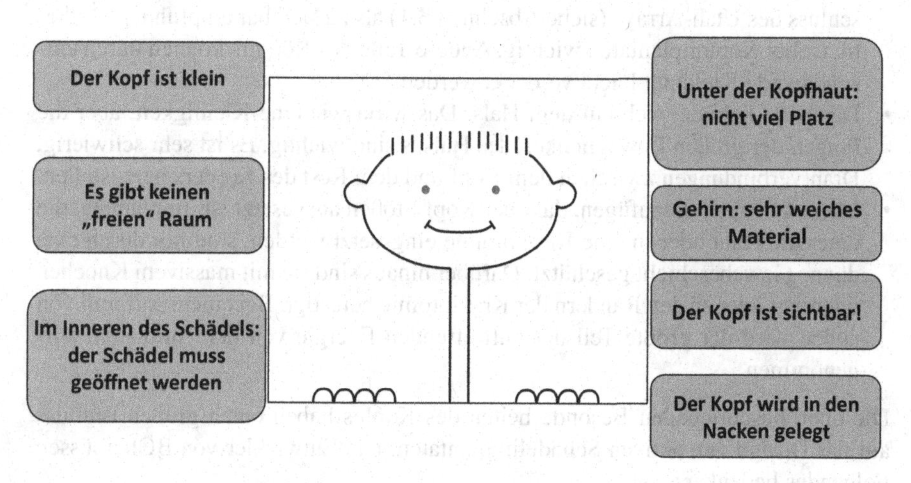

Abb. 5.1 Besonderheiten des menschlichen Kopfes

Auch wenn es trivial erscheint, sollten wir einige der Besonderheiten unserer Köpfe überprüfen und diskutieren:

- Verglichen mit dem Rest des Körpers, ist das Volumen des Kopfes begrenzt. AIMDs, die sich oberhalb des Halses befinden, müssen miniaturisiert werden.
- Im Inneren des Schädels gibt es keinen freien Raum für das Einsetzen eines Implantats. Der Rest des Körpers kann sich ausdehnen, um ein Implantat aufzunehmen, nicht aber der Kopf, da er durch die starre Hülle des Schädels eingeengt ist.
- Um ins Innere des Kopfes zu gelangen, müssen wir den Schädel durch eine invasive Operation öffnen. Das ist viel schwieriger als ein einfacher Einschnitt in die Haut und eine Tasche im Weichteilgewebe zu schaffen. Die seltenen natürlichen Öffnungen des Schädels auf der Höhe der Augen, der Ohren und des Rückenmarks sind für die Einführung von Implantaten nicht zugänglich.
- Unter der Kopfhaut können nur dünne Geräte eingeführt werden. Darüber hinaus müssen subkutane Geräte im Kopfbereich entweder flexibel sein oder eine abgerundete Form haben, um sich der natürlichen Krümmung des Schädels anzupassen. Es besteht allgemein Einigkeit darüber, dass eine subkutane Vorrichtung maximal 4 mm dick sein und abgerundete Kanten haben sollte. Dickere Vorrichtungen sind zu sichtbar und können zu Gewebeerosionen führen. Alternativ können auch partielle oder vollständige Kraniotomien durchgeführt werden, um dickere Gehäuse unterzubringen.
- Das Gehirn ist ein sehr weiches Material. Im Gegensatz zu Muskeln oder Fett kann das Hirngewebe ein Gerät nicht festhalten. Ein in den Schädel eingesetztes Gerät muss am Knochen befestigt werden und kann nicht frei im Raum stehen. Relativbewegungen des Gehirns können bei übermäßigem Druck auf fremde Elemente (Elektroden oder Gehäuse), die am Schädel befestigt sind, zu irreversiblen Schäden führen.
- Der Kopf ist sichtbar und spiegelt einen wichtigen Teil unserer Persönlichkeit wider. Implantate, die auf dem Kopf sichtbar bleiben, werden von den Patienten nicht gut angenommen. Zum Beispiel wird der transdermale Sockel für den Anschluss des Utah-Arrays (siehe Abschn. 3.3.1) als zu sichtbar empfunden. Ästhetik ist bei Kopfimplantaten wichtig. Andere Teile des Körpers können durch entsprechende Kleidung leicht verdeckt werden.
- Der Kopf befindet sich auf dem Hals. Das wirkt wie eine Kleinigkeit, aber die Folgen der großen Beweglichkeit des Halses sind wichtig. Es ist sehr schwierig, Drahtverbindungen zwischen dem Kopf und dem Rest des Körpers herzustellen.
- Man kann auch hinzufügen, dass der Kopf Stößen ausgesetzt ist. Implantate, die unter die Haut oder in eine Kraniotomie eingesetzt werden, sind nur durch eine dünne Gewebeschicht geschützt. Darüber hinaus sind sie mit massivem Knochen unterlegt oder an den Rändern der Kraniotomie befestigt. Bei einem Aufprall von außen wird der größte Teil der auftreffenden Energie von dem Implantat aufgenommen.

Die oben beschriebenen Besonderheiten des Kopfes haben einen großen Einfluss auf das Design von aktiven Schädelimplantaten. Die Entwickler von BCIs müssen Folgendes bedenken:

- Vergessen Sie die traditionellen Designregeln und -prinzipien, die von AIMDs, die von unten kommen, stammen.
- Überdenken Sie grundlegende Verkapselungskonzepte unter dem Gesichtspunkt der Besonderheiten des menschlichen Kopfes.
- Bilden Sie Partnerschaften mit Neurochirurgen und plastischen Chirurgen, um die BCI-Geräte an schädelspezifische Operationstechniken anzupassen.
- Und verstehen Sie die besondere Beziehung, die Patienten zu ihrem Kopf haben.

Das erste Über-Hals-AIMD mit einer Batterie ist das RNS-Gerät von NeuroPacedas (ausführlich in Abschn. 3.4.7). Einzigartige Merkmale wie die gebogene Form, die Fixierung in einer durch eine Kraniotomie eingebrachten Ferrule und der proprietäre abnehmbare Anschluss machen dieses Gerät zu einer großen Inspirationsquelle für künftige BCIs und zu einem bahnbrechenden Konzept.

Einige Neurochirurgen und plastische Chirurgen, die mit der posttraumatischen Rekonstruktion des Schädels experimentieren, haben innovative Ansichten in Bezug auf Implantate oberhalb des Halses. Die von Paul Manson [1] begonnene und von Chad Gorgon [2], beides plastische und rekonstruktive Chirurgen an der Johns Hopkins University, in Zusammenarbeit mit einem Start-up-Unternehmen namens Longeviti [3] in Baltimore fortgeführte Arbeit besteht darin, einen wesentlichen Teil des Schädelknochens zu entfernen und ihn durch einen patientenspezifischen Schädel-Einsatz aus Polymethylmethacrylat (PMMA) zu ersetzen [5]. PMMA ist langfristig biokompatibel und biostabil [6]. Die Abmessungen und die Form des Einsatzes werden anhand des CT-Scans des Patienten bestimmt. Der 3D-Druck ermöglicht es, den chirurgisch entfernten Teil des Schädels in PMMA exakt zu ersetzen. In das PMMA-Einsatzstück könnten spezielle medizinische Geräte eingebettet werden. Zum Beispiel könnten bestehende Geräte wie CIs oder RNS von NeuroPace in einen PMMA-Einsatz integriert werden, der perfekt an die Anatomie des Patienten angepasst ist.

Die erste Anwendung des Konzepts der Entfernung eines Teils des Schädels und dessen Ersatz durch einen Einsatz mit einem Implantat ist spezifisch für die Integration eines Shuntventils bei Hydrocephalus (siehe Abb. 5.2). Bei dieser Ausführung besteht der Einsatz aus hochdichtem Polyethylen (PE), und das Shuntventil ist ein zugelassenes Produkt. Der Einsatz erleichtert die Operation und die Fixierung des Ventils erheblich. Der Komfort und die Ästhetik für den Patienten werden erheblich verbessert. Das Konzept könnte auf die Integration von BCIs ausgeweitet werden.

Abb. 5.3 zeigt einen patientenspezifischen 3D-Laser-gedruckten PMMA-Schädel mit patientenspezifischemEinsatz für die Knochenrekonstruktion. Das Konzept wurde weiter ausgearbeitet, indem beide Technologien zusammengeführt wurden, was zur Integration aktiver Geräte in 3D-lasergedruckte PMMA-Einsätze führte. Das in Abb. 5.4 gezeigte aktive Gerät ist ein Prototyp eines BCI, der mit einem EKG verbunden ist. Wie in Abschn. 4.9.6 erläutert, bieten lasergedruckte PMMA-Einsätze nur eine nahezu hermetische Verkapselung. PMMA absorbiert Wasser in einer Größenordnung von 0,3–0,4 % seines Gewichts. Die Feuchtigkeit diffundiert langsam durch das PMMA und erreicht die Elektronik und die Batterie. Vollstän-

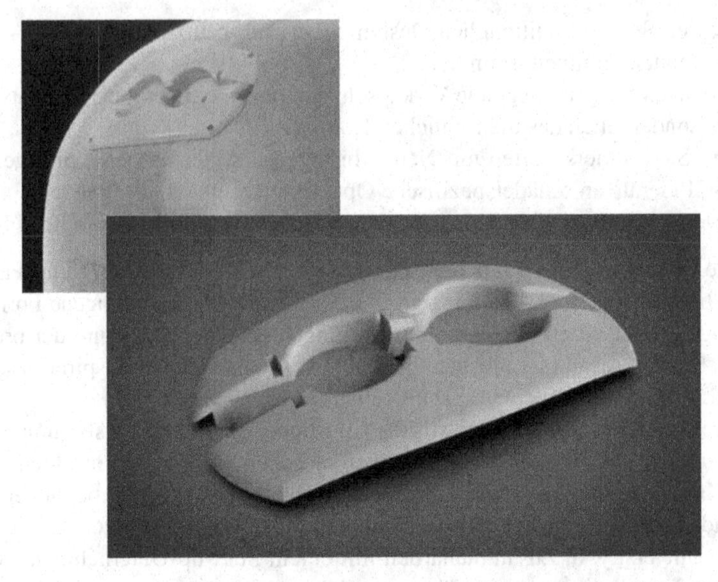

Abb. 5.2 Schädel-Einsatz für Hydrocephalus-Shuntventil, InvisiShunt®, Modell OP1000. (*Diese Abbildungen werden mit Genehmigung von Longeviti Neuro Solutions LLC nachgedruckt; InvisiShunt® ist eine eingetragene Marke von Longeviti Neuro Solutions LLC*)

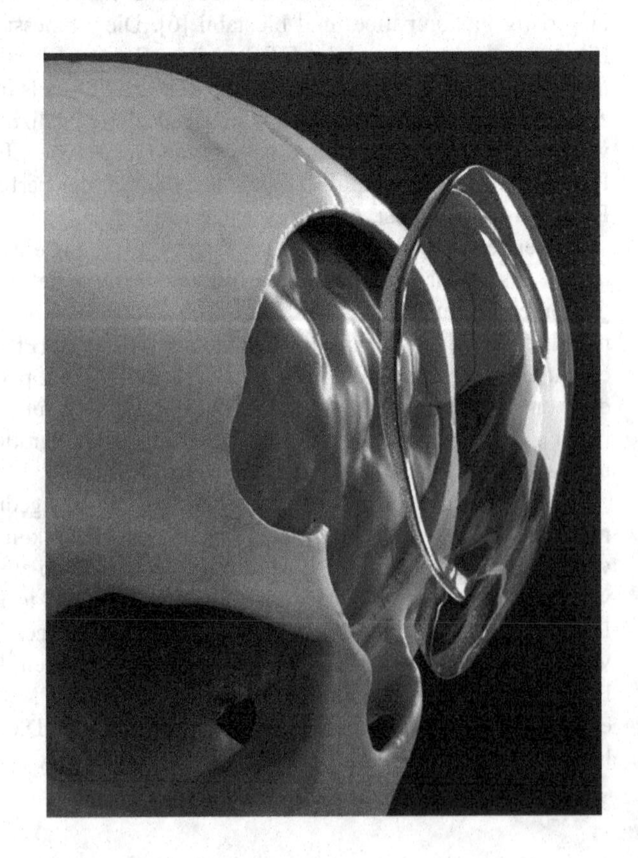

Abb. 5.3 3D-Laser-gedruckter SchädelEinsatz aus PMMA, ClearFit™. (*Diese Abbildung wird mit Genehmigung von Longeviti Neuro Solutions LLC nachgedruckt; ClearFit™ ist eine eingetragene Marke von Longeviti Neuro Solutions LLC*)

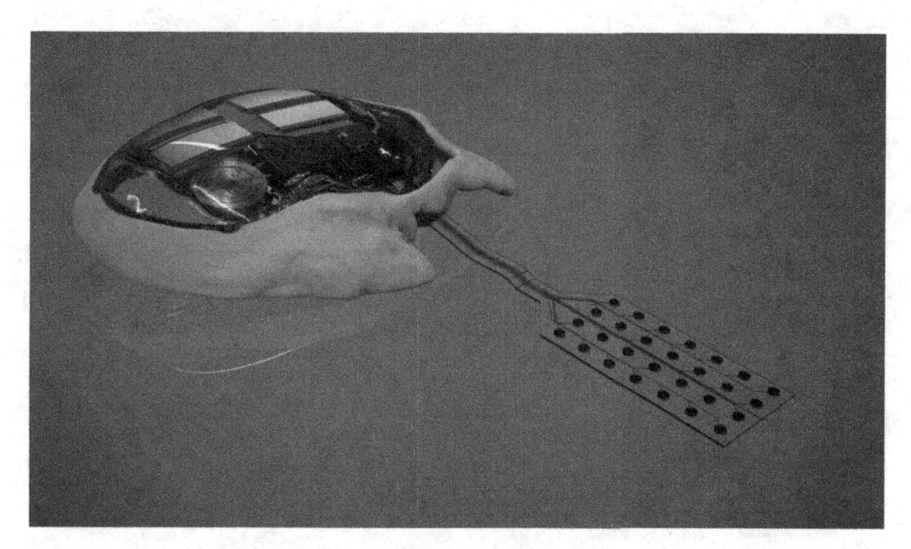

Abb. 5.4 Prototyp eines BCI, integriert in einen 3D-Laser-gedruckten Schädeleinsatz aus PMMA. (*Diese Abbildung wurde mit Genehmigung von Longeviti Neuro Solutions LLC abgedruckt*)

dige Validierung und langfristige beschleunigte Alterungstests müssen durchgeführt werden, um den Grad des Feuchtigkeitsschutzes durch PMMA zu beurteilen. Dieses Projekt ist noch weit von einer Zulassung entfernt, aber das Konzept ist vielversprechend.

Wir haben unter Abschn. 4.9.7 gesehen, dass die Schwachstelle von Geräten in einer hermetischen Konfiguration die Verbindung zwischen dem Kabel und der Elektronik ist. Feuchtigkeit kriecht entlang des Kabels und der Isolierhülle und erreicht die Elektronik. Dies ist ein Risiko, das sich bei der nichthermetisch abgedichteten Elektronik in Abb. 5.4 zeigen kann. Aus diesem Grund ist die beste Anwendung des PMMA-Patienten-spezifischen Insert-Konzepts, in die Knochenersatzplatte ein hermetisch abgedichtetes Implantat, wie ein CI oder das RNS-System von NeuroPace, zu integrieren.

Eine weitere bemerkenswerte Errungenschaft auf dem Gebiet der BCI-Implantate über dem Nacken ist das Wimagine®-Projekt [4], das von Clinatec [5] in Grenoble, Frankreich, unter der Leitung von Prof. A.-L. Benabid (siehe Abschn. 3.4.2 und Referenz [27] in Kap. 3), dem DBS-Pionier. Wimagine umfasst eine 8x8-EKoG-Elektrode, die unter einem drahtlosen BCI in einer Titankapsel (siehe Abb. 5.5) steckt, die durch eine Kraniotomie eingeführt wird (siehe Abb. 5.6). Das Gerät deckt sowohl den Arm- als auch den Beinbereich des motorischen Kortex ab. In der ersten laufenden Studie am Menschen wurden zwei Geräte implantiert, eines auf jeder Seite des Gehirns und mit einem Exoskelett verbunden, mit dem Ziel, einem gelähmten Patienten ein gewisses Maß an Bewegung in seinen vier Gliedmaßen zurückzugeben (siehe Abb. 5.7a–c). Auch wenn das Wimagine-System noch weiter verbessert und validiert werden muss, ist es ein Vorläufergerät auf dem Gebiet der BCI über dem Hals und eine Quelle der Inspiration (siehe Abb. 5.8). Ein Teil der

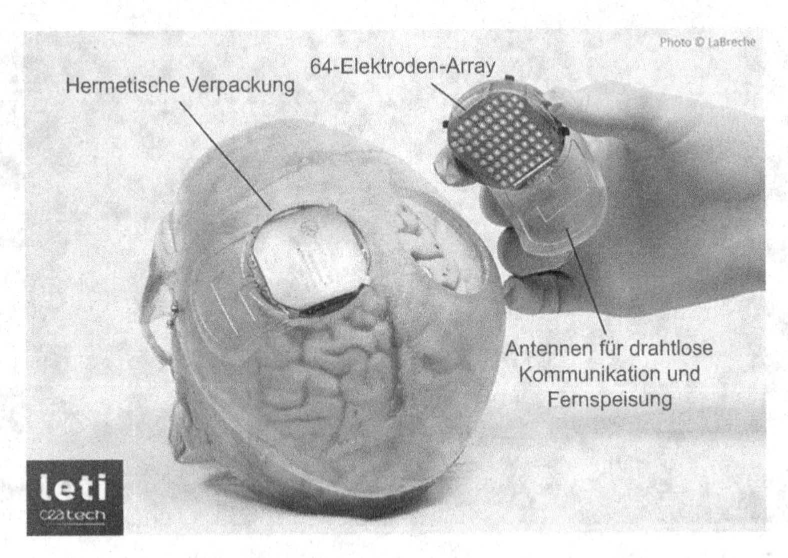

Abb. 5.5 Wimagine®, drahtloses 64-Kanal-EKoG-Aufzeichnungsimplantat, Einsetzen in eine Kraniotomie. (*Mit freundlicher Genehmigung von Clinatec*)

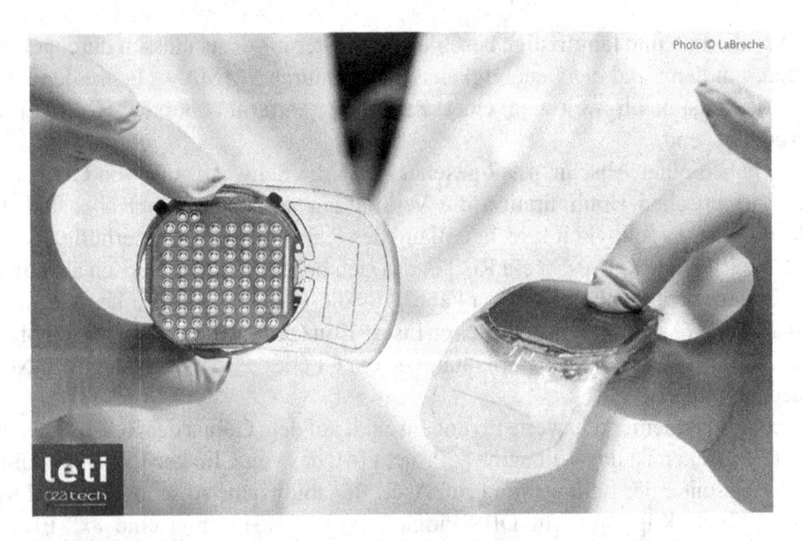

Abb. 5.6 Wimagine®, drahtloses 64-Kanal-EKoG-Aufzeichnungsimplantat, Ansicht von oben und unten. (*Mit freundlicher Genehmigung von Clinatec*)

Originalität des Konzepts liegt in der Platzierung der Elektroden direkt unter dem Gehäuse. Daher gibt es kein Kabel, das diese beiden Einheiten miteinander verbindet. Es ist ein Schritt in Richtung des „Brain Button" (siehe Abschn. 7.4.1), einer Vision, das gesamte System (Elektronik, drahtlose Kommunikation, Energiemanagement) auf der Rückseite der Elektroden zu integrieren. Das Projekt Wimagine ist auch innovativ in seinem Bestreben, Bewegungsabsichten zu entschlüsseln, ohne die Elektroden zu durchdringen.

a

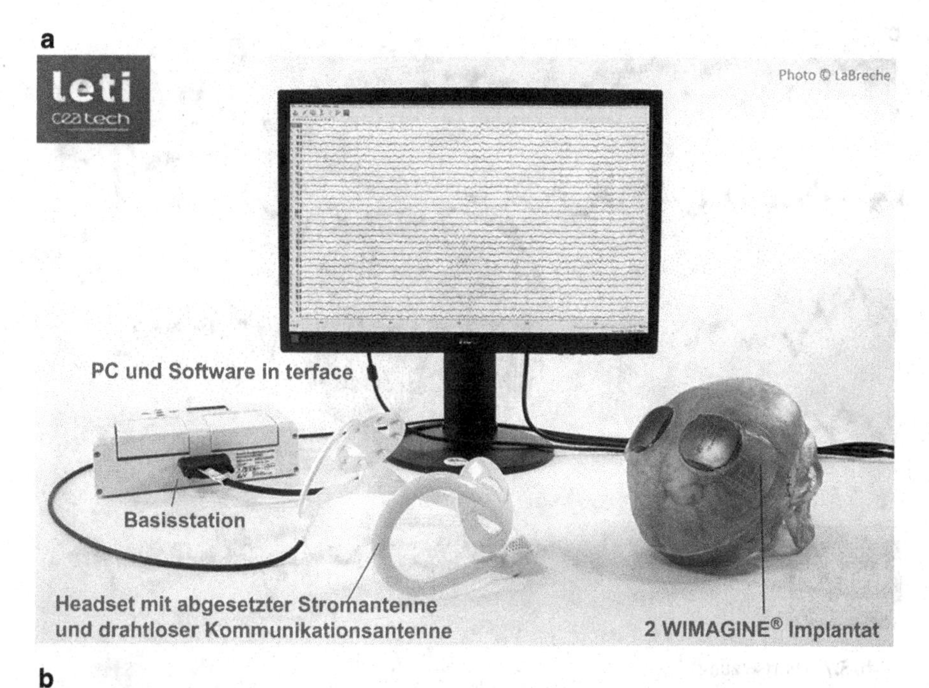

b

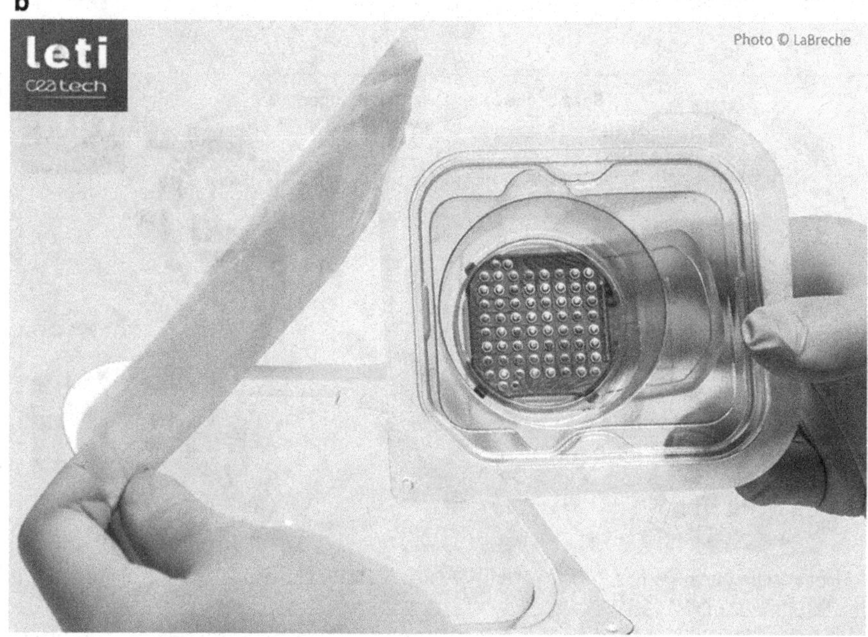

Abb. 5.7 (**a**) Wimagine®, drahtloses 64-Kanal-EKoG-Aufzeichnungssystem. *(Mit freundlicher Genehmigung von Clinatec)*. (**b**) Wimagine®, Implantat in sterilem Blister. (*Mit freundlicher Genehmigung von Clinatec)*. (**c**) Wimagine®-Implantat. (*Mit freundlicher Genehmigung von Clinatec*)

c

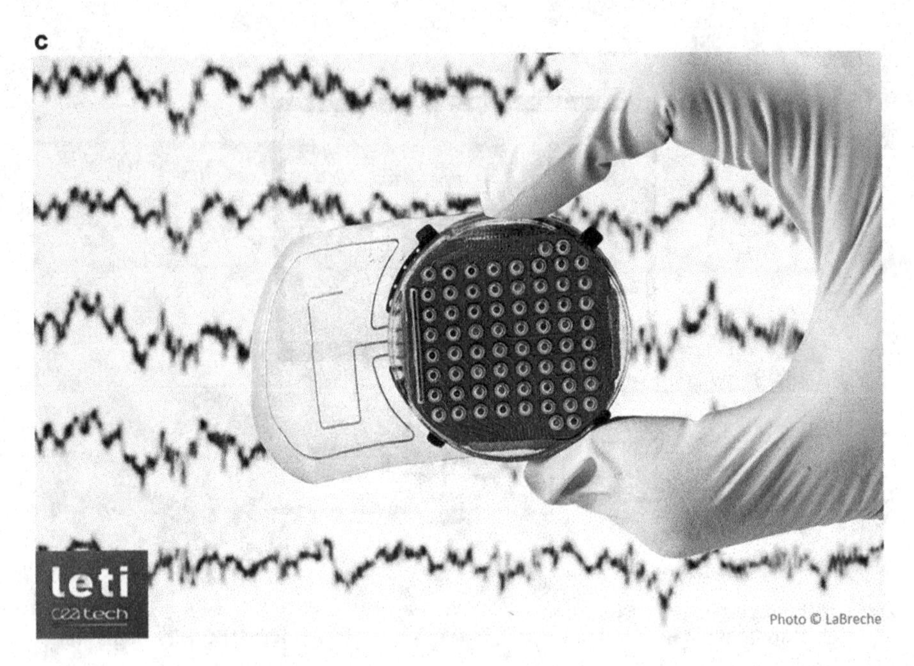

Abb. 5.7 (Fortsetzung)

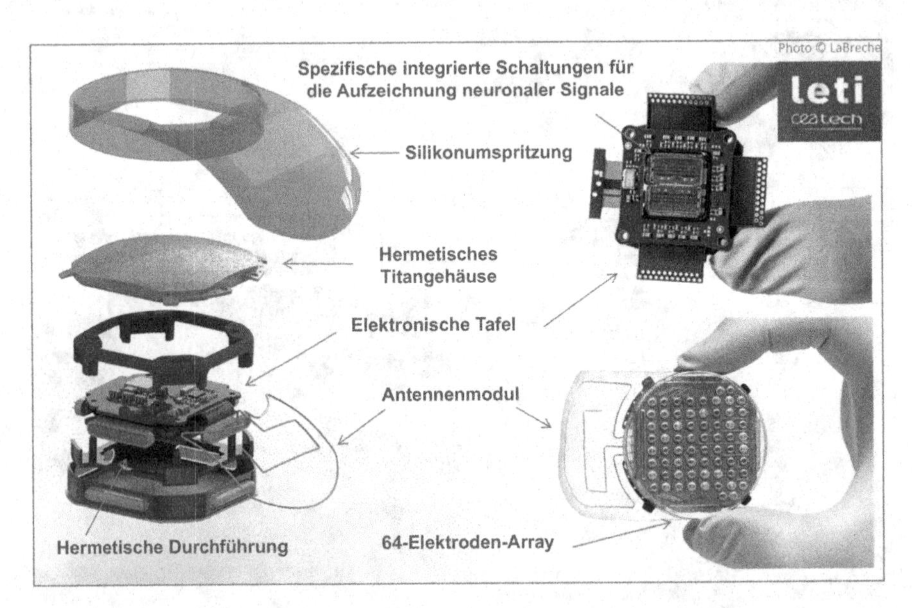

Abb. 5.8 Wimagine®, kabelloses 64-Kanal-EKoG-Aufzeichnungsimplantat, Details. (*Mit freundlicher Genehmigung von Clinatec*)

Das mechanische Design mit einer abgerundeten oberen Platte ist ein Beispiel für die gute Integration des Implantats in den menschlichen Kopf. Das System ist batterielos und verwendet eine RF-Kommunikationsverbindung.

Allerdings sind gewisse Schwierigkeiten beim Ablesen des motorischen Kortex für die unteren Gliedmaßen zu erkennen. Im Gegensatz zu dem Bereich des Kortex, der die oberen Gliedmaßen steuert und an der Oberfläche des Gehirns liegt, ist der motorische Bereich der Beine hauptsächlich in einer Faltung gefaltet. EKoG-Elektroden sind wahrscheinlich geeignet, einige nützliche Informationen über die Bewegung der Arme zu sammeln, aber weniger geeignet, um neuronale Signale über die Absicht, die Beine zu bewegen, zu erfassen. Für diese spezifische Region des motorischen Kortex werden wahrscheinlich durchdringende Elektroden benötigt. Selbst das Utah-Array könnte ungeeignet sein, da es nicht leicht in die engen Rillen der gewundenen Hirnoberfläche eingeführt werden kann.

Dennoch ist Wimagine das fortschrittlichste drahtlose Mehrkanal-BCI, das bereits in den menschlichen Kopf implantiert worden ist.

Literatur

1. https://www.hopkinsmedicine.org/profiles/results/directory/profile/0001194/paul-manson
2. https://www.hopkinsmedicine.org/profiles/results/directory/profile/9251953/chad-gordon
3. https://longeviti.com/
4. Mestais C et al (2015) WIMAGINE®: wireless 64-channel ECoG recording implant for long term clinical applications. IEEE Trans Neural Syst Rehabil Eng 23(1):10. https://doi.org/10.1109/TNSRE.2014.233354, TNSRE-2103-00171
5. http://www.clinatec.fr/en/clinatec/
6. https://en.wikipedia.org/wiki/Poly(methyl_methacrylate)

Kapitel 6
Pioniere

6.1 Geschichte der aktiven implantierbaren medizinischen Geräte (AIMD)

In den vorangegangenen Kapiteln haben wir absichtlich viel Zeit darauf verwendet, zu analysieren, was in der Vergangenheit getan wurde. Dies ist eine Geisteshaltung. Wie bereits erwähnt, entspringen gute Innovationen selten dem reinen Genie. Die meisten brillanten Ideen kommen aus dem Verständnis unserer Umwelt (siehe Abschn. 2.2), und zwar im weitesten Sinne des Wortes. Diese Methodik gilt auch für die Entwicklung künftiger BCI. Geschichte ist kein negatives Wort. Oft ignorieren oder missachten Wissenschaftler und Ingenieure die Lehren aus der Vergangenheit. Meiner Meinung nach beruhen die produktivsten Ansätze in Sachen Innovation auf Erfahrung. Die Diskussion mit „grauhaarigen“ Menschen kann ein guter Weg sein, um die Wege der Innovation zu finden. Junge Ingenieure, die diese weise Anleitung befolgen, werden eines Tages die Führer der Innovation sein.

Wie bereits in Abschn. 1.4.1.1 beschrieben, ist die Entwicklung von Herzschrittmachern die Wurzel der aktuellen Erfolge von AIMDs. Die Entwicklung der ersten Herzschrittmacher in den 1960er-Jahren erforderte viel Energie und Vertrauen. Zu dieser Zeit starben viele Menschen an gut erkannten und diagnostizierten Herzkrankheiten, aber ohne Heilung oder Therapie. Die Pioniere auf diesem Gebiet erkannten, dass die elektrische Stimulation verwendet werden könnte, um zu langsam schlagende Herzen zu beschleunigen, um einige der vier Herzkammern zu resynchronisieren, um das Flimmern zu stoppen, oder um Herzen, die plötzlich aufgehört haben zu schlagen, wieder in Gang zu bringen. Die meisten Herzforscher wussten, dass man mit Strom Wunder bewirken konnte, aber die Technologien waren noch nicht reif für eine breite Anwendung.

In diesem Zusammenhang gingen die Ingenieure Risiken ein, aber vernünftige Risiken. In den Anfängen dieser Industrie gab es keine zuverlässigen Batterien und keine Möglichkeit, elektronische Schaltkreise so gut zu verkapseln, dass sie jahr-

C. Clément, *Gehirn-Computer-Schnittstellen-Technologien*,
https://doi.org/10.1007/978-3-031-23815-4_6

zehntelang hielten. In einem pragmatischen Ansatz wurden Herzschrittmacher mit Quecksilberbatterien und einfacher Elektronik in nichthermetischen Gehäusen in Patienten in ernsten Situationen implantiert. Die Alternative war der Tod. Das Nutzen-Risiko-Verhältnis ist ein wichtiges Konzept bei AIMDs. Es gilt auch für BCI.

Ein gutes Beispiel dafür ist Arne Larsson [1], der 1958 im Alter von 43 Jahren den ersten implantierbaren Herzschrittmacher erhielt. Dieser Patient befand sich in einem kritischen Zustand, und seine Lebenserwartung war bestenfalls auf Monate begrenzt. Das Gerät, sehr einfach und weit entfernt von den heutigen Herzschrittmachern, wurde von Rune Elmqvist [2] entworfen und gebaut und von Dr. Ake Senning [3] im Karolinska Sjukhuset in Stockholm, Schweden, implantiert. Das Gerät von Arne hielt nicht lange und musste bald ersetzt werden. Insgesamt erhielt er 26 Implantate, aber sein Leben wurde gerettet. Er hatte bis 2001 ein volles, aktives Leben, 43 Jahre Lebensverlängerung durch eine „vernünftige" Risikobereitschaft. Ich traf sowohl Arne Larsson als auch seinen Chirurgen Dr. Senning, bevor sie starben. Das war eine großartige Lektion und ein Ansporn, mit der Entwicklung von AIMDs fortzufahren.

Die Herzindustrie setzte die Entwicklung besserer, zuverlässigerer Geräte fort, die zur Lebenserhaltung, aber auch zur Verbesserung der Lebensqualität eingesetzt werden können. Ein wichtiger Schritt wurde in den 1980er-/1990er-Jahren mit implantierbaren Defibrillatoren gemacht [4]. Neue technische Herausforderungen standen vor uns, insbesondere im Zusammenhang mit der Verwendung von Hochspannungskomponenten im menschlichen Körper. Auch hier müssen wichtige Lehren für die Integration neuer Technologien in AIMDs gezogen werden. Sie muss unter dem Gesichtspunkt des Risikomanagements und des Nutzen-Risiko-Verhältnisses betrachtet werden.

Waren die ersten aktiven Herzimplantate hauptsächlich lebenserhaltende Geräte, konzentriert sich der Großteil der kardialen Indikationen heute auf die Verbesserung der Lebensqualität. Patienten, die an Herzstörungen leiden, die mit einer gestörten Synchronisation zwischen den vier Herzkammern verbunden sind, oder an Vorhofflimmern oder Bradykardie leiden, finden heute akzeptable Lösungen durch die Implantation geeigneter aktiver Geräte.

Kardiale AIMDs sind die Wurzeln aller Entwicklungen auf diesem Gebiet, die in diesem Buch untersucht werden. Mehrere zuvor besprochene Schlüsseltechnologien, wie hermetische Verkapselung, drahtloseKommunikation und abnehmbare Elektroden, wären ohne die Bemühungen der Herzindustrie niemals verfügbar geworden. Ähnliche Technologien und Hardware ebneten den Weg für die ersten neurologischen Anwendungen wie CI, DBS, SCS, und SNS, wie in den Kap. 1 und 3 beschrieben.

Die oben beschriebenen Erfolge bei Neuroanwendungen beruhen auf einem pragmatischen Ansatz, der darin besteht, Probleme Schritt für Schritt zu lösen, klug ausgewogene Risiken einzugehen und neue Technologien zu integrieren, sobald sie verfügbar sind. Wir empfehlen die gleiche Weisheit bei der Entwicklung aktueller und zukünftiger BCIs.

6.2 Neue Felder: Es funktioniert!

Auch wenn die Fortschritte langsam sind, die Entwicklung sehr lange dauert und die Kosten für die Markteinführung eines Produkts erschreckend hoch sind, werden neue neurologische Anwendungen für Patienten verfügbar in Not. Es funktioniert!

Kinder, die mit schweren Hörstörungen geboren wurden, können heute schon in der frühen Kindheit ein CI erhalten, ein normales Leben führen, zur Schule gehen, einen Beruf erlernen und glücklich sein. Menschen mit hartnäckigen chronischen Rückenschmerzen können von SCS profitieren, um weiterhin ein aktives Leben zu führen. Wenn Parkinson-Patienten durch ein DBS-System nicht geheilt werden, so wird ihre Lebensqualität so weit verbessert, dass sie das Gefühl haben, nicht länger Opfer der Krankheit zu sein. Wahrscheinlich verschafft die SNS Tausenden von Patienten eine wesentliche Verbesserung ihrer Blasenkontrolle.

Was bisher auf dem Gebiet der neuroaktiven Geräte erreicht wurde, ist erstaunlich. Wir können schätzen, dass mehr als eine halbe Million Menschen ihr Leben durch neurologische Implantate verändert haben. Kontinuierliche Anstrengungen bei den bestehenden Therapien werden die Wirksamkeit der Behandlung drastisch verbessern, aber auch Lösungen für die große Mehrheit der noch unbehandelten oder unterbehandelten Patienten ermöglichen. Unsere Bemühungen sollten parallel auf mehreren Ebenen eingesetzt werden:

- Verbesserung der bestehenden Neurotherapien für bessere Leistungen, niedrigere Kosten, geringere Risiken und eine größere Bevölkerung.
- Deckung des unzureichenden medizinischen Bedarfs durch bessere Neurotechnologien.
- Anwendung von Neurotechnologien für ungedeckte medizinische Bedürfnisse.

6.3 Fehlende Technologiebausteine

Seit den frühen Entwicklungen der ersten Generation von AIMDs sahen sich die Ingenieure mit unerwarteten Herausforderungen konfrontiert. Die Ideen kamen schneller als die Technologien, die benötigt wurden, um ein innovatives Konzept in eine Therapie zu verwandeln. Zunächst wussten wir nicht viel darüber, wie man Körpergewebe mit fremden Materialien verbindet. Es dauerte einige Jahrzehnte, bis die Pioniere verstanden, wie empfindlich unser Körper auf das Eindringen von Fremdstoffen reagiert. Wir hatten nicht erwartet, dass es so schwierig sein würde, von bestehenden Konzepten zu implantierten Geräten überzugehen. Wir haben in diesem Buch bereits gesehen, dass wir einige Methoden und Techniken gefunden haben, um Ideen in menschengerechte Implantate zu übertragen, aber wir würden gerne noch mehr tun und das schneller. Es gibt eine ständige Frustration darüber, dass wir nicht in der Lage sind, besser zu sein. Die wichtigsten limitierenden Faktoren für die weitere Entwicklung von AIMDs und BICs sind:

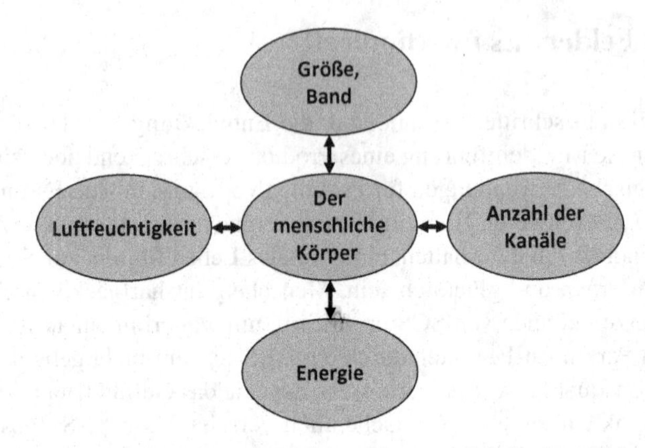

Abb. 6.1 Beschränkungen durch den menschlichen Körper auf implantierte Elektronik

- fehlende Technologieblöcke,
- technische Hindernisse,
- die Gesetze der Physik.

Ein Neurostimulator hat einen relativ einfachen elektronischen Schaltkreis unter der Haube. Wir könnten von viel komplexerer Elektronik träumen, aber der menschliche Körper bewirkt erhebliche Einschränkungen (siehe Abb. 6.1), die bereits in den vorangegangenen Kapiteln ausführlich erörtert wurden.

In Abschn. 7.2 werden die verschiedenen Hindernisse und Herausforderungen, die in diesem Buch bereits aufgezeigt wurden, noch einmal zusammenfassend dargestellt. Neben technischen Hürden oder physikalisch bedingten Beschränkungen gibt es mehrere sogenannte fehlende Bausteine, die unsere Ambitionen bei der Entwicklung von BCI bremsen. Die wichtigsten Elemente, die heute fehlen, sind:

- Primärbatterien mit hoher Leistungsdichte.
- Dünne Batterien (hermetisch verschlossen).
- Sekundärbatterien mit >10.000 Aufladezyklen.
- Sekundärbatterien mit schneller Wiederaufladung (>10C).
- Mehrkanalige (>50) Miniaturstecker für die Langzeitimplantation.
- Flache, flexible, implantierte Flachbandkabel mit mehr als 100 Leiterbahnen.
- Dünne, stoßfeste Gehäusematerialien mit elektromagnetischer Transparenz.
- RF-Chips mit niedrigem Stromverbrauch und hoher Bandbreite.

Literatur

1. https://www.medmuseum.siemens.com/en/stories-from-the-museum/herzschrittmacher
2. https://en.wikipedia.org/wiki/Rune_Elmqvist
3. https://en.wikipedia.org/wiki/%C3%85ke_Senning
4. https://en.wikipedia.org/wiki/Implantable_cardioverter-defibrillator

Kapitel 7
Macher

7.1 Neue Technologien

In diesem Kapitel veranschauliche ich einige der „realen“ Situationen, die nicht nur auf meiner Erfahrung, sondern auch auf meinen aktuellen Aktivitäten und Projekten beruhen, an denen ich beteiligt bin. Es ist keine Theorie, sondern die Realität.

Die Arbeit mit Menschen zwingt uns dazu, das Risiko zu minimieren. Der Bereich der BCI wird manchmal als zu konservativ wahrgenommen. Akademische Gruppen versuchen oft, viel innovativer zu sein als industrielle Teams. Der Versuch, neue Technologien zu früh einzuführen, ist eine der Hauptursachen für das Scheitern von Neurotechnologien. Warum brauchen Innovationen aus anderen Bereichen, z. B. der Unterhaltungselektronik, so lange, um ihren Weg zum menschlichen Gehirn zu finden? Hier sind ein paar Hinweise:

- Dieses Buch befasst sich mit dem Thema *BCI zum Nutzen des Menschen*. Das Schlüsselwort ist „*Mensch*“. Wir treten in Kontakt mit dem wichtigsten Teil unseres Körpers: dem Gehirn. Die Patientensicherheit ist die Priorität Nummer eins. Sie wirkt sich auf unsere Entscheidungen aus und schränkt die verfügbaren Optionen erheblich ein. Neue Technologien müssen sich zunächst als sicher für den Menschen erweisen, bevor sie in unsere Designoptionen aufgenommen werden. Der Prozess, eine neue Technologie für eine Langzeitimplantation beim Menschen sicher zu machen, ist langwierig und mühsam. Folglich hat eine neue Technologie die Zeit, zu einer alten Technologie zu werden, bis sie die Patienten erreicht!
- AIMDs sind stark reguliert, müssen viele Normen erfüllen und lange klinische Studien durchlaufen, bis sie klinische Studien durchlaufen und bis das Produkt zugelassen wird. Wenn die Zulassung genehmigt ist, kann nichts mehr geändert werden. Alle Spezifikationen, Komponenten und Verfahren müssen unverändert bleiben, bis das Produkt vom Markt zurückgezogen wird. Dies ist ein dramatisches Hindernis für Innovationen. Die Einführung einer neuen Technologie in

C. Clément, *Gehirn-Computer-Schnittstellen-Technologien*,
https://doi.org/10.1007/978-3-031-23815-4_7

eine bestehende Produktlinie kann im besten Fall eine Zulassungsergänzung (PMA-S) oder eine vollständige klinische Bewertung oder – im schlimmsten Fall – die Beantragung einer neuen Zulassung erfordern.

- Zulassungsbehörden und Regulierungsbehörden haben eine intrinsische Abneigung gegen Innovationen, die sich aus ihrer Pflicht ergibt, die Bevölkerung vor unsicheren medizinischen Produkten zu schützen. Solange sich eine neue Technologie nicht als sicher erwiesen hat, steht sie immer unter dem Verdacht, ein neues Risiko für die Patienten darzustellen. Pioniere, die versuchen, innovative Komponenten, Prozesse oder Technologien einzuführen, müssen Belege, Beweise und rationale Erklärungen vorlegen, die überzeugend genug sind, um die FDA zu beruhigen.
- BCIs sind keine lebensrettenden Geräte. Regulierungsbehörden, Entwickler und sogar Patienten sind nicht bereit, für die Einführung neuer Technologien *unangemessene Risiken* einzugehen. Das Nutzen-Risiko-Verhältnis und das Nutzen-Kosten-Verhältnis sind zwei Hindernisse für die Innovation. Um nachweisen zu können, dass eine neue Technologie einen überragenden Nutzen bietet, ohne die Risiken oder Kosten zu erhöhen, müssen die Innovatoren ihre Hausaufgaben machen, Prototypen bauen und neue Verfahren, Komponenten und Produkte entwickeln und validieren. Der Nutzen kann schon früh im Entwicklungsprozess absehbar sein, wird aber erst am Ende der klinischen Studien und möglicherweise sogar erst viel später in der Phase nach der Markteinführung nachgewiesen werden. Neue oder erhöhte Risiken, die durch eine neue Technologie entstehen, können erst sehr spät im Entwicklungszyklus auftreten. Die mit der Einführung neuer Technologien verbundenen Zusatzkosten werden in der Regel stark unterschätzt. Die Realität der Kosten zeigt sich erst am Ende eines Projekts.
- Die nationalen Gesundheitskosten steigen weiter. In einigen Ländern wird die wirtschaftliche Belastung durch „Nicht-Gesundheit" untragbar. Einige neue Technologien werden vielleicht nie zu medizinischen Anwendungen gelangen, einfach weil die wirtschaftlichen Auswirkungen zu groß sind. Auch wenn der Nutzen attraktiv sein mag, kann sich das Gesundheitssystem die Innovation möglicherweise nicht leisten.

In den letzten zwei Jahrzehnten haben sich die Technologien explosionsartig entwickelt, insbesondere im Bereich der Kommunikation. Heute ist jeder Mensch mit vielen anderen Menschen vernetzt. Erinnern Sie sich, was wir zu Beginn dieses Buches gesagt haben: Ein einzelnes menschliches Gehirn besteht aus Hunderttausenden von Milliarden Neuronen, die über etwa 10.000 Verbindungen mit ihren Nachbarn verbunden sind. Auf der Ebene des Planeten erreicht unser technisches Kommunikationsnetz also nicht einmal annähernd die Komplexität eines einzelnen Gehirns.

Dennoch ist es erstaunlich, was sich heute an der Front der neuen Technologien tut. „Explosion" ist kein übertriebenes Wort, zumindest in allen Bereichen, die mit Daten, Information und Kommunikation zu tun haben. Einige Beispiele sind:

- *Große Daten*: [1] Wir sind heute in der Lage, enorme Mengen an Informationen zu speichern, zu vergleichen, zu analysieren und auszutauschen. Das ist ein grundlegender Paradigmenwechsel. Wir kommen aus einer Umgebung mit einzelnen Patienten, die unabhängig voneinander und unter größtmöglicher Wahrung der Privatsphäre behandelt wurden, in eine Welt des Austauschs, des Vergleichs, der Zusammenführung und der Integration von Informationen. Das ist eine Revolution für das Gesundheitssystem. In der Welt der BCI handelt es sich um eine drastische Entwicklung in unserer Denkweise. Wir beginnen zu verstehen, dass die Antwort auf individuelle Bedürfnisse in der kollektiven Datenbank liegen kann. Aus dem Gehirn eines Patienten extrahierte Echtzeitdaten haben nur einen begrenzten Wert, wenn man sie als solche betrachtet. Verglichen mit ähnlichen Daten, die in der Vergangenheit von eben diesem Patienten gesammelt wurden, und in Relation gesetzt zu vergleichbaren Daten von Tausenden anderer Patienten, wird der Wert der von einem individuellen Gehirn gesammelten Informationen um mehrere Größenordnungen vervielfacht.
- *Künstliche Intelligenz und maschinelles Lernen*: [2, 3] Das sind nicht nur Schlagworte. In dieser Welt passiert eine Menge, die unser gesamtes tägliches Leben umfasst, von unserem persönlichen Assistenten bis hin zu Finanzalgorithmen. Unsere bescheidenen Bemühungen, uns über eine Schnittstelle mit dem Gehirn zu verbinden, könnten von diesen neuen Technologien eine gewaltige Hilfe erhalten. BCI-Patienten fehlt es nicht an echter natürlicher Intelligenz, aber um Tricks zu finden, mit denen sie ihre Behinderungen kompensieren können, brauchen sie möglicherweise Unterstützung durch künstliche Intelligenz und maschinelles Lernen.
- *Drahtlose Kommunikation*: [4] Wir sehen eine erstaunliche Entwicklung der Kommunikation in Bezug auf Volumen, Entfernung, Frequenzbänder, Verschlüsselung und Kosten. Vom Internet der Dinge (IoT) [5], das bereits ein revolutionäres Konzept war, bewegen wir uns schnell zum nächsten Schritt, dem „Internet of Everything" (IoE) [6].

  - *Internet der Dinge*: Besteht aus allen erdenklichen Verbindungen zwischen:

    Menschen: wie soziale Netzwerke.
    Dinge: Sensoren, Geräte, Aktoren.
    Daten: rohe und verarbeitete Informationen.
    Prozesse: Algorithmen mit Mehrwert.

  - *Internet of Everything*:

    Dieser Begriff beschreibt eine Obermenge des IoT, die Machine-to-Machine (M2M)-Kommunikation [7] und eine Erweiterung auf ein globaleres Kommunikationskonzept.

    Als Analogie [6] können wir sagen, dass das IoT einer Eisenbahnlinie entspricht, einschließlich der Gleise und Verbindungen, und dass das IoE auch die Fahrkartenautomaten, das Personal, die Reisenden, die Wetterbedingungen und alle anderen Faktoren im Zusammenhang mit einer Zugfahrt umfasst.

– *Internet der Medizinischen Dinge* (*IoMT*):

  Dieser Neologismus bezeichnet eine Teilmenge des IoT, die Gesundheitsanwendungen und die Kommunikation zwischen verschiedenen medizinischen Geräten umfasst.

  Die wichtigsten zusätzlichen Zwänge der IoMT sind Patienten integrität, Privatsphäre, Sicherheit und Schutz.

Wie in diesem Buch ausführlich erörtert wird, sind das Umfeld und die Vorschriften im Zusammenhang mit BCI noch nicht bereit, die oben genannten Revolutionen zu berücksichtigen. Das Internet der Gehirne wird noch mehrere Jahrzehnte lang eine Utopie bleiben. Es gibt zwar einige Initiativen in dieser Richtung (siehe Abschn. 7.4.3), aber es ist noch ein sehr langer Weg bis zur Integration einer vollständigen globalen Interkonnektivität zwischen unseren Gehirnen und den Netzen.

7.2 Chancen

Dieser Abschnitt gibt einen kurzen Überblick über die derzeitige und absehbare Entwicklung von Technologien, die neue BCI-Entwicklungen beeinflussen und erleichtern können. Gemäß der Gesamtphilosophie dieses Buches werden wir pragmatisch bleiben und uns auf Technologien konzentrieren, die *zur Umsetzung bereit* sind. Unser Ziel ist es, Geräte für Menschen zu entwickeln. Wir schließen Ideen aus, die zwar attraktiv sind, aber zu weit davon entfernt, in eine echte menschliche Therapie umgesetzt werden zu können.

7.2.1 Energie

Wir haben in den vorangegangenen Kapiteln gesehen, dass Energie das Haupthindernis für aktive, in den menschlichen Körper implantierte Geräte ist. In anderen Bereichen, wie z. B. bei Konsumgütern, entstehen aufregende neue Technologien, z. B. die drahtlosen Kommunikationsfunktionen. Bei diesen Entwicklungen hat die Leistung Vorrang vor dem Energieverbrauch. Autonome Geräte (die nicht an die Hauptstromversorgung angeschlossen sind), wie Mobiltelefone oder tragbare medizinische Geräte, können leicht aufgeladen werden oder verlangen einen schnellen Wechsel der Batterie. Mobiltelefone der ersten beiden Generationen konnten zwischen zwei Aufladevorgängen mehr als eine Woche durchhalten. Moderne Smartphones, die viel leistungsfähiger sind und über neue Funktionen verfügen, müssen alle paar Tage aufgeladen werden. In diesem Fall kostet die Leistung Energie. Es ist auch eine Bestätigung dafür, dass die Elektronik und die Batterien nicht mit dem gleichen Tempo voranschreiten.

AIMDs und BCIs haben nicht das Privileg, mit dem Stromnetz verbunden zu sein oder leicht aufgeladen werden zu können. Implantierbare Primär- und Sekundärbatterien weisen eine geringe Energiedichte auf, und es ist nicht zu erwarten, dass sich dies in nächster Zeit wesentlich verbessert. In regelmäßigen Abständen kündigen Forschungsarbeiten eine bessere Batteriechemie, eine höhere Energiedichte und ein schnelleres Wiederaufladen an. Leider sind diese vielversprechenden Arbeiten noch weit von implantierbaren Anwendungen entfernt.

Auch die induktive Energieübertragung hat ihre Grenzen, vor allem wegen der Hitze, aber auch, weil die Patienten nicht bereit sind, ein Kopfstück zu tragen. Wie in Abschn. 4.13 erläutert, ist die in einem Implantat verfügbare Energie begrenzt. Diese Einschränkung, die nicht verhandelbar ist, hat die folgenden Konsequenzen:

- Derzeit erhältliche Standardkomponenten (COTS) wie Mikroprozessoren, Controller, feldprogrammierbare Gate-Arrays (FPGA), RF-Kommunikations Chips und andere sind nicht für implantierbare BCIs geeignet. Sie alle verbrauchen zu viel Strom. Dies ist ein großes Hindernis für Innovationen. Um die Markteinführung zu beschleunigen, sind die Entwickler möglicherweise bereit, nur COTS zu verwenden, mit dem Nachteil einer schlechten Energieleistung. Die Alternative ist die Entwicklung energiesparender anwendungsspezifischer integrierter Schaltungen (ASICs), die allerdings sehr teuer sind und eine lange Entwicklungszeit erfordern. Wie viele großartige BCI-Projekte sind aus diesem Grund gescheitert? Entweder waren ihre Leistungen aufgrund der Wahl von COTS-Komponenten schlecht oder sie konnten sich die Entwicklungszeit und die Kosten für die Entwicklung energiesparender ASICs nicht leisten.
- Die Anzahl der Kanäle muss manchmal relativ zu den ersten Absichten reduziert werden. Die Erhöhung der Anzahl der Kanäle wirkt sich direkt, fast proportional, auf den Energieverbrauch aus.
- Abtastrate, Zeitauflösung und Kommunikationsbandbreite sind durch die verfügbare Energie begrenzt.
- RF-Kommunikation: Die Entfernung wird auch durch die Energie begrenzt. Heute ist die Kommunikation über große Entfernungen und mit großer Bandbreite mit der im Implantat verfügbaren Energie nicht möglich.
- Die Integration von Datenverarbeitungsfunktionen (Dekodierung, Signalverarbeitung usw.) in das Implantat verbraucht zu viel Energie. Es muss eine sorgfältige Abwägung zwischen dem Energiebedarf für die „Verarbeitung im Implantat“ und der Übertragung unverarbeiteter Daten aus dem Körper heraus vorgenommen werden.

Bevor überhaupt mit der Entwicklung eines BCI begonnen wird, ist ein klares Energiebudget erforderlich. Viele wichtige Entscheidungen in Bezug auf die Leistung, den Benutzerkomfort und die Attraktivität des Geräts ergeben sich aus der Auswahl der Komponenten – in Abhängigkeit vom Verbrauch.

Es hat sich gezeigt, dass Batterien, ob primär oder sekundär, aus den folgenden Gründen nicht gut für BCI geeignet sind:

- Größe: Die Energiedichte chemischer Batterien ist im Hinblick auf den hohen Energiebedarf von BCIs gering.
- Dicke: Es gibt keine dünnen Batterien für glatte Schädelimplantate.

- Begrenzte Aufladeleistungen: maximal 1000 Ladezyklen, lange Aufladedauer.
- Wärmeableitung während des Aufladens der Sekundärbatterie.
- Risiken: Batterien, insbesondere Sekundärbatterien, bleiben die kritischsten Komponenten in aktiven Implantaten.

Folglich ist die Lösung der Wahl für die Energieversorgung von Over-the-neck-BCIs die magnetische Induktion [8]. Zwei proximale Spulen, eine implantiert und die andere extern, getrennt durch Haut und eine dünne Gewebeschicht, die induktiv gekoppelt sind, können für zwei energiebezogene Zwecke verwendet werden:

- Wiederaufladen einer Sekundärbatterie. Es gibt eine Handvoll induktiv wiederaufladbarer AIMDs, die bereits von der FDA die Zulassung erhalten haben.
- Kontinuierliche Übertragung von Energie an ein batterieloses Implantat. Die Entwickler und Hersteller von CIs haben mit diesem Konzept bereits viel Erfahrung gesammelt.

Eine umfangreiche Literatur [9] behandelt die verschiedenen Ausführungen von induktiven Energieübertragungssystemen in aktiven Implantaten. Da es auf diesem Gebiet viele solide Patente gibt, könnte FtO eine Hürde darstellen. Das Ziel dieses Buches ist es nicht, auf die Details und die Theorie des Konzepts einzugehen. Auch wenn es einfach aussieht: Die Entwicklung eines optimalen induktiven Kopplungssystems für ein menschliches Implantat ist eine anspruchsvolle Aufgabe. Das Thema könnte ein eigenes Buch füllen. Eine nähere Beschreibung des Falles CI findet sich in Abschn. 3.4.1. Die Entwickler von BCI müssen zunächst ihre Bedürfnisse klar definieren und sich dann von bestehenden induktiv gekoppelten Spulen inspirieren lassen. Die wichtigsten Parameter, die festgelegt werden müssen, sind:

- Mindestleistung, die von der implantierten Spule empfangen werden muss.
- Maximaler Abstand zwischen den beiden Spulen.
- Maximal zulässiger Versatz zwischen den beiden Spulen.
- Lage der implantierten Spule in Bezug auf eine Metallkapsel.
- Zulässiger Temperaturanstieg.
- Zulässige Energie, die vom Körper absorbiert wird, wenn er dem Induktionsfeld ausgesetzt ist, gemessen durch die spezifische Absorptionsrate (SAR) [10], die von mehreren Faktoren abhängt.
- Dauerbetrieb (ohne Batterie) versus Wiederaufladung (dann maximale Wiederaufladungsdauer, Zeit zwischen zwei Wiederaufladungen einstellen).

Aus diesen Eingabespezifikationen wählen die Entwickler die Merkmale der induktiven Konfiguration aus:

- Häufigkeit.
- Durchmesser der Spulen.
- Anzahl der Windungen der einzelnen Spulen.
- Art der Spulendrähte (Material, Durchmesser, Litzendrähte [11]) (ein mehrdrähtiger Draht, der in der Hochfrequenztechnik zur Minimierung des Skineffekts eingesetzt wird).

Es ist zu beachten, dass die derzeit in der Entwicklung befindlichen batterielosen BCIs mehr Energie verbrauchen als die KIs. Daher muss das induktive System für die spezifischen Anforderungen von BCIs neu konzipiert werden.

Wie in Abschn. 3.4.1 beschrieben, ist die geeignetste Art, die externe Spule in Bezug auf das Implantat zu positionieren und zu halten, die Verwendung zweier Magnete, die sich gegenseitig anziehen. Die Dimensionierung dieser Magnete ist aufgrund der unterschiedlichen Hautdicken schwierig.

Eine neuere Ausführung der Induktionskopplung basiert auf der sogenannten resonanten induktiven Kopplung [12, 13], bei der vier Spulen verwendet werden, zwei im externen System und zwei im Implantat. Sie bietet einen besseren Kopplungsfaktor, ist aber etwas schwieriger in ein winziges Implantat zu integrieren. Die Hinzufügung ferromagnetischer Kerne in der Mitte der Spulen, die als Feldkonzentratoren fungieren, ist ebenfalls eine Alternative, um die Kopplung zu verbessern, hat aber den gleichen Nachteil, dass sie die Integration des Implantats erschwert.

Es laufen viele spannende Initiativen, mit dem Ziel, die derzeitigen Energiebeschränkungen bei Implantaten zu überwinden:

- Energy Harvesting [14, 15]: Sammeln von Energie aus dem Körper oder aus der Umwelt zur Versorgung von Implantaten. Leider ist keines dieser Projekte auch nur annähernd eine praktikable Lösung für eine langfristige BCI. Systeme, die mechanische Energie aus Körperbewegungen, dem Blutfluss oder der Ausdehnung der Lunge gewinnen, liegen im Bereich von µW und damit 3–4 Größenordnungen von dem entfernt, was ein BCI-System benötigen könnte. Peltier-Elemente [16, 17], die Energie aus dem Temperaturgefälle im Körper gewinnen, sind ebenfalls längst nicht leistungsfähig genug, um eine komplexe implantierte Elektronik zu betreiben. Implantierbare Systeme, die Energie aus dem elektromagnetischen Smog gewinnen, liegen ebenfalls außerhalb der Reichweite.
- Die Übertragung von Ultraschall [18] durch die Haut könnte eine brauchbare Alternative zur induktiven Kopplung sein, mit möglicherweise weniger Einschränkungen in Bezug auf die Wärmeentwicklung. Allerdings ist nach wie vor ein Kopfstück erforderlich, um die Energie an das Implantat zu übertragen. Bisher liegt der Wirkungsgrad der Übertragung im Bereich von wenigen Prozent, mit einer maximalen Leistung von ein paar mW auf dem Implantat. Aktuelle BCIs benötigen zehnmal mehr Leistung. Eine weitere Schwierigkeit bei der Ultraschallübertragung hängt mit den für den Empfänger verwendeten Materialien zusammen (in der Regel piezoelektrische Keramiken), die nicht biokompatibel sind. Für Langzeitanwendungen wie BCI ist daher eine hermetische Verkapselung erforderlich – eine ernsthafte Barriere für die Ausbreitung von Ultraschallwellen. Diese Technologie ist noch nicht ausgereift. Mehrere Gruppen arbeiten in dieser Richtung.

7.2.2 *Größe*

Wenn wir sie oberhalb des Halses implantieren wollen (siehe Kap. 5), müssen BCIs klein und dünn sein. Ein starker Trend ist die Abkehr vom Konzept der „Elektronik-im-Kasten", wie in Abschn. 4.9.6 erläutert. Nahezu hermetische Lösungen, wie z. B. eine mehrschichtige konforme Beschichtung, können die Größe des Implantats erheblich verringern.

Wir haben in Abschn. 4.9.1 gesehen, dass bei der hermetischen Verkapselung Durchführungen ein wesentliches Hindernis für die Miniaturisierung darstellen. Die nahezu hermetische Verkapselung erfordert keine hermetischen FTs und kann daher viel kleiner ausgeführt werden.

Das Fehlen einer Batterie, das sogenannte batterielose Konzept, ist ein grundlegender Schritt zur Miniaturisierung. Ohnehin gibt es keine kleinen, zuverlässigen Batterien für AIMDs. CI hat seinen Erfolg auf ein batterieloses Konzept aufgebaut. Die einzige Ausnahme ist NeuroPace (siehe Abschn. 3.4.7), dem es gelungen ist, ein relativ kleines kraniales Gerät mit einer Primärbatterie herzustellen. Möglich wurde dies durch die begrenzte Anzahl von Kanälen (8), die niedrige Frequenzauflösung und die begrenzte Kommunikationsbandbreite. Primärbatterien sind zuverlässig und ausgereift. Sie benötigen weder eine Aufladespule noch ein komplexes Energiemanagementsystem. Das Side-by-Side-Design des NeuroPace ist ein guter Kompromiss, um ein dünnes Gerät mit einer Batterie zu haben.

Der Versuch, eine Sekundärbatterie in ein Schädelimplantat einzubauen, ist der falsche Weg. Abgesehen von den Risiken, die mit solchen Batterien verbunden sind, hat die Hinzufügung eines ausgeklügelten Stromversorgungskreises und einer Induktionsspule erhebliche Auswirkungen auf die Größe, wie in Abb. 4.32 zu sehen ist.

Der obige Absatz beschreibt die Zukunftsrichtung, in der die BCI aufgebaut werden soll:

- *Nahezu hermetische Verkapselung*:
  - Keine Lautstärkeverluste durch das herkömmliche „Elektronik-in-einer-Box"-Konzept.
  - Keine FT.
- *Ohne Batterie.*

Dies sind zwei grundsätzliche Entscheidungen, die es uns ermöglichen werden, kleine, dünne, über dem Nacken zu tragende BCIs zu entwickeln. Da die Miniaturisierung unsere Priorität ist, ist dies der richtige Weg. Dennoch ist *der Preis hoch im* Vergleich zu einem hermetischen, batteriebetriebenen und viel größeren Implantat:

- Langfristige Zuverlässigkeit und Biostabilität von nahezu hermetischen Lösungen werden niemals so gut sein wie hermetische Lösungen.
- Die Patienten müssen ein externes Kopfstück tragen.

Sowohl bei hermetischen als auch bei nichthermetischen Konfigurationen ist der andere Faktor, der die Größe beeinflusst, die elektronische Leiterplatte. Von der konservativsten (und großen) bis zur futuristischen Vision (und Miniaturisierung) können wir verschiedene Möglichkeiten auflisten (siehe Abb. 7.1):

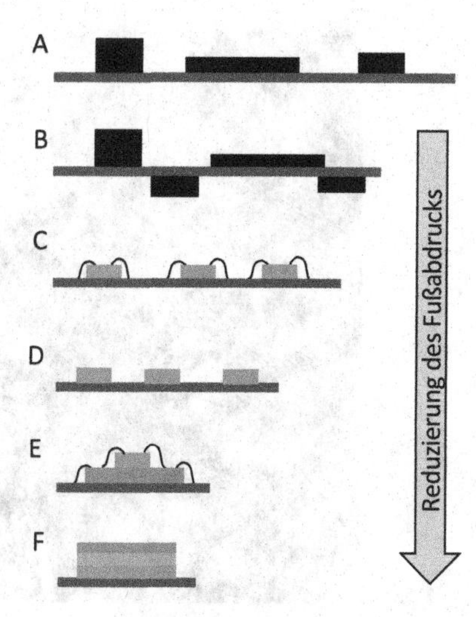

Abb. 7.1 Verkleinerung des Platzbedarfs von Elektronikplatinen

Abb. 7.2 Beispiel einer bestückten Leiterplatte mit einer Mischung aus gehäusten ICs und mit Flip-Chip bestückten ICs für ein aktives implantierbares medizinisches Gerät. (*Mit freundlicher Genehmigung der MST AG*)

A. Einzeln verpackte ICs, die auf einer Seite der Leiterplatte angeordnet sind.
B. Einzeln verpackte ICs, die auf beiden Seiten der Leiterplatte angeordnet sind.
C. Ungepackte ICs, die im Wire-Bonding-Verfahren (WB) montiert werden [19].
D. Ungepackte ICs, die durch Flip Chip Bonding (FCB) [20] einschließlich Ball Grid Array (BGA) [21] montiert werden (siehe Abb. 7.2).
E. Chips stapeln und mit WB verbinden, sog. Chip-on-Chip (CoC) (siehe Abb. 7.3 und 7.4).
F. Stapeln von Chips in einer Konfiguration dreidimensionaler integrierter Schaltungen (3D-IC) mit Durchgangsbohrungen durch das Silizium [22].

Abb. 7.3 Beispiel einer drahtgebundenen Chip-on-Chip-Baugruppe für ein aktives implantierbares medizinisches Gerät. (*Mit freundlicher Genehmigung der MST AG*)

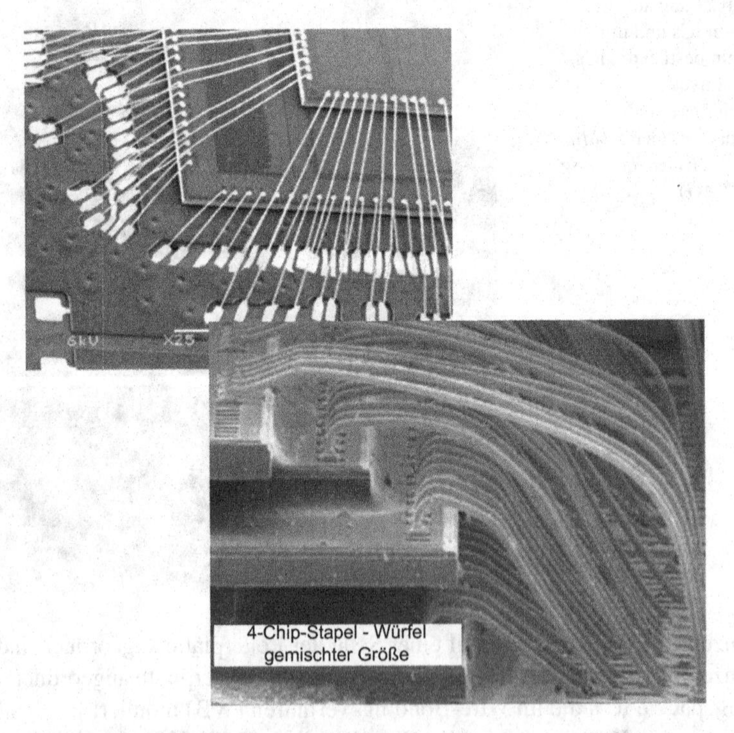

Abb. 7.4 Beispiel einer drahtgebundenen Chip-on-Chip-Montage eines Stapels von vier Chips. (*Mit freundlicher Genehmigung der MST AG*)

Eine weitere Miniaturisierung kann in der „Z"-Dimension durch die Verwendung dünner flexibler Substrate aus Polyimid oder LCP erreicht werden (siehe Abb. 7.4 und Abschn. 7.2.3). Die am weitesten fortgeschrittenen Arbeiten in Richtung ultradünner elektronischer Baugruppen beruhen auf der Verwendung zerkleinerter ICs, wie bereits in Abschn. 4.9.6 beschrieben und in Abb. 4.45 dargestellt. Man beachte, dass diese Technologien noch lange nicht ausgereift genug sind, um in ein menschliches BCI integriert zu werden.

Da sie möglicherweise ungenutzte Funktionen oder Blöcke enthalten, haben kommerzielle ICs nicht immer den kleinsten Platzbedarf für eine bestimmte Anwendung. Wir haben bereits gesehen, dass BCI-Designer die Entwicklung eigener ASICs in Betracht ziehen können, um die Leistung zu optimieren und den Verbrauch zu minimieren. Ein weiteres Kriterium, das für ASICs spricht, könnte die Verringerung des Platzbedarfs sein.

Leiterplatten können auf verschiedenen Substraten realisiert werden (siehe Abb. 7.5):

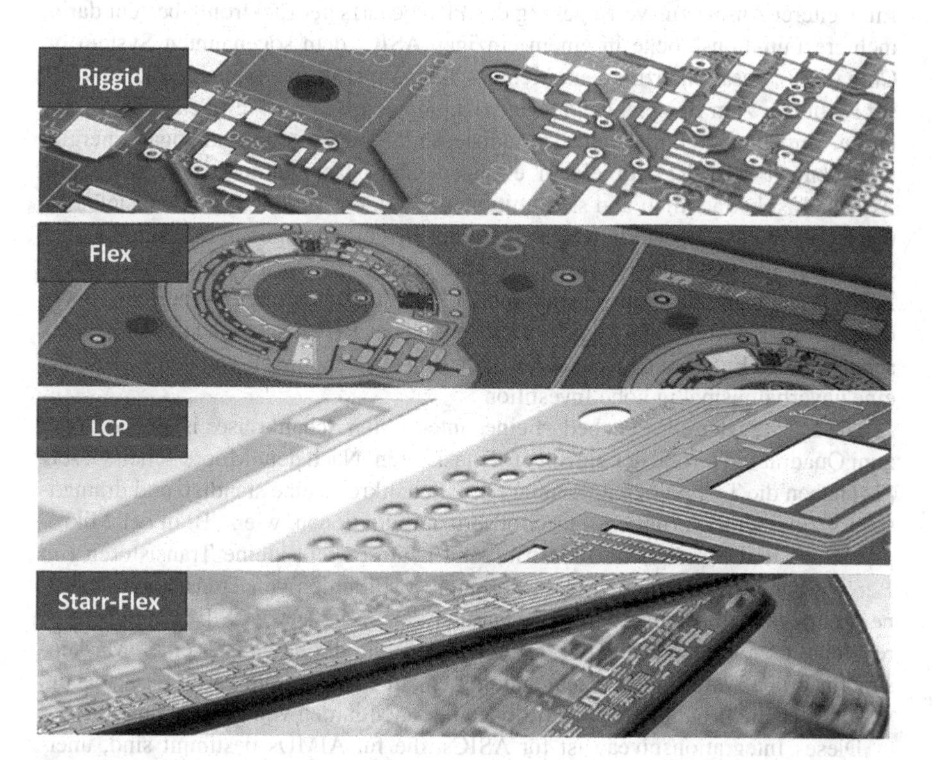

Abb. 7.5 Starr-, Flex- und Starr-Flex-Konfigurationen von PCBs. (*Mit freundlicher Genehmigung der Dyconex-MST AG*)

- Starr: Die meisten elektronischen Leiterplatten für verschiedene medizinische und nichtmedizinische Anwendungen werden auf mehrschichtigen Substraten aus FR-4, einem glasfaserverstärkten Epoxidlaminat, hergestellt [23]. Dies hat den Vorteil, dass es sich um eine ausgereifte und robuste Technologie handelt, die sich gut für AIMDs im Allgemeinen eignet. Für dünnes BCI-Design ist die Dicke der starren Platten ein Nachteil. Darüber hinaus ist, wie in Abschn. 4.9.4 beschrieben, FR-4 auf Epoxidbasis anfällig für die Aufnahme von Feuchtigkeit, die bei der Verkapselung der Platine freigesetzt werden kann.
- Flex: dünnes flexibles Substrat aus Polyimid oder LCP. Flexible Leiterplatten ermöglichen nichtplanare Konfigurationen, die sich besonders gut für dünne gebogene Schädelimplantate eignen.
- Starr-Flex: ist eine Mischform der beiden oben genannten Konzepte, bei der starre Leiterplattenabschnitte die durch flexible Verbindungsbrücken miteinander verbunden sind. Starr-flexible Substrate eröffnen vielfältige Möglichkeiten für kreative Entwürfe von gekrümmter oder sogar faltbarer Elektronik.

Ein weiterer Ansatz zur Verringerung des Platzbedarfs der Elektronik besteht darin, mehrere Funktionsblöcke in einem einzigen ASIC, dem sogenannten System on Chip (SoC), zusammenzufassen. Mehrere Teams verfolgen ehrgeizige Ziele in dieser Richtung, zum Beispiel bei der Entwicklung von BCI SoC mit Sensorik, Stimulation, Impedanzspektroskopie, Digitalisierung, Kompression und sogar Energiemanagement oder RF auf einem einzigen Chip. Der zeitliche und finanzielle Aufwand ist beträchtlich und steht mitunter in keinem Verhältnis zu den Zielen eines BCI-Systems. Es ist ein weit verbreiteter Irrtum, zu glauben, dass ein einziger Superchip für viele verschiedene Projekte eingesetzt werden kann. Jedes BCI-Konzept hat seine eigenen Besonderheiten, die von einem generischen SoC nicht optimal abgedeckt werden können. Der Bereich der BCI steckt noch in den Kinderschuhen. Die Entwicklung eines SoC für BCI-Anwendungen erscheint heute als eine unverhältnismäßig hohe Investition.

Die Fläche oder der Platzbedarf eines integrierten Schaltkreises ist proportional zum Quadrat der Größe der einzelnen Transistoren. Nach dem Moore'schen Gesetz [24] haben die Technologien für integrierte Schaltkreise eine ständige und dramatische Verkleinerung erfahren. Für Großserienproduktionen, wie z. B. in der Mikroprozessor- und Smartphone-Industrie, sind heute extrem kleine Transistoren (im Bereich von 10 nm) möglich, die es erlauben, Milliarden von Transistoren auf einem einzigen Chip unterzubringen. Parallel dazu erhöhen die Siliziumgießereien regelmäßig die Größe der Wafer. Infolgedessen sind die Kosten für einen Maskensatz für große Wafer in kleinen Technologien auf ein sehr hohes Niveau gestiegen, was nur für die Produktion von Millionen oder Milliarden von Chips sinnvoll ist.

Dieses Integrationsniveau ist für ASICs, die für AIMDs bestimmt sind, unerreichbar, da die jährlichen Stückzahlen in der Größenordnung von 1000 bis 100.000 Geräten pro Jahr niedrig bleiben. Das bedeutet, dass medizinische ASICs „ältere" Technologien verwenden müssen, bei denen die Kosten für den Maskensatz im Verhältnis zu unseren Ambitionen stehen. ASICs für BCI-Anwendungen, die in noch kleineren Stückzahlen hergestellt werden, müssen auf bescheidene Technologien zurückgreifen. Die Miniaturisierung wird also durch die Kosten begrenzt. In den ersten Jahren eines BCI-Projekts ist die günstigste Möglichkeit, einige hundert ASICs zu erhalten, die Teilnahme an einem Mixed-Project-Wafer-Programm (MPW), bei dem die Oberfläche des Wafers von mehreren Projektinhabern gemeinsam genutzt wird. Die Gesamtkosten des Maskensatzes werden somit auf mehrere Kunden verteilt.

7.2.3 *Konnektivität*

Wir haben in Abschn. 4.14 die Schwierigkeiten bei der Entwicklung von implantierbaren Steckern mit mehreren Kanälen betrachtet. Wir haben auch gesehen, dass es mühsam war, BCIs mit Körperschnittstellen wie dem Utah-Array zu verbinden. Bündel aus dünnen Golddrähten sind zerbrechlich, und die Verbindungen an beiden Enden der Drähte müssen einzeln hergestellt werden. Unter Abschn. 3.3.2 wurden flexible oder dehnbare Elektroden mit hohem Potenzial beschrieben. Sie stellen sicherlich eine vielversprechende Lösung für künftige BCI-Systeme dar. Ihr Schwachpunkt ist jedoch die Konnektivität. Wie können wir eine langfristig zuverlässige und biostabile Verbindung zwischen flexiblen Elektroden und starren BCI-Gehäusen herstellen? Auf dieses kritische Element des Systems wurde bisher nicht viel Wert gelegt. Das Fehlen einer geeigneten Verbindungsmöglichkeit kann ein ernsthaftes Hindernis für die Einführung innovativer Elektroden in BCI-Systemen darstellen.

Ein interessantes Konzept wird derzeit von Dyconex-MST [25] in der Schweiz entwickelt. Es basiert auf der Realisierung von dünnen Bandverbindungen unter Verwendung von Flüssigkristallpolymer (LCP) [26–28], einem thermoplastischen Polymer mit einzigartigen physikalischen Eigenschaften. LCP ist biokompatibel und biostabil und weist eine hervorragende Beständigkeit gegen das Eindringen von Feuchtigkeit auf. Es kann thermisch verformt und thermisch versiegelt werden, was eine große Flexibilität bei der Gestaltung dünner und flexibler Baugruppen für implantierbare Anwendungen ermöglicht. Für implantierbare Geräte ist LCP dem herkömmlich verwendeten Material Polyimid überlegen.

LCP-Demonstratoren wurden realisiert für:

- Flaches Band in Sandwichbauweise, das entlang der Kante versiegelt ist (siehe Abb. 7.6).
- Thermisch versiegelte, einmalige Verbindung zwischen zwei LCP-Strukturen (siehe Abb. 7.7).
- Vollständig implantiertes System auf einem einzigen LCP-Substrat (siehe Abb. 7.8).

Im Vergleich zu Polyimid hat LCP die wichtige Eigenschaft, thermisch versiegelbar zu sein. Mehrere dünne LCP-Folien können gestapelt und dann rundherum versiegelt werden (siehe Abb. 7.8). Die obere und untere Schicht bilden eine feuchtigkeitsresistente Verkapselung. Durch seine Biostabilität und Beinahe-Hermetizität ist LCP sehr gut geeignet, um ein Schlüsselelement für den Aufbau des BCI der Zukunft zu werden.

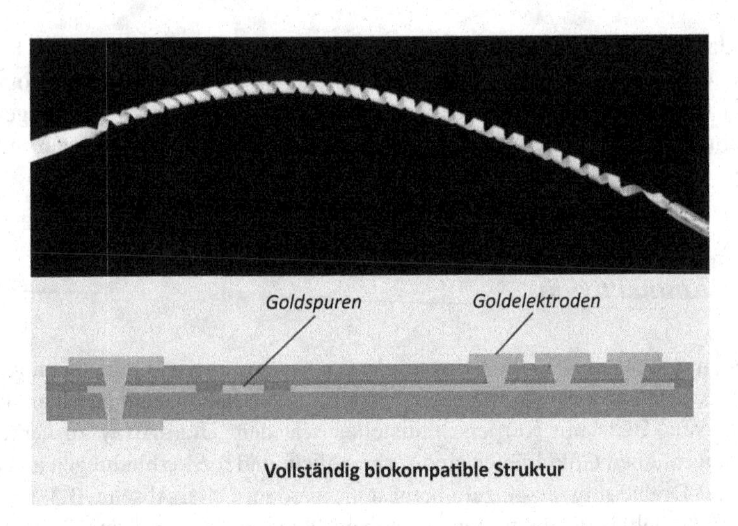

Abb. 7.6 Flexibles LCP-Band mit Goldelektroden. (*Mit freundlicher Genehmigung der Dyconex-MST AG*)

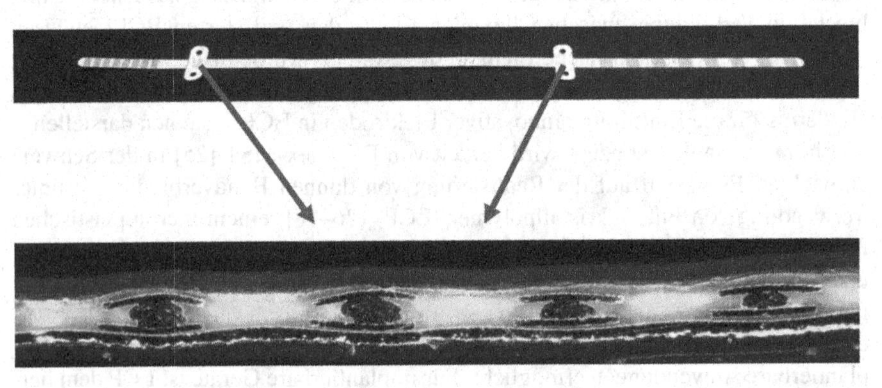

Abb. 7.7 Flexibles LCP-Band mit zwei thermisch versiegelten Verbindungen. (*Mit freundlicher Genehmigung der Dyconex-MST AG*)

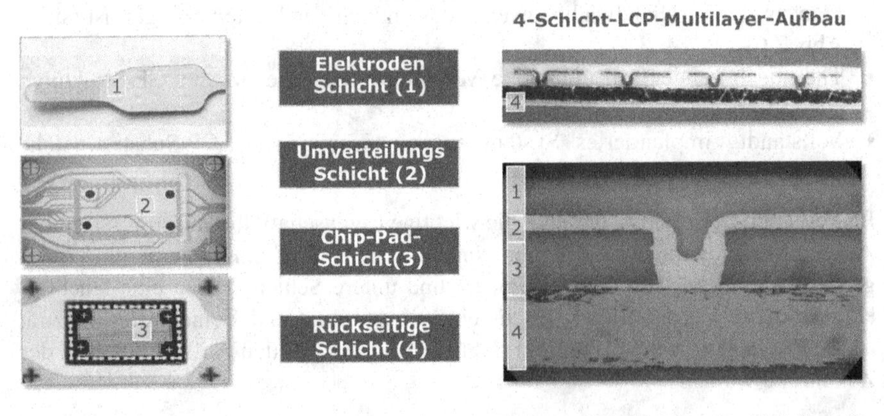

Abb. 7.8 In LCP eingebetteter Testchip mit flexiblen Bändern und Goldelektroden. (*Mit freundlicher Genehmigung der Dyconex-MST AG*)

7.2.4 Implantierbarkeit

Im Wörterbuch [29] finden wir die folgenden Definitionen:

- *Implantat* (*Substantiv*): Jedes Gerät oder Material, insbesondere aus einer inerten Substanz, das zur Reparatur oder zum Ersatz eines Körperteils verwendet wird.
- *Implantieren* (*Verb*): Einsetzen oder Einpflanzen (eines Gewebes, Organs oder einer inerten Substanz) in den Körper.
- *Implantierbar* (*Adjektiv*): Fähig, implantiert zu werden. Bezieht sich auf eine Vorrichtung, wie eine Mikropumpe oder eine poröse Polymermembran, zur chirurgischen Einbringung unter die Haut für die kontrollierte Freisetzung eines Medikaments.
- *Implantierbar* (*Substantiv*): Chirurgisches Material, das dem Körper fremd ist und ohne unangemessenes Risiko einer Abstoßung implantiert werden kann.
- *Implantation*: Der Akt des Einpflanzens. Die Verabreichung von festen Medikamenten unter die Haut.
- *Implantologie*: Das Teilgebiet der Zahnmedizin, das sich mit der dauerhaften Implantation oder Befestigung von künstlichen Zähnen im Kiefer beschäftigt.
- *Implantierbarkeit*: Auf Englisch nicht definiert (auch im deutschsprachigen Duden nicht vorhanden).

Wir sehen, dass diese Definitionen aufgefrischt und in die Perspektive der Entwicklung der Medizin im Bereich der AIMD gestellt werden müssen.

Da es das Wort „Implantierbarkeit" nicht gibt, habe ich es erfunden. Im Zusammenhang mit BCI würde ich es definieren als „Methodik zur Konzeption, Entwicklung, Validierung und Zulassung eines implantierbaren Geräts, das für den menschlichen Gebrauch und für eine bestimmte Bevölkerungsgruppe mit ungedecktem medizinischen Bedarf". Dieses Wort deckt den gesamten Zweck dieses Buches ab: wie man das BCI der Zukunft baut. Die vorangegangenen Kapitel haben gezeigt, dass für die Implantierbarkeit von BCIs besondere Regeln gelten, die auf andere Bereiche der implantierbaren medizinischen Geräte nicht anwendbar sind.

Die Implantierbarkeit von BCIs oberhalb des Halses wird durch unsere Fähigkeit beeinflusst, mehrkanalige Geräte so zu miniaturisieren, dass sie am Schädel oder innerhalb des Schädels eingesetzt werden können, bei voller Sicherheit für den Patienten und unter Berücksichtigung der Bedürfnisse des Benutzers.

Das Haupthindernis für die Miniaturisierung ist der Mangel an hochintegrierten Durchführungen. Ich werde mich in diesem Unterkapitel auf eine einzige bahnbrechende Innovation konzentrieren, die die Implantierbarkeit von BCIs drastisch verbessern wird: das sogenannte CerMet-Konzept.

CerMet ist die Abkürzung für die Keramik-Metall-Technologie, eine firmeneigene Entwicklung von Heraeus Medical Components [30], einem Geschäftsbereich des großen deutschen Mischkonzerns Heraeus [31]. Die CerMet-Technologie [32] besteht aus dem gemeinsamen Brennen [33] von keramischem Pulver (z. B. Aluminiumoxid $Al_2\,O_3$) und metallischem Pulver (z. B. Pt) zur Bildung von leitfähigen Durchkontaktierungen, die voneinander und von der umgebenden Ferrule isoliert sind. Das Konzept ermöglicht die Herstellung von dichten FT-Baugruppen ohne nachträgliche Bearbeitung. Im Vergleich zu konventionellen FTs, die in AIMDs verwendet werden (siehe Abschn. 4.9.1), ermöglicht die CerMet-Technologie eine Miniaturisierung um einen Faktor von 10–50. Damit bietet sie eine einzigartige Möglichkeit, das Design der BCIs der Zukunft zu optimieren.

Die Abb. 7.9, 7.10 und 7.11 veranschaulichen das CerMet-Konzept:

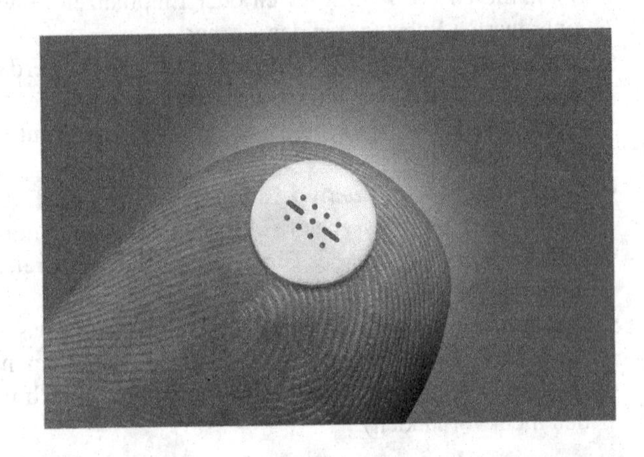

Abb. 7.9 CerMet, Miniaturdurchführung für implantierbare Anwendungen. (*Mit freundlicher Genehmigung von Heraeus Medical Components*)

Abb. 7.10 CerMet, Hochdichte-Durchführung. (*Mit freundlicher Genehmigung von Heraeus Medical Components*)

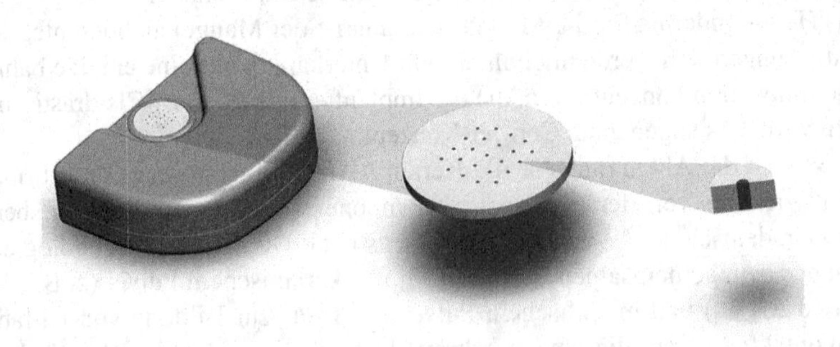

Abb. 7.11 CerMet-Durchführung integriert in ein implantierbares Titangehäuse. (*Mit freundlicher Genehmigung von Heraeus Medical Components*)

7.2.5 *RF-Kommunikation*

RF-Kommunikation wird in der Regel verwendet, um Informationen vom BCI an die Außenwelt oder in die andere Richtung zu senden. Die über die RF-Verbindung übertragenen Daten können unterschiedlicher Natur sein:

- In Echtzeit:
  - Kontinuierliche Datenerfassung im Gehirn durch geeignete Sensorik-Elektroden und zur weiteren Verarbeitung an einen externen Empfänger übertragen.
  - Daten, die kontinuierlich von einem externen Sender an das Implantat zur Stimulation übertragen werden.
- Von Zeit zu Zeit:
  - Informationen vom Implantat zur Programmierschnittstelle (Status des Geräts, Batteriespannung, Speicherinhalt, usw.)
  - An das Implantat gesendete Informationen (neue Parameter, Aktualisierung der Firmware usw.)

Echtzeitkommunikation mit implantierten BCI erfordert eine sehr große Bandbreite, wie bereits in Abschn. 4.11.2 angesprochen. Die derzeit in der Entwicklung befindlichen Projekte haben einen Echtzeit-Informationsfluss im Bereich von 50 Mbit/s. Dies entspricht der Größenordnung der Wi-Fi-Verbindung für Computer, die in drahtlosen lokalen Netzwerken (WLAN) zu Hause verwendet werden, jedoch ohne den Komfort, über ausreichend Energie aus dem Stromnetz zu verfügen. Wie in Abschn. 7.2.1 erörtert, ist die Energie im Implantat die größte Einschränkung für künftige BCI. HF-Verbindungen mit großer Bandbreite sind energiehungrig. In einer aktuellen Studie haben wir gezeigt, dass die Übertragung von 50 Mbit/s von einem Schädelimplantat zur externen Empfangsantenne etwa ein Drittel bis die Hälfte des gesamten Energiebudgets ausmacht. Abschn. 4.12 enthält weitere Einzelheiten über die Grenzen der Ausbreitung von HF-Wellen durch menschliches Gewebe und die Folgen für BCI.

Entwurf und Optimierung großer Bandbreiten der RF-Kommunikation im menschlichen Körper ist ein noch wenig erforschtes Gebiet. Es bedarf noch erheblicher Anstrengungen, um alle Übertragungs-, Reflexions-, Streuungs- und Diffusionseigenschaften der Umgebung der implantierten Antenne zu verstehen. Wir haben gezeigt, dass HF-Kommunikation mit BCI eine komplexe Angelegenheit ist und dass die Variabilität von Patient von Patient zu Patient und aufgrund externer Faktoren ernsthafte Hindernisse für die Produktzulassung darstellen können.

Alternative Methoden der RF-Kommunikation, wie die Rückstreuung, wurden und werden für BCIs erforscht. Rückstreuung hat den großen Vorteil, dass der Energieverbrauch auf der Ebene des Implantats minimiert wird, da die einfallenden HF-Wellen einfach moduliert und an die externe Einheit zurückgespiegelt werden. Bei hohen Frequenzen und großen Bandbreiten werden die Vorteile der Energieeinsparung im Implantat durch die Komplexität und Größe des Kopfstücks zunichte gemacht.

Wir werden hier nicht auf die Einzelheiten spezifischer Designs elektronischer Schaltungen für BCI eingehen. Viele Abhandlungen und Bücher bieten Anleitungen zu den neuesten Schaltungen für drahtlose implantierbare Geräte. Wir empfehlen die Lektüre von [34] für kortikale Schnittstellen.

7.2.6 *Optische Kommunikation*

Ein vielversprechender Weg zur Umgehung der im vorigen Kapitel beschriebenen Einschränkungen der HF-Kommunikation ist die optische Kommunikation durch menschliches Gewebe. Die Durchführbarkeit wurde unter bestimmten Bedingungen nachgewiesen, z. B. bei einer auf 4 Mbit/s begrenzten Bandbreite (siehe Referenz [35], Kap. 4). Eine optische Verbindung zur Übertragung von Daten von einem BCI auf der Ebene des motorischen Kortex an ein proximales Kopfstück (siehe Abb. 7.12) müsste die folgenden Merkmale aufweisen:

- Leistungsaufnahme des optischen Strahlers: max. 50 mW, um eine übermäßige Erwärmung des Körpergewebes zu vermeiden.
- Emission im Nahinfrarotbereich (NIR) von 600–1000 nm (Auswahl der Wellenlänge, die das menschliche Gewebe am besten durchdringt).
- Datenrate: mindestens 50 Mbit/s, um die Übertragung großer Datenmengen in Echtzeit zu ermöglichen.
- Maximaler Abstand zwischen dem Sender und dem Empfänger: 10 mm (einschließlich Haare).
- Die Kommunikation sollte auch bei einem Versatz von bis zu 5 mm noch funktionieren.
- Sollte unabhängig von der Hautfarbe sein Farbe.
- Der Temperaturanstieg des Geräts sollte gemäß ISO-14708-1 unter +2 °C gehalten werden.
- Beachten Sie die maximal zulässige Exposition (MPE) für die Haut bei der gewählten Wellenlänge und für die Dauer der Übertragung.

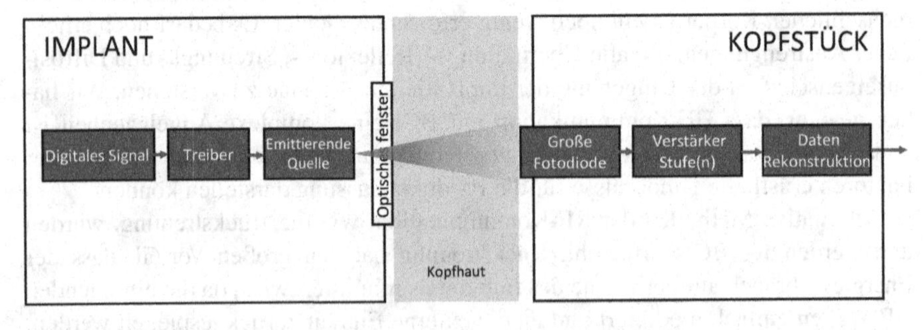

Abb. 7.12 Mögliche Konfiguration einer optischen Verbindung für BCI

Die beiden möglichen Lichtstrahler im NIR-Bereich sind die Leuchtdiode (LED) und der oberflächenemittierende Laser mit vertikalem Resonator (VCSEL). Beide Komponenten sind von sich aus in Miniaturkonfigurationen erhältlich. Bei der Auswahl der Komponenten müssen Leistungsbudget, Größe und Verpackung sorgfältig berücksichtigt werden.

Proximale optische Kommunikation hat im Vergleich zu RF zwei große Vorteile:

- Unempfindlich gegen elektromagnetische Interferenzen.
- Schwierig zu hacken.

Darüber hinaus sind optische Verbindungen aus folgenden Gründen gut für BCI geeignet:

- Möglichkeit, enorme Mengen unverarbeiteter Daten zu übertragen.
- Keine „Bandzuweisung", unregulierter Bereich.
- Miniatur-Emitter.
- Kleines Kopfstück.
- Mäßige Erwärmung.
- Geringe Exposition des Gewebes.
- MRT-Verträglichkeit des Strahlers.

Optische Verbindungen sind sicherlich das Kommunikationssystem der Wahl für die unidirektionale Erkennung in der nahen BCI-Zukunft.

7.2.7 Ultraschallstimulation und Kommunikation

Wir haben bereits gesehen (Abschn. 4.13 und 7.2.1), dass Ultraschall verwendet werden kann, um Energie von einem externen Aktor auf ein Implantat zu übertragen. Für BCI-Anwendungen könnte der Ultraschall für zwei weitere Zwecke eingesetzt werden:

- Direkte Stimulation oder Neuromodulation durch fokussierten Ultraschall, der auf einen bestimmten Bereich des Gehirns angewendet wird.
- Drahtlose Kommunikation mit dem Implantat.

In allen drei Fällen (Energetisierung, Stimulation und Kommunikation) breitet sich der Ultraschall im Körper von außen nach innen aus.

Mehrere Gruppen [36–38] befassen sich mit den Auswirkungen von Ultraschall auf die Hirnaktivität. Die Ultraschall-Neuromodulation weist die folgenden Merkmale auf:

- Der Hauptvorteil dieser Technologie besteht darin, dass die Ultraschallantriebe nicht invasiv sind.
- Da Ultraschall fokussiert werden kann, kann die Stimulation auf kortikaler Ebene, aber auch tiefer im Gehirn erfolgen.
- Fokussierter Ultraschall niedriger Intensität (LIFU) wurde zur Unterdrückung epileptischer Anfälle, zur Auslösung neuronaler Entzündungen und zur Verhaltensmodulation eingesetzt.

- Die Wirkungsweise des Ultraschalls auf das Gehirn scheint verschiedene Ursprünge zu haben:
  - Kavitation.
  - Beeinflussung der Ionenkanäle.
  - Mechanische Verformung der Zellmembranen.
- Die Fokussierung von Ultraschall erfordert mehrere auf der Oberfläche des Schädels verteilte Aktuatoren. Dadurch wird das externe Kopfstück sperrig und unästhetisch.
- An der Schnittstelle zwischen dem Aktuator und der Kopfhaut muss Gel hinzugefügt werden, um die Übertragung der Schallwellen zu erleichtern.
- Ultraschallantriebe, oft piezoelektrisch, haben einen schlechten Wirkungsgrad, sodass die externe Einheit nicht ohne Weiteres tragbar und batteriebetrieben gemacht werden kann.

Einige Arbeiten [35] befassen sich auch mit dem Einsatz von fokussiertem Ultraschall zur Stimulation peripherer Nerven oder des Vagusnervs (siehe Abschn. 1.4.2.3, 3.3.3 und 3.4.4).

Die Verwendung von Ultraschall zur Kommunikation zwischen der Außenwelt und dem Implantat befindet sich erst auf der Forschungsebene [18, 39, 40]. Bei BCI-Stimulatoren könnte die Echtzeit-Datenübertragung durch Ultraschall durch die Bandbreite begrenzt sein. Wie bei der Energieübertragung ist für die Kommunikation ein implantierter piezoelektrischer Empfänger erforderlich, wobei es noch schwerwiegende ungelöste Probleme hinsichtlich der Verkapselung gibt.

Da die Ultraschall-Neuromodulation fokussiert werden kann, um tiefe Teile des Gehirns zu erreichen, und wegen ihrer Nichtinvasivität hat die Ultraschall-Neuromodulation sicherlich Potenzial für zukünftige BCI-Systeme. Energieübertragung und Kommunikation mit Ultraschall sind Technologien, die noch nicht ausgereift genug sind, um im Bereich der menschlichen BCI eingesetzt zu werden.

7.2.8 Integrität der Daten und Sicherheit

Im Gegensatz zu Kabeln oder optischen Fasern ist die drahtlose Kommunikation, entweder RF, optisch oder mit Ultraschall, von Natur aus eine Methode der Informationsübertragung, die keine physische Unterstützung hat. Die drahtlose Übertragung zwischen den Punkten A und B über eine Entfernung von einigen Zentimetern oder mehreren Kilometern hat folgende Schwächen:

- Zwischen dem Sender und dem Empfänger können einige Informationen verloren gehen.
- Unerwünschte Signale können den Empfänger erreichen und zu unerwünschten Folgen führen (siehe Abschn. 4.11.2, Elektromagnetische Verträglichkeit, und Abschn. 4.11.4, Koexistenz).
- Rauschen kann die Qualität des Übertragungssignals beeinträchtigen.

- Die übertragenen Signale können andere Geräte oder Anlagen stören.
- Das Signal oder ein Teil des Signals kann von Personen abgefangen werden, die kein Recht auf Zugang zu den Informationen haben: Hacker.
- Hacker können nicht nur Daten lesen, sondern auch gefälschte oder bösartige Informationen an den Empfänger senden, um das System zu täuschen, es zu beschädigen oder die Kontrolle zu übernehmen.

RF-Kommunikation wird in der Regel durch Kodierung und Verschlüsselung gesichert, um einen besseren Schutz gegen Hacker zu gewährleisten. Wir alle wissen, dass keine Verschlüsselung absolut sicher ist. Darüber hinaus erhöhen Verschlüsselungs- und Sicherheitsalgorithmen in der Regel das Volumen der zu übertragenden Informationen. Wie wir gesehen haben, verbrauchen BCIs bereits eine große Bandbreite, was bedeutet, dass es schwierig sein könnte, eine komplexe Verschlüsselung zur Sicherung von BCI-RF-Übertragungen.

BCIs, die nur das Gehirn lesen und Rohinformationen in Richtung des Empfängers übertragen, sind in Bezug auf die Sicherheit weniger kritisch. Wenn es Hackern gelingt, kortikale Signale abzugreifen, können sie nicht viel dagegen tun.

Anders verhält es sich, wenn BCIs zu Stimulationszwecken eingesetzt werden. Dann könnten Hacker unangemessene Signale an das Gehirn senden, die sich auf den Patienten auswirken. Infolgedessen kann ein stimulierendes BCI ein hohes Maß an Schutz gegen Hacker erhalten müssen. Mehrere Maßnahmen können in Betracht gezogen werden:

- Minimieren Sie die Möglichkeiten zum „Einsteigen" in den Kommunikationskanal. Der sicherste Ansatz ist die *proximale Kommunikation*. Wenn die Kommunikation zwischen einem Kopfhörer und einem Implantat stattfindet, gibt es bei 1 cm Abstand praktisch kein Fernfeld. Selbst in 1 Meter Entfernung könnte niemand ein Signal empfangen.
- Minimieren Sie die Leistung des Kommunikationssignals. In diesem Sinne gehen die proximalen Konfigurationen in die richtige Richtung.
- Bevorzugen Sie optische oder Ultraschall-Kommunikation statt RF, da sich Funkwellen auf unerwartete Weise ausbreiten können.
- Verwenden Sie keine Standard-Kodierungs- und Kommunikationsprotokolle. Bluetooth zum Beispiel ist in der Hacker-Gemeinschaft sehr bekannt. Sie werden jede Information, die in diesen populären Netzwerken zirkuliert, sofort entschlüsseln. Verwenden Sie stattdessen proprietäre Kommunikationsprotokolle. Dadurch wird Ihre Kommunikation zwar sicherer, aber es werden auch viele zusätzliche Ressourcen für die Entwicklung und Validierung des Systems benötigt.
- Fügen Sie Firewalls in das Implantat ein, mit ID-Codes, häufiger Überprüfung mit der externen Einheit und anderen Mitteln, die einen Eindringling daran hindern, Schaden anzurichten.

Funkfrequenzen sind stark reguliert (siehe Abschn. 2.2.1), und die nationalen Behörden haben eine begrenzte Anzahl von Frequenzbändern für die Kommunikation mit medizinischen Geräten zugewiesen (einige ausschließlich für medizinische

Zwecke, andere gemeinsam mit anderen Nutzerkategorien). Wenn sie die RF-Kommunikation nutzen wollen, haben die Entwickler von BCI-Systemen keine Freiheit bei der Wahl der Frequenz. Wie bereits erwähnt, ist BCI sehr bandbreitenhungrig, was die Verwendung niedrigerer Frequenzbänder ausschließt. Im Hinblick auf die Bandbreite und die Verfügbarkeit von Komponenten (Antenne, HF-Chips, Filter) liegt das für BCI am besten geeignete Frequenzband im Bereich von 2,45 GHz. Leider ist dieses Band durch viele andere Anwendungen wie Wi-Fi, Bluetooth, Mobiltelefone oder Mikrowellen überfüllt. Folglich ist das 2,45-GHz-Band verrauscht, anfällig für Interferenzen zwischen den Nutzern und leider auch ein beliebtes Jagdrevier für Hacker. Neue Bänder mit hohen Frequenzen oberhalb von 5 GHz werden verfügbar. Sie sind noch recht ruhig, werden aber bald von der fünften Generation (5G) von Mobiltelefonen erobert werden. Höhere Frequenzen sind im menschlichen Gewebe von Nachteil, da Kurzwellen von diesem absorbiert werden. Daher ist bei einer hohen Frequenz eine höhere Leistung erforderlich, um dieselbe Gewebeschicht zu durchdringen.

Die optische Kommunikation (siehe Abschn. 7.2.6) hat den Vorteil, dass sie nicht reguliert ist. Es können eigene und proprietäre Sicherheitsalgorithmen und -protokolle implementiert werden. Der Bedarf an zusätzlicher Bandbreite für die Sicherheit kann durch optische Verbindungen leicht gedeckt werden. Es ist äußerst schwierig, ein optisches Signal zu hacken. Optische Verbindungen sind von Haus aus sicher. Elektromagnetische Störungen beeinträchtigen die optische Kommunikation nicht. Die Komponenten, aus denen die optische Verbindung besteht (LED, VCSEL, Photodiode), stören die MRT nicht.

Künftige BCIs werden vorzugsweise proximale optische Verbindungen für ihre Kommunikation mit großer Bandbreite nutzen. Sie bieten im Vergleich zu HF eine höhere Leistung und Sicherheit.

7.2.9 Kosten: Rückerstattung

Da BCIs dazu bestimmt sind, Patienten mit sehr schweren Erkrankungen wie CLIS, Lähmungen, Epilepsie, Gehirnverletzung, Rückenmarksverletzungen, Amputationen oder Blindheit zu helfen, wird oft angenommen, dass die Kosten kein Thema sind, die die Patienten oder jemand anders bezahlen werden. Dies ist eine falsche Analyse. Wenn das BCI-System zu teuer wird, werden viele Patienten ausgeschlossen, auch diejenigen, die am meisten leiden.

Von Beginn eines Projekts an sollten die Ingenieure kostenbewusst sein. Overengineering ist ein weit verbreiteter Trend in der Industrie für medizinische Geräte. Ein bescheidenes Gerät zu angemessenen Verkaufskosten hat mehr Chancen, auf den Markt zu kommen, als ein ausgeklügeltes und teures Gerät.

„*Accelerating*" ist das erste Wort im Untertitel dieses Buches. Die Zeit bis zur Markteinführung ist entscheidend für die Erreichung unseres globalen Ziels: die Bereitstellung von Lösungen für Patienten in Not. Wir haben bereits gesehen, dass es mehrere Möglichkeiten gibt, ein Projekt zu beschleunigen:

- Setzen Sie sich vernünftige Ziele.
- Sie haben ein klares Verständnis für die Umwelt.
- Nehmen Sie sich Zeit, um den Rahmen für das Projekt abzustecken. Dies ist keine vergeudete Zeit, sondern eine Investition in die Zukunft. Die Zeit, die für eine angemessene Vorbereitung des Projekts aufgewendet wird, führt später zu erheblichen Zeiteinsparungen.
- Analysieren Sie sorgfältig die „Make-or-Buy"-Strategie (siehe Abschn. 7.2.10).
- Wählen Sie die „besten und intelligentesten" Partner.
- Erfinden Sie das Rad nicht neu. Integrieren Sie in Ihr Projekt die Elemente, die andere bereits entwickelt haben. Dies ist Teil der „Buy"-Strategie.
- Zuweisung geeigneter Ressourcen (Personal und Geld).
- Halten Sie die Meilensteine des Projekts ein. Wenn es Probleme gibt, ziehen Sie die Überarbeitung und Vereinfachung der Spezifikationen anstelle von Verzögerungen.
- Übertragen Sie die Verantwortung an einen erfahrenen Projektleiter.

Es besteht ein enges Verhältnis zwischen Zeit und Geld. Eine beschleunigte Markteinführung bedeutet eine Verringerung der gesamten Entwicklungskosten. Dies wiederum senkt den Verkaufspreis des Produkts, da sich die Investition frühzeitig amortisiert und das Risiko minimiert wird (siehe Anhang 2).

BCI ist ein komplexes Gebiet. Nur wenige Gruppen auf der Welt verfügen über das Wissen, die technischen Kompetenzen, die Netzwerke und das Geld, um diese Projekte bis zur Anwendung am Menschen zu bringen. Das Modell, das wir am Wyss Center for Bio and Neuroengineering in Genf, Schweiz [41], eingeführt haben, basiert auf einem „dreisprachigen" Konzept (siehe Abb. 7.13):

- Wir sprechen „Wissenschaft".
- Wir sprechen „Technologie".
- Wir sprechen „menschlich".

Beschleunigung der Neurotechnologien zum Nutzen des Menschen ist ein Gesamtkonzept, das sorgfältig abgewogen werden muss (siehe Abb. 7.14).

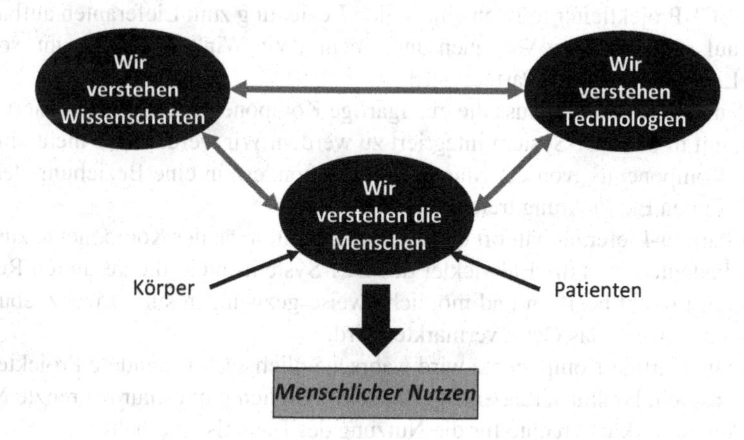

Abb. 7.13 Der „dreisprachige" Ansatz

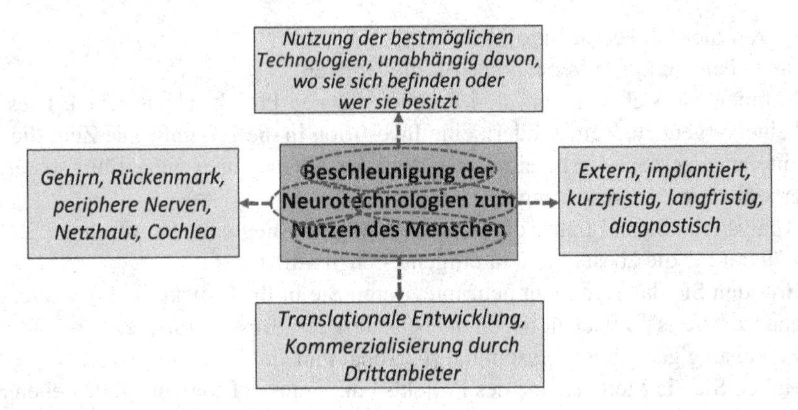

Abb. 7.14 Beschleunigung der Neurotechnologien zum Nutzen des Menschen

7.2.10 Lieferkette

Zu Beginn der Projektplanung müssen wir eine klare Vorstellung von den verschiedenen Partnern haben, die in die Entwicklung einbezogen werden sollen. BCI-Projekte sind vom Konzept bis zum Abschluss eng mit der kontinuierlichen Optimierung der Lieferkette verknüpft (siehe Abb. 7.15).

Die Beherrschung der Lieferkette ist ein Schlüssel zum Erfolg für BCI-Projekte. Mehrere strategische Komponenten und Unterbaugruppen sind nur von einem einzigen Lieferanten erhältlich. Oft gibt es keine Alternative. Der Umgang mit einer einzigen Bezugsquelle ist keine alltägliche Situation im Projektmanagement. Sie bringt sehr spezielle Geschäftsregeln mit sich, die vor Beginn einer BCI-Entwicklung vollständig verstanden werden müssen.

Die Art und Weise, wie man in Verhandlungen mit einer einzigen Quelle eintritt, ist eine Kunst, die weit über die üblichen Vertragspraktiken hinausgeht:

- Der Lieferant eines einzigartigen Bauteils weiß, dass wir keine Alternative haben.
- Die BCI-Projektleiter müssen eine solide Beziehung zum Lieferanten aufbauen, die auf gegenseitigem Vertrauen und einem „Win-Win"-Ansatz beruht, sodass der Lieferant zu einem Partner wird.
- In den meisten Fällen muss die einzigartige Komponente leicht modifiziert werden, um in das BCI-System integriert zu werden. Wir werden also nicht einfach eine Komponente „von der Stange" kaufen, sondern in eine Beziehung der gemeinsamen Entwicklung treten.
- Der Partner-Lieferant hält oft das geistige Eigentum an der Komponente zurück. Das bedeutet, dass die Entwickler des BCI-Systems nicht die gesamten Rechte an dem Projekt besitzen und möglicherweise gezwungen sind, Lizenzgebühren zu zahlen, wenn das Gerät vermarktet wird.
- Die einzigartige Komponente wird wahrscheinlich auch für andere Projekte, die mit unserem konkurrieren, einzigartig sein. Folglich gibt es nur begrenzte Möglichkeiten, Exklusivrechte für die Nutzung des Bauteils zu erhalten.

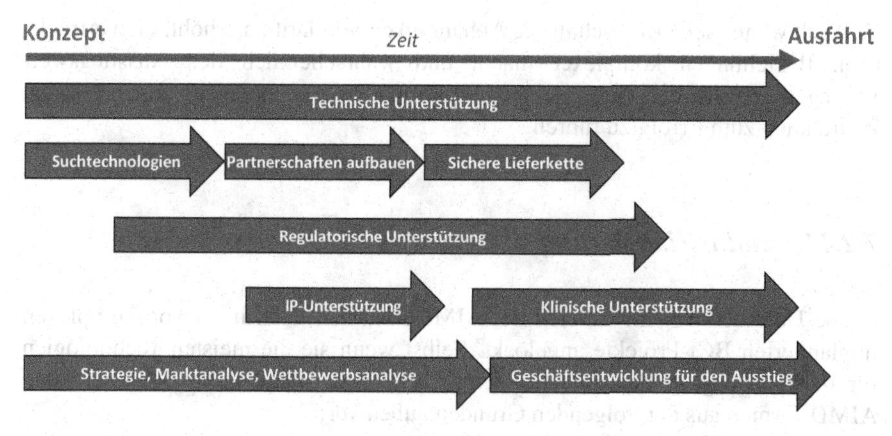

Abb. 7.15 Vom Konzept zum Ausgang

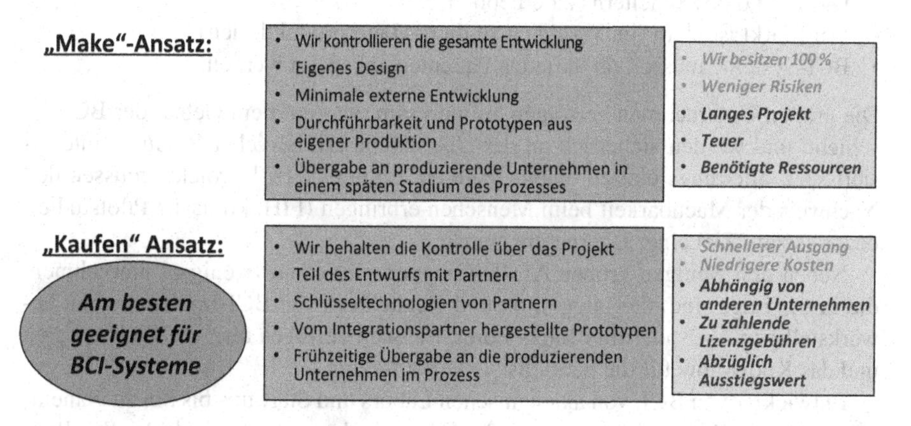

Abb. 7.16 „Make-or-Buy"-Strategie

- Wenn wir uns in einer Single-Source-Situation befinden, kann dies mehrere Gründe haben:
  - Die Technologien, die der Lieferant beherrscht, können sehr komplex sein und das Ergebnis jahrelanger Entwicklung. Häufig verfügt der Partner über geheimes Know-how.
  - Der Markt und die Zahl der Anwendungen sind begrenzt. Dies ist bei BCI fast immer der Fall.

Wir haben bereits gesehen, dass die Beschleunigung komplexer Projekte von der Nutzung vorhandener Bausteine abhängt, die anderen gehören. Eine solide „Make-or Buy"-Strategie ist von entscheidender Bedeutung. Um eine Chance zu haben, mit einem BCI-System auf den Markt zu kommen, muss man meiner Meinung nach System auf den Markt zu bringen, muss man den „Buy"-Ansatz bevorzugen (siehe Abb. 7.16).

Auch wenn die Partnerschaft die Abhängigkeit von Dritten erhöht, die vertraglichen Beziehungen komplexer macht und wahrscheinlich den Ausstiegswert verringert, ist sie der sicherste Weg, das BCI-Projekt in einem angemessenen Zeitrahmen zum Erfolg zu führen.

7.2.11 Industrialisierung

Große Unternehmen im Bereich der AIMDs wurden noch nicht von komplexen implantierten BCI-Projekte angelockt. Selbst wenn sie die meisten Technologien für den Einstieg in den BCI-Bereich beherrschen, bleiben die dominierenden AIMD-Firmen aus den folgenden Gründen außen vor:

- Die Zeit bis zur Markteinführung und die Amortisation sind zu weit entfernt.
- Das Risiko des Scheiterns ist erheblich.
- Der Markt ist klein (im Vergleich zu ihren Hauptproduktlinien).
- BCI-Systeme müssen oft an jeden Patienten angepasst werden.

Die großen Unternehmen verfolgen aufmerksam, was auf dem Gebiet der BCI geschieht, und werden sicherlich an der Übernahme erfolgreicher Produkte interessiert sein, allerdings erst zu einem späteren Zeitpunkt. BCI-Projekte müssen den Nachweis der Machbarkeit beim Menschen erbringen (FIH, klinische Pilotstudie), bevor es zum Ziel einer Übernahme wird.

Neben den wenigen großen AIMD-Gruppen gibt es nur wenige Unternehmen, die in der Lage sind, die Integration und Herstellung von BCI-Implantaten zu bewerkstelligen. Vier oder fünf Integratoren weltweit verfügen über die Technologien und das Know-how für die hermetische Verkapselung.

Entwickler von BCI, von akademischen Labors und Start-ups bis hin zu gemeinnützigen Organisationen, stehen vor der Herausforderung, einen industriellen Partner zu finden, der in der Lage ist, ein für den Menschen geeignetes Gerät zu bauen. Die Hauptschwierigkeiten sind:

- Übertragung des Entwurfs an den Hersteller.
- Anpassung an die im Montagewerk vorhandenen Verfahren.
- Füllen der Entwicklungslücken.
- Anpassung an das Qualitätsmanagementsystem (QMS) des Integrators.
- Abschluss von Lieferantenvereinbarungen.
- Abschluss eines Entwicklungs- und Industrialisierungsvertrags.
- Unterzeichnung einer langfristigen Produktionsvereinbarung.
- Lösungsfindung für die gemeinsame Nutzung der IP-Rechte.

Die Hürden und Schwierigkeiten der Industrialisierungsphase werden im Geschäftsplan immer unterschätzt.

Was die Zulieferer betrifft, so gelten für die Beziehungen zu den Integratoren besondere Regeln. Im Bereich der AIMDs unterscheiden sich die industriellen Beziehungen von der normalen Produktionsumgebung in anderen Branchen:

- Es gibt weltweit nur eine sehr begrenzte Anzahl von Integratoren, die über ein vollständiges QMS verfügen, Erfahrung haben und einen guten Ruf genießen. Konstrukteure und Projekteigner müssen manchmal darum kämpfen, einen Fertigungspartner zu finden. Ich habe erlebt, dass gute Projekte von Integratoren aus Mangel an Ressourcen abgelehnt wurden. Alle Entwickler von AIMDs, die nicht zu den großen Firmen gehören, kämpfen um die wenigen Chancen, einen Platz bei den wenigen Integratoren auf dem Markt zu bekommen.
- Wenn man das Glück hat, einen Integrator zu bekommen, bleibt man dort. Auch hier handelt es sich um eine Situation, in der man alles aus einer Hand bekommt. Der Wechsel von einem Hersteller zu einem anderen dauert Jahre und kostet Millionen. Er sollte nur in Betracht gezogen werden, wenn der erste Integrator völlig versagt hat. Nur wenige Start-ups können sich einen solchen Wechsel leisten.
- BCI ist gekennzeichnet durch sehr kleine Produktionsmengen, langsame Anlaufzeiten und hohe Risiken. Sie ist für Integratoren nicht attraktiv, die einfachere und schnellere Projekte bevorzugen. Das ist eine immer wiederkehrende Herausforderung bei BCI: Niemand will für uns produzieren.
- Die Abhängigkeit vom Integrator ist ein ernstes Geschäftsrisiko. Wenn das Budget nicht eingehalten wird oder wenn es zu Verzögerungen kommt, kann man nicht viel tun.

Angesichts der oben beschriebenen Schwierigkeiten sind einige Entwickler versucht, ihre eigenen Fertigungskapazitäten aufzubauen. Wie wir in diesem Buch gesehen haben, sind die technischen Herausforderungen enorm, und das spezifische Know-how liegt in den Händen von sehr wenigen Menschen. Der Versuch, selbst zu produzieren, ist eine häufige Ursache für das Scheitern von Projekten. Außerdem wird dadurch das Budget überstrapaziert und der Zeitplan um einige Jahre verlängert.

In Anbetracht der Komplexität von BCI wird dringend empfohlen, bereits in der Entwicklungsphase den bestmöglichen Hersteller zu ermitteln, die vertraglichen Beziehungen zu sichern und ihn in die Entwicklung einzubeziehen, um eine reibungslose Übertragung zu gewährleisten.

7.3 Laufende Initiativen

Mehrere spannende Projekte wurden bereits in diesem Buch beschrieben. Einige von ihnen sind noch weit von der FIH und noch weiter von der Kommerzialisierung entfernt. Wir werden nun auf bereits diskutierte Initiativen zurückkommen und einige aufschlussreiche Informationen über innovative Projekte geben.

7.3.1 BrainGate und Bewegungsrestauration

Eine Einführung in BrainGate wurde bereits in Abschn. 1.4.2.8 gegeben. Das Konsortium hat nicht nur gezeigt, dass es möglich war, die Bewegungsabsichten aus dem motorischen Kortex zu lesen, sondern auch, dass gelähmte Patienten von BCI-Technologien nutzen können, um einen Cursor zu bewegen, einen Buchstabierer zu aktivieren, einen Roboterarm zu steuern oder eine gelähmte Gliedmaße durch FES zu stimulieren. Es hat sich auch gezeigt, dass der Kortex der Patienten selbst nach vielen Jahren der Lähmung noch motorische Anweisungen an die Gliedmaßen sendet. Bislang wurde dies alles durch den Anschluss eines oder mehrerer Utah-Arrays an einen transdermalen Anschluss (Sockel) erreicht, der über ein Kabel mit leistungsstarken externen Computern verbunden ist.

Der nächste Schritt besteht darin, das Kabel durch einen externen drahtlosen Sender zu ersetzen, der auf denselben Sockel geschraubt wird. Ein solches System wurde von Blackrock Microsystems LLC (siehe Kap. 3, [8]) unter dem Namen CerePlex-W [42] entwickelt. Die Abschaffung des Kabels bietet mehr Komfort für den Patienten und für das Pflegepersonal.

Sobald es verfügbar ist, wird das BrainGate-Projekt einer der Nutzer von vollständig implantierbaren BCI-Systemen sein. Ein solches Gerät, Neurocomm genannt, wird derzeit vom Wyss Center for Bio and Neuroengineering entwickelt [43]. Das Ersetzen des Sockels durch ein vollständig implantierbares, drahtloses BCI wäre ein großer Schritt. Dadurch werden potenzielle Infektionsrisiken vermieden, die bei einer transdermalen Verbindung immer möglich sind, und Komfort und Ästhetik würden erheblich verbessert werden.

Die BrainGate-Initiative erwartet auch große Fortschritte bei der besseren Entschlüsselung der Gehirnsignale und bei der Interaktion mit fortgeschrittenen Aktoren für FES, die eines Tages vollständig implantierbar sein werden (siehe Abschn. 7.3.4).

7.3.2 Epilepsie und Hirnstromkreise

Das Thema Epilepsie wurde bereits in Abschn. 1.5.2 vorgestellt. Zwei bereits zugelassene BCI-Systeme sind für die Behandlung von Epilepsiepatienten verfügbar:

- LivaNova (vgl. [6], Kap. 1, und vgl. [39], Kap. 3) geht den Weg der VNS-Stimulation (siehe Abschn. 1.4.2.3, 3.3.3 und 3.4.4), um das Problem mit einem Produkt namens SenTiva® [44] anzugehen. Beachten Sie auch, dass LivaNova ein VNS-System, Demipulse® [45], für behandlungsresistente Depressionen anbietet.
- NeuroPace (siehe Abschn. 1.4.2.7 und 3.4.7, Ref. [46] Kap. 3) verfügt über ein intrakranielles Gerät, RNS®, das oben ausführlich beschrieben wurde.

Etwa 30 % der großen Anzahl an Patienten (etwa 65 Mio. Menschen weltweit), die an Epilepsie leiden, sind refraktär gegenüber Medikamenten. In den schwersten Fällen, wenn der Herd lokalisiert werden kann, wird ein chirurgischer Eingriff zur Resektion durchgeführt.

Die übliche Methode zur Quantifizierung und Bewertung von Anfällen ist die Messung der Gehirnaktivität mit einem EEG. Für Epilepsiepatienten und ihre Ärzte sind die Nachteile des EEG:

- Die Prüfung ist auf wenige Stunden begrenzt. Sie ist eine Momentaufnahme.
- Die Patienten müssen zur EEG-Diagnose ins Krankenhaus gehen. Zwischen zwei EEG-Sitzungen bleibt der Status unbekannt.
- Auf die EEG-Elektroden muss Gel aufgetragen werden, um die Messung zu erleichtern, was für die Patienten unangenehm ist. Außerdem ist das Anbringen einer EEG-Kappe ein zeitaufwändiger Vorgang.
- Krampfanfälle treten häufig nachts oder am frühen Morgen auf und können daher nicht mit dem EEG erfasst werden.
- Forscher [47] haben festgestellt, dass die Häufigkeit und Intensität von Anfällen über lange Zeiträume hinweg variieren, bis hin zu Zyklen von mehreren Wochen. Mit der EEG-Untersuchung können Neurologen ignorieren, wo sich die Patienten in Bezug auf diese Zyklen befinden.

Wir sehen, dass das EEG nicht die richtige Methode ist, um Epilepsiepatienten über lange Zeiträume zu verfolgen. Mehrere Gruppen entwickeln ein BCI-System zur kontinuierlichen Messung der Gehirnströme durch subkutanes Anbringen von Elektroden, die zwischen dem Schädel und der Kopfhaut platziert und mit einem implantierten Rekorder verbunden werden. Die Daten werden kontinuierlich vom Implantat an ein Kopfstück übertragen, und zwar per drahtloser Kommunikation. Hier einige Beispiele für die laufenden Entwicklungen:

- UNEEG (siehe Abschn. 1.4.2.7, Ref. [9] Kap. 1): ein einfacher subkutaner Datenlogger mit einer begrenzten Anzahl von Elektroden. Das Gerät befindet sich derzeit in der klinischen Evaluierung.
- Wyss Center for Bio and Neuroengineering [48] mit mehr Elektroden für eine bessere Abdeckung der Schädeloberfläche.
- Bionisches Institut [49].

BCI-Systeme mit subkutanen Elektroden können auch bei anderen Hirnleistungsstörungen verwendet werden. Einige vielversprechende Forschungsarbeiten werden für verschiedene Indikationen durchgeführt, wie z. B.:

- Legasthenie [50], bei der Kinder beim Erlernen des Lesens Schwierigkeiten haben, weil Wörter und Laute nicht zueinander passen. Prof. Anne-Lise Giraud [46] vom Neurozentrum der Universität Genf, Schweiz [51] hat festgestellt, dass Menschen mit Legasthenie Gehirne haben, die außerhalb ihrer normalen Schwingungsfrequenzen liegen. Die Verwendung eines BCI-Systems mit entsprechenden Elektroden unter der Kopfhaut kann helfen, die Hirnrhythmen zu reorganisieren [52].

- Neurofeedback [53] für Tinnitus [54]. Arbeiten [55], die am Universitätsklinikum in Tübingen, Deutschland, unter Verwendung von fMRI oder NIR durchgeführt wurden, haben gezeigt, dass Patienten mit Tinnitus ihre Symptome durch ihre eigene Konzentration in einem Neurofeedback-Ansatz verringern können. Das Konzept wird nun auf eine implantierte Lösung erweitert, die auf einem BCI mit subkutanen Elektroden basieren, die auf dem Schädel oberhalb des auditorischen Kortex platziert werden.

7.3.3 Closed-Loop-Stimulation

Der Begriff „close-loop" kennzeichnet Systeme, bei denen die Wirkung von einer Messung der Wirkung abhängt. Im Falle von AIMDs haben Closed-Loop-Geräte Elektroden für die Erkennung und Elektroden für die Stimulation. Die implantierte Elektronik passt die Stimulationsparameter entsprechend den Informationen an, die von den Sensorelektroden oder anderen Sensoren erfasst werden. Auf dem Gebiet der aktiven Implantate gibt es bereits einige Closed-Loop-Systeme:

- Herzschrittmacher: Moderne Geräte haben Messleitungen, die die elektrischen Potenziale im Herzen messen und die über die Stimulationsleitung gesendeten Signale so anpassen, dass die Therapie optimiert wird.
- Frequenzabhängige (RR) Herzschrittmacher sind in der Lage, den Stimulationsrhythmus an die körperliche Aktivität des Patienten anzupassen. Sie bestehen aus der Kombination von Informationen, die von zwei Sensoren stammen:
  - Ein Beschleunigungsmesser, der die Bewegung des Körpers misst.
  - Eine Messung der elektrischen Impedanz zwischen der Spitze der Elektrode und dem Gehäuse des Herzschrittmachers. Kleine Schwankungen der Impedanz werden durch die Dilatation und Kontraktion der Lunge hervorgerufen und geben ein Bild der Lungentätigkeit.

  Die Korrelation beider Informationen ermöglicht es, Situationen zu unterscheiden, in denen der Herzschlag beschleunigt werden sollte (z. B. beim Treppensteigen, da die Lungenaktivität ansteigt), und solche, in denen dies nicht der Fall sein sollte (z. B. beim Treppenhinuntergehen oder beim Sitzen in einem Zug).
- Implantierbare Herzdefibrillatoren (ICD): können auch als Closed-Loop-Systeme betrachtet betrachtet werden, da die Entscheidung, einen Defibrillationsschock mit hoher Leistung abzugeben, auf Signalen basiert, die von Messleitungen ausgehen, die zeigen, dass das Herz entweder aufgehört hat zu schlagen oder sich in einem Fibrillationsmodus befindet.
- Das VNS-System von LivaNova für Epilepsie verfügt über einen Herzschlagdetektor, der die Stimulation in Fällen, in denen das Herz beschleunigt, ohne dass ein Anfall auftritt.
- NeuroPace RNS-System hat sowohl Paddel-Elektroden auf der Oberfläche des Gehirns als auch tiefe Stimulationsleitungen.

Mehrere Gruppen arbeiten derzeit an Closed-Loop-DBS, mit dem Ziel, die Stimulationsparameter zu optimieren, die Nebenwirkungen zu minimieren und Energie zu sparen. Die Abtastung erfolgt über Paddle-Elektroden oder kleine EKG-Gitter, die auf der Oberfläche des Gehirns angebracht werden.

Closed-Loop-Konzepte werfen viele neue Fragen im Bereich der aktiven Implantate auf. In „normalen" Open-Loop-Situationen, wie der Neuromodulation (SCS, DBS usw.), werden die Stimulationsparameter vom Arzt auf der Grundlage der Diagnose und der Beobachtung des Patienten eingestellt sowie aufgrund von Daten, die über die Programmierschnittstelle aus dem Speicher des Geräts gesammelt werden. Im offenen Regelkreis liegt die Änderung der Stimulationsparameter in der Hand des Arztes. Beim Closed-Loop-System gibt es ein gewisses Maß an Automatisierung innerhalb des Implantats. Das Gerät „beschließt", die Parameter entsprechend den erfassten Informationen zu ändern. In gewisser Weise verfügt das Implantat über eine gewisse „Entscheidungsintelligenz". Dies öffnet die Tür für neue Arten von Risiken, falls der implantierte Mikroprozessor eine falsche Entscheidung trifft. Die Validierung von Closed-Loop-Systemsoftware ist eine noch nie dagewesene Herausforderung. Die Zulassungs- und Regulierungsbehörden haben noch keine Leitlinien für die Sicherheit von Closed-Loop-Geräten vorgelegt.

Künftige BCIs werden mit Sicherheit Closed-Loop-Funktionen enthalten. In gewisser Weise ist ein BCI, das die Bewegungsabsichten in Verbindung mit einer FES erkennt, um eine gelähmte Gliedmaße zu aktivieren, ein Closed-Loop-System.

7.3.4 *Periphere Nerven*

Die Stimulation der peripheren Nerven (siehe Abschn. 1.4.2.5) wurde bereits oben behandelt:

- SNS: siehe Abschn. 1.3.4, 1.4.2.2, und 3.4.6.
- VNS: siehe Abschn. 1.3.5, 1.4.2.3, 3.4.4 und 3.4.7.
- FES: siehe Abschn. 3.2.2.

Auch wenn PNS nicht in die Kategorie der BCI-Implantate gehören, haben wir beschlossen, sie in diesem Buch als Erweiterung des Konzepts der Schnittstelle mit dem menschlichen Nervensystem aufzunehmen. In einigen Fällen gibt es eine enge Verbindung zwischen dem Gehirn und PNS-Systemen:

- Wir haben den Vagusnerv gesehen als eine Art einfache Eingangstür zum zentralen Nervensystem für die Behandlung von Epilepsie.
- FES-System für die oberen Gliedmaßen wird eines Tages von kortikalen BCIs gesteuert werden.
- Nerven anderer Teile des Körpers können in Zukunft auch Schnittstellen mit dem Gehirn verbinden.

- Die Stimulierung der Nerven einer amputierten Gliedmaße (siehe Abschn. 7.3.5) ist ebenfalls eine Möglichkeit, dem Gehirn Informationen zu überbringen, die nicht mehr zur Verfügung stehen.

BCI-Implantate sind in erster Linie für Patienten mit sehr schweren Erkrankungen wie Tetraplegie oder CLIS (siehe Abschn. 7.3.6) bestimmt. Ergänzend dazu kann PNS dazu beitragen, eine der Hauptnebenwirkungen von Tetraplegie, Paraplegie und Rückenmarksverletzungen zu behandeln: Inkontinenz, sowohl Harn- als auch Stuhlinkontinenz. Wie bereits in Abschn. 2.1.4 erörtert, könnte die Inkontinenz eine der höchsten Prioritäten für eine bessere Versorgung dieser Patienten sein. Inkontinenz ist ein sehr demütigender Zustand. Einige Patienten ziehen es vielleicht sogar vor, eine Lösung für ihre Inkontinenz zu finden, bevor sie von einem BCI zur motorischen Wiederherstellung profitieren.

CLIS-Patienten können auch die Fähigkeit verlieren, ihre Augen zu schließen. Eine einfache PNS kann eine geeignete Stimulation bieten, um das Schließen der Augenlider in regelmäßigen Abständen zu erzwingen und die Oberfläche der Augen feucht zu halten.

PNS sollte daher als ergänzende Unterstützung für Patienten in Betracht gezogen werden, die ein BCI implantiert bekommen. Die Koordinierung der Entwicklungsanstrengungen bei PNS und BCI und die Ermöglichung der Kommunikation zwischen den beiden Geräten können vielversprechende Wege sein, um das Leben von Patienten mit schweren neurologischen Erkrankungen zu verbessern.

7.3.5 Haptisch

Das Adjektiv haptisch [56] bezieht sich auf den Tastsinn und insbesondere auf die Wahrnehmung und Manipulation von Objekten mit Hilfe des Tastsinns und der Propriozeption [57].

Die Propriozeption, oft als sechster Sinn bezeichnet, ist eine wichtige Eigenschaft des Körpers. Sie ermöglicht die Wahrnehmung von Bewegung und Position. Propriozeptor-Neuronen, die über den gesamten Körper verteilt sind, reagieren auf mechanische Bewegungen. Diese Neuronen leiten Informationen an das zentrale Nervensystem weiter ergänzen andere sensorische Rezeptoren, wie das vestibuläre System und das Sehen. Das Zusammenwirken dieser verschiedenen natürlichen Sensoren führt zu einer Gesamtwahrnehmung der Körperbewegung und -position.

Das Sehen spielt eine wichtige Rolle bei der Steuerung unserer Bewegungen. Haptische Sensoren werden die visuelle Wahrnehmung ergänzen und erweitern.

Haptische Geräte sollen Amputierten helfen, einen gewissen Tastsinn wiederzuerlangen. Als PNS gehören haptische Geräte formal nicht zur Kategorie der BCI, sondern sollten als Ergänzung betrachtet werden, als ein Werkzeug zur indirekten Interaktion mit dem Gehirn.

Prothesen der oberen Gliedmaßen haben sich zu hochentwickelten Geräten entwickelt [58], die eine aktive Kontrolle der künstlichen Bewegungen durch den Patienten ermöglichen. Mehrere Gruppen machen rasche Fortschritte bei der Entwicklung fortschrittlicher motorisierter Prothesen. Die Aktivierung und Steuerung einer motorisierten Handprothese kann auf verschiedene Weise erreicht werden:

- Steuerung durch die gesunde Hand, entweder mit einem Joystick oder durch Bewegungssensoren, die an der gesunden Hand befestigt oder in einen Handschuh eingesetzt sind.
- Sprachsteuerung.
- Bewegungssensoren, die am Schachbrett oder am oberen Teil des amputierten Arms angebracht werden.
- EMG-Elektroden transdermal in die Muskeln des Oberarms eingeführt.
- Tans-Faszikel- oder Manschettenelektroden transdermal an den Nerven angebracht, die auf der Höhe der Amputation enden.
- EMG-Elektroden oder Nervenelektroden, die mit einem implantierten drahtlosen Gerät verbunden sind.
- Externes BCI, zum Beispiel EEG-Kappe.
- Implantiertes BCI mit Elektroden, die auf dem motorischen Kortexbereich der amputierten Gliedmaße platziert sind.

Alle oben genannten Steuerungen haben einen offenen Regelkreis, was bedeutet, dass die Bewegungen der verschiedenen Freiheitsgrade der Prothese nicht mit haptischen Sensoren verbunden sind und der „Tastsinn“ fehlt. Die Kräfte, die auf das von der Prothesenhand ergriffene Objekt ausgeübt werden, hängen nur von der Leistung der Aktuatoren ab. Wenn der Befehl zum Greifen an starke Motoren gesendet wird, kann das Objekt beschädigt werden. Eine erste Stufe der haptischen Rückmeldung besteht darin, Kraftsensoren an den Fingerspitzen der Prothese anzubringen, die automatisch eine Begrenzung der angewandten Kraft bewirken. Diese Sicherheitsfunktion schützt das Objekt vor Beschädigungen, gibt dem Patienten aber keine Kraftrückmeldung. Eine gewisse Rückmeldung an den Patienten kann durch Vibrationen, Ton, Licht oder Grafiken auf einem Bildschirm erfolgen.

Die zweite Ebene der Haptik besteht darin, dem Patienten durch Stimulation der Nerven eine direkte Rückmeldung zu geben. Mehrere Teams arbeiten daran, aber noch ist kein Produkt mit aktivem Nervenfeedback zugelassen.

Bei Patienten mit Rückenmarksverletzungen besteht das Ziel darin, das haptische Feedback durch Anbringen von Elektroden auf dem sensorischen Kortex direkt an das Gehirn zu senden. Ein solcher echter BCI Ansatz befindet sich noch in einer konzeptionellen Phase.

7.3.6 Vollständiges Locked-In-Syndrom (CLIS)

CLIS wurde bereits in Abschn. 3.4 erörtert. Bisher haben die begrenzten Erfolge zu einfachen Ja/Nein-Antworten geführt, die durch die Messung von Gehirnaktivitäten mit Hilfe schwerer Instrumente wie EEG, fMRI und NIR herausgefunden wurden. Diese Methoden sind für den Heimgebrauch zu einschränkend und erfordern die Anwesenheit von technischem Personal zur Unterstützung des Patienten.

Der Wechsel zu einer implantierten BCI soll dem Patienten und seiner Familie eine gewisse Autonomie bei der Nutzung ermöglichen. Der erste Schritt ist die Platzierung eines Utah-Arrays im Gehirn mit einer Kabelverbindung zu einem externen Dekodierungssystem, das z. B. mit einem Sprachgenerator verbunden ist. Die Hauptschwierigkeit liegt in der extremen Fragilität der CLIS-Patienten und in den Risiken eines invasiven Eingriffs.

Der nächste Schritt besteht darin, ein drahtloses BCI zu implantieren, das mit einem völlig autonomen System mit einfach zu bedienendem Decoder verbunden ist, das zu Hause bedient werden kann, sodass die Familie mit dem CLIS-Patienten in Kontakt treten kann. Patient. Es ist noch viel Arbeit nötig, um dieses hehre Ziel zu erreichen, aber es ist ein Hauptanreiz für die gesamte BCI-Gemeinschaft.

7.3.7 Andere

Auf dem Gebiet der fortschrittlichen neurologischen Geräte gibt es derzeit mehrere vielversprechende Initiativen in Verbindung mit BCI. Sie verdeutlichen das enorme Potenzial der neuen Technologien in diesem Bereich und ebnen den Weg für eine erfolgreiche Anwendung neuer Technologien zur Behandlung von Patienten mit schweren Gehirn- oder Wirbelsäulenerkrankungen.

7.3.7.1 Gezielte epidurale spinale Stimulation

Rückenmarksverletzungen (SCI) sind eine der Hauptursachen für Behinderungen, die zu Querschnittslähmung oder Tetraplegie führen. Etwa eine halbe Million Menschen sind heute an den Rollstuhl gefesselt, und jedes Jahr kommen mehr als 25.000 neue Fälle hinzu. Prof. Grégoire Courtine (siehe Abschn. 3.3.2 und Referenz [9] in Kap. 3) arbeitet seit 14 Jahren an Neurostimulationstherapien zur Behandlung von Personen mit SCI, mit dem Ziel, dass diese wieder gehen können [59–61]. Der Ansatz basiert auf optimierten Paddle-Elektroden, um gezielte Bereiche des Rückenmarks zu stimulieren, in Verbindung mit einem neuartigen implantierten elektronischen System mit präzisem Timing zur Einstellung der elektrischen Impulse, das über eine Fernbedienung und Sensoren in den Schuhen gesteuert wird (siehe Abb. 7.17). Das System wurde von GTX Medical [62] in den Niederlanden und der Schweiz entwickelt. Das Konzept der Gezielten Epiduralen Spinalen Stimulation (TESS) basiert auf Forschungsarbeiten von Prof. Courtine (EPFL) und Prof. Jocelyne Bloch [63] vom Centre Hospitalier Universitaire Vaudois (CHUV) in Lausanne, Schweiz.

Nach SCI ist die Kommunikation zwischen dem Gehirn und den Muskeln der Beine und Arme verloren oder stark eingeschränkt. Die Verletzung kann sich auch auf andere Körperfunktionen auswirken und z. B. Blase, Darm, Schlaf und Sexualorgane beeinträchtigen. Die von dem Team entwickelte Therapie besteht aus einer chirurgisch implantierten „paddle lead“, die im Bereich des Rückenmarks, die die Beinbewegungen kontrolliert, platziert ist. Die Elektroden und der Stimulator sind wie SCS-Systeme.

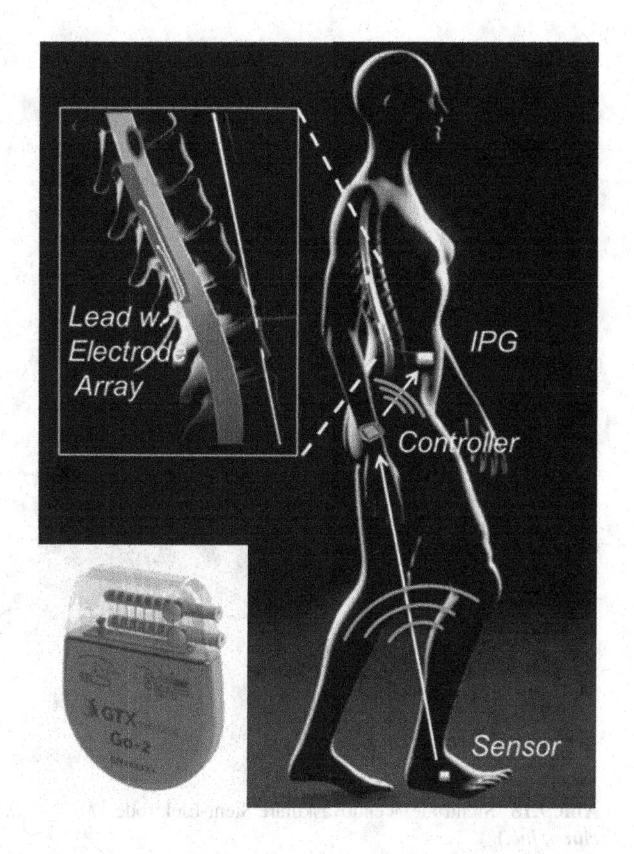

Abb. 7.17 Go-2, System zur gezielten epiduralen Spinalstimulation. (*Mit freundlicher Genehmigung von GTX Medical und Prof. Grégoire Courtine, EPFL*)

Die ersten klinischen Versuche haben vielversprechende Ergebnisse gezeigt, bei denen die Neurostimulation selbst bei Menschen mit vollständig gelähmten Beinen das Gehen ermöglicht. Die Therapie löst eine aktivitätsabhängige Plastizität und damit die Wiederherstellung der Gehfähigkeit aus, selbst wenn keine Stimulation erfolgt. Die Therapie kann außerhalb des Krankenhauses zur kontinuierlichen Verbesserung und zum Training eingesetzt werden.

Längerfristig wird angestrebt, den Rückenmarkstimulator drahtlos mit einem BCI zu verbinden, das die Gehabsichten des Patienten liest. Wie bei der Wiederherstellung der Bewegung der oberen Gliedmaßen durch ein kortikales BCI-System (siehe Abschn. 7.3.1) werden die künftigen TESS-Systeme den Patienten volle Kontrolle über ihre Beine ermöglichen.

7.3.7.2 Stentrode

Synchron [64] entwickelt ein originelles Konzept der Gehirnschnittstelle namens Stentrode™, das bereits in Abschn. 3.2.2 beschrieben wurde. Die Idee besteht darin, durch minimal-invasive chirurgische Technologien eine stentähnliche Elektrode (siehe Abb. 7.18) in die Blut-Hirn-Kanäle einzuführen. Die Elektroden sol-

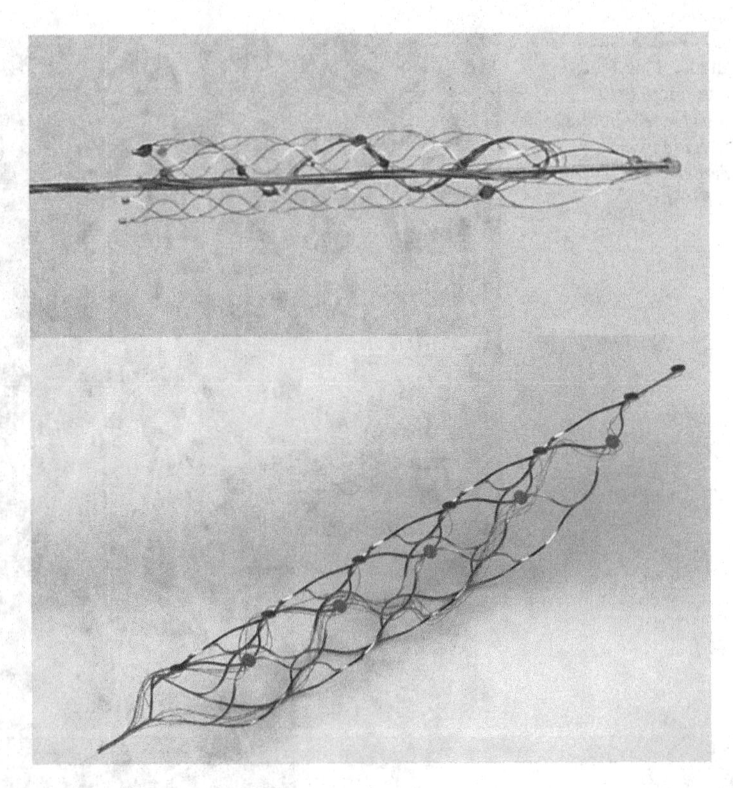

Abb. 7.18 Stentrode™ endovaskuläre Stent-Elektrode. (*Mit freundlicher Genehmigung von Synchron, Inc.*)

len Hirnsignale abgreifen, um die Diagnose und Behandlung einer Reihe von neurologischen Störungen zu unterstützen. Stentrode ist ein implantierter BCI, bei dem der Schädel nicht geöffnet werden muss, um die Elektroden zu platzieren [65]. Sie ist mit einem drahtlosen elektronischen Gerät verbunden, das in der Brustgegend platziert wird. Auf Systemebene bestehen die Schwierigkeiten darin, ein flexibles Kabel mit 16 Drähten in die Venen einzuführen. Von der pektoralen Position des kabellosen Implantats bis zur Stentrode verläuft das Kabel durch den sehr beweglichen Bereich des Halses und stößt auf die bereits in den Abschn. 2.2.4 und 3.4.2 beschriebenen Probleme der Flexibilität und Ermüdung für DBS-Systeme. Neben der Ermüdung durch die Bewegungen muss das Kabel auch den regelmäßigen Verschiebungen standhalten, die durch den Blutfluss und den Herzschlag verursacht werden. Für eine langfristige Implantation in die Blutbahnen hat die Herzschrittmacherindustrie gezeigt, dass die einzige zuverlässige Verdrahtung durch gewickelte Elektroden realisiert wird. 16 gewickelte Drähte nehmen viel zu viel Platz ein, um in den Hirnvenen platziert zu werden. Auch wenn noch viele technische Probleme zu lösen sind, ist das Konzept ein vielversprechender Weg für künftige BCI.

7.3.7.3 Implantierte FES

Implantierte Systeme zur Wiederherstellung der Bewegung von gelähmten Armen wurden bereits in den Abschn. 3.2.2 und 3.4.8 vorgestellt. Das Vernetzte Neuroprothetische System (NNP) (siehe Referenz [53], Kap. 3) ist ein ausgereiftes Projekt, das bereits die Zulassung erhalten hat. Es hat einzigartige Eigenschaften, die bereits beschrieben wurden. Heute wird das Implantat von einem externen System gesteuert, das die Stimulationsmuster sendet.

Der nächste Schritt ist die Steuerung des implantierten FES-Systems (siehe Abb. 7.19) über eine drahtlose RF-Verbindung mit einem externen Prozessor, den der Patient trägt (siehe Abb. 7.20). Der zweite Teil des Gesamtsystems besteht aus

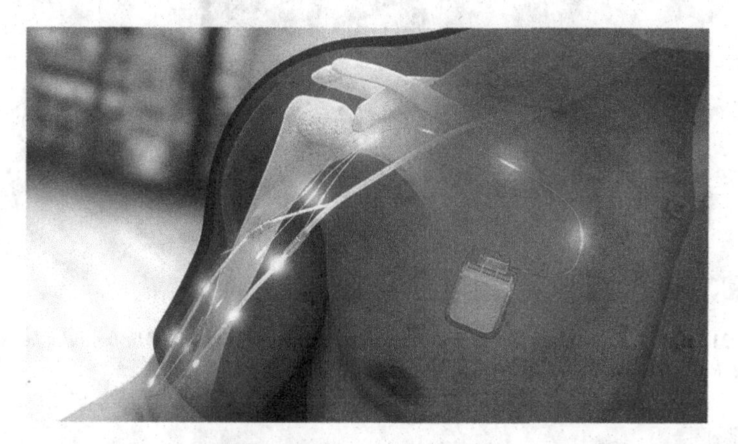

Abb. 7.19 Vollständig implantierbares drahtloses FES-System zur Stimulation den rechten Arm. (*Mit freundlicher Genehmigung des Wyss Center for Bio and Neuroengineering*)

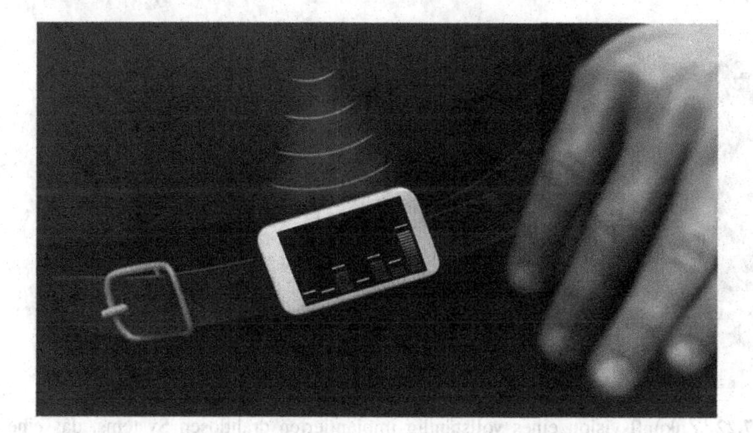

Abb. 7.20 Am Gürtel getragener Prozessor, der Informationen von einem drahtlosen BCI empfängt und Steuerungsmuster an ein implantiertes drahtloses FES sendet. (*Mit freundlicher Genehmigung des Wyss Center for Bio and Neuroengineering*)

einem drahtlosen BCI (siehe Abb. 7.21), das die Bewegungsintentionen liest und drahtlos an den Prozessor überträgt. Die Schwierigkeiten, zwei der komplexesten Systeme (siehe Abb. 7.22), die in diesem Buch beschrieben werden, zusammenzuführen, sind beträchtlich, und die Herausforderung wird erst in vielen Jahren, wahrscheinlich mindestens in einem Jahrzehnt, bewältigt werden.

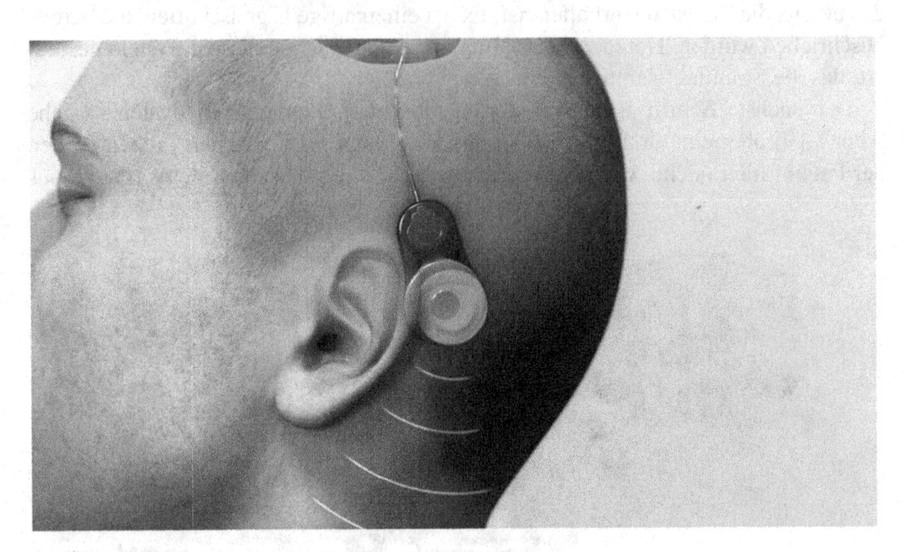

Abb. 7.21 Kortikaler Funk BCI – Erfassung von Bewegungsabsichten. (*Mit freundlicher Genehmigung des Wyss Center for Bio and Neuroengineering*)

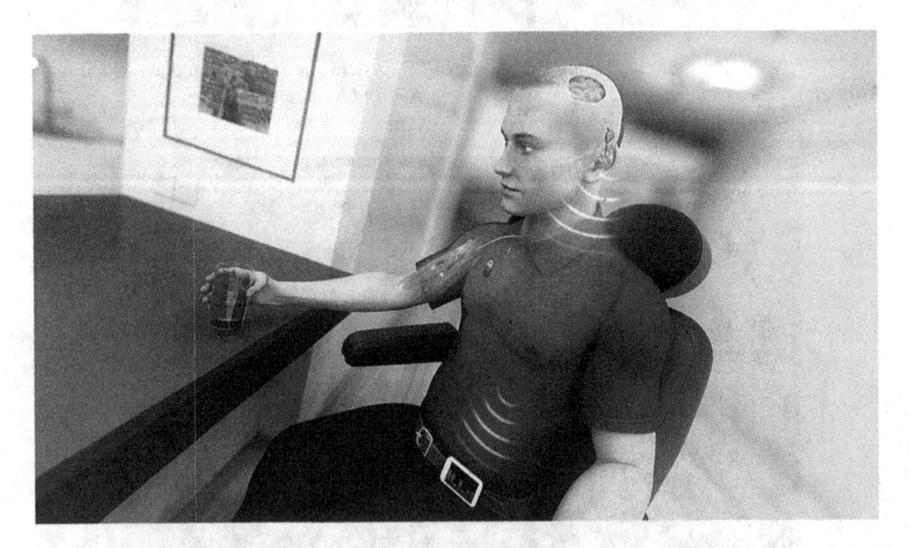

Abb. 7.22 Zukunftsvision eines vollständig implantierten drahtlosen Systems, das eine FES-Aktivierung einer gelähmten Gliedmaße mit einer kortikalen Sensorik-BCI mit einem externen, tragbaren Prozessor verbindet. (*Mit freundlicher Genehmigung des Wyss Center for Bio and Neuroengineering*)

7.4 Trends

Miniaturisierung und Energiereduzierung werden die Entwicklungstendenzen künftiger BCIs vorantreiben. In den vorangegangenen Kapiteln wurden die technischen Barrieren und Grenzen der derzeitigen Geräte beschrieben und aufgezeigt, wo wesentliche Fortschritte erforderlich sind.

Nicht alle Bereiche der Wissenschaft und Technik entwickeln sich mit der gleichen Geschwindigkeit. Seit den Anfängen der AIMDs kamen die wichtigsten Verbesserungen aus der Elektronik. Wir fügen unseren Implantaten mehr und mehr elektronische Funktionen und Möglichkeiten hinzu, aber bei der Energie, den mechanischen Aspekten und der Materialwissenschaft gibt es kaum Fortschritte. Nach den obigen Diskussionen wissen wir jetzt, dass eine große Lücke klafft zwischen dem, was neue Elektronik zur Verbesserung der Gesundheit beitragen kann, und unseren Möglichkeiten, diese Implantate so zu verpacken und zu verbinden, dass sie lange im Körper verbleiben können. Wir hätten gerne mehr Kanäle, aber wir wissen nicht, wie wir die Verbindungen herstellen sollen. Wir würden gerne große Datenmengen übertragen, aber die HF-Wellen werden im Körper absorbiert. Wir würden gerne leistungsstarke Prozessoren implantieren, aber das wird zu heiß.

Es ist an der Zeit, dass die Industrie ihre Forschungs- und Entwicklungsanstrengungen auf Lösungen konzentriert, um diese Lücken zu schließen. Es macht keinen Sinn, eine leistungsfähigere Elektronik zu haben, wenn wir das Gerät am Ende nicht implantieren können. Der Erfolg künftiger BCI sollte an ihrer Fähigkeit gemessen werden, die Gesundheit zu verbessern. Dieser Bereich ist nicht nur durch einen elektronischen Technologiewettlauf gekennzeichnet. Wir sollten ein schrittweises Vorgehen bevorzugen. Ein gutes Beispiel ist FES für die Aktivierung des Arms. Zunächst wurden einige Ergebnisse mit der transdermalen elektrischen Stimulation erzielt. Dann wurden perkutane Elektroden in die Muskeln eingeführt. Nun kann die vernetzte Neuroprothese, wie in Kap. 3 beschrieben, in einem verkabelten, vollständig implantierten System Nerven und Muskeln stimulieren, Sensoren hinzufügen. Natürlich ist die Operation langwierig und komplex, aber die Therapie erfüllt das Ziel der Wiederherstellung von Bewegungen. Das Team hat nicht den Fehler gemacht, sofort auf eine drahtlose Kommunikation zwischen Master und Satelliten zu wechseln, was fünf weitere Jahre der Entwicklung und eine viel größere Wahrscheinlichkeit des Scheiterns bedeutet hätte. Ich denke, wir sehen jetzt einen Trend zu gezielten Projekten mit bescheideneren Zielen, die aber eine Chance bieten, Patienten zu erreichen.

Ein weiterer interessanter Trend ist die offenere Haltung der FDA gegenüber komplexen Projekten, die sich mit schweren Erkrankungen befassen. Diese neue Denkweise ist besonders gut für künftige BCI geeignet.

In der Vergangenheit wurde die Entwicklung von AIMDs hauptsächlich von der Industrie vorangetrieben. Heute führt die Komplexität der BCI zu einer Verlagerung der Entwicklungsleitung auf die Wissenschaft, philanthropische Stiftungen und große Konsortien, die durch nationale und internationale Zuschüsse unterstützt werden. Ich denke, dass sich dieser Trend fortsetzen wird und dass Entwicklungsgruppen ihre Ressourcen bündeln und auf ein gemeinsames Ziel hinarbeiten werden.

7.4.1 „Alles in einem“: Gehirn-Taste

In den letzten 15–20 Jahren gab es viele Präsentationen, Papiere und Patente mit der Idee, die Elektronik und die HF auf der Rückseite eines Mikroelektroden-Arrays zu stapeln. Die Idee ist attraktiv, da sie Kabel und Steckverbinder, die „Achillesferse“ von Implantaten, überflüssig macht. Der sogenannte Brain-Knopf, ein autonomes, drahtloses, batterieloses, mehrkanaliges, miniaturisiertes kortikales Interface, hat sich bisher aus folgenden Gründen nicht auf dem Markt durchgesetzt:

- *Größe*: Das Stapeln von Elementen auf der Rückseite einer MEA führt zu einem dicken Gerät, das keinen Platz zwischen dem Kortex und der Innenwand des Schädels findet.
- *Befestigung an der Kortikalis*: Ein zu großes und schweres Gerät kann nicht befestigt werden.
- *Eindringen von Feuchtigkeit*: Ein Gehirn-Knopf kann aufgrund der Anzahl der Kanäle und des Fehlens von Miniatur-FTs nicht in Titan eingekapselt werden. Ein einfacher Verguss schützt die Elektronik nicht für eine Langzeitimplantation.
- *Energie*: Eine Spule mit kleinem Durchmesser auf dem Gehirn-Knopf kann nicht genug Energie für den Betrieb der Elektronik auffangen.
- *Kommunikation*: ist über eine Miniaturantenne auf dem Gehirn schwierig.

Einige ASICs wurden sogar mit der gleichen Grundfläche wie das Utah-Array entwickelt, mit dem ehrgeizigen Ziel, als Flip-Chip direkt auf der Rückseite der Elektroden gestapelt zu werden. Ohne eine angemessene hermetische Verkapselung wird der Chipstapel durch das Eindringen von Feuchtigkeit ausfallen. Es war noch zu früh, um ein solches Integrationsniveau zu erreichen. Mehrere Gruppen haben den gleichen Fehler gemacht und sehr dichte integrierte Elektronik entwickelt, ohne das Problem des Eindringens von Feuchtigkeit gelöst zu haben.

Das Konzept des Gehirn-Knopfes wird wahrscheinlich durch das Erreichen der Reife einiger der in diesem Buch beschriebenen Technologien verjüngt werden:

- Nahezu hermetische Verkapselung wie Coat-X oder ALD (siehe Abschn. 4.9.6).
- Gehackte Späne (siehe Abschn. 4.9.6).
- CerMet High-Density-FTs (siehe Abschn. 7.2.4).
- Optische Kommunikation (siehe Abschn. 7.2.6).

Es ist wahrscheinlich, dass ein winziger Gehirn-Knopf, der alle oben genannten Aspekte vereint, Realität werden kann, wenn er in einem Projekt entwickelt wird, das den Empfehlungen dieses Buches über den Aufbau der BCI der Zukunft berücksichtigt.

7.4.2 Bioelektronik

Ungeschützte CMOS-Chips lösen sich langsam in CSF und anderen Körper Körperflüssigkeiten auf. Herkömmliche Chips sind im menschlichen Körper nicht dauerhaft beständig. Dies ist einer der Gründe, warum Elektronik derzeit in hermetischen Gehäusen gekapselt wird, mit all den Schwierigkeiten, die weiter oben in diesem Buch beschrieben wurden.

Für die Zukunft wird das Aufkommen neuer Halbleitermaterialien erwartet, die biokompatibel und biostabil sind. Bioelektronik [66] ist allgemein definiert als die Ausweitung der Prinzipien der Elektrotechnik und Elektronik auf Biologie, Medizin, Verhalten oder Gesundheit. Zu diesem breiten Spektrum gehören auch die biomolekulare Physik, die bioinspirierte Elektronik und andere allgemeine Konzepte.

In diesem Kapitel beschränken wir die Bioelektronik auf einen sehr engen Bereich. Organische Materialien enthalten Kohlenstoff und Kohlenstoffketten, die mit anderen Atomen verbunden sind. Einige leitfähige Polymere werden bereits in aktiven Implantaten verwendet, insbesondere zur Verbesserung der Kontaktimpedanz von Elektroden. Einige weitere Arbeiten wurden in Richtung organischer Halbleiter durchgeführt, die heute hauptsächlich in Flachbildschirmen Anwendung finden.

Wenn es gelingt, organische Halbleiter biokompatibel und biostabil zu machen, könnten wir uns vorstellen, elektronische Schaltungen direkt auf flexible Elektroden zu drucken. Für BCI-Anwendungen wird dies eine breite Palette von Verbesserungen ermöglichen, z. B. die Möglichkeit, Vorverstärker oder Multiplexer direkt auf die Elektroden zu drucken, was zu einem besseren Signal-Rausch-Verhältnis und einer Verringerung der Anzahl von Drähten und Verbindungen zur Haupt- und herkömmlichen Elektronik führt. Eine sehr hohe Anzahl von Kanälen (mehr als ein paar Hundert) kann nicht mit einem Kabel für jeden Kanal entworfen werden. Eine gewisse Vorverstärkung und Multiplexing-Fähigkeit muss auf der Ebene der Körperschnittstelle eingeführt werden. Der Anschluss vieler Multiplex-Kanäle auf einer angemessenen Anzahl von Drähten oder Leiterbahnen wird die Landschaft komplexer BCIs verändern.

Die Forschung zu biokompatiblen organischen Halbleitern schreitet rasch voran. Langfristige Biostabilität wurde noch nicht nachgewiesen. Die Validierung solcher Technologien für Geräte für den menschlichen Gebrauch und insbesondere für BCI wird noch viel Zeit in Anspruch nehmen, aber der Trend ist unbestreitbar.

7.4.3 Vernetzte Implantate

Wir haben gesehen, dass Kabel und Anschlüsse zu den wichtigsten technologischen Hindernissen für die Entwicklung von BCI gehören. Daher arbeiten mehrere Labors [67, 68] an dem Konzept vieler winziger Implantate im Gehirn, die über ein lokales drahtloses Netz miteinander und mit der Außenwelt kommunizieren. Ehrgeizige Initiativen wie Neural Dust [69] von der Defense Advanced Research Projects

Agency (DARPA) und Neurograin [70] von der Brown University haben in den letzten Jahren für Aufmerksamkeit gesorgt. Im Jahr 2017 startete die DARPA außerdem das Programm Neural Engineering System Design (NESD), mit dem Ziel der Kommunikation mit einer Million unabhängiger Neuronen. All diese Initiativen haben Ziele, die weit über realistische translationale Anwendungen hinausgehen. Unbefriedigte medizinische Bedürfnisse und eine angemessene Zeit bis zur Marktreife sind nicht Teil dieser Forschungsprojekte. Der Zweck dieses Buches entspricht daher nicht den Ambitionen dieser Programme. Kein BCI für den menschlichen Gebrauch wird innerhalb des nächsten Jahrzehnts aus dieser fortgeschrittenen Forschung hervorgehen. Diese Projekte gehen zu weit und tragen nicht viel zur Verbesserung der Situation von Menschen mit neurologischen Störungen bei. Ich wäre versucht, sie als „Träumer" einzustufen, die im nächsten Kapitel behandelt werden. Nichtsdestotrotz sind die Überlegungen über die Notwendigkeit, die Schnittstellen mit den Neuronen drahtlos über das Gehirn zu verteilen, wertvoll und zeigen sicherlich einen Trend für künftige BCIs auf.

Um auf die pragmatische Sichtweise zurückzukommen: Wir haben gesehen, dass das reale Leben innerhalb des menschlichen Körpers ernsthafte Hindernisse in Bezug auf die verfügbare Energie und die Kommunikation darstellt. Vernetzte Implantate sind noch Teil der sehr langfristigen Zukunft.

Literatur

1. https://en.wikipedia.org/wiki/Big_data
2. https://en.wikipedia.org/wiki/Artificial_intelligence
3. https://en.wikipedia.org/wiki/Machine_learning
4. https://en.wikipedia.org/wiki/Wireless
5. https://en.wikipedia.org/wiki/Internet_of_things
6. https://www.quora.com/What-is-the-difference-between-IoE-and-the-Internet-of-Things-IoT
7. https://en.wikipedia.org/wiki/Machine_to_machine
8. https://en.wikipedia.org/wiki/Wireless_power_transfer
9. Agarwal K et al (2017) Wireless power transfer strategies for implantable bioelectronics: methodological review. IEEE Rev Biomed Eng 10:136–161
10. https://en.wikipedia.org/wiki/Specific_absorption_rate
11. https://en.wikipedia.org/wiki/Litz_wire
12. https://en.wikipedia.org/wiki/Resonant_inductive_coupling
13. Lee J et al (2016) A review on wireless powering schemes for implantable microsystems in neural engineering applications. Biomed Eng Lett 6:205–215
14. Priya S, Inman DJ (Hrsg) (2009) Energy harvesting technologies. Springer. isbn:978-0-387-76463-4. http://preview.kingborn.net/942000/8fef646fa5ec49b58fb65a13fd39d404.pdf
15. Hannan M et al (2014) Energy harvesting for the implantable biomedical devices: issues and challenges. Biomed Eng Online 13:79. https://biomedical-engineering-online.biomedcentral.com/articles/10.1186/1475-925X-13-79
16. Enescu D (2019) Thermoelectric energy harvesting: basic principles and applications. Open access peer-reviewed chapter, published 21 Jan 2019. https://doi.org/10.5772/interchopen.83495
17. https://en.wikipedia.org/wiki/Thermoelectric_generator
18. Tsai J-Y et al (2011) Ultrasonic wireless power and data communication for neural stimulation. In: 2011 IEEE international ultrasonics symposium, Orlando, USA, 18–21 Oct 2011

19. https://en.wikipedia.org/wiki/Wire_bonding
20. https://en.wikipedia.org/wiki/Flip_chip
21. https://en.wikipedia.org/wiki/Ball_grid_array
22. https://en.wikipedia.org/wiki/Three-dimensional_integrated_circuit
23. https://en.wikipedia.org/wiki/FR-4
24. https://en.wikipedia.org/wiki/Moore%27s_law
25. https://www.mst.com/dyconex/
26. https://www.mst.com/dyconex/products/lcp/index.html
27. Bagen S et al (2015) Liquid crystal polymer substrates to enable advanced RF and medical applications. IMAPS, New England 42nd symposium & expo. http://www.imapsne.net/2015%20 presentations/F/F3.pdf
28. Bagen S et al (2016) Electronics packaging methods and material for implantable medical devices. IMAPS, New England 43nd symposium & expo. http://www.imapsne.org/virtual-CDs/2016/2016%20Presentations/E/E5.pdf
29. https://www.dictionary.com
30. https://www.heraeus.com/en/hmc/heraeus_medical_components/home_medical_components.aspx
31. https://www.heraeus.com/en/group/home/home.aspx
32. https://www.heraeus.com/en/group/technology_report_online/articles/tr_2016/03_CerMet_Tech.aspx
33. https://en.wikipedia.org/wiki/Co-fired_ceramic
34. Bafar VM, Schmid A (2013) Wireless cortical implantable systems. Springer Nature Switzerland. ISBN 978-1-4614-6701-4
35. Focused Ultrasound for Peripheral Neuromodulation 2018 Research Newsletter, EPFL, STI, CNP, TNE. https://tne.epfl.ch/page-76740-en-html/page-154687-en-html/
36. Formenko A et al (2018) Low-intensity ultrasound neuromodulation: An overview of mechanisms and emerging human applications. Brain Stimulation 11(6):1209–1217. Elsevier, https://www.sciencedirect.com/science/article/pii/S1935861X18302961
37. Legon W et al (2018) Transcranial focused ultrasound neuromodulation of the human primary motor cortex. Sci Rep 8:10007. Nature, https://www.nature.com/articles/s41598-018-28320-1
38. Kubanek J (2018) Neuromodulation with transcranial focused ultrasound. Neurosurg Focus 44(2):E14
39. Laqua D et al (2014) Ultrasound communication for intelligent implants. Biomedizinische Technik/Biomed Eng (59):1, 727–730. https://www.researchgate.net/publication/267324432_Ultrasound_communication_for_intelligent_implants
40. Wang M et al (2017) Exploiting spatial degrees of freedom for high data rate ultrasound communication with implantable devices. https://arxiv.org/ftp/arxiv/papers/1702/1702.05154.pdf
41. https://www.wysscenter.ch/
42. https://blackrockmicro.com/wp-content/uploads/2016/08/LB-0805-1.00-CerePlex-W-IFU.pdf
43. https://www.wysscenter.ch/project/thought-controlled-arm-to-help-people-with-paralysis-reach-and-grasp/
44. http://en.eu.livanova.cyberonics.com/healthcare-professionals/vns-education
45. https://livanova.com/en-US/Home/Products-Therapies/Neuromodulation/Healthcare-Professionals.aspx
46. https://neurocenter-unige.ch/research-groups/anne-lise-giraud/
47. Baud M et al (2018) Multi-day rhythms modulate seizure risk in epilepsy. Nat Commun 9:88
48. https://www.wysscenter.ch/project/epilepsy-monitoring-seizure-forecasts/
49. http://www.bionicsinstitute.org/new-approach-epilepsy-diagnosis/
50. https://en.wikipedia.org/wiki/Dyslexia
51. https://neurocenter-unige.ch/research-groups/#filters=&search=
52. https://www.wysscenter.ch/project/brain-stimulation-to-help-people-with-dyslexia/
53. https://en.wikipedia.org/wiki/Neurofeedback
54. https://en.wikipedia.org/wiki/Tinnitus

55. Haller S et al (2009) Real-time fMRI feedback training may improve chronic tinnitus. Eur Radiol 20(3):676–703
56. https://en.wikipedia.org/wiki/Haptics
57. https://en.wikipedia.org/wiki/Proprioception
58. https://en.wikipedia.org/wiki/Prosthesis
59. Wagner F et al (2018) Target neurotechnology restores walking in humans with spinal cord injury. Nature 563:65–71
60. Formento E et al (2018) Electrical spinal cord stimulation must preserve proprioception to enable locomotion in humans with spinal cord injury. Nat Neurosci 21:1728–1741
61. Capogrosso M et al (2018) Configuration of electrical spinal cord stimulation through real-time processing of gait kinematics. Nature Protocols, Springer Nature Experiments 13(9)
62. https://www.gtxmedical.com/about-us/
63. https://en.wikipedia.org/wiki/Jocelyne_Bloch
64. https://www.synchronmed.com/
65. Opie N et al (2018) Focal stimulation of the sheep motor cortex with a chronically implanted minimally invasive electrode array mounted on an endovascular stent. Nat Biomed Eng 2:907–914
66. https://en.wikipedia.org/wiki/Bioelectronics
67. Lee J et al (2019) An implantable wireless network of distributed microscale sensors for neural applications. Accepted for IEEE EMBS conference on Neural Engineering, 20–23 Mar 2019, S 871–874
68. Laiwalla F et al (2019) A distributed wireless network of implantable sub-mm cortical micro-stimulators for brain-computer interfaces, accepted for IEEE EMBS conference on Neural Engineering, 20–23 Mar 2019
69. https://www.darpa.mil/news-events/2016-08-03
70. https://news.brown.edu/articles/2017/07/neurograins

Kapitel 8
Träumer

8.1 Die Schnittstelle zum Gehirn

Wir haben bereits gesehen, dass es unser Hauptziel ist, eine Schnittstelle mit unserem Gehirn zu finden, um verlorene Funktionen wiederherzustellen. Dies ist in vielerlei Hinsicht eine technische Herausforderung. Das Gehirn ist eine so große Informationsquelle, dass selbst ein winziger Teil des Informationsreichtums dieses gewaltigen Netzwerks ausreicht, um Großes zu leisten. Lohnt es sich zu versuchen, die von unseren Neuronennetzen ausgesandten Signale zu extrahieren? Können wir wirklich eine Schnittstelle zum Gehirn herstellen? Die Antwort lautet eindeutig „Ja". Einige wertvolle Experimente und sogar einige bestätigte Erfolge, wie die in den vorangegangenen Kapiteln beschriebenen, motivieren uns, weiterzumachen und uns weiterzuentwickeln.

Wie in Abschn. 1.4.3 kurz dargestellt, träumen die Menschen davon, viel mehr zu erreichen als die bescheidenen Errungenschaften, die wir bisher erreicht haben. Pioniere und Macher haben ihre Arbeit auf die Behandlung von Krankheiten wie Lähmungen, Epilepsie, Blindheit oder Taubheit gerichtet. Wir haben gezeigt, dass wir wunderbare Dinge tun können, indem wir Elektroden in den Kopf von leidenden Patienten einsetzen. Eine neue Generation von Wissenschaftlern erwägt, weit über einfache therapeutische oder diagnostische Anwendungen hinauszugehen. Sie wollen das Feld der BCI für nichttherapeutische Zwecke nutzen, um Informationen für andere Ziele zu gewinnen, unser Gehirn mit Maschinen und künstlicher Intelligenz zu verknüpfen und unsere natürlichen Leistungen mit Hilfe von Technologien zu nutzen. Wir alle wissen, dass das derzeitige BCI-System erweitert und für nichttherapeutische Anwendungen eingesetzt werden kann. Angesichts der großen Schwierigkeiten, die wir bei gelähmten Patienten mit der Wiederherstellung einiger bescheidener Bewegungsfähigkeiten haben, können wir uns fragen, ob es sinnvoll ist, über medizinische Ziele hinauszugehen. Sollten wir nicht zuerst versuchen, den Patienten in Not besser zu helfen?

C. Clément, *Gehirn-Computer-Schnittstellen-Technologien*,
https://doi.org/10.1007/978-3-031-23815-4_8

Träumer sind Menschen, die glauben, dass wir einen Sprung nach vorn machen und viel mehr erreichen können. Ich sehe zwei Kategorien von Träumern:

- *Träumer aus dem medizinischen Bereich*: Ihre Projekte haben die gleichen Ziele wie die in diesem Buch beschriebenen BCIs. Sie wollen verlorene Funktionen wiederherstellen, rehabilitieren und neurologische Störungen heilen. Im Gegensatz zum „vernünftigen" Ansatz echter translationaler Entwickler, die eine Herausforderung nach der anderen angehen, wollen die Träumer einen Riesenschritt auf einmal machen. Ein Beispiel wurde in Abschn. 7.4.3 behandelt, wo wir Vorschläge zur Verbreitung von Tausenden winziger elektronischer Partikel gesehen haben, die in einem RF-Netzwerk kommunizieren. Das Konzept ist aufregend, aber die Ziele sind innerhalb eines normalen Projektzeitraums, sagen wir 10 Jahre, nicht zu erreichen. Das ist der Grund, warum ich sie als Träumer bezeichne. Sie können keine Antworten auf grundlegende Fragen geben. Beim Beispiel der winzigen Körnchen weiß niemand, wie man sie in das Gewebe einbringt, wie man sie später explantiert, wie man sie befestigt, damit sie nicht wandern, und wie man verhindert, dass die Körnchen das Gehirn im Falle einer starken Beschleunigung wie bei einem Autounfall beschädigen. Träumer leugnen manchmal auch die Gesetze der Physik. Im Falle der winzigen Körnchen würde ihre Erregung durch Mikrowellen das Gewebe weit über das zulässige Maß hinaus erhitzen. Viele dieser Probleme sind unüberwindbar. Wenn man weiß, dass es keine Lösungen gibt, kann man sich sogar fragen, warum die Träumer an solchen Projekten festhalten. Es mag um des wissenschaftlichen Fortschritts willen sein, aber für die Verbesserung der menschlichen Gesundheit ist es nicht zu rechtfertigen. Das NESD-Programm (siehe Abschn. 7.4.3), das auf eine Million unabhängiger Verbindungen im Gehirn innerhalb von vier Jahren abzielt, ist im Hinblick auf die menschliche Gesundheit unrealistisch. Langfristig mag es neue Ideen fördern, aber ist es eine sinnvolle Verwendung von Steuergeldern?
- *Träumer in nichtmedizinischen Anwendungen*: Ihre Ziele sind weniger edel als die der anderen, oben beschriebenen Gruppe. Sie wollen die BCI-Technologie für trivialere Anwendungen nutzen, etwa die Gehirn-zu-Gehirn-Kommunikation, die Steuerung von Maschinen oder Fahrzeugen direkt vom Gehirn aus, die Verschmelzung von künstlicher und natürlicher Intelligenz oder die Erweiterung unserer Fähigkeiten. Berühmte, wohlhabende Unternehmer investieren enorme Geldsummen in diese Richtung. Sie engagieren sogar Scharen von Neurowissenschaftlern, um ihre Träume zu verwirklichen. Es gibt einige Gründe, warum ich sie als Träumer bezeichne:

  - Neurowissenschaftler sind daran beteiligt, aber nur wenige erfahrene Technologen haben einen Realitätscheck.
  - Diese Gruppen ignorieren in der Regel die natürlichen Grenzen des menschlichen Körpers.
  - Die Gesetze der Physik sind nicht vollständig verstanden, insbesondere was Energie und Wellenausbreitung betrifft.

- Die chirurgischen Eingriffe, mit denen diese nichtmedizinischen Geräte in den Kopf von Menschen eingesetzt werden, sind mit hohen Risiken verbunden.
- Die Kosten für die Entwicklung und Herstellung von BCI-Systemen werden grob unterschätzt.
- Auch wenn die Anwendung nicht medizinisch ist, müssen in Bezug auf Implantate die Sicherheitsvorschriften der Gesundheitsbehörden eingehalten werden.

Sind Sie bereit, sich einer vollständigen Kraniotomie zu unterziehen, mit den damit verbundenen ernsten klinischen Risiken, einer langen Genesungszeit und sichtbaren Narben, bereit, die enormen Kosten selbst zu tragen und in der Lage zu sein, direkt vom Gehirn aus mit dem Auto zu fahren?

Ich bin nicht für die Initiativen der Träumer. Selbst wenn die jungen erfolgreichen Unternehmer aus eigener Tasche zahlen, nehmen sie dem medizinischen Bereich wertvolle Ressourcen weg, insbesondere Wissenschaftler und Ingenieure. Ist es akzeptabel, einen Operationssaal, ein Operationsteam und Krankenhauszeit zu buchen, um einem Menschen ein nichtmedizinisches Implantat in den Kopf zu setzen? Nein! Vor allem dann nicht, wenn die medizinischen Ressourcen sehr gefragt sind.

8.2 Reparierter Mann

Seit den Anfängen der Verwendung von Implantaten, zunächst im Knochen-, Zahn- und Gefäßbereich und später auch aktiver Implantate, sprechen wir vom „reparierten Menschen". Die überwiegende Mehrheit der Implantate wird in den Körper eingesetzt, um ihn nach einem Unfall zu reparieren (z. B. eine Knochenplatte zur Verbindung von Segmenten eines gebrochenen Beins), um eine sich langsam entwickelnde Beeinträchtigung zu korrigieren (z. B. die Öffnung einer verengten Koronararterie mit einem Stent) oder um Symptome zu blockieren (wie DBS bei der Parkinson'schen Krankheit).

Eine neuere Entwicklung steht im Zusammenhang mit der Verbesserung der Lebensqualität. Streng genommen reparieren aktive Geräte, die den Patienten ein besseres Leben ermöglichen, nicht die Menschen. Sie können eingesetzt werden, um Degeneration zu verhindern, altersbedingte Leistungseinbußen zu kompensieren oder chronische Schmerzen zu lindern. Ein weithin bekanntes Beispiel sind Herzschrittmacher, die Patienten implantiert werden, die an altersbedingter Bradykardie leiden. Ihr Leben ist nicht in Gefahr, und ihr Herz funktioniert einwandfrei, aber es ist nicht mehr in der Lage, so schnell zu schlagen wie in jungen Jahren. Mit ihren frequenzabhängigen Schrittmachern werden sie sich wieder wie 20-Jährige fühlen. Ist das eine Wiedergutmachung, eine Vorbeugung oder ein Trost?

Normalerweise haben die Patienten nur ein oder zwei Implantate (Zahnimplantate und Knochenreparaturen nicht mitgerechnet). Vom bionischen Menschen, einem Menschen, bei dem die meisten Körperteile und Organe durch Implantate ersetzt sind, sind wir noch sehr weit entfernt. Bereits 1973 wurde in der Science-Fiction-Fernsehsendung „The Six Million Dollar Man" [1] ein übernatürlicher bionischer Mensch vorgestellt. Einige Träumer glauben an das Konzept eines bionischen Menschen oder Cyborgs [2]. Es ist eine Illusion zu glauben, dass wir unser Leben wesentlich verlängern können, indem wir nach und nach alle veralteten Teile unseres Körpers ersetzen. Diese Art von künstlichem Leben werden wir wahrscheinlich nicht wollen. Unsere Sozialversicherungssysteme werden die Kosten für den bionischen Menschen ohnehin nicht tragen. Vielleicht werden einige wenige wohlhabende Menschen von einer bionischen Lebensverlängerung angelockt, aber sie bleiben Träumer.

8.3 Erweiterter Mensch

Die Grenze zwischen Therapie oder Reparatur und Augmentation ist oft unscharf. Wir alle kennen die Fälle von Amputierten, die mit Hilfe spezieller Prothesen schneller laufen konnten als echte Sportler. In ihrem Fall war das erste Ziel die Wiederherstellung. Die Tatsache, dass die Technologien es ihnen ermöglichen, über die Reparatur hinauszugehen und übermenschliche Leistungen zu erzielen, ist vielleicht kein großes Problem. Man kann dies sogar als Rache für das Unglück sehen. Es handelt sich in jedem Fall um eine Steigerung und muss bestmöglich kontrolliert werden. Die Regulierungsbehörden haben noch keine Leitlinien und Empfehlungen für die menschliche Augmentation festgelegt. Es wird schwierig sein, zwischen der Augmentation als Nebeneffekt der Wiedergutmachung und der absichtlich vorgenommenen Augmentation zu unterscheiden.

Nehmen Sie das Beispiel von BCI für die Wiederherstellung von Bewegungen. Wir haben bei der frühen BCI-Arbeit mit Patienten, die einen Cursor auf einem Bildschirm bewegten, gesehen, dass sie in der Lage waren, schneller auf die „virtuelle Maus" zu klicken, als wir es mit unserem Finger können. Der Gehirn-Befehl zum Klicken wird vom BCI direkt an der Hirnrinde abgegriffen, wodurch die Zeitverzögerung bei der Ausbreitung des Signals über die Nerven umgangen wird. Sind die paar Dutzend Millisekunden zu Gunsten des gelähmten PatientenAugmentation? Sicherlich nicht.

Eine weitere Illustration für die Unschärfe der Grenze zwischen Reparation und Augmentation ist die Geschichte von Neil Harbisson [3], der sich als Cyborg und Trans-Species-Aktivist präsentiert. Da er von Geburt an farbenblind ist und nur Schwarz und Weiß sehen kann, beschloss er, ein Gerät zu entwickeln, das ihm eine gewisse Farbwahrnehmung ermöglichen würde. Seine Idee war es, das Lichtspektrum in ein Tonspektrum umzuwandeln. Eine bestimmte Farbe entspricht einer Hörfrequenz. Eine Fotodiode erkennt die vorherrschende Farbe der Umgebung, und eine spezielle Elektronik wandelt sie in den entsprechenden Ton um, der über ein im Knochen verankertes Hörgerät (BAHA) an den Schädel übertragen wird [4]. Ein BAHA ist ein perkutanes Vibrationssystem, das am Schädelknochen befestigt wird. Die Schwingungen breiten sich entlang des Schädels aus und erreichen das Innenohr, wo sie auf die Flüssigkeit der Cochlea übertragen werden und eine Schallwahrnehmung hervorrufen. BAHA sind kommerziell erhältliche Geräte [5] zur Behandlung bestimmter Formen von Taubheit. Im Falle von Neil wurde das Gerät so modifiziert, dass es nicht die von einem Mikrofon aufgenommenen Töne, sondern die Übersetzung des sichtbaren Spektrums überträgt.

Neil hat die Vielfalt der von unserer Netzhaut wahrgenommenen Farben nicht wiederhergestellt. Die einzelne Fotodiode nimmt nur die dominante Farbe auf. Aber Neil wollte die Erfahrung noch weiter treiben und das wahrgenommene Lichtspektrum über den sichtbaren Bereich hinaus erweitern, indem er ultraviolettes Licht und Infrarotlicht hinzufügte. Seine etwas provokante Idee war es, das zu „sehen", was manche Insekten oder Tiere können, was aber für den Menschen unsichtbar bleibt. Dies ist sein artenübergreifender Ansatz. Es war auch seine Art, sich an Mutter Natur zu rächen, die ihm das Farbsehen vorenthielt. Er trieb die Analogie zu Insekten sogar noch weiter, indem er sein Gerät als eine Art Antenne auf seinem Kopf entwarf.

Auch wenn es sich bei dem Gerät um einen Einzelfall handelt, der nicht für andere Personen als ihn selbst bestimmt ist, wollte Neil eine gewisse Anerkennung für seine Initiative und bat um die Genehmigung einer Ethik-Kommission. Die Genehmigung wurde wegen der Erweiterung des Lichtspektrums auf für uns unsichtbares Licht verweigert. Der Trick wurde als Augmentation eingestuft. Hätte er das Gerät auf die Übersetzung des sichtbaren Spektrums beschränkt, wäre es von der Ethik-Kommission mit Sicherheit akzeptiert worden. Eine schöne Geschichte, um zu veranschaulichen, wie schwierig es ist, die Augmentation von Menschen zu regeln.

Einige Fälle von Vergrößerung sind eindeutig und werden sogar absichtlich entwickelt. Einige Träumer planen die Entwicklung von Super-BCIs, die uns schlauer machen, uns schneller entscheiden lassen, direkt von unserem Gehirn mit Maschinen und anderen Gehirnen zu kommunizieren, unser Gedächtnis erweitern und viele andere „Verbesserungen" vornehmen. Einige Autoren bezeichnen diese Augmentierung als Intelligenzverstärkung [6]. Die Diskussion über Augmentation ist fast philosophischer Natur und geht über den Zweck dieses Buches hinaus. Dennoch müssen wir uns darüber im Klaren sein, dass unsere auf medizinische Anwendungen ausgerichteten Technologien die Tür zu weniger noblen Projekten öffnen. Regelungen für die Verwendung von BCI für die Augmentierung müssen schnellstens geregelt werden, bevor wir uns ernsthaften ethischen Problemen gegenübersehen.

8.4 Ethische Aspekte

In den verschiedenen Kapiteln haben wir mit Begeisterung über die Verfügbarkeit neuer Technologien und die neuen Grenzen der Neurotechnologien gepredigt. Wir haben gesehen, dass wir Informationen direkt aus dem Gehirn gewinnen können, aber auch, dass es möglich ist, unser Gehirn auf künstliche Weise zu beeinflussen und zu stimulieren. Unser Nervensystem ist ein Abbild von uns selbst, ein Teil von uns. Die Verbindung zu unserem Gehirn ist ein noch nie dagewesener Eingriff in unseren Körper. Die Behörden, die Neuro-Geräte kontrollieren und genehmigen, sind von der exponentiellen Entwicklung der Technologien überrascht. Die Auswirkungen der neuen Technologien, ihre zunehmende Invasivität, der Zugang zu zentralen Teilen unseres Nervensystems und die Verbindungen mit unseren Sinnen sind neue Dimensionen des bereits komplexen Umfelds der menschlichen Gesundheit.

Die Einführung von BCI-Systemen wirft eine Reihe neuer grundlegender Fragen über uns, die Gesellschaft, die Ethik und unser Verhältnis zu Technologien auf. Ein paar Beispiele:

- Werden wir zu weit gehen?
- Sind wir schon zu weit gegangen?
- Haben wir das Recht, eine Schnittstelle direkt mit dem Gehirn zu bilden?
- Werden wir die Kontrolle verlieren?
- Wird künstliche Intelligenz an die Stelle unseres natürlichen Denkens treten?
- Werde ich meine Privatsphäre verlieren?
- Sind Big Data ein Mittel zur Verbesserung oder ein Weg, uns zu kontrollieren?

Ich kenne die Antworten nicht. Wahrscheinlich haben nicht viele Menschen ein klares Verständnis in Bezug auf diese komplexen Begriffe. Das Ziel dieses Buches ist es, sich auf praktische und technische Fragen im Hinblick auf die Entwicklung der BCI der Zukunft zu fokussieren. Das bedeutet aber nicht, dass die Ethik nicht wichtig ist. In der Vergangenheit haben Ingenieure allzu oft ethische Fragen außer Acht gelassen und Systeme mit fragwürdigen Zielen und unnötigen Funktionen entwickelt. Dabei haben sie den Patienten vergessen. Wenn wir eine Schnittstelle mit dem Gehirn bilden, müssen auch Ingenieure vorsichtig sein und etwas Abstand nehmen. Ethische Überlegungen sollten in den gesamten Entwicklungsprozess einfließen, von der Definition der Bedürfnisse der Nutzer und der menschlichen Faktoren bis hin zu den klinischen Versuchen und dem Risikomanagement.

Die wachsende Bedeutung bahnbrechender Konzepte wie Künstliche Intelligenz, Big Data, maschinelles Lernen, Gentechnik und andere auf Informationen basierende Technologien definieren das Umfeld der Neurowissenschaften neu. Was geschieht mit dem Menschen inmitten dieser Umwälzungen? Eines ist sicher: Wir sollten stets den Patienten in den Mittelpunkt stellen. Das ist der beste Weg, um eine ethische Perspektive zu wahren. Den Patienten in den Mittelpunkt zu stellen war auch der Ausgangspunkt dieses Buches, als wir unsere translatorischen Werte beschrieben.

Literatur

1. https://en.wikipedia.org/wiki/The_Six_Million_Dollar_Man
2. https://en.wikipedia.org/wiki/Cyborg
3. https://en.wikipedia.org/wiki/Neil_Harbisson
4. https://en.wikipedia.org/wiki/Bone-anchored_hearing_aid
5. https://www.cochlear.com/us/en/home/diagnosis-and-treatment/how-cochlear-solutions-work/bone-conduction-solutions
6. https://en.wikipedia.org/wiki/Intelligence_amplification

Kapitel 9
Schlussfolgerungen

Zu Beginn dieses Buches haben wir die Bedeutung des Wortes „*bauen*" hervorgehoben. Wenn wir ein Haus bauen, brauchen wir einen klaren Plan, ein solides Fundament, einen Zeitplan, ein Budget, die bestmöglichen Materiallieferanten, erfahrene Bauunternehmer und eine gute Koordination. Aufbau des BCI der Zukunft erfordert den gleichen Ansatz. Strenge, Disziplin und Struktur sind die Schlüssel zum Erfolg. Wir haben eine Methodik erläutert die auf schrittweisen Verbesserungen, bescheidenen und vernünftigen Zielen, einem umfassenden Verständnis unseres Umfelds und einem kollaborativen Austausch beruht.

Im Vergleich zum Bau eines Hauses oder eines Konsumguts hat der Bau eines medizinischen Geräts ein zusätzliches wichtiges Merkmal: die Patienten. Patienten sind keine Kunden. Sie sind viel mehr als das. Sie stehen im Mittelpunkt. Sie sind *unsere* Patienten. Ihre Erwartungen zu erfüllen und ihre Bedürfnisse zu verstehen ist unsere Pflicht und unsere Priorität.

Das Einsetzen von Elektronik in den Kopf eines Patienten ist eine technische Herausforderung. Die Schwierigkeiten hängen vor allem mit den Materialien und mechanischen Aspekten zusammen. Trotz all der Fortschritte, die wir bei der Miniaturisierung und Rechenleistung der elektronischen Schaltkreise, die für viele Jahre im Körper untergebracht werden sollen, werden sie wertlos sein, wenn wir keine Möglichkeiten finden, sie zu verkapseln, zu schützen und mit den Körperschnittstellen zu verbinden. Solange wir keine Alternativen zu Titankapseln mit hermetischen Durchführungen finden, werden wir es nicht schaffen, fortschrittliche Elektronik in BCI-Systemen zu implementieren. Mehr Aufmerksamkeit sollte der praktischen Umsetzung von Über-Hals-Implantaten gewidmet werden. Es sollten mehr Ingenieure in Materialwissenschaften ausgebildet werden. „Implantologie" sowie regulatorische und klinische Angelegenheiten sollten Teil des universitären Curriculums sein. Die AIMD-Industrie wurde von der exponentiellen Entwicklung der Elektronik, des Datenmanagements, der Künstlichen Intelligenz, der Kommunikation, Akkumulation und Verwertung von Big Data überrascht. Künftige Erfolge auf dem

C. Clément, *Gehirn-Computer-Schnittstellen-Technologien*,
https://doi.org/10.1007/978-3-031-23815-4_9

Gebiet der BCI werden von der Beherrschung der Verkapselung, Konnektivität und drahtlose Kommunikation abhängen.

BCI-Systeme der Zukunft werden sich von den heutigen Gehirnschnittstellen unterscheiden. Der Schlüssel zum Erfolg liegt darin, sie so zu entwickeln, dass sie den Bedürfnissen der Nutzer entsprechen und für die Gesundheitssysteme erschwinglich bleiben. In diesem Buch haben wir versucht, Designern, Entwicklern und Herstellern zukünftiger BCIs einige Hinweise, Empfehlungen und Anleitungen zu geben, in der Hoffnung, dass sie unseren Glauben an eine glänzende Zukunft der Neurotechnologien teilen. Wenn die enormen Ressourcen und Erfahrungen, die für die Umsetzung von BCI-Systemen in die breite Anwendung beim Menschen erforderlich sind, klug eingesetzt werden, werden sie einen spürbaren Nutzen bringen, vielleicht keinen unmittelbaren finanziellen, aber sicherlich einen erheblichen Nutzen für Patienten, die an neurologischen Störungen leiden. Ihnen, ihren Familien und den Pflegekräften zu helfen ist unser Ansporn weiterzumachen.

Das ist es wert!

Kapitel 10
Anhänge

10.1 Anhang 1: Risikomanagement

Zahlreiche Bücher, Artikel und Veröffentlichungen zum Thema Risikomanagement sind veröffentlicht worden. Eine Teilmenge dieser umfangreichen Sammlung ist auf das Risikomanagement im Bereich der Medizinprodukte ausgerichtet. Wir haben nicht die Absicht, unsere Leser über solch umfangreiche und komplexe Themen zu belehren. Ziel dieses Anhangs ist es, die Bedeutung einer angemessenen Methodik bei BCI-System-Projekten zu unterstreichen. Gehirnschnittstellen befassen sich mit dem empfindlichsten und komplexesten Teil unseres Körpers. Wir müssen sicher sein, dass wir alle möglichen Maßnahmen ergriffen haben, um die Risiken in „vernünftigen" Grenzen zu halten.

Mein Lieblingssatz aus der allgemeinen Definition [1] des Risikomanagements lautet: „Risikomanagement ist die Identifizierung, Bewertung und Priorisierung von Risiken, gefolgt von einem koordinierten und sparsamen Einsatz von Ressourcen, um die Wahrscheinlichkeit oder die Auswirkungen unglücklicher Ereignisse zu minimieren, zu überwachen und zu steuern oder um die Realisierung von Chancen zu maximieren." [2]

Im Wörterbuch wird Risiko definiert als „eine Situation, in der man einer Gefahr ausgesetzt ist" oder, mit anderen Worten, „die Auswirkung von Unsicherheit auf Ziele". Wikipedia [3] gibt eine andere Definition: „Risiko ist die Möglichkeit, etwas von Wert zu verlieren. Werte (wie körperliche Gesundheit, […], finanzielles Vermögen) können gewonnen oder verloren werden, wenn man ein Risiko eingeht, das sich aus einer bestimmten Handlung oder Untätigkeit ergibt, vorhergesehen oder nicht vorhergesehen (geplant oder nicht geplant). Risiko kann auch als die bewusste Interaktion mit Unsicherheit definiert werden [4]. Ungewissheit ist ein potenzielles, unvorhersehbares und unkontrollierbares Ergebnis; Risiko ist eine Folge von Handlungen, die trotz Ungewissheit unternommen werden."

C. Clément, *Gehirn-Computer-Schnittstellen-Technologien*,
https://doi.org/10.1007/978-3-031-23815-4_10

Viele Normen und Richtlinien setzen den Rahmen für das Risikomanagement für Medizinprodukte. Die wichtigste ist die ISO-14971 [5, 6]. Die verschiedenen Qualitätsnormen für Medizinprodukte decken viele Aspekte des gesamten Lebenszyklus des Produkts, von der Designkontrolle über das Lieferantenmanagement bis hin zur Überwachung nach dem Inverkehrbringen. Folglich ist das Risikomanagement ein kontinuierlicher Prozess, der das Rückgrat der strengen Methodik bildet, die auf AIMDs angewendet wird.

Bei dem herkömmlichen Ansatz zielt die Risikoanalyse zunächst darauf ab, Medizinprodukte für den menschlichen Gebrauch sicher zu machen. Die Sicherheit der Patienten ist daher das Hauptziel des Risikomanagements.

Ein moderner Ansatz des globalen Projektmanagements besteht darin, die Philosophie des Risikomanagements in Richtung Patientensicherheit zu erweitern:

- Finanzielle Risiken: Identifizieren Sie von Beginn des Projekts an die Risiken, dass in den entscheidenden Entwicklungsphasen das Geld knapp wird. Um solche Risiken zu mindern, kann man beispielsweise die Anzahl der Funktionen reduzieren, Ziele bei Spezifikationen revidieren, ebenso wie Partnerschaften und die Abtretung von geistigem Eigentum.
- Risiken in der Lieferkette: Im Bereich der BCI stammen einige Bauteile und Unterbaugruppen aus einer einzigen Quelle, zu der es keine Alternative gibt. Das Risiko, kritische Lieferanten zu verlieren, muss durch entsprechende langfristige Verträge gemildert werden.
- Veralterungsrisiken: AIMDs haben lange Zulassungszeiten und sind so konzipiert, dass sie über einen langen Zeitraum hinweg unverändert hergestellt werden können. Elektronische Bauteile, insbesondere Mikroprozessoren, haben kurze Lebenszyklen und sind möglicherweise nicht mehr verfügbar, wenn das Medizinprodukt noch auf dem Markt ist. Solche Situationen sind nicht selten. Das Risiko einer Unterbrechung der Verfügbarkeit kritischer Komponenten muss lange vor dem Auftreten des Problems antizipiert werden, indem ein Plan B vorbereitet wird (einschließlich der Meldung oder Wiederzulassung durch die zuständige Behörde), oder durch die Anhäufung eines umfangreichen Lagerbestands zur Abdeckung der Produktion bis zum Ende der Produktlinie.
- Technologische Risiken: Ohne die Sicherheit der Patienten zu beeinträchtigen, können einige technische Probleme dazu führen, dass das Produkt ungeeignet oder nicht in der Lage ist, die Therapie durchzuführen. Aus der Sicht des Patienten ist das Risiko, nicht behandelt zu werden, ein ernstes Risiko. Es sollten Pläne erstellt werden, um zunächst solche Risiken zu ermitteln und dann alternative Technologien zu bewerten.
- Disruptive Risiken: Wir haben in der Vergangenheit gesehen, wie ganze Branchen durch das Aufkommen einer neuen, völlig disruptiven Technologie zerstört wurden. Solche Risiken sollten auch für BCI-Systeme erkannt werden. Was ist, wenn ein neues Medikament zur Behandlung aller Formen von Epilepsie entdeckt wird? Was ist, wenn wir einen Weg finden, Bewegungsabsichten mit einem hochauflösenden externen System zu lesen? Die Begrenzung solcher Risiken ist schwierig, aber zumindest sollten wir in der Lage sein, Trends zu erkennen und uns vorzubereiten.
- Geschäftliche Risiken: Wie die technologischen Risiken wirken sich auch die geschäftlichen Risiken nicht direkt auf die Patienten in Bezug auf Sicherheit und

Integrität aus. Fusionen, Übernahmen, Konflikte mit dem geistigen Eigentum, Auftreten neuer Wettbewerber, Änderung der Erstattungsstrategie, internationale Konflikte, Handelshemmnisse, neue Vorschriften und andere hochgradige Veränderungen im Umfeld können die Verfügbarkeit der Therapie beeinträchtigen und sich somit indirekt auf die Patienten auswirken.

Es gibt eine Vielzahl von Vorlagen und Checklisten, die den Konstrukteuren von Medizinprodukten Unterstützung und Struktur bieten. Der Zweck dieses Buches ist es nicht, in die Details zu gehen. Ich empfehle keine bestimmte Methode, wenn die folgenden grundlegenden Prinzipien abgedeckt sind:

- Beschäftigen Sie sich vorrangig mit Sicherheitsrisiken für Patienten.
- Erweitern Sie dann, wie oben beschrieben, auf globalere Projektrisiken.
- Identifizieren Sie Fehlermöglichkeiten für alle Teile und Untersysteme.
- Führen Sie eine erste Fehlermöglichkeitsanalyse durch:

  – Grundursache(n) des Fehlers.
  – Auswirkungen des Scheiterns.
  – Wahrscheinlichkeit des Auftretens.
  – Schweregrad.
  – Das Risiko wird in der Regel durch das Produkt aus dem Schweregrad und der Wahrscheinlichkeitsbewertung quantifiziert.

- Führen Sie einen ersten Durchlauf der Risikokontrolle durch und ergreifen Sie Maßnahmen zur Risikominderung.
- Neubewertung des Auftretens und des Schweregrads von Risiken nach der Behebung.
- Entscheiden Sie, ob die verbleibenden Risiken einen zweiten Durchgang von Abhilfemaßnahmen erfordern.
- Ständige Überprüfung der Risikosituation während der Entwicklung und nach der Genehmigung.
- Führen Sie bei jeder Änderung der Spezifikationen, der Lieferkette oder der Herstellungsverfahren eine vollständige Überprüfung der Risiken durch.

Ein sehr häufiger Fehler und eine Ursache für das Scheitern von Projekten ist die Einführung von Änderungen ohne eine vollständige Bewertung der Auswirkungen der Änderungen. Design- oder Spezifikationsänderungen können.

- den Schweregrad und die Eintrittswahrscheinlichkeit bestehender, identifizierter und bereits geminderter Risiken verändern,
- frühere Abhilfemaßnahmen als nicht mehr angemessen erscheinen lassen,
- neue Risiken einführen,
- neue Abhilfemaßnahmen erforderlich machen.

Risikomanagement ist eine Geisteshaltung. Es war der Schlüssel zum Erfolg für viele Projekte. Die intensive Beschäftigung mit dem Risikomanagement von Beginn des Projekts an ist keine Zeitverschwendung, sondern eine Investition in die Zukunft. Die Anwendung einer strikten Risikomanagementpolitik gewährleistet, dass die Ziele ohne spätere größere Änderungen erreicht werden.

10.2 Anhang 2: NeuroVirtual

NeuroVirtual ist kein echtes Unternehmen, aber es steht stellvertretend für ein wahrscheinliches Modell eines Start-up-Unternehmens, das ein komplexes implantiertes BCI entwickelt. Zur Veranschaulichung habe ich den Geschäftsplan von NeuroVirtual erstellt, der mehreren Unternehmen ähnelt, an denen ich in meinem Berufsleben beteiligt war.

Wir werden zunächst einen voraussichtlichen Geschäftsplan für NeuroVirtual erstellen, wie er zu Beginn des Projekts vorliegt. Dieses Dokument wird den Investoren vorgelegt. Dann fügen wir eine Verzögerung von 2 Jahren hinzu, die während der Entwicklungsphase eintritt. In einem dritten Schritt wird eine weitere Verzögerung von 2 Jahren eingeführt, um die Schwierigkeiten während der klinischen Phase abzubilden. Solche Abweichungen vom ursprünglichen Plan sind üblich. In den Geschäftsplänen sind nur selten Vorkehrungen für eine Umgestaltung oder für unerwartete Probleme, z. B. während der klinischen Versuche, vorgesehen. Ziel dieser Analyse ist es, die Auswirkungen unerwarteter Verzögerungen auf Finanzen und Erträge zu verstehen.

10.2.1 *Ursprünglicher Geschäftsplan*

Der ursprüngliche Geschäftsplan (siehe Abb. 10.1) von NeuroVirtual basiert auf einer konventionellen Gründungsstruktur. Der Plan ist der folgende:

- Jahr 1: Der Gründer baut die Struktur des Unternehmens auf, findet Büroräume, stellt einen Ingenieur ein und meldet Patente an. Zwei Runden der Anschubfinanzierung liefern das für das erste Jahr benötigte Geld.

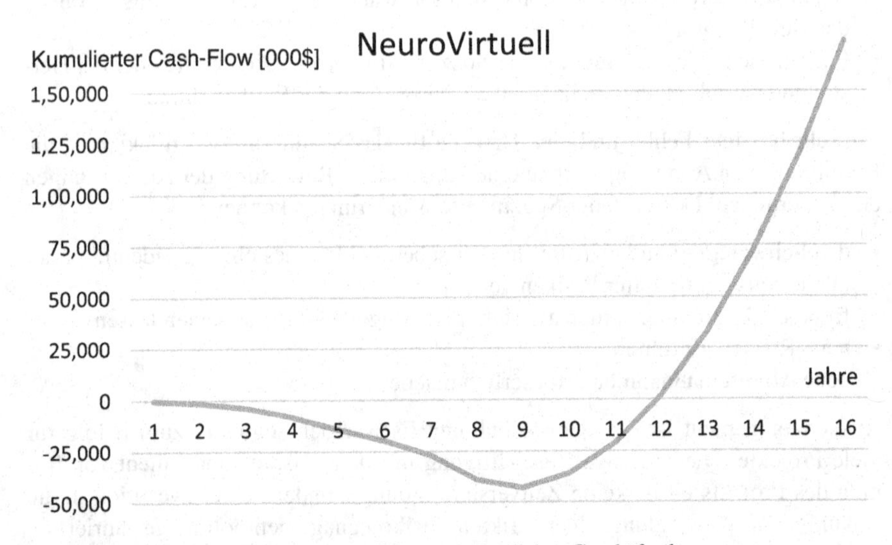

Abb. 10.1 Kumulierte Cashflows gemäß dem ursprünglichen Geschäftsplan

- Jahr 2: Die ersten Investoren steuern 1 Mio. $ für die Entwicklung bei. Zwei weitere Ingenieure werden eingestellt.
- Jahr 3: Zweite Runde (5 Mio. $) für den Abschluss der Entwicklung und den Bau der ersten Prototypen.
- Jahr 4: Tierversuche und Verifizierungs- und Validierungsphase (V&V). Dritte Runde von 15 Mio. $ für die Vorbereitung der ersten Produkte für den Menschen. Das Unternehmen hat jetzt 12 Mitarbeiter.
- Jahr 5: Erstmals Versuche im Menschen (FIH) und Ausweitung der klinischen Studien.
- Jahr 6: Beantragung der CE-Kennzeichnung und bis Jahresende neue Runde von 15 Mio. $ zur Vorbereitung der Markteinführung.
- Jahr 7: Produktzulassung und erste Verkäufe. Erste (bescheidene) Einnahmen 7 ½ Jahre nach dem Start. Das Gesamtengagement (unterer Teil der kumulierten Cashflow-Kurve) beträgt 43,5 Mio. $.
- Jahr 8: Hochfahren der Produktion. Eine letzte Finanzierungsrunde in Höhe von 10 Mio. $ ist notwendig, um die Produktionskapazitäten und Vertriebskanäle auszubauen. Insgesamt haben die Investoren in 8 Jahren 46,5 Mio. $ gesammelt. Diese letzte Runde bietet einen Puffer von 3 Mio. $ für unerwartete Probleme.
- Jahr 9: Zur Jahresmitte sind die Umsätze höher als die Ausgaben. Das Unternehmen beginnt, Geld zu verdienen.
- Jahre 10, 11 und 12: Wachsender positiver Cashflow. Am Ende des 12. Jahres ist genug Geld erwirtschaftet worden, um die Investoren zu entschädigen. Dies ist der Amortisationszeitpunkt, es sei denn, das Unternehmen wurde zuvor zu einem höheren Preis verkauft.
- Die Steigung der kumulierten Cashflow-Kurve ab dem 13. Jahr zeigt die Rentabilität von NeuroVirtual (Tab. 10.1).

Tab. 10.1 Details gemäß ursprünglichem Geschäftsplan

		Laut ursprünglichem Geschäftsplan							
Yr	Q	Ausgaben	Umsatzerlöse	Cashflow	Kumulativ	Investm.	Kapital	FTE	Phase
1	1	50		−50	−50	200	200	1	Anschubfinanzierung
	2	70		−70	−120		200		
	3	100		−100	−220	300	500	2	2. Seed-Finanzierung
	4	150		−150	−370		500		
2	1	200		−200	−570	1000	1500	3	Runde A
	2	250		−250	−820		1500		
	3	300		−300	−1120		1500	4	
	4	350		−350	−1470		1500		
3	1	400		−400	−1870	5000	6500	6	Runde B
	2	500		−500	−2370		6500		
	3	700		−700	−3070		6500	8	Prototypen
	4	700		−700	−3770		6500		

(Fortsetzung)

Tab. 10.1 (Fortsetzung)

		Laut ursprünglichem Geschäftsplan							
Yr	Q	Ausgaben	Umsatzerlöse	Cashflow	Kumulativ	Investm.	Kapital	FTE	Phase
4	1	1000		−1000	−4770		6500	10	Tiere
	2	1000		−1000	−5770		6500		V&V
	3	1000		−1000	−6770	15.000	21.500	12	Runde C
	4	1500		−1500	−8270		21.500		Serie 0
5	1	1000		−1000	−9270		21.500	14	FIM
	2	2000		−2000	−11.270		21.500		Serie 1
	3	1500		−1500	−12.770		21.500		Klinik
	4	1500		−1500	−14.270		21.500		
6	1	1500		−1500	−15.770		21.500		
	2	1500		−1500	−17.270		21.500		
	3	1500		−1500	−18.770		21.500		Anwendung CE
	4	1000		−1000	−19.770	15.000	36.500		Runde D
7	1	2000		−2000	−21.770		36.500	18	Start vorbereiten
	2	1500		−1500	−23.270		36.500		Zulassung
	3	2000	50	−1950	−25.220		36.500	20	Erste Verkäufe
	4	2000	200	−1800	−27.020		36.500		
8	1	3000	400	−2600	−29.620		36.500		Hochfahren
	2	3500	600	−2900	−32.520		36.500		
	3	4000	800	−3200	−35.720		36.500		
	4	4500	1200	−3300	−39.020	10.000	46.500		Runde E
9	1	5000	2000	−3000	−42.020		46.500		
	2	5500	4000	−1500	−43.520		46.500		
	3	6000	6000	0	−43.520		46.500		*Verlieren beenden*
	4	6500	7000	500	−43.020		46.500		*Erster Gewinn*
10	1	7000	8000	1000	−42.020		46.500		
	2	7500	9000	1500	−40.520		46.500		
	3	8000	10.000	2000	−38.520		46.500		
	4	8500	11.000	2500	−36.020		46.500		
11	1	9000	12.000	3000	−33.020		46.500		
	2	9500	13.000	3500	−29.520		46.500		
	3	10.000	14.000	4000	−25.520		46.500		
	4	10.500	15.000	4500	−21.020		46.500		

(Fortsetzung)

Tab. 10.1 (Fortsetzung)

		Laut ursprünglichem Geschäftsplan							
Yr	Q	Aus-gaben	Umsatz-erlöse	Cashflow	Kumulativ	Investm.	Kapital	FTE	Phase
12	1	11.000	16.000	5000	−16.020		46′500		
	2	11.500	17.000	5500	−10.520		46.500		
	3	12.000	18.000	6000	−4520		46.500		
	4	12.500	19.000	6500	1980		46.500		*Payback*
13	1	13.000	20.000	7000	8980		46.500		
	2	13.500	21.000	7500	16.480		46.500		
	3	14.000	22.000	8000	24.480		46.500		
	4	14.500	23.000	8500	32.980		46.500		
14	1	15.000	24.000	9000	41.980		46.500		
	2	15.500	25.000	9500	51.480		46.500		
	3	16.000	26.000	10.000	61.480		46.500		
	4	16.500	27.000	10.500	71.980		46.500		
15	1	17.000	28.000	11.000	82.980		46.500		
	2	17.500	29.000	11.500	94.480		46.500		
	3	18.000	30.000	12.000	106.480		46.500		
	4	18.500	31.000	12.500	118.980		46.500		
16	1	19.000	32.000	13.000	131.980		46.500		
	2	19.500	33.000	13.500	145.480		46.500		
	3	20.000	34.000	14.000	159.480		46.500		
	4	20.000	35.000	15.000	174.480		46.500		

10.2.2 Geschäftsplan mit 2 Jahren Verzögerung in der Entwicklung

Lassen Sie uns einige Probleme während der Entwicklungsphase simulieren (siehe Abb. 10.2). Nicht selten treten größere Probleme auf, die eine umfassende Neugestaltung erfordern. Selbst ein gut vorbereiteter Entwicklungsplan mit klaren Spezifikationen könnte einige grundlegende Beschränkungen übersehen haben.

Die Folgen einer solchen Verzögerung sind schwerwiegend:

- Das gesamte Projekt wird um 2 Jahre verzögert. Die Rückzahlung wird nun im 14. Jahr erfolgen, was die Investoren nicht zufriedenstellen wird.
- Die Umgestaltung des Geräts wird zusätzliche Kosten in Höhe von etwa 3 Mio. $ für Material, Arbeit und externe Dienstleistungen verursachen.
- Das maximale Risiko beläuft sich auf 46,5 Mio. $, die genau durch Investitionen gedeckt sind. Der im ursprünglichen Plan vorgesehene Puffer von 3 Mio. $ ist aufgebraucht (Tab. 10.2).

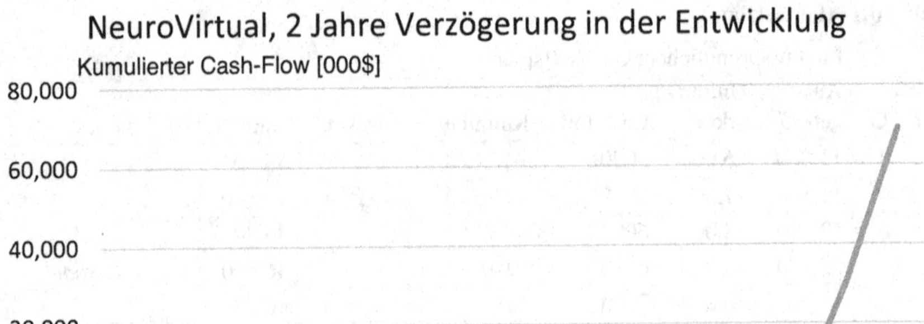

Abb. 10.2 Kumulierte Cashflows mit 2 Jahren Verzögerung in der Entwicklungsphase

Tab. 10.2 Details mit 2 Jahren Verzögerung in der Entwicklungsphase

		2 Jahre Verzögerung in der Entwicklung							
Yr	Q	Ausgaben	Umsatzerlöse	Cashflow	Kumulativ	Investm.	Kapital	FTE	Phase
1	1	50		−50	−50	200	200	1	Anschubfinanzierung
	2	70		−70	−120		200		
	3	100		−100	−220	300	500	2	2. Seed-Finanzierung
	4	150		−150	−370		500		
2	1	200		−200	−570	1000	1500	3	Runde A
	2	250		−250	−820		1500		
	3	300		−300	−1120		1500	4	
	4	350		−350	−1470		1500		Beginn einer Neugestaltung
3	1	350		−350	−1820	5000	6500		Runde B
	2	350		−350	−2170		6500		
	3	350		−350	−2520		6500		
	4	350		−350	−2870		6500		
4	1	350		−350	−3220		6500		
	2	350		−350	−3570		6500		
	3	350		−350	−3920		6500		
	4	350		−350	−4270		6500		

(Fortsetzung)

Tab. 10.2 (Fortsetzung)

		2 Jahre Verzögerung in der Entwicklung							
Yr	Q	Ausgaben	Umsatzerlöse	Cashflow	Kumulativ	Investm.	Kapital	FTE	Phase
5	1	400		−400	−4670		6500	6	
	2	500		−500	−5170	15.000	21.500		Runde C
	3	700		−700	−5870		21.500	8	Prototypen
	4	700		−700	−6570		21.500		
6	1	1000		−1000	−7570		21.500	10	Tiere
	2	1000		−1000	−8570		21.500		V&V
	3	1000		−1000	−9570		21.500	12	
	4	1500		−1500	−11.070		21.500		Serie 0
7	1	1000		−1000	−12.070		21.500	14	FIM
	2	2000		−2000	−14.070		21.500		Serie 1
	3	1500		−1500	−15.570		21.500		Klinik
	4	1500		−1500	−17.070		21.500		
8	1	1500		−1500	−18.570		21.500		
	2	1500		−1500	−20.070		21.500		
	3	1500		−1500	−21.570		21.500		Anwendung CE
	4	1000		−1000	−22.570	15.000	36.500		Runde D
9	1	2000		−2000	−24.570		36.500	18	Start vorbereiten
	2	1500		−1500	−26.070		36.500		Zulassung
	3	2000	50	−1950	−28.020		36.500	20	*Erste Verkäufe*
	4	2000	200	−1800	−29.820		36.500		
10	1	3000	400	−2600	−32.420		36.500		Hochfahren
	2	3500	600	−2900	−35.320	10.000	46.500		Runde E
	3	4000	800	−3200	−38.520		46.500		
	4	4500	1200	−3300	−41.820		46.500		
11	1	5000	2000	−3000	−44.820		46.500		
	2	5500	4000	−1500	−46.320		46.500		
	3	6000	6000	0	−46.320		46.500		Verlieren beenden
	4	6500	7000	500	−45.820		46.500		Erster Gewinn
12	1	7000	8000	1000	−44.820		46.500		
	2	7500	9000	1500	−43.320		46.500		
	3	8000	10.000	2000	−41.320		46.500		
	4	8500	11.000	2500	−38.820		46.500		
13	1	9000	12.000	3000	−35.820		46.500		
	2	9500	13.000	3500	−32.320		46.500		
	3	10.000	14.000	4000	−28.320		46.500		
	4	10.500	15.000	4500	−23.820		46.500		

(Fortsetzung)

Tab. 10.2 (Fortsetzung)

		2 Jahre Verzögerung in der Entwicklung							
Yr	Q	Aus-gaben	Umsatz-erlöse	Cashflow	Kumulativ	Investm.	Kapital	FTE	Phase
14	1	11.000	16.000	5000	−18.820		46.500		
	2	11.500	17.000	5500	−13.320		46.500		
	3	12.000	18.000	6000	−7320		46.500		
	4	12.500	19.000	6500	−820		46.500		Payback
15	1	13.000	20.000	7000	6180		46.500		
	2	13.500	21.000	7500	13.680		46.500		
	3	14.000	22.000	8000	21.680		46.500		
	4	14.500	23.000	8500	30.180		46.500		
16	1	15.000	24.000	9000	39.180		46.500		
	2	15.500	25.000	9500	48.680		46.500		
	3	16.000	26.000	10.000	58.680		46.500		
	4	16.500	27.000	10.500	69.180		46.500		

10.2.3 Geschäftsplan mit 2 weiteren Jahren Verzögerung während der Klinikaufenthalte

Wir haben oben gesehen, welche schlimmen Folgen eine Verzögerung von 2 Jahren in der Entwicklungsphase hat. Manchmal treten zusätzliche Probleme erst später im Projekt auf. Es kommt häufig zu Verzögerungen bei den klinischen Versuchen, z. B. aufgrund von Schwierigkeiten bei der Patientenrekrutierung. Es kommt auch häufig vor, dass die Zulassungsbehörden Ergänzungen und Präzisierungen zu den Anträgen verlangen. All dies kann dazu führen, dass in der Endphase des Projekts weitere 2 Jahre verloren gehen (siehe Abb. 10.3).

Die Folgen einer Verspätung sind noch schwerwiegender als die im vorherigen Kapitel beschriebenen:

- Da das Unternehmen bereits voll besetzt ist, lasten die Gehälter schwer auf den Finanzen. Die Verzögerung von 2 Jahren bis zur Genehmigung verschiebt auch den ersten Gewinn um 2 Jahre.
- Die maximale Exposition beträgt nun 58,3 Mio. $, 11,8 Mio. $ mehr als zuvor. Folglich muss die Runde E von 10 Mio. $ auf 25 Mio. $ aufgestockt werden, wobei wiederum ein Puffer von 3 Mio. $ für unerwartete Probleme während des Starts verbleibt.
- Am Ende des 16. Jahres ist die Amortisation noch nicht erreicht, und die Investoren sind höhere Risiken eingegangen (Abb. 10.4 und Tab. 10.3).

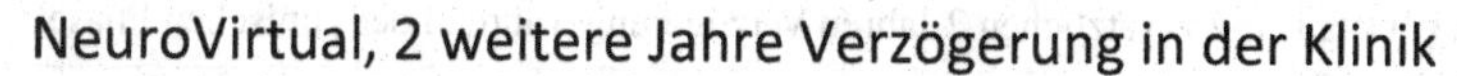

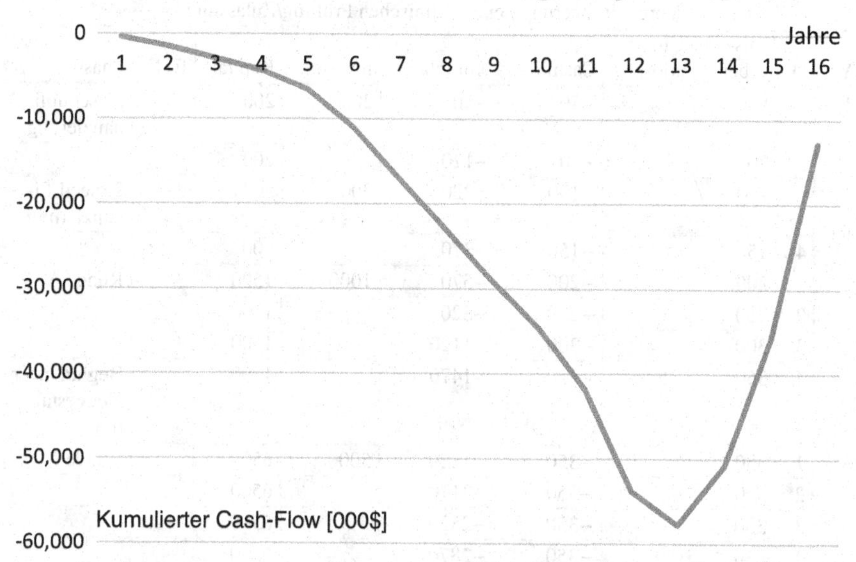

Abb. 10.3 Kumulierte Cashflows bei einer zusätzlichen Verzögerung von 2 Jahren in der klinischen Phase

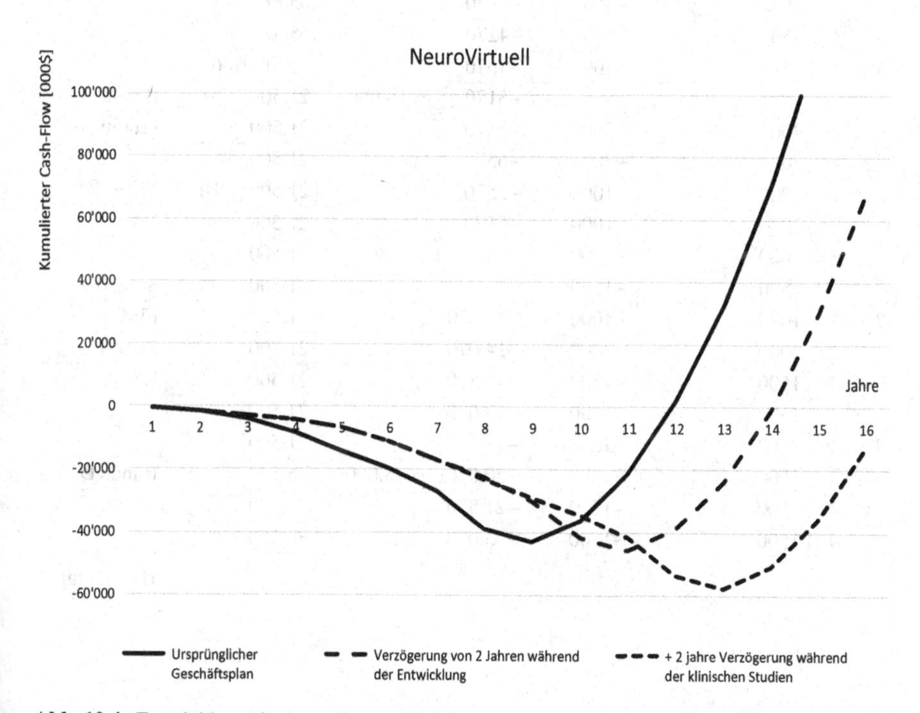

Abb. 10.4 Entwicklung der kumulierten Zahlungsströme aufgrund von Verzögerungen

Tab. 10.3 Details mit zusätzlichen 2 Jahren Verzögerung während der klinischen Phase

		2 weitere Jahre Verzögerung bei der klinischen Prüfung/Zulassung							
Yr	Q	Ausgaben	Umsatzerlöse	Cashflow	Kumulativ	Investm.	Kapital	FTE	Phase
1	1	50		−50	−50	200	200	1	Anschubfinanzierung
	2	70		−70	−120		200		
	3	100		−100	−220	300	500	2	2. Seed-Finanzierung
	4	150		−150	−370		500		
2	1	200		−200	−570	1000	1500	3	Runde A
	2	250		−250	−820		1500		
	3	300		−300	−1120		1500	4	
	4	350		−350	−1470		1500		Beginn einer Neugestaltung
3	1	350		−350	−1820	5000	6500		Runde B
	2	350		−350	−2170		6500		
	3	350		−350	−2520		6500		
	4	350		−350	−2870		6500		
4	1	350		−350	−3220		6500		
	2	350		−350	−3570		6500		
	3	350		−350	−3920		6500		
	4	350		−350	−4270		6500		
5	1	400		−400	−4670		6500	6	
	2	500		−500	−5170	15.000	21.500		Runde C
	3	700		−700	−5870		21.500	8	Prototypen
	4	700		−700	−6570		21.500		
6	1	1000		−1000	−7570		21.500	10	Tiere
	2	1000		−1000	−8570		21.500		V&V
	3	1000		−1000	−9570		21.500	12	
	4	1500		−1500	−11.070		21.500		Serie 0
7	1	1000		−1000	−12.070		21.500	14	FIM
	2	2000		−2000	−14.070		21.500		Serie 1
	3	1500		−1500	−15.570		21.500		Klinik
	4	1500		−1500	−17.070		21.500		
8	1	1500		−1500	−18.570		21.500		
	2	1500		−1500	−20.070	15.000	36.500		Runde D
	3	1500		−1500	−21.570		36.500		
	4	1500		−1500	−23.070		36.500		

(Fortsetzung)

Tab. 10.3 (Fortsetzung)

		2 weitere Jahre Verzögerung bei der klinischen Prüfung/Zulassung							
Yr	Q	Aus-gaben	Umsatz-erlöse	Cashflow	Kumulativ	Investm.	Kapital	FTE	Phase
9	1	1500		−1500	−24.570		36.500		
	2	1500		−1500	−26.070		36.500		
	3	1500		−1500	−27.570		36.500		
	4	1500		−1500	−29.070		36.500		
10	1	1500		−1500	−30.570		36.500		
	2	1500		−1500	−32.070		36.500		
	3	1500		−1500	−33.570		36.500		Anwendung CE
	4	1000		−1000	−34.570	25.000	61.500		Runde E
11	1	2000		−2000	−36.570		61.500	18	Start vorbereiten
	2	100		−1500	−38.070		61.500		Zulassung
	3	2000	50	−1950	−40.020		61.500	20	Erste Verkäufe
	4	2000	200	−1800	−41.820		61.500		
12	1	3000	400	−2600	−44.420		61.500		Hochfahren
	2	3500	600	−2900	−47.320		61.500		Runde E
	3	4000	800	−3200	−50.520		61.500		
	4	4500	1200	−3300	−53.820		61.500		
13	1	5000	2000	−3000	−56.820		61.500		
	2	5500	4000	−1500	−58.320		61.500		
	3	6000	6000	0	−58.320		61.500		Verlieren beenden
	4	6500	7000	500	−57.820		61.500		Erster Gewinn
14	1	7000	8000	1000	−56.820		61.500		
	2	7500	9000	1500	−55.320		61.500		
	3	800	10.000	2000	−53.320		61.500		
	4	8500	11.000	2500	−50.820		61.500		
15	1	9000	12.000	3000	−47.820		61.500		
	2	9500	13.000	3500	−44.320		61.500		
	3	10.000	14.000	4000	−40.320		61.500		
	4	10.500	15.000	4500	−35.820		61.500		
16	1	11.000	16.000	5000	−30.820		61.500		
	2	11.500	17.000	5500	−25.320		61.500		
	3	12.000	18.000	6000	−19.320		61.500		
	4	12.500	19.000	6500	−12.820		61.500		Noch keine Rückzahlung

10.3 Anhang 3: FDA-Leitlinienentwurf zu Brain Computer Interfaces

Wir haben gesehen, dass BCI-Systeme nicht durch spezifische Normen und Anleitungen abgedeckt sind. Bislang haben sich die Entwickler von BCI-Systemen auf allgemeine Normen für AIMDs gestützt. Da sich BCI nun zu einem schnell wachsenden Bereich entwickeln, ist es höchste Zeit, die Lücke in den Normen und Vorschriften zu schließen.

Die FDA hat die Initiative ergriffen und vor kurzem (Februar 2019) einen ersten Entwurf für den Leitfaden „Implanted Brain-Computer Interface (BCI) Devices for Patients with Paralysis or Amputation – Non-clinical Testing and Clinical Considerations, Draft Guidance for the Industry and Food and Drug Administration Staff" verfasst [7]. Als Entwurf ist er noch nicht für die Umsetzung vorgesehen und enthält unverbindliche Empfehlungen. Nach seiner Fertigstellung wird dieser Leitfaden die aktuellen Überlegungen der Food and Drug Administration (FDA) zu diesem Thema darstellen.

Die FDA ist sich des Aufkommens und der Bedeutung von BCI-Systems bewusst. Ein Auszug aus dem Guidance-Entwurf lautet wie folgt: „Dieser Leitfadenentwurf enthält Empfehlungen für Q-Submissions und Investigational Device Exemptions (IDE) für implantierte Brain-Computer-Interface (BCI)-Geräte für Patienten mit Lähmungen oder Amputationen. Der Bereich der implantierten BCI macht rasche Fortschritte von den grundlegenden neurowissenschaftlichen Entdeckungen bis hin zu translationalen Anwendungen und dem Marktzugang. Implantierte BCI-Geräte haben das Potenzial, Menschen mit schweren Behinderungen einen Nutzen zu bringen, indem sie ihre Fähigkeit zur Interaktion mit ihrer Umwelt verbessern und ihnen somit neue Unabhängigkeit im täglichen Leben ermöglichen. Für die Zwecke dieses Leitfadenentwurfs sind implantierte BCI-Geräte Neuroprothesen, die eine Schnittstelle mit dem zentralen oder peripheren Nervensystem bilden, um verloren gegangene motorische und/oder sensorische Fähigkeiten bei Patienten mit Lähmungen oder Amputationen wiederherzustellen. Das Center for Devices and Radiological Health (CDRH) der FDA ist der Ansicht, dass es wichtig ist, den Interessengruppen (z. B. Herstellern, Angehörigen der Gesundheitsberufe, Patienten, Patientenvertretern, Hochschulen und anderen Patienten, Patientenvertreter, Akademiker und andere Regierungsbehörden) bei der Navigation durch die Regulierungslandschaft für Medizinprodukte zu helfen. Zu diesem Zweck veranstaltete das CDRH am 21. November 2014 auf seinem Campus in White Oak, MD, einen öffentlichen Workshop [8], mit dem Ziel, eine offene Diskussion über die wissenschaftlichen und klinischen Überlegungen im Zusammenhang mit der Entwicklung von BCI-Geräten zu fördern. Die FDA hat die Beiträge dieses Workshops bei der Ausarbeitung der Empfehlungen berücksichtigt, die in diesem Leitfadenentwurf für implantierte BCI-Geräte enthalten sind. Dieser Leitfadenentwurf wird nur zur Kommentierung veröffentlicht."

Die Frist für Stellungnahmen wurde auf den 26. April 2019 festgelegt und ist online einsehbar [9]. Das Wyss Center for Bio and Neuroengineering steuerte Bemerkungen bei [10], die sich wie folgt zusammenfassen lassen:

- Der Leitfadenentwurf für implantierte BCI sollte andere Technologien als Hochfrequenz (RF) berücksichtigen, die zur Übertragung von Daten vom menschlichen Körper an externe Geräte übertragen können.
- In diesem Dokument werden BCI-Geräte nur als aufzeichnende elektrische Signale und Schnittstellen durch elektrische Stimulation beschrieben.
- Der Leitfaden sollte die sich rasch entwickelnden Technologien wie Lichtemission oder Ultraschall berücksichtigen.
- Geschlossene Systeme sollten ebenfalls einbezogen werden, da sie besondere Anforderungen an die Sicherheit und Kontrolle stellen.
- Im Hinblick auf die Prüfung sollten in dem Leitfaden Methoden zur Beschleunigung der Lebensdauerprüfung unter Hinzufügung reaktiver Sauerstoffspezies empfohlen werden.
- Auch der Feuchtigkeitsgehalt im Inneren der Hülle sollte überprüft und kontrolliert werden.
- Das Ausschlusskriterium der Abhängigkeit von der Beatmungsunterstützung schließt de facto die Verwendung von BCI-Systemen für ALS-Patienten aus.

Generell hätten wir uns gewünscht, dass der Leitfadenentwurf auf ein breiteres Anwendungsfeld anwendbar wäre. Lähmungen und Amputationen sind nur eine Teilmenge der möglichen Anwendungen von implantierten BCIs. Anwendungen, die nicht strikt von der künftigen Leitlinie abgedeckt werden, könnten jedoch in Analogie darauf Bezug nehmen.

In dem Entwurf der Leitlinien heißt es außerdem: „Nichtklinische Testmethoden stehen möglicherweise nicht zur Verfügung oder liefern nicht genügend Informationen, die für eine endgültige Version eines implantierten BCI-Gerätes notwendig wäre. Wenn sich Ihr Gerät noch in der Entwicklung befindet, empfehlen wir Ihnen daher, die Durchführung einer frühen Durchführbarkeitsstudie (EFS) im Rahmen eines IDE-Verfahrens in Betracht zu ziehen, um eine frühe klinische Bewertung Ihres Geräts zu erhalten, die den Nachweis des Prinzips und erste Sicherheitsdaten liefert." Das IDE-Verfahren umfasst einen fakultativen, aber dringend empfohlenen ersten Schritt vor der Einreichung. Er ermöglicht es den Projektverantwortlichen, eine frühe, unverbindliche Rückmeldung von der FDA zu erhalten.

Dieser Entwurf der Leitlinien ist ein wichtiger Beitrag zu dem Reflexionsprozess, den wir bei der Ausarbeitung der BCI der Zukunft einleiten sollten.

Literatur

1. https://en.wikipedia.org/wiki/Risk_management
2. Hubbard D (2009) The failure of risk management: why it's broken and how to fix it. Wiley and Sons, Inc, Hoboken/New Jersey, S 46
3. https://en.wikipedia.org/wiki/Risk
4. Cline PB (2015) The merging of risk analysis and adventure education. Wilderness Risk Manag 5:43–45
5. https://en.wikipedia.org/wiki/ISO_14971

6. https://www.iso.org/standard/38193.html
7. https://www.fda.gov/regulatory-information/search-fda-guidance-documents/implanted-brain-computer-interface-bci-devices-patients-paralysis-or-amputation-non-clinical-testing
8. http://wayback.archive-it.org/7993/20170112091055/http:/www.fda.gov/MedicalDevices/NewsEvents/WorkshopsConferences/ucm410261.htm
9. https://www.regulations.gov/docketBrowser?rpp=25&so=DESC&sb=commentDueDate&po=0&dct=PS&D=FDA-2014-N-1130
10. https://www.regulations.gov/document?D=FDA-2014-N-1130-0011

Printed in the United States
by Baker & Taylor Publisher Services

Printed in the United States
by Baker & Taylor Publisher Services